国家出版基金项目
NATIONAL PUBLICATION FOUNDATION

"十三五"国家重点出版物出版规划项目·重大出版工程规划

5G关键技术与应用丛书

端到端网络虚拟化切片

刘 江 黄 韬 李婕妤 刘韵洁 著

科学出版社

北 京

内 容 简 介

  网络虚拟化技术是实现网络服务定制化、资源灵活调度的未来网络核心技术之一，第五代（5G）移动通信技术则基于虚拟化的思想，采用了网络切片为用户提供高质量的端到端定制化的网络服务，基于此，本书从端到端的角度梳理了当前常用的网络虚拟化技术方案。本书首先介绍了虚拟化技术的内涵与发展历程，并重点归纳和总结了网络虚拟化的通用技术框架，然后从局域网、移动通信网、骨干网和数据中心四个网络场景展开，具体介绍了在不同网络场景下常用的网络虚拟化方案。

  本书可作为高等院校相关专业的学生及教师的参考书，也可供从事相关领域研究的工程技术人员参考。

图书在版编目（CIP）数据

端到端网络虚拟化切片 / 刘江等著. —北京：科学出版社，2021.12
（5G 关键技术与应用丛书）

"十三五"国家重点出版物出版规划项目·重大出版工程规划
国家出版基金项目

ISBN 978-7-03-071176-2

Ⅰ. ①端… Ⅱ. ①刘… Ⅲ. ①计算机网络—研究 Ⅳ. ①TP393

中国版本图书馆 CIP 数据核字（2021）第 271949 号

责任编辑：赵艳春 高慧元 / 责任校对：王 瑞
责任印制：师艳茹 / 封面设计：迷底书装

科 学 出 版 社 出版
北京东黄城根北街 16 号
邮政编码：100717
http://www.sciencep.com

三河市春园印刷有限公司 印刷
科学出版社发行 各地新华书店经销

*

2021 年 12 月第 一 版 开本：720 × 1000 1/16
2021 年 12 月第一次印刷 印张：22 1/2
字数：451 000
定价：168.00 元
（如有印装质量问题，我社负责调换）

"5G 关键技术与应用丛书" 编委会

序

由科学出版社出版的"5G 关键技术与应用丛书"经过各编委长时间的准备和各位顾问委员的大力支持与指导，今天终于和广大读者见面了。这是贯彻落实习近平同志在 2016 年全国科技创新大会、两院院士大会和中国科学技术协会第九次全国代表大会上提出的广大科技工作者要把论文写在祖国的大地上指示要求的一项具体举措，将为从事无线移动通信领域科技创新与产业服务的科技工作者提供一套有关基础理论、关键技术、标准化进展、研究热点、产品研发等全面叙述的丛书。

自 19 世纪进入工业时代以来，人类社会发生了翻天覆地的变化。人类社会100 多年来经历了三次工业革命：以蒸汽机的使用为代表的蒸汽时代、以电力广泛应用为特征的电气时代、以计算机应用为主的计算机时代。如今，人类社会正在进入第四次工业革命阶段，就是以信息技术为代表的信息社会时代。其中信息通信技术（information communication technologies，ICT）是当今世界创新速度最快、通用性最广、渗透性最强的高科技领域之一，而无线移动通信技术由于便利性和市场应用广阔又最具代表性。经过几十年的发展，无线通信网络已是人类社会的重要基础设施之一，是移动互联网、物联网、智能制造等新兴产业的载体，成为各国竞争的制高点和重要战略资源。随着"网络强国"、"一带一路"、"中国制造 2025"以及"互联网+"行动计划等的提出，无线通信网络一方面成为联系陆、海、空、天各区域的纽带，是实现国家"走出去"的基石；另一方面为经济转型提供关键支撑，是推动我国经济、文化等多个领域实现信息化、智能化的核心基础。

随着经济、文化、安全等对无线通信网络需求的快速增长，第五代移动通信系统（5G）的关键技术研发、标准化及试验验证工作正在全球范围内深入展开。5G 发展将呈现"海量数据、移动性、虚拟化、异构融合、服务质量保障"的趋势，需要满足"高通量、巨连接、低时延、低能耗、泛应用"的需求。与之前经历的1G～4G 移动通信系统不同，5G 明确提出了三大应用场景，拓展了移动通信的服务范围，从支持人与人的通信扩展到万物互联，并且对垂直行业的支撑作用逐步显现。可以预见，5G 将给社会各个行业带来新一轮的变革与发展机遇。

我国移动通信产业经历了 2G 追赶、3G 突破、4G 并行发展历程，在全球 5G研发、标准化制定和产业规模应用等方面实现突破性的领先。5G 对移动通信系统进行了多项深入的变革，包括网络架构、网络切片、高频段、超密集异构组网、新空口技术等，无一不在发生着革命性的技术创新。而且 5G 不是一个封闭的系统，它充分利用了目前互联网技术的重要变革，融合了软件定义网络、内容分发网络、网络功能虚拟化、云计算和大数据等技术，为网络的开放性及未来应用奠定了良好的基础。

为了更好地促进移动通信事业的发展、为 5G 后续推进奠定基础，我们在 5G 标准化制定阶段组织策划了这套丛书，由移动通信及网络技术领域的多位院士、专家组成丛书编委会，针对 5G 系统从传输到组网、信道建模、网络架构、垂直行业应用等多个层面邀请业内专家进行各方向专著的撰写。这套丛书涵盖的技术方向全面，各项技术内容均为当前最新进展及研究成果，并在理论基础上进一步突出了 5G 的行业应用，具有鲜明的特点。

在国家科技重大专项、国家科技支撑计划、国家自然科学基金等项目的支持下，丛书的各位作者基于无线通信理论的创新，完成了大量关键工程技术研究及产业化应用的工作。这套丛书包含了作者多年研究开发经验的总结，是他们心血的结晶。他们牺牲了大量的闲暇时间，在其亲人的支持下，克服重重困难，为各位读者展现出这么一套信息量极大的科研型丛书。开卷有益，各位读者不论是出于何种目的阅读此丛书，都能与作者分享 5G 的知识成果。衷心希望这套丛书能为大家呈现 5G 的美妙之处，预祝读者朋友在未来的工作中收获丰硕。

中国工程院院士

网络与交换技术国家重点实验室主任

北京邮电大学　教授

2019 年 12 月

前　　言

随着信息技术的不断发展，互联网与人类生产生活的联系越来越紧密，一些与垂直行业紧密结合的新兴网络业务不断涌现，如多感全息、远程医疗、物/车联网、海陆空天一体化、工业互联网等。不同网络应用场景对网络的需求各不相同，这就要求互联网技术能够依据各类网络业务不同的服务质量需求灵活地提供对应的网络服务。传统的网络体系结构难以适应当下多样化需求的挑战，未来网络技术如何克服这一困难是人们密切关心的问题。在上述发展趋势下，网络虚拟化被广泛认为将在未来网络技术解决传统网络结构僵化问题中起到重要作用。

"虚拟化"的概念在 20 世纪 50 年代起源于服务器的虚拟化，并逐渐发展到存储虚拟化和网络虚拟化，广义上是一种突破如设备结构或地理位置等因素给多租户资源使用带来的客观限制，实现对物理资源进行灵活复用与调度的技术思想。具体到网络虚拟化，其基本表现形式是在同一张物理网络上实现多个相互隔离的逻辑（虚拟）网络同时运行，可以显著提高网络的灵活性和资源使用效率。网络虚拟化技术随着互联网络架构的演进在不断发展。传统网络中常见的虚拟化方案包括虚拟专用网、虚拟局域网、覆盖网等，在不同的维度上实现了在公共网络上为用户构建具有隔离性的逻辑隧道或网络。软件定义网络、网络功能虚拟化等技术的出现增强了网络的控制能力以及部署灵活性，为网络虚拟化的实现提供了更加细粒度的技术基础，结合了软件定义网络和网络功能虚拟化技术的网络切片技术应运而生，在 5G 网络中实现了对不同用户提供定制化的端到端网络服务的功能。网络虚拟化技术作为未来网络技术的重要内核仍在不断发展与丰富，是网络相关学者与从业人员需要了解的重要技术思想。

本书试图从纵横两个维度解读网络虚拟化技术：纵向来看，网络虚拟化技术应该在计算机网络的各个层级中都存在，自下而上提供虚拟化服务能力；横向来看，网络虚拟化技术应该在网络系统的各个地理分布上都存在，如骨干、接入、数据中心等，各类网络的虚拟化功能应基于水平的协议互通。因此，本书希望呈现的网络虚拟化技术是一个端到端的全维度架构和概念。

本书将分两部分向读者详细解读网络相关的虚拟化技术的内涵与发展现状。第一部分是网络虚拟化技术的核心思想与技术基础，让读者从虚拟化技术总体发展的角度对网络虚拟化的概念产生基本的认识，并掌握对网络进行虚拟化的基本技术与思路。具体而言，本书将在第 1 章介绍虚拟化技术的内涵和基本实现原理，并分别对计算机虚拟化、存储虚拟化、网络虚拟化进行简单的介绍。第 2 章将进一步介绍网络虚拟化的基础技术，首先介绍了在传统网络背景下，网络基本元素的虚拟化技术，然后介绍基于软件定义网络的网络虚拟化技术，最后介绍网络虚拟化中所涉及的资源分配算法。

第二部分是具体网络场景下常采用的网络虚拟化技术，让读者了解网络虚拟化技术在具体网络场景中的表现形式与应用。具体而言，本书在第 3 章介绍局域网中的网络虚拟化技术，首先简要对局域网进行介绍，然后介绍局域网中虚拟化技术的发展历史，最后介绍局域网中常用的几类网络虚拟化技术。第 4 章介绍移动通信网络场景下的网络虚拟化技术，首先介绍移动通信网络的发展与基本架构，然后重点介绍 5G 网络中的虚拟化技术。第 5 章介绍骨干网场景下的网络虚拟化技术，首先介绍骨干网的基本发展，然后介绍骨干网场景中的虚拟化方案。第 6 章介绍数据中心网络中的网络虚拟化技术，首先对数据中心进行简要介绍，然后介绍数据中心虚拟化的发展历程，再进一步介绍虚拟化技术以及常见的虚拟化方案。

本书主要创作人员是刘江、黄韬、李婕妤、刘韵洁。其他需要感谢的参加人员是吴畏虹、王冰清、王颖、熊婷、陈天骄、陈进、李深昊、何晓春等，在此对大家的付出表示衷心的感谢。

本书内容是作者所在团队在科研过程中对该领域的认知、经验总结和思考，如果有疏漏之处，真诚希望读者批评指正。

目　　录

第 1 章　虚拟化概述

在信息技术（Information Technology，IT）领域中，虚拟化是一个运用十分广泛的概念，从计算机虚拟化到存储虚拟化，再到网络虚拟化，虚拟化的思想影响着 IT 技术的方方面面。在开始了解网络虚拟化技术之前，首先需要对虚拟化的概念有个基本的认识，本章将为读者简要介绍虚拟化技术的内涵，以及虚拟化技术的应用。

1.1　虚拟化的内涵

1.1.1　基本内涵

1959 年 6 月 15 日，虚拟化的概念由牛津大学的克里斯托弗·斯特雷奇（Christopher Strachey）教授在国际信息处理大会（International Conference on Information Processing）上发表的《大型高速计算机中的时间共享》（*Time sharing in large fast computers*）论文中首次提出，该论文重点讨论了如何将时分（time sharing）的概念应用在大型高速计算机中，旨在实现对大型计算机的多用户时分共享，提高计算资源的使用效率，这是关于虚拟化最早的论述。服务器虚拟化技术由此迅速发展起来，虚拟化思想在计算领域中的成功促使其陆续扩展到存储、网络领域。虚拟化技术在 IT 各个基础领域逐渐成熟，促使以虚拟化为核心支撑技术的新型商业模式云计算于 21 世纪初诞生，引领了互联网产业的新浪潮。虚拟化技术同时也是未来网络技术的核心基因之一，第五代（简称 5G）移动互联网的网络切片技术是虚拟化思想的一个典型运用。

虚拟化是一个抽象的概念，运用到不同领域的虚拟化技术的具体表现形式各不相同，但其内涵是一致的。虚拟化本质上是一种资源管理的思想，首先需要明确虚拟化的"虚拟"对象是实际的物理资源，这里的物理资源包含 IT 领域常见的如 CPU、硬盘、频谱带宽等资源，可分为计算、存储和网络三类。虚拟化技术根据资源类型的不同可对应分为计算机虚拟化、存储虚拟化与网络虚拟化。"虚拟"的实质是通过一定的方法对物理资源进行灵活的统一管理，突破在资源使用上如设备结构或地理位置带来的客观限制，将实际在封装上或地理位置上分散的资源抽象整合成一个可供灵活调度的资源池，为用户提供一个虚拟的资源视图，这里的"虚拟"是指用户分配到的逻辑资源与物理资源在实体上不一定是一对一的对应关系，可能是多份物理资源聚合成一份逻辑资源（"多虚一"），也可能是一份物理资源切分出多份逻辑资源（"一虚多"）[1]。通过虚拟化技术，用户无须关心分配到的逻辑资源的具体实现细节，从用户的视角来看，逻辑资源的使用效能与物理资源等效。虚拟化思想使资源的管理灵活多变，实现多用户高效地复用真实物理设备，极大地提高了底层物理资源的利用率。针对 IT 领域中用户对资源按需分配的需求，虚拟化技术是关键的支撑技术。

我们进一步给出对虚拟化技术基本内涵的总结性描述：虚拟化技术本质上是一种资源管理技术，其表现形式是通过对物理资源进行抽象与整合，形成可在多用户之间进行细粒度分配的资源池（资源的池化），以达到多用户可根据需求获取逻辑资源且感受不到其他用户存在的效果，最终实现物理资源的高效利用与管理。其中，资源共享与复用和用户之间的隔离是虚拟化技术中最为核心的两个特征。

（1）资源共享与复用。多用户之间的资源共享与复用是虚拟化技术的核心特征，旨在降低物理资源的使用成本，提高物理资源的利用率。不同类型的物理资源对应着不同的复用共享技术，如频谱资源的时分复用和频分复用，各类虚拟化技术采用复用机制，让多个用户能够共享物理资源。

（2）用户之间的隔离。保障多用户之间的隔离是虚拟化技术的内在要求，不同用户感受不到彼此的存在，每个用户所分配的资源从逻辑上可以等效为一个独立的实体，用户无须关心内部的实现细节，隔离性同时要求用户内部发生的事件不会影响到其他用户的运行性能。

1.1.2　基本实现原理

虚拟化技术通过对物理资源的抽象与整合为用户提供等效的虚拟资源，根据对物理资源的抽象方式，可归纳出分割式、聚合式、迁移式、覆盖式四种基本的实现原理[2]，应用于不同领域的虚拟化技术设计通常根据实际情况采用其中一种原理或多种原理的组合。

1）分割式

分割式原理是指将物理资源拆分成多个逻辑资源，也被称为"一虚多"，通常应用于虚拟化单个容量较大的物理资源，如大型服务器。这里的分割包含多种维度，可以是物理维度上的拆分，如虚拟局域网技术通过拆分端口实现多个隔离的虚拟子网，也可以是时间维度上的拆分，如 CPU、频谱的时分复用技术。分割式的虚拟化原理能有效地提高资源利用率。

2）聚合式

聚合式原理是指将多个独立的物理资源整合成一个逻辑资源，也被称为"多虚一"，通常应用于对资源的需求量大于单个设备容量的场景，如为满足某些大型的计算需求，会将多台服务器聚合成一台逻辑的服务器进行作业。

3）迁移式

迁移式原理是指通过网络将一台逻辑设备中的闲置资源动态地迁移到另一台逻辑设备中，如虚拟机迁移技术，打破了资源使用在地理位置上的限制，实现更加灵活的资源整合。

4）覆盖式

覆盖式（Overlay）原理主要应用于网络虚拟化中，利用了网络架构在协议设计上的分层特点，通过对数据包进行封装，实现在现有物理网络之上传递不同协议的数据包，构建一张基于底层网络的逻辑网络，打破了数据包传输在协议上的限制。

以上四种基本实现原理都是为了实现资源的灵活使用，但侧重点各不相同，总的来说，分割式和聚合式原理主要打破资源使用由封装所带来的容量限制，迁移式是为了打破资源使用在地理位置上的限制，覆盖式则是打破了网络使用在协议配置上的限制。

1.1.3　虚拟化的主要优点

在过去的五六十年中，虚拟化技术由于其突出的优点，获得学术界和产业界的大量关注，获得不断的发展，当前已经在 IT 领域获得广泛应用，其主要优势可归纳为以下四点。

（1）提高资源利用的效率：虚拟化技术通过对物理资源的池化使得资源分配粒度更细，能极大地提高资源利用率，一台物理设备可以虚拟出多个等效的逻辑设备，并行地分配给多个任务或用户，企业也可以通过虚拟化技术将闲置的资源对外出租。

（2）降低资源使用的成本：虚拟化技术打破了物理资源在封装单元上的边界，多用户共享物理资源实现了成本的分摊，有效地降低了资源的部署成本。

（3）保障资源接入的安全：虚拟化技术的基本要求是保障虚拟服务的隔离性，用户使用虚拟服务不会受到其他用户的影响，有较好的安全性。

（4）实现资源管理的灵活：虚拟化技术可以根据不断变化的需求，在任务或用户之间灵活地调度资源，可以实现用户对资源的"按需分配"。

1.2　虚拟化的应用

如 1.1 节所述，虚拟化技术起源于计算机虚拟化，并逐渐发展到存储虚拟化与网络虚拟化，并在 21 世纪初，以计算/存储/网络虚拟化技术为核心支撑技术的云计算引领了互联网产业的新浪潮，本节将分别从计算机虚拟化、存储虚拟化、网络虚拟化以及虚拟化与云计算四个方面介绍虚拟化的发展与应用。

1.2.1　计算机虚拟化

计算机虚拟化的发展阶段按时间顺序可大致分为大中型计算机虚拟化，基于 x86 的计算机虚拟化以及基于容器的虚拟化，下面将从这三个阶段介绍计算机虚拟化的发展过程。

（1）大中型计算机虚拟化：IBM 公司于 20 世纪 60 年代中期开启了 M44/44X 项目，开始在大型计算机中研究虚拟化的实现，并在 60 年代末推出了第一个完全实现虚拟化的计算机系统 CP-40，重点实现了计算资源的时分共享，同时实现了不同组的用户时分共享同一台大型机的计算资源，显著降低了计算资源的使用成本，使得无法实际拥有大中型计算机的组织与个人也能使用大中型计算机。

（2）基于 x86 的计算机虚拟化：在 20 世纪 60～70 年代末，虚拟化技术仅局限于大中型计算机。英特尔在 1978 年推出了第一款基于 x86 架构的微处理器 8086，开启了属于 x86 架构的时代，微机技术逐渐成熟，产业界开始尝试在微机上实现虚拟化，将分别介绍 VMware、XEN、KVM 三个知名的虚拟化软件。

①VMware：著名的虚拟化解决方案厂商 VMware 于 1998 年成立，并发布了第一个基于 x86 架构的虚拟化产品，成功通过运行在 Windows NT 上的 VMware 软件启动了 Windows 95。VMware 紧接着在随后的一年正式发布了第一代产品 Workstation 1.0，支持用户在一台个人计算机上以虚拟机的形式运行多个操作系统，虚拟化技术开始从大中型机进入每一个人的生活。VMware 的 Workstation 一经推出便获得广大用户的喜爱，取得了巨大的成功，VMware 陆续推出了基于 hypervisor 的 EXS 系列，以及应用于云计算的 vSphere 等成功产品，是虚拟化产业界最具影响力的公司之一。VMware 的成功激励了更多的学者与厂商进入虚拟化领域。

②XEN：2003 年，剑桥大学开发了一个名为 XEN 的开源虚拟化项目，并成立了 XenSource 公司。XEN 能够基于 Linux 系统在一套物理硬件上安全地执行多个虚拟机，其性能稳定、占用资源少、开源等优秀特性获得 IBM、AMD、HP、Novell 等广大软硬件厂商的青睐，被广泛用于搭建高性能的虚拟化平台，XenSource 公司于 2007 年被 Citrix 收购。

③KVM：另一大常用的开源虚拟化技术 KVM（Kernel-based Virtual Machine）于 2006 年被一家以色列的公司 Qumranet 推出。相对于 XEN 技术，KVM 是一个基于 Linux 内核的虚拟化技术，其与 Linux 内核的兼容性能获得更高的灵活性和

可管理性，红帽（Red Hat）公司看中 KVM 这一显著优点，于 2008 年收购了 Qumranet，并在其后续的 Linux 产品中放弃了 XEN 技术，大力推广 KVM 技术。到目前为止，XEN 和 KVM 是 Linux 系统下最常用的两种虚拟化技术。IT 界巨头微软公司（Microsoft）于 2004 年开始进军虚拟化产业，发布了 Virtual Server 2005 计划，这标志着虚拟化开始向主流市场转变。

计算机虚拟化的主要目标是通过软件的形式来实现虚拟化，相当于硬件资源与上层应用的中间代理，负责管理、调度底层资源，为上层虚拟机提供分配隔离的逻辑资源，这样的软件被称为虚拟化管理程序（Hypervisor）或虚拟机监视器（Virtual Machine Monitor，VMM）。根据虚拟化软件所在位置的不同可将计算机虚拟化分为以下三种基本实现形式。

（1）基于裸机的虚拟化（Bare Metal）。基于裸机的虚拟化是指直接在宿主机的硬件上安装虚拟化管理程序，也称硬件虚拟化或完全虚拟化，Hypervisor 可以直接调度与管理底层的硬件资源，运行效率高。典型的虚拟化产品有 VMware 公司的"VMware ESXi"以及微软的"Hyper-V"。

（2）基于主机的虚拟化（Hosted）。基于主机的虚拟化是指在操作系统上按照虚拟化管理程序，需要通过主机操作系统来调度硬件资源，依赖于操作系统对设备的支持，以一定的运行效率为代价，换取了相对于 Bare-metal 形式的高灵活度。典型的虚拟化产品有 VMware 公司的"VMware Workstation"，以及微软的"Virtual PC"。

（3）基于容器的虚拟化（Container）。基于容器的虚拟化是一种轻量的应用级虚拟化技术，通过虚拟操作系统本身来实现虚拟化，也称操作系统级别（OS-Level）的虚拟化。操作系统提供一组用户空间彼此隔离，应用被限制在每个用户空间里，好像一个独立的主机。其典型的虚拟化应用有 OpenVZ、FreeVPS 等。

1.2.2　存储虚拟化

计算机虚拟化的成功促使人们开始在其他领域实践虚拟化，IBM 公司于 1978 年提出独立磁盘冗余阵列（Redundant Arrays of Independent Disks，RAID）技术，可将多个硬盘灵活组合，成为一个或多个硬盘阵列组，以提升性能，减少资源冗余，这是虚拟化思想首次应用于存储资源。

存储虚拟化使网络上的所有存储设备（无论安装在单独的服务器上还是独立的存储单元上）都可以作为单个存储设备进行访问和管理。具体来说，存储虚拟化将所有存储块都集中到一个共享池中，可以根据需要将它们从中分配给网络上的任何 VM。通过存储虚拟化，可以更轻松地为 VM 配置存储，并最大限度地利用网络上的所有可用存储。

根据控制设备所处的位置，存储虚拟化可分为以下三种形式。

1）基于主机的存储虚拟化

基于主机的存储虚拟化是通过运行在主机中的管理软件，来对物理存储资源进行有效管理。这种方式只需要主机中安装相关的软件，无须增加额外的硬件，最容易实现，但存在灵活性较差的缺点。

2）基于存储设备的存储虚拟化

基于存储设备的存储虚拟化是通过存储设备本身的控制器来实现对存储虚拟化，由于存储设备自带的控制功能与存储硬件适配性更高，且能直接管理底层的存储硬件，具有较好的性能，但这种虚拟化方案依赖于存储设备的提供商，通用性和灵活性较差。

3）基于网络的存储虚拟化

基于网络的存储虚拟化是通过网络设备对网络中的存储资源进行集中管理。根据实现位置的不同，基于网络的虚拟存储可分为基于互联网设备的虚拟化、基于交换机的虚拟化、基于路由器的虚拟化和基于存储服务器的虚拟化。

1.2.3 网络虚拟化

互联网起源于 20 世纪 60 年代美国国防部的 ARPAN（Advanced Research Projects Agency Network）项目，实现了计算机之间的信息互联互通。传统网络是依据网络分层模型进行设计，国际标准化组织于 1974 年提出了 OSI（Open System Interconnection）7 层参考模型，斯坦福大学进一步提出了 TCP/IP，当前的互联网大多是以 TCP/IP 为基本架构进行建设的。TCP/IP 中位于网络层的 IP 的设计初衷是实现基本的数据传送功能，仅提供尽力而为（Best-effort）的传输服务，架构在网络层之上的传输层 TCP 提供的服务质量（Quality of Service，QoS）保障机制也比较粗糙，仅提供非常有限的网络可管可控能力。互联网的诞生取得了巨大成功，从 20 世纪 70 年代开始到现在，网络中承载的流量规模日益攀升，新型的网络应用与业务不断丰富与发展。网络与人类生产生活的联系也日益紧密，不断与垂直领域（如医疗、交通等）进行融合，在被称为"信息时代"的 21 世纪，网络将在社会生产中发挥举足轻重的作用，同时新型网络业务对网络服务的要求也在不断增强，如低时延、低丢包率等高质量的 QoS 保障需求。IT 产业的高速发展使得基于 TCP/IP 架构的传统网络弊端越来越突出，传统的依靠端到端连接和尽力而为路由转发的网络体系架构难以支撑新型业务与应用对网络的需求。用户也期望网络能根据业务类型提供定制化的服务保障，按需供给高质量的网络服务是未来网络被期望达到的一个理想状态。在这样的需求背景下，对网络进行"虚拟化"是必然的选择。"虚拟化"的核心思想是通过灵活的资源管理技术，为多用户提供高效的资源按需分配服务，结合传统网络当前所面对的困境，网络虚拟化被广泛认为是解决当前网络"僵化"问题的关键技术之一。

网络虚拟化的内涵与其他虚拟化技术一致，本质上是一种对网络资源进行灵活管理与调度的技术。网络主要是由承载不同功能的网络节点以及用于连通网络节点的网络链路构成，网络虚拟化的主要工作就是对网络节点、网络链路进行虚拟化，实现相关资源的灵活复用，最终实现在共享物理网络之上为用户提供相互隔离的虚拟网络（简称虚网）。具体的网络虚拟化实现方案依赖于网络本身的体系结构。根据网络体系结构的特点，网络虚拟化技术可大致分为基于传统网络的虚拟化方案与基于软件定义网络（Software Defined Networks，SDN）的网络虚拟化方案，其中基于 SDN 的网络虚拟化方案可进一步分为与传统网络设备结合的改良式网络虚拟化方案和纯 SDN 设备的网络虚拟化方案。

常见的传统网络虚拟化技术主要有虚拟局域网（Virtual Local Area Network，VLAN）、虚拟私有网（Virtual Private Network，VPN）以及虚拟路由转发（Virtual Routing Forwarding，VRF）。虚拟局域网是虚拟化思想在网络领域最早的应用之一，VLAN 的产生起初是为了避免二层的广播风暴，通过配置交换机端口的属性，将以太网在逻辑上划分成多个广播域，不同广播域的主机不能直接通信，在二层网络中实现了多个隔离的虚网共享一张物理网络的虚拟化效果。VLAN 主要应用于局域网的虚拟化，VPN 则是利用隧道技术在更大规模的网络中实现虚拟互联，VPN 的初衷是连接在地理上分隔的两个私有网络，采用了封装数据包的形式在公有网络中形成一条"隧道"。隧道技术由于具有充分利用底层网络，无须对现有设备进行大量更新的优点，得到了广泛应用。人们基于隧道技术的思想，进一步发展出了覆盖（Overlay）网络这一大类网络虚拟化方案，常见的 Overlay 技术包括STT、VxLAN、NVGRE 等。

SDN 的提出给网络虚拟化提供了一种新的实现思路。SDN 集中控制和可编程性的设计理念给网络虚拟化提供了很好的实现方案。由于传统设备向外提供的可操作性很有限，物理资源很难进一步细化地切分，因此传统的虚拟化方案的虚拟化程度也受到了限制，往往只能在一个层次进行虚拟化，目前有许多对特定物理资源做切分的技术，例如，VLAN 技术能在链路层切分虚网，WDM 技术能在物理层划分资源。然而，网络虚拟化技术追求的是尽可能在整个网络架构中，对网络资源进行细粒度的切分，并将这些被"切分"的网络资源重新组合成灵活性高的虚网。这就要求相应的网络资源对外开放细粒度的操作接口，软件定义网络的出现，很大程度上满足了这个需求，SDN 可编程性的特点与网络资源细粒度操作的需求在本质上是一致的，SDN 数控分离、集中式的控制理念也与网络虚拟化技术中的虚拟化层的需求相契合。因此，基于 SDN 的网络虚拟化技术很快地就发展起来。基于 SDN 的网络虚拟化方案主要包含两种形式，第一种是结合了传统网络设备的改良式方案，虚拟化的实现采用 Overlay 的方案，SDN 架构提供集中式的远程控制，以提高部署的灵活性。第二种是纯 SDN 设备的网络虚拟化方案，底层网络是由基于 SDN 的转发设备构建，如 OpenFlow 交换机、可编程的白盒交换机。两种虚拟化方案在部署难易和控制灵活性上各有千秋。

本小节仅对网络虚拟化技术进行了简单的介绍，更为具体的介绍将在第 2 章进一步展开。

1.2.4 虚拟化与云计算

前面内容对虚拟化技术的内涵与主要领域进行了简单的介绍，本小节将简单介绍以虚拟化技术为核心、当前影响最大的一个商业模式——云计算。随着互联网的普及，以及虚拟化技术的发展与逐渐成熟，云计算应运而生。云计算是继计算机、互联网后 IT 界的又一重大革新，是虚拟化技术在互联网产业中的一个集大成运用。云计算安全联盟（Cloud Security Alliance，CSA）给出了一个云计算的抽象定义，即"云计算本质是一种服务模型，通过这种模型可以随时、随地、按需地通过网络访问共享资源池的资源，这个资源池的内容包括计算资源、网络资源、存储资源等，这些资源能够被动态地分配和调整，在不同的用户之间灵活地划分。凡是符合这些特征的 IT 服务都可以称为云计算服务"[3]。云计算的产生有两大技术推动力，一个是虚拟化技术，另一个则是互联网技术。

网络的产生给计算资源赋予了极大的能量，计算服务可以被分发到不同的地点，计算机不再局限于单机的应用功能，一些大学、企业或科研机构开始搭建内部使用的局域网络，为员工提供邮件通信等应用服务，商用的互联网产业也随之开始兴起。随着互联网企业规模的增大，服务器的能力与数量也提升，但接踵而来的问题是用于集中放置提供应用服务的服务器的数据中心产生了严重的资源冗余。为了满足高峰期的业务需求，企业往往购入冗余的计算存储资源，这使得在非高峰期，许多设备的利用率很低，产生了大量不必要的能耗。互联网企业亚马逊（Amazon）意识到了这个问题，并开始寻求有效的方式利用自己的数据中心里大量闲置的计算存储资源，提出了著名的亚马逊网络服务（Amazon Web Service，AWS）。AWS 的要义是将闲置的资源出租给其他用户，计算资源不再受限于企业单一的应用，还能开放给外部用户使用，AWS 的产生极大地推动了云计算的发展。可见云计算产生的源头就是互联网公司为了充分利用已购置的物理资源，灵活租用给有需求的用户，虚拟化技术在资源管理上的特点正好符合了这种商业模式的实现需求。云计算提供商可以利用虚拟化技术动态地分配计算、存储、网络等 IT 基础设施资源来提供虚拟服务，并通过网络将服务分发给客户。根据虚拟服务的类型，云计算可以分为以下三种模式。

（1）基础设施即服务（Infrastructure as a Service，IaaS）：IaaS 将计算、存储、网络等资源进行虚拟化，再通过应用程序接口（Application Programming Interface，API）的形式将基础物理资源出租给用户，用户无须自己购买服务器等硬件设备或搭建物理网络。

（2）平台即服务（Platform as a Service，PaaS）：PaaS 基于 IaaS，向用户提供软件的运行环境，用户只需要将代码上传到云，IaaS 向用户返回代码的执行结果，用户无须自己维护相关的运行环境。

（3）软件即服务（Software as a Service，SaaS）：SaaS 直接向用户提供云软件服务，用户通过网络直接使用软件功能，无须自己进行软件本地的安装，是当前使用最广泛的云计算模式。

参 考 文 献

[1]　尹星，朱轶，王良民. 虚拟网络新技术[M]. 北京：人民邮电出版社，2018.

[2]　敖志刚. 网络虚拟化技术完全指南[M]. 北京：电子工业出版社，2015.

[3]　徐立冰. 腾云：云计算和大数据时代网络技术揭秘[M]. 北京：人民邮电出版社，2013.

第 2 章　网络虚拟化技术基础

1.2.3 节已经对网络虚拟化进行了概述，本章将进一步对当前常用的网络虚拟化技术进行总结与归纳。首先针对网络的基本元素网络节点和网络链路，介绍相关的虚拟化方案，再介绍两类传统的虚网技术，进一步引出软件定义网络的概念，介绍基于 SDN 的网络虚拟化方案，最后介绍无线网络中的虚拟化思路以及网络虚拟化相关的资源分配算法。

2.1　虚拟网络节点

本节将介绍网络中主要网络设备的虚拟化技术。网络设备根据在网络中的位置特点，主要可分为三大类：一是位于网络终端，负责终端计算设备与网络连接的网卡；二是位于网络内部，负责对数据包转发、路由的转发设备，主要包含二层的交换机与三层的路由器；三是实现具体网络功能的设备，如防火墙等。本节将从这三类网络设备展开，介绍相关的虚拟化技术。

2.1.1　网卡虚拟化

网卡（Network Interface Card，NIC）是服务器内部负责发送/接收网络数据包的硬件设备，是终端计算设备与外部网络的接口：网卡将系统内部生成的二进制数据包转换成可在网络链路中传输的电信号或光信号，并发送给外部网络的转发设备，同时也负责接收从网络传来的电信号或光信号，转换成计算设备可处理的数字信息。网卡虚拟化方案根据实现方式的不同，可分为基于软件和基于硬件两大类[1]。

（1）基于软件的网卡虚拟化：网卡作为服务器与网络的接口，是服务器的重要组件之一，服务器的虚拟化需要设计相应的网卡虚拟化方案，VMware、Microsoft、XEN、Oracle 提供的服务器虚拟化方案中均包含了网卡虚拟化。最常见的方式是通过软件的形式为虚拟机提供虚拟网卡。基于软件的网卡虚拟化的一般架构可归纳为图 2-1，各个虚拟化厂商具体的实现细节可能各不相同。服务器的物理网卡连接内部的虚拟交换机（vSwitch）或网桥，每个虚拟网卡（vNIC）有单独的 IP 与 MAC 地址，实现计算机内部不同的虚拟机（Virtual Machine，VM）对同一张物理网卡的共享。网卡虚拟化通常与计算机内部的虚拟交换机（vSwitch）相结合，模拟出物理交换机的功能。虚拟交换机与虚拟网卡通过软件模拟的链路连接。

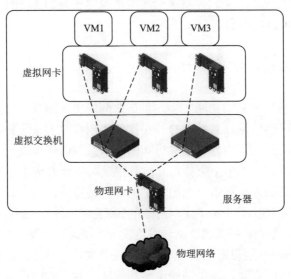

图 2-1　基于软件网卡虚拟化的一般架构

（2）基于硬件的网卡虚拟化：软件模拟的网卡虚拟化的最大缺点是虚拟机发出的数据包需要经过多层软件模拟的 vNIC 和 vSwitch 才能直接连接到物理网卡，整体性能较差。除了软件模拟的网卡虚拟化，虚拟机还可以通过网卡直通技术直接访问物理网卡，但物理网卡在同一时间只能被一个虚拟机使用，直通技术虽然具有最高的性能但无法实现网卡的复用。为了同时实现高性能和多虚拟机复用，英特尔公司于 2007 年提出了基于硬件的网卡虚拟化方案 SR-IOV（Single Root I/O Virtualization）。一般的网卡只能提供一个快速外设组件互联（Peripheral Component Interconnect Express，PCIe）设备，如图 2-2 所示，SR-IOV 通过虚拟功能（Virtual

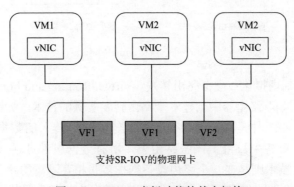

图 2-2　SR-IOV 虚拟功能的基本架构

Function，VF）创建多个 PCI 实例，虚拟机映射到 VF 来访问 NIC 资源，不需要再经过虚拟网卡、虚拟交换机，直接在硬件层面实现虚拟机之间共享 PCIe 设备，因此 SR-IOV 能实现比基于软件实现的网卡虚拟化更高的 I/O 性能、更好的可扩展性以及更低的 CPU 消耗。

2.1.2　路由转发虚拟化

路由转发是网络的基础功能之一，负责在网络中传递数据包，使数据包准确到达目的终端。根据转发设备所在 OSI 层次的不同可分为位于链路层的二层交换机与位于网络层的三层路由器，交换机和路由器具体的转发逻辑并不相同，本小节将把路由转发设备作为一个整体，介绍其中三类主要的虚拟化技术[1]。

（1）基于软件的虚拟路由：如图 2-3 所示，传统路由转发设备的硬件和软件是紧密耦合的，不同硬件厂商有其定制的操作系统，如思科公司的 IOS（Internetwork Operating System）系统，相关的路由转发协议运行在定制的操作系统中。基于软件的虚拟路由（vRouter）则是将传统的基于专用硬件实现的路由功能在通用 x86 硬件设备上以软件的形式实现，路由功能可与其他功能共享硬件资源，无须专用的硬件设备，有效降低了硬件成本。此外，路由功能可通过集中控制在网络中移动，具有更强的扩展性和灵活性。基于软件的虚拟交换机（vSwitch）也是类似的实现形式。通过解耦软硬件，在通用硬件架构实现路由转发功能的虚拟化形式虽然有效节约了成本、增强了灵活性，但其吞吐性能并不如传统的专用路由转发设备，在对性能要求较高的场景中传统设备仍是最优的选择。

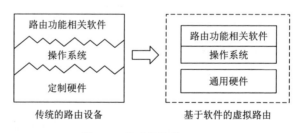

图 2-3　基于软件的 vRouter

（2）路由控制虚拟化：虚拟路由转发（Virtual Routing and Forwarding，VRF）是一项实现在交换机/路由器中创建多个路由转发实例的技术。如图 2-4 所示，路由转发设备的核心组件是路由表，负责将从输入端口传入的数据包映射到输出端口。传统路由设备中只维护一张路由表，所有数据包都是通过同一张路由表进行转发。VRF 技术则是在一个路由设备维护多张相互隔离的路由表，一张独立的路由表对应一个路由转发实例，每一个路由转发实例都能看作一个虚拟路由设备，VRF 技术是对转发控制的虚拟化，基于共同的硬件，将原本单一的控制实例虚拟化出多个独立的控制实例。VRF 技术常用在 VPN 网络，为虚拟专用网用户配置单独的转发实例。

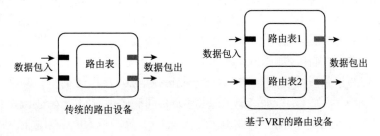

图 2-4　VRF 简略示意图

　　除了路由表的虚拟化，更先进的路由器，如可编程路由器，能支持路由协议的虚拟化，实现在同一台设备中配置不同的路由协议，多个路由实例可由不同的路由协议来控制。

　　（3）基于硬件分区的虚拟路由：基于硬件分区的虚拟化方法可以实现一个设备中承载多个路由实例，将 Juniper 网络称为"受保护的系统域"（Protected System Domains）[2]，将 Cisco 系统称为"逻辑路由器"（Logical Routers）[3]。支持硬件分区的路由器主要部署在网络运营商的接入点（Point of Presence，PoP）处，以节省空间和功耗，降低管理成本。硬件通常是按线路卡划分的，因此这项技术可以看作按线路卡划分的路由器。

　　以上三种虚拟化技术代表了三种不同角度的虚拟化思路，考虑到实现路由转发功能的基于软件实现的控制层与基于硬件实现的数据层，基于软件的虚拟路由选择将软件与硬件彻底解耦合，用通用 x86 硬件架构代替专用硬件，管理员能够便捷地在通用服务器中部署 vRouter 或 vSwitch。VRF 技术则是选择虚拟化路由设备中的路由表，不改变底层硬件，在设备内部的路由控制层面进行虚拟化，实现了在单个路由设备中虚拟出多个路由实例。基于硬件分区的虚拟路由同样也在单个设备中实现了多个路由实例，与 VRF 技术不同的是，基于硬件分区的方式选择直接在硬件层面上进行分区隔离。三种虚拟化思路在灵活度与吞吐性能上各有长处，应根据具体的应用场景特点选择合适的虚拟化技术。

2.1.3　网络功能虚拟化

　　网络中有大量用于实现各类网络服务功能的网络专用设备，在传统网络中，网络功能一般部署在硬件厂商开发的专用设备中，随着个人用户的网络流量也不断激增，承载相关网络功能的设备部署需求也大规模增加，基于专用设备的网络功能实施方案暴露了不可忽视的弊端。一方面专用设备对于功能的部署存在严格的周期限制，整个流程需要不断地对规划、设计、开发、维护进行迭代；另一方面，专用硬件内部的芯片集成度越来越高，这使得芯片开发成本也越来越高。因此针对专有网络硬件设备的改进势在必行。与此同时，通用芯片的计算能力在近些年得到了巨大提升，通用芯片的发展和使用愈发地得到重视。IT 行业所使用的服务器由标准 IT 组件（如 x86 架构的通用芯片）构成，这些具有极强兼容性的基础硬件平台的繁荣发展促使了 NFV 技术的诞生。2012 年 10 月，全球多个知名运营商（如 AT&T、中国移动、英国电信等）共同提出了网络功能虚拟化（Network Function Virtualization，NFV）的概念，并推出了第一份 NFV 白皮书，NFV 技术被正式推出。NFV 的基本思想是将网络功能部署在 x86 通用硬件架构上，实现网络功能与传统的专用硬件设备的解耦合，与前面所介绍的基于软件的虚拟路由的实现思路类似，但 NFV 中网络功能的含义比单一的路由转发功能更丰富。NFV 技术可以实现物理资源的灵活共享，降低硬件成本，支持面向新型网络功能需求的快速开发和自动化部署，以及基于实际业务需求提供弹性扩容缩容、错误清除功能以及自动化升级维护等功能。NFV 的内核包含了虚拟化思想，可以看作网络节点虚拟化的一种实现技术，但其内涵不限于一种实现虚拟化的网络功能，NFV 可以从系统性的高度去管理虚拟资源[4]。

ETSI 在 2012 年的 NFV 标准化大会上推出了 NFV 的基础架构，如图 2-5 所示，NFV 系统架构主要由三个重要模块组成，分别为 NFV 基础设施（Network

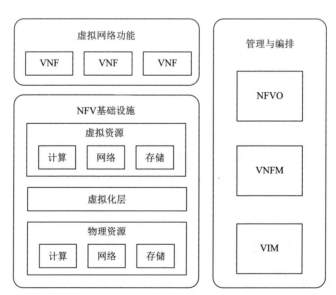

图 2-5　NFV 基础架构

Function Virtualization Infrastructure，NFVI）模块、虚拟网络功能（Virtualized Network Function，VNF）模块和管理与编排（Management and Orchestration，MANO）模块。

（1）NFV 基础设施模块：NFVI 模块作为 NFV 整体架构的基础设施，是网络功能虚拟化对外提供服务的执行者，向外提供的基础资源有物理资源、虚拟化层和虚拟资源三部分。物理资源诸如 x86 服务器等标准化服务器，包括了计算硬件，存储硬件和网络硬件。x86 等标准化服务器除了近些年来计算性能得到了飞速的提高，还具有便宜实惠的特点，可以使得运营商摆脱传统专有硬件的束缚，运营商可以根据现有的资源合理地进行资源的有效调度。虚拟化层是负责将底层的物理硬件实体资源提供抽象服务，将其抽象为对应的虚拟资源。其实现的主体是在标准化服务器上的虚拟机监视器，运行在操作系统之上，可以将底层的实体计算、存储、网络等资源抽象化，对上层模块提供相关接口以供调用。虚拟化层可以使用技术手段使得硬件软件解耦合，使得资源利用率得到大幅提高。虚拟资源则是通过虚拟化层抽象于底层的物理资源，涉及的资源分别对应底层的计算、网络以及存储资源。虚拟资源根据虚拟化方式的不同对外提供服务，可以使用虚拟机，也可以使用容器来将物理资源虚拟化。

（2）虚拟网络功能模块：VNF 作为具体的虚拟网络功能，其用软件来实现，部署和运行在底层的 NFVI 之上，且不应依赖于硬件资源。每一个物理网元都可以看作一个具体的 VNF，每一个 VNF 又可以由一个或者多个网络功能模块组成，该 VNF 实例可以被一一映射到单位个虚拟化环境比如虚拟机或者容器之中。VNF 的管理执行者是网元管理系统（Element Management System，EMS），其负责对 VNF 的安装、监控、配置等多个运维步骤进行有效的监督和控制。在运营商的部署中，EMS 涵盖了业务支撑系统和操作支撑系统所需要的基本信息。

（3）管理与编排模块：NFV 的 MANO 模块主要由三大组件构成，分别为虚拟化的基础设施管理器组件（Virtualized Infrastructure Manager，VIM）、虚拟化的网络功能模块管理器组件（Virtualized Network Function Manager，VNFM）和网络功能虚拟化编排组件（Network Function Virtualization Orchestration，NFVO）。VIM 负责管理 VNFI 中底层的物理和虚拟的计算资源、存储资源以及网络资源，同时可以实现一些 NFV 的服务功能链。NFVO 可以针对整个 MANO 平台根据上层需要进行有效的调度，负责在操作环境下针对虚拟网络功能服务的生命周期和维护方法做出相应的决策。它对 OSS/BSS 开放接口来匹配二者的需求，调配合适的 VNF、物理网络功能和安排虚拟链路，从而提供符合需求的网络功能服务。VNFM 主要对 VNF 进行管理，尤其是对 VNF 生命周期进行管理，如相应功能的部署和进一步升级等，以及负责对 VNF 运营期中出现的问题如监控、维护等指标进行管理[①]。

---

① ETSI. European Telecommunications Standards Institute Industry Specification Groups（ISG），NFV. http://www. etsi.org/technologies-clusters/technologies/nfv[2022-02-28].

2.2　虚拟网络链路

网络链路是连接两个通信节点、用于传输数据包的通道，网络链路既可以指最底层传递数据信息的物理信道，也可以指两个节点之间在网络协议层面的传输通路[5]。本节将介绍物理链路的虚拟化以及数据通路的虚拟化。

2.2.1　物理链路的虚拟化

物理层的链路简称物理链路，指直接用于传输信息的物理信道。根据传输介质的不同，物理链路包括有线链路（如光纤、铜缆）和无线链路（如电磁波）。熟悉的信道复用技术如时分复用（Time-Division Multiplexing，TDM）、频分复用（Frequency Division Multiplexing，FDM）和码分多址（Code Division Multiple Access，CDMA）等技术被广泛地用于在同一条物理信道上划分出多个通信信道，信道复用技术将物理介质分割成多个不同的信道，实现在物理链路中承载多个用户的信息，达到充分利用物理资源的目的，复用技术的内涵与虚拟化技术基本一致，因此信道的复用可以看作对物理链路的"虚拟化"。

2.2.2　数据通路的虚拟化

数据通路（Data Path）的虚拟化是指通过设计数据包所携带的信息实现链路的虚拟化，换言之是从协议的角度构建两个通信节点之间的逻辑链路，这种方式不需要改变底层的物理信道。数据通路虚拟化最常用的两种实现思路是标签（Label）技术与隧道（Tunnel）技术。

1）标签技术

标签技术是指数据包报头增加新的区域用于标识虚拟链路或虚网，交换节点通过识别数据包报头特定的标签信息将数据包转发至对应的虚链路或虚网中。常见采用了标签技术的链路虚拟化技术有 VLAN 技术、多协议标签交换（Multi-Protocol Lable Switching，MPLS）技术。虚拟局域网技术通过在数据包二层报头增加 VLAN 标签，将二层局域网划分出多个 VLAN，不同 VLAN 可以共享同样的物理链路，交换机通过识别 VLAN 标签从逻辑上区分来自不同 VLAN 的数据包，VLAN 是最常用的局域网虚拟化技术，局域网虚拟化章节将具体介绍 VLAN 技术。MPLS 技术是利用标签引导数据高效传输的技术，在 IP 数据包报头增加 MPLS 标签，在基于分组交换的 IP 网络中实现类似虚电路的数据转发特点，MPLS 技术为转发等价类（Forwarding Equivalence Class，FEC）提供相同的转发处理，为具有某种共同特征的数据包提供虚拟传输链路。

2）隧道技术

隧道技术是一类通过对数据包进行封装处理，在两个节点或网络之间构建一条虚拟的点对点链路的技术。"隧道"的含义在于为用户提供一条穿越底层网络的隧道，隧道技术的一般实现思路如图 2-6 所示。终端用户将数据包传递给隧道边缘设备，入口设备给数据包封装用于在物理网络传输的协议报头，使得数据包可以通过底层网络顺利到达隧道的出口设备，数据包在网络中的实际传输依旧遵循底层网络的协议规则，出口设备负责将封装的报头剥离，将原数据包转发至目的端。在这个过程中，隧道的终端用户不需要知道物理网络的具体协议，可利用隧道来传递不同协议的数据。

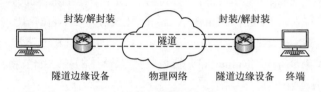

图 2-6　隧道技术示意

根据传递数据的协议以及封装报头的协议类型，隧道技术可分为多种不同的用途的，如 IPsec（Internet Protocol Security）隧道、GTP 隧道，还包括基于 MPLS 的 LSP（Label Switched Path）隧道。

隧道技术与标签技术的不同点在于，标签技术要求数据包实际通过的每个交换设备都能识别数据包的标签信息，并根据标签进行正确的转发，换言之，部署基于标签的虚拟链路技术需要对网络中的每个交换机或路由器进行对应的更新。隧道技术是通过封装技术向底层网络隐藏了数据包原来的地址信息，只需要边缘交换机或路由器支持数据包的封装与解封装，网络内部的转发设备无须做出改变。隧道技术由于其部署的便捷性而得到了广泛运用。

2.3　虚　拟　网　络

在传统网络中，虚拟网络的构建常综合利用 2.1 节和 2.2 节中虚拟节点与链路的思路，本节将简单介绍两类常用的虚拟网络技术。

2.3.1　覆盖网络

覆盖（Overlay）网络是基于隧道技术的一大类虚拟网络技术，其核心思想是在现有底层网络之上建立逻辑网络，如图 2-7 所示，覆盖网络中节点与底层网络中的节点一一对应，覆盖网络中节点之间的虚拟链路利用通过底层网络对应两个

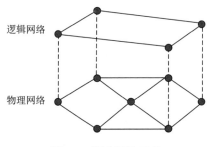

逻辑网络

物理网络

图 2-7　覆盖网络示意

节点之间的隧道来实现。简而言之，覆盖网络基于隧道技术直接覆盖在底层网络之上，充分利用了现有的设施基础，无须对底层网络进行大规模升级。

覆盖网络的诞生给网络创新带来了诸多便利，人们可以直接在覆盖节点上部署新的功能或试验新的技术，被覆盖的物理网络提供底层的连接。覆盖网络技术是当前使用广泛的虚拟网络技术之一，如数据中心里的虚拟网络大多使用 Overlay 技术，如将用 UDP（User Datagram Protocol）协议封装 MAC（Media Access Control）包，实现大二层互联的 VxLAN（Virtual Extensible Local Area Network）技术，类似的技术还包括 NVGRE（Network Virtualization using Generic Routing Encapsulation）、STT（Stateless Transport Tunneling）协议技术。具体的技术细节将在后面具体的网络场景虚拟化章节中进行介绍。

2.3.2　虚拟专用网

虚拟专用网（Virtual Private Network，VPN）如图 2-8 所示，是一种在公用网络之上利用隧道技术连接多个私有网络的技术，来自私有网络的数据包通过 VPN 网关进行加密封装，穿过公有网络到达目的私有网络。虚拟专用网常用于公司、学校内部连接分布在不同地理位置的私有网络，利用隧道技术使来自不同组织的私有网共享同一个公有网络传输。根据隧道封装报头的网络协议类型，可将 VPN 技术分为一层 VPN、二层 VPN、三层 VPN。虚拟专用网同样也是主要利用隧道技术的虚拟网络技术，与覆盖网络不同的是，虚拟专用网主要用于通过公有网络连接私有网络，覆盖网络含义更一般化。

私有网络 A　　　公有网络　　　私有网络 B

图 2-8　VPN 技术示意

2.4　基于 SDN 的网络虚拟化

2.1 节～2.3 节介绍了常见的虚拟节点、链路以及网络的方法与技术，这些技术大多基于传统的互联网架构，本节将介绍一种新型的网络架构——软件定义网络（Software Defined Network，SDN）以及基于 SDN 的网络虚拟化方法。

2.4.1　SDN 简介

1. SDN 基本内涵

传统计算机网络最初的设计理念主要考虑网络的可达性，采用尽力而为的思想，没有对服务质量等高级的网络管理功能做完备的设计，随着时代的发展，传统网络架构越来越难满足社会的需求。在传统的计算机网络中，控制功能和转发功能紧密耦合在同一个转发设备中，这给网络管理造成不小的负担，管理员需要逐个配置每个设备。而且，每个设备向外提供的可操作空间小，管理员只能通过配置网络协议去间接影响转发策略，而无法直接控制转发策略。不同的厂商提供的控制接口也有差异，网络管理的操作依赖于硬件的提供商。这种僵化的结构不易于进行网络创新的部署，难以满足日益增长的网络服务需求。为了解决传统网络带来的诸多问题，研究者从不同的角度提出了多种新的网络体系架构。

2006 年美国 GENI 项目资助的斯坦福大学 CleanSlate 课题中，Nick McKeown 教授的研究团队提出将 OpenFlow[6]的概念用于校园网络的试验创新，基于 OpenFlow 给网络带来可编程的特性，从而诞生了软件定义网络概念，是针对当前日益僵化的传统网络架构提出的一种新型的网络架构。传统网络是分布式控制的架构，每台设备都包含独立的控制平面与数据平面，导致对网络中流量的灵活调整能力不足、运维难度较大以及网络新业务升级速度较慢等问题。

SDN 的架构设计分为三层：应用层、控制层、数据层，如图 2-9 所示。其中，控制层中的控制器（Controller）通过控制数据面接口（也被称为南向接口）与数据层的交换/路由等网络设备交互，通过开放的 API（也被称为北向接口）与应用层各种应用程序进行交互。数据层充当原交换/路由设计中的转发面角色。控制层负责数据平面资源的编排、维护网络拓扑和状态信息等，通过对底层网络基础设施进行资源抽象，为上层应用提供全局的网络抽象视图，摆脱硬件网络设备对网络控制功能的捆绑。应用层通过控制层提供的开放接口，对控制层提供的网络抽象进行编程，以控制各种应用产生的网络流量，灵活制定相关的控制策略，实现网络智能化。

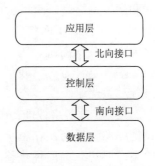

图 2-9　SDN 网络的基本架构

总的来说，SDN 泛指基于开放接口实现软件可编程的各种基础网络架构，其核心特征可归纳为以下三点。

（1）数控分离：网元的控制平面承载于控制器，负责协议计算，产生流表，网络设备不再需要具体实现各种网络协议的控制逻辑，只需接收执行控制器的操作指令。数控分离并不是一个新颖的概念，在软件定义网络的概念提出之前就已经存在，传统的转发设备中，数据层和控制层就已经是分离的，但耦合距离较近，总的来说，对于传统设备，设备的管理还是属于分布式控制。软件定义网络的模型彻底将控制功能从设备中抽离，抽象成一个整体的控制层，中间由开放的可编程接口连接。转发设备只负责根据控制层下发的转发规则进行数据包转发，功能被简化。

（2）集中控制：由控制器收集和管理所有网络状态，对分布式网络状态集中统一管理。

（3）开放接口：为用户提供了一套完整的通用 API，用户可以通过编程方式定义一个新的网络功能，然后在控制器上运行即可。SDN 将可编程性引入计算机网络，使得网络的可操作性显著提升，网管工作的便捷性也得到了提高，网络资源的管理也更加灵活。

SDN 基于数据面和控制面分离模式进行编程可以更好地实现网络管控。这种方式可以提高配置可用性、提高性能、激发网络架构体系和运营体系的创新，主要的优点总结如下[7]。

（1）提升网络配置：在网络管理中，配置是其重要功能之一。具体来说，当一个新的网络设备添加到当前网络环境中时，需要实现各种配置以达到网络互通互联的目的。但由于网络设备商及各个设备接口的差异性，通常上述网络配置行为都需要通过进行一定程度的手工配置处理。手工配置的过程极其烦琐而且出错率较高，出现错误后进行手工排查的周期也会相对较长，会加重人工和时间成本。在 SDN 出现之前，人们普遍认为基于传统的网络架构实现自动化的加载和配置网络是一个巨大的挑战。伴随着 SDN 的出现，这种观点被打破了。在 SDN 中，控制平面将各种网络设备诸如交换机、路由器、网络地址转换器、防火墙、负载均衡统一为一个个的单点，可以通过软件控制实现网络设备的自动化。基于这种方式，我们可以通过编程的方式配置整个网络并且根据网络状态进行动态优化。

（2）提升网络性能：在网络运营中，有一项关键指标是最大限度地利用基础设施资源。然而，在单个网络中存在着多种网络设备和技术以及多种用户利益关系，要想从全局优化整个网络性能是一件非常困难的事。传统网络中通常聚焦于网络中的某个子集或者用户体验质量进行性能优化。这种方式为了不造成冲突，基于同层的信息实现优化，最后的整体性能欠佳。反观 SDN 则可以实现全局范围内的网络性能提升。SDN 可以通过全局网络视图获取到不同层的网络信息进行信息交换并且进行全局调度反馈给所有的网络层。因此，许多在传统网络中具有挑战性的性能优化问题都可通过适当的集中式算法进行解决。SDN 给一些经典问题带来了解决方案,如流量调度、端到端拥塞控制、负载均衡路由分组、有效节能运营、服务质量支撑等,可以便捷开发并且易于部署和验证其有效性。

（3）网络创新性:伴随着网络持续不断的发展,未来网络应当鼓励创新,而不是尝试预测和满足未来的应用需求。然而在传统网络中,任何创新想法和设计都会面临试验、部署、测试等各方面的挑战。这里面最大的障碍来自传统网络中使用了固有硬件,这种硬件未给实验验证提供改造功能。此外,即使是这些硬件设备可以提供实验所需的改造特性,但它们通常是在一个单独的简化测试平台中实现,这些实验并不能给工业化的想法和网络设计提供足够多的验证参考。相比之下,SDN 通过提供可编程网络平台达到新型应用的测试、部署和灵活便捷的新型服务模式鼓励创新性。高可配置的 SDN 网络提供了一个允许在真实环境中允许进行隔离虚拟网络实验的环境。创新想法通过这种方式可以无缝地从实验阶段过渡到运营阶段,可以极大程度地降低网络创新成本。

2. 南向协议与转发设备

SDN 网络具有可编程特性,即控制器可以通过南向接口灵活控制数据平面的转发逻辑,具体的南向协议有 OpenFlow 协议、OF-CONFIG 协议、NETCONF、P4 语言等,其中 OpenFlow 协议与 P4 语言是最主要的两种,本小节将具体介绍这两种南向接口以及对应的转发设备。

1) OpenFlow 协议

OpenFlow（OF）协议最早由斯坦福大学提出,目前知识产权由开放网络基金会（Open Networking Foundation,ONF）持有。OF 协议是一种提供在 SDN 控制器和转发设备之间通信的标准协议。SDN 控制器通过 OF 协议下发转发规则和安全规则到数据平面的转发设备,实现控制器对数据平面的路由决策、流量控制,转发设备也通过 OF 协议上报数据平面的事件,实现双向的通信。

OpenFlow1.0 版本的具体架构如图 2-10 所示[8],包含流表、安全通道和 OpenFlow 协议三个核心元素。安全通道是连接 OpenFlow 交换机到控制器的接口。控制器通过这个接口控制和管理交换机,同时控制器接收来自交换机的事件并向交换机发送数据包。交换机和控制器通过安全通道进行通信,而且所有的信息必须按照 OpenFlow 协议规定的格式来执行。当 OpenFlow 交换机接收到数据包时,首先在流表上查找转发目标端口。

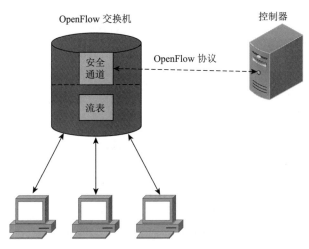

图 2-10 OpenFlow 1.0 的架构原理

OF 协议通过流表的结构来实现对数据包的匹配与转发，一张流表包含多条流表项，OF1.0 的流表结构如图 2-11 所示，当 OF 交换机收到一个数据分组时，首先通过分组头域匹配流表项，若成功匹配已有的流表项，则根据表项中的动作处理该数据包，如果没有匹配，则将该数据包转发给控制器，由控制层决定处理动作。

分组头域	计数器	动作

图 2-11 OF1.0 流表结构

具体到流表匹配规则，OF 协议基于传统网络协议的报头结构，通过由多个网络协议的报头组成的多元组来标记一个数据包，在 OF1.0 版本中，这个多元组是 12 元组，如图 2-12 所示，提供了 1~4 层的网络控制信息，入端口信息属于物理层的标识，以太网和 VLAN 相关的字段属于链路层的标识，IP 地址、分组类型和服务类型属于网络层的标识，传输层端口信息属于传输层的标识。随着 OF 版本的更新，OF 支持的网络协议类型不断补充，用于匹配数据包的多元组条目也增多，OF1.3 版本增加到 40 个。OF 协议提供了丰富的数据包匹配字段，打破传统网络单个网络协议的限制，可制定更复杂的流量控制机制。

入端口	以太网源地址	以太网目的地址	以太网帧类型	VLAN标识	VLAN优先级	源IP地址	目的IP地址	IP分组类型	服务类型	传输层源端口	传输层目的端口

图 2-12 OF1.0 的 12 元组

从第一个正式商用版本 1.0 开始，OpenFlow 先后推出了多个版本，不断丰富 OpenFlow 协议的功能，具体的演进过程如表 2-1 所示。

表 2-1　OpenFlow 协议版本演进

版本	描述
OpenFlow 1.0（2009）	只支持单流表。每个 OpenFlow 交换机中，都只有一张流表，用于数据包的查找、处理、转发，只能在同一台控制器进行通信。流表由多个流表项组成，每个流表项就是一个转发规则。流表项由匹配字段、计数器和动作组成。只支持 IPv4
OpenFlow 1.1（2011）	1.1 版本支持多级流表，形成流水线处理流表匹配的各个过程，能够避免单流表过度膨胀问题（太长的问题），也能更好地利用硬件内部固有的多标特性，1.1 版本和 1.0 版本不兼容
OpenFlow 1.2（2011）	下发的匹配字段不再是固定长度的结构，而是采用 TLV 结构＜TLV（Type，Length，Value）三元组＞，并且定义匹配字段，称为 OpenFlow 可扩展匹配。同时，该协议规定一台交换机可以和多台 Controller 连接，增强可靠性。可以通过 Controller 命令消息变换角色。并且从 OpenFlow1.2 开始支持 IPv6 协议
OpenFlow 1.3（2012）	IPv6 扩展头：可以检查是否存在逐跳、路由、分段、目的选择、身份验证、加密安全性有效载荷、未知扩展头。支持 MPLS 栈底比特匹配。支持 MAC in MAC。支持的匹配关键字增加到 40 个，足以满足当时的网络应用需求。增加了计量（Meter）表，以此控制关联流表的数据包的传输效率。交换机和控制器之间需要根据自身需要协商支持的 OpenFlow 版本。该版本为长期支持的稳定版本
OpenFlow 1.4（2013）	增加流表同步机制，能够让多个流表可以共享相同的匹配字段，而且还可以定义不同的动作
OpenFlow 1.5（2014）	主要变化是流水线的处理流程。在入向匹配的基础上增加了出向匹配的过程

2）P4 语言

（1）基本概念。

P4（Programming Protocol-Independent Packet Processors）语言是由 Bosshart 等提出的一种用于处理数据包转发的高层抽象语言[9]，为 SDN 提供了一种应用范围比 OpenFlow 协议更广的南向接口。P4 语言的提出目的是解决 OpenFlow 协议存在的可编程性不足、可扩展性差等问题。如前面提到的，OpenFlow 协议为了兼容更多的网络协议，从 1.0 版本更新到了 1.5 版本，匹配域也从原来的 12 元组扩充到了 45 元组，而 OpenFlow 协议本身并不支持弹性地增加匹配域，每次版本更新都需要重新编写协议栈，对控制器和转发设备进行升级，这样高昂的升级成本增加了版本更迭的难度，不利于 OpenFlow 的推广与扩展。相较于 OpenFlow，P4 不仅可以定义数据包的转发规则，更提供了对交换机等网络转发设备的 SDN 数据平面的编程接口，实现了在设备层对数据处理流程进行软件定义。华为 POF（Protocol Oblivious Forwarding）的提出也具有类似的目的。

文献[9]中提到 P4 语言主要有以下三个目标。

①可重配置性（Reconfigurability）。P4 应在保证数据平面转发无中断的前提下，灵活定义转发设备数据处理流程以及重配置。OpenFlow 能通过流表项匹配对数据包进行对应动作处理，具有一定的转发规则定制能力，但无法重新定义交换

机处理数据的逻辑，每次增加新的网络协议支持，都必须下线相关设备，进行重新配置和升级，再重新部署上线，无法实时地增加新协议。P4 语言的一大突出特点则是支持数据包处理逻辑即时编程的能力，相较于 OpenFlow 协议，实现更彻底的可编程特性。

②协议无关性（Protocol-Independence）。P4 语言可以自定义数据处理逻辑，控制器对转发设备进行编程配置，实现对应的协议处理逻辑，数据的处理逻辑最终体现为对应的匹配规则和动作，从而被转发设备理解和执行。在这个过程中，转发设备无须理解特定的协议格式与语义，即协议无关性。

③目标设备无关性（Target-Independence）。使用 P4 语言进行网络编程无需关心底层转发设备的具体信息。P4 的编译器会将通用的 P4 语言处理逻辑翻译成设备所能理解的机器指令，并将其写入转发设备，完成配置和编程。

（2）P4 交换机处理流水线。

P4 交换机中的处理流水线如图 2-13 所示，包含解析器、逆解析器、输入处理器、输出处理器，以及元数据总线五大组件。

①解析器（Parser）：将数据包转化成元数据。

②逆解析器（Deparser）：将元数据转化成序列化的数据包。

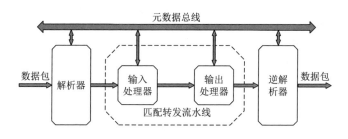

图 2-13　P4 交换机流水线示意

③输入处理器（Ingress）：处理输入数据中的逻辑，可通过查表匹配逻辑决定处理行为。

④输出处理器（Egress）：处理输出数据中的逻辑，可通过查表匹配逻辑决定处理行为。

⑤元数据总线（Metadata Bus）：在流水线内存储数据信息。

在 P4 交换机的流水线中，P4 语言通过解析器对报头进行解析，转化成可匹配的元数据，数据处理流程包括输入输出两部分，执行用户定义的处理逻辑。由于 P4 语言中基础数据处理单元不记录数据，需要元数据总线来存储一条流水线处理过程中需要记录的数据。

（3）P4 的工作流程。

图 2-14 介绍了 P4 的工作流程，用户首先需要自定义数据帧的解析器和流控制程序，得到 test.p4（test 为自定义的文件名），然后编译 P4 程序 test.p4 得到 JSON 格式的交换机配置文件 test.json，以及控制面与数据面的接口配置文件 test.p4info。再将 test.json 载入交换机中，对解析器和匹配/动作表进行更新，最后转发设备根据用户自定义的流控逻辑对数据包进行处理。同时，接口配置文件 test.p4info 需要更新控制面和 P4 的运行时（Runtime）服务，完成控制面对交换机控制接口的更新。

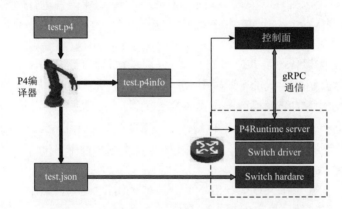

图 2-14　P4 的工作流程

2.4.2　SDN 与网络虚拟化

SDN 的出现给网络虚拟化的实现提供了新的解决方案。传统的网络虚拟化技术如 VLAN、VPN 以及覆盖网络，大多是通过协议封装在物理网络上提供互相隔离的虚拟专用网络，需要手动部署，效率较低，人力成本很高。SDN 通过改变传统网络架构的控制模式，极大解放了网络控制能力，通过 API 来编写程序，从而实现自动化的业务部署，大大缩短业务部署周期，同时也可随需动态调整，总而言之，SDN 可以为网络虚拟化开放更强的资源控制能力，实现更细粒度的虚拟化。

SDN 与网络虚拟化的结合主要有以下两种常用的形式。

1）改良式方案

改良式方案的特点是结合 SDN 集中控制的特点与传统的覆盖虚拟化方案，数据平面基于覆盖网络进行虚拟化，继续利用传统网络进行底层数据传输，SDN 提供集中控制的架构，实现更灵活的覆盖虚拟化部署。改良式方案由于具有不需要对底层网络做出大量更新、易于部署的特点，在数据中心以及广域网的虚拟化方案中得到了广泛应用。

2）颠覆式方案

颠覆式方案的特点直接摒弃传统网络的基础设施，在数据平面采用新型的可编程交换设备，如 OpenFlow 交换机、可编程设备等，由于颠覆式方案的数据平面采用了可控能力更好的交换设备，管理者可对数据包的传输进行逐跳管控，拥有更灵活的转发策略定制能力，但需要组建新的底层数据平面，部署成本较高，暂时未得到大规模的部署，主要应用在实验性网络中。

2.4.3　基于 Hypervisor 的 SDN 虚拟化

SDN 网络虚拟化改良式方案的 Overlay 虚拟化特点已在 2.3.1 小节介绍，接下来我们将具体介绍颠覆式的 SDN 网络虚拟化方案。SDN 与传统 IP 网络主要的区别在于，传统网络的交换机或路由设备需要大量的手工配置，无法在不升级设备的情况下对数据层的转发策略进行修改，而 SDN 控制器可以直接通过南向接口对 SDN 交换机的状态进行实时监测，对转发策略进行集中控制与在线更新。SDN 的控制器就像计算机的操作系统能够灵活地调度底层的物理资源，具有可编程性。因此，构建虚拟 SDN（vSDN）也可以采用计算机虚拟化中的 Hypervisor 模式，在控制层与数据层之间增加一个虚拟化层（Hypervisor）来实现网络虚拟化的功能[10]。

1. 基本介绍

1）虚拟化层的概念

1.2.1 小节已经对 Hypervisor 作了初步介绍，在计算机虚拟化中，Hypervisor 是专门负责虚拟化功能的管理程序，其主要功能是创建、管理虚拟机，并给虚拟机分配物理资源（如 CPU、内存等）。SDN 同样也可以设置一个虚拟化层，负责管理虚拟网络并将网络资源（例如，链路容量和交换节点中的缓存容量）分配给每个虚拟网络，如图 2-15 所示，Hypervisor 通过南向接口（如 OpenFlow 协议）管理数据平面，同样也通过南向接口与上层的 vSDN 控制器进行交互，换而言之，对于底层数据平面而言，Hypervisor 相当于控制器，对于 vSDN 的控制器而言，Hypervisor 相

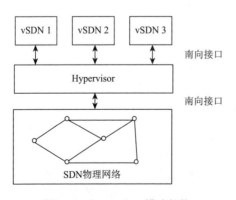

图 2-15　Hypervisor 模式架构

当于数据平面，Hypervisor 位于控制层与数据层之间，充当着两者的代理，实现对 vSDN 的资源管理与隔离。

2）虚拟化层的功能

在 SDN 虚拟化网络中，虚拟化层主要负责抽象底层网络，建立相互隔离的虚拟网络，并维持虚拟网络与所分配的物理资源之间的映射关系。一张虚拟网络也通常被称为一个网络切片（Slice）。虚拟化层的主要功能可概括为"抽象"与"隔离"。

抽象通常被定义为将事物的一般属性、特点进行总结归纳。SDN 虚拟化网络中的抽象则是提取组成底层网络的基本元素，虚拟化层负责上层控制器与这些底层物理资源的抽象进行交互。物理网络主要可抽象出三个基本属性，分别为网络的拓扑结构、物理节点资源、物理链路资源。网络拓扑包括组成网络拓扑的节点与链路。物理节点资源包括转发设备的 CPU、流表等，物理链路资源包括链路带宽、队列、缓存等。

隔离是保证虚拟网络之间的基本运行和性能不相互干扰，具体而言，从网络基本运行的角度出发，用户控制器的控制范围应限于自己的虚网，下发的控制指令和流表不能干扰其他切片的运行，切片的相关信息也只能被对应用户控制器接收、处理，这主要涉及网络拓扑的隔离、切片地址空间的隔离等问题。进一步地，从网络性能的角度而言，网络切片的运行性能不能相互干扰，例如，如果一个切片占用网络设备的 CPU 太多会影响到其他切片的数据处理性能，因此虚拟化系统需要对每个切片占用的计算资源做出控制。这主要涉及链路带宽的隔离、交换机 CPU 的隔离等问题。从 SDN 网络的整体结构出发，切片隔离问题可以分成三个部分：控制层的隔离、数据层的隔离以及切片地址空间的隔离。

除了抽象与隔离这两个基本功能之外，SDN 虚拟化网络中的虚拟化层通常还需要满足透明性的要求，即不管是从上层的用户控制器的角度来看还是从下层物理网络的角度来看，虚拟化层都是不可见的。具体而言，对于用户控制器而言，虚拟化层就如同底层的交换机。对于底层的物理网络而言，虚拟化层就如同上层的控制器。虚拟化层是位于控制层与数据层之间的透明代理。透明性所带来的最大的好处就是上层用户控制器的设计不需要考虑虚拟化层中的实现细节，底层的交换机也不需要因为虚拟化层而做额外的配置改动。

3）切片的识别与标识机制

不同网络切片的流量都由同一张物理网络承载，为了保证切片的运行不受到其他切片的干扰，必须设计一个机制使得网络设备能识别出不同网络切片的流量。需要解决的问题主要有两个，其一是流量入网时的识别机制。其二是流量在网络中传输时的标识机制。不同的切片的识别与标识机制也对应了不同的切片地址空间的隔离程度。用于标识切片的机制主要有两种，第一种是利用流空间（Flowspace）来标记切片，第二种是利用固定字段来标记切片。

（1）基于流空间：流空间的概念在 FlowVisor[11]中被首次提出。基于 OpenFlow 协议中匹配域的 N 元组（N-tuples），流空间被定义为 N 元组空间的一个子集，符合同一个流空间特征的流量组成一个网络切片，比如规定 TCP 端口号为 80 且源地址 IP 为某个用户集内的流量组成一个切片。根据流量特征或用户需求，设置特定取值的 N 元组来划分网络切片。这种切片标识方式灵活性很高，且充分利用了 OpenFlow 协议提供的灵活度。基于流空间的切片标识机制最主要的缺点是保证切片相互隔离的前提下，切片之间无法共享流空间。因为数据包报头的部分字段起到了标识切片的作用，为了不发生流量泄漏（原不属于某个切片的流量被该切片所识别），流空间需要保证唯一性，同时虚网用户也不能随意修改数据包的报头域。除此之外，这种机制的隔离性能也难以得到充分保证，由于匹配规则的灵活性，要保证流空间相互不重叠需要较为复杂的机制，配置稍有差错很有可能导致流量泄漏。

（2）基于固定字段：不同于流空间灵活的配置规则，基于固定字段标识机制较为传统，直接指定报头域中的一个字段作为切片标识字段，每个切片在一定的识别域内都有一个唯一的标识符，保证网络设备能唯一地识别流量。这种方式相较于基于流空间的标识机制缩小了标识域的范围，标识域外的字段因为不影响切片的隔离，从而能被用户使用，用户能共享同样流空间而不相互干扰。常用的切片标识字段主要是二层的字段，如 VLAN 字段、MPLS 字段、MAC 地址字段等。基于固定字段的标识机制简单有效地保障了网络切片的隔离性，但明显的缺点是被占用的字段无法被用户修改。

4）拓扑虚拟化

拓扑虚拟化的目标是使用户在制定虚拟网络拓扑时，能够不考虑物理网络拓扑的限制，且控制器只能观察到对应切片的拓扑。换言之，拓扑虚拟化所关心的问题可以概括为网络拓扑主要元素的抽象以及对拓扑发现机制的处理。

（1）节点的抽象：为了尽可能接近虚拟网络拓扑与物理网络拓扑解耦的目标，考虑可能阻碍这个目标的情况。主要分为两种情况，当请求的拓扑节点数大于物理网络中的节点数时，需要将一个物理节点虚拟成多个虚拟节点来满足请求的拓扑，简称为"一虚多"。当请求的拓扑中有部分节点的物理资源过大时需要将多个物理节点虚拟成一个虚拟节点来满足申请的资源额度，简称为"多虚一"。目前，"一虚多"的场景相较"多虚一"更为常见。

（2）链路的抽象：在链路虚拟化中，虚拟链路和物理链路可能的对应关系有两种，其一是一条虚拟化链路可能由多条物理链路组成，其二是一条物理链路也可能被虚拟化为多条虚拟链路，虚拟化层负责维护虚拟链路与物理链路之间的对应关系。

（3）拓扑发现：当网络的基本元素被抽象后，还需要保证用户控制器只能发现所对应切片的拓扑，因此虚拟化层还需要对拓扑发现机制进行改进，在 SDN 中，常用链路层发现协议（Link Layer Discovery Protocol，LLDP）进行拓扑发现，虚拟化层为了给用户控制器呈现与其切片拓扑对应的拓扑视图，需要对相关消息进行改写。

5）虚网性能的隔离

如前面所述，除了完成网络基本通信功能的虚拟化外，还需要保证网络性能的隔离，即一个虚网内部的状态不能影响其他虚网的运行性能。可从数据层和控制层两个角度考虑，在数据层中，节点和链路中影响网络性能的元素都应当被隔离，例如，物理节点中的 CPU 和流表资源，物理链路中的带宽、队列以及缓存资源等影响 QoS 的要素。在控制层中，影响虚网控制层性能的因素主要分为两类，一类是计算资源，如 CPU，决定了虚拟化层中数据包的处理和传输性能，另一类是存储资源，影响了控制层的缓存性能。这两类资源都需要合适的机制进行隔离，保证各个虚网控制层性能的相互独立。

2. 实例

本小节将介绍三个典型的 SDN 虚拟化实例，即 FlowVisor、OpenVirteX 和 Hyper4。其中，前两个是基于 OpenFlow 协议实现的方案，Hyper4 是基于 P4 语言的虚拟化实例。

1）FlowVisor

FlowVisor 是由斯坦福大学的研究者提出的第一个基于 OF 协议，用于虚拟化和共享 SDN 网络的虚拟化软件，斯坦福大学当初推出 FlowVisor 的主要目的是让实际使用的网络和实验网能在同一张物理网络上运行。因此，FlowVisor 重点关注如何隔离实验网和实际使用的网络的流量，让两者的运行互不干扰。

关于切片的识别与标识机制，FlowVisor 提出了流空间的概念，正如前面所介绍，满足同一个流空间特征的流量属于一个切片，通过配置不重叠的流空间来保证切片间的隔离。

关于拓扑虚拟化，FlowVisor 通过检查、重写、配置用户控制器与底层交换机之间的 OpenFlow 消息来实现。根据资源的分配策略、消息类型、目的地址以及消息内容，FlowVisor 来决定是将消息不做改变传递，或重写之后再传递，还是返回基于 OpenFlow 协议的错误信息。针对用户控制器发送给交换机的消息，FlowVisor 必须保证该消息只能影响到切片内的流。相反地，针对交换机发送给用户控制器的消息，FlowVisor 必须确保该消息只能被对应控制器收到。特别地，在 SDN 中，控制器通常使用 LLDP 消息来实现拓扑发现机制，在虚拟化场景中，FlowVisor 通过解析，加工 LLDP 消息使得上层用户控制器只能发现对应切片的拓扑。然而，FlowVisor 中的拓扑虚拟化并不完整，并没有把拓扑完全抽象出来，切片拓扑被限制在实际网络物理拓扑的子集中，换而言之，FlowVisor 并不支持节点虚拟化和链路虚拟化。

关于虚网性能的隔离，FlowVisor 通过设置 VLAN PCP（Priority Code Point）字段来实现带宽隔离，VLAN PCP 字段一共 3bit，FlowVisor 将属于同一切片的流量映射到 8 个 VLAN 优先级中的一个，通过优先级队列保障各个切片的带宽。关于交换机 CPU 的隔离，从两个角度考虑，首先是新的流到达，交换机中若没有相应的匹配流表，则需要上报给交换机处理，如果一个切片新的流太多，交换机需要频繁向控制器上报 Packet in（OpenFlow 协议中用于处理匹配失败报文的消息）消息，占用的 CPU 过多将影响其他切片的流处理，FlowVisor 通过限制一个切片中新流的到达速率来解决这个问题，若发现某个切片中新的流的到达速率过高，则下发相应的流表在短时期内丢弃这些新到的流。类似地，控制器给交换机下发消息的速率同样也被限制以防占用过多的 CPU 资源。关于交换机内流表项的隔离，与隔离交换机 CPU 的思路一致，限制每个切片能够下发的流表项的数量。关于 OpenFlow 控制消息的隔离，FlowVisor 通过重写 OpenFlow 消息的传输 ID 来保证不同控制器的消息的传输 ID 不会重叠。

2）OpenVirteX

OpenVirteX[12]是由 Open Networking 实验室推出的基于 FlowVisor 架构的 SDN 网络虚拟化平台。OpenVirteX 主要在切片标识机制和拓扑虚拟化两个方面做出了改进。

关于切片的识别与标识机制，相较于 FlowVisor，OpenVirteX 选择用 MAC 字段来标记切片，由于 SDN 的特点，控制器能直接下发转发规则，MAC 地址对转发决策并不像在传统网络中那样起决定性作用，因此 MAC 地址也能在转发过程中被修改。MAC 地址占的字段一共有 48 位，OpenVirteX 重写源 MAC 后 24 位用以携带切片标识信息。相较于常用的 VLAN 字段，MAC 字段较长的字节长度扩大了租户容量。在出口交换机中，被修改的 MAC 字段将被还原为用户自定义的值。通过重写 MAC 地址的机制，用户拥有了完整的流空间，但在实际转发过程中，用作切片标识位的 MAC 字段不能被修改。

关于拓扑虚拟化中的拓扑抽象，OpenVirteX 提出了新的思路，由于 OpenVirteX 知道全部虚拟网络的拓扑信息，因此当 OpenVirteX 收到来自用户 LLDP 消息时，可以伪造相应的 LLDP 回应消息并直接发送给用户控制器，而不用将 LLDP 消息转发到实际物理网络中，这样做的好处主要有两点：首先无论切片数量有多少，实际物理网络中的 LLDP 消息保持不变，节省了链路带宽；其次，OpenVirteX 可以向用户虚拟任意的拓扑形状。

3）Hyper4

Hyper4[13]是一种基于 P4 语言实现数据平面虚拟化的通用程序。Hyper4 对 P4 语言进行了扩展，可以在支持 P4 的设备中实现网络切片的功能，即实现不同用户的隔离，每个用户所属的切片可以使用不同的协议，或实现不同的网络功能。Hyper4 实现网络切片的基本逻辑是实现在一个转发设备中存储并运行多个 P4 程序段，不同程序片段执行着不同的网络功能，各个程序之间可以形成一个虚拟网络。相比于基于 OpenFlow 的虚拟化方案，利用 P4 进行数据平面的虚拟化能更大程度地发挥数据平面的可编程能力，灵活性更高。

2.5　无线网络虚拟化

网络虚拟化技术在有线网络中已得到了广泛的应用，这些技术手段能在相同物理基础设施上虚拟出相互隔离的虚拟网络供不同用户使用，目前已有的技术包括虚拟局域网、多标签协议交换、异步传输模式和软件定义网络等。

无线网络资源虚拟化的关键问题是如何将网络底层各个维度的资源与网络需求相匹配，虚拟网络对资源的需求也可以划分为多个维度，而且网络底层的各维度必须要大于虚拟网络对各个维度的资源的需求。另外，无线网络虚拟化也存在特有的挑战，即无线网络易受环境影响而对信号造成衰减，并且无线链路具有广播性质，一个节点发出的无线电信号可以被其他多个节点获取。因此，需要通过时间、频率或者码字等多个正交的维度来区分无线信号，以降低多条无线链路之间的干扰。在无线网络虚拟化中，虚拟化节点和链路也需要通过不同的维度（时间、频率、空间、码字等）来避免不同虚拟链路之间的干扰。

2.5.1　无线网络虚拟化架构

无线网络虚拟化的架构如图 2-16 所示。总的来说，无线网络虚拟化架构由四部分组成：无线频谱资源、无线网络基础设施、无线虚拟资源和无线网络虚拟化控制器。

1）无线频谱资源

无线频谱资源是无线通信中最为重要的资源之一，其本质是一种在一定条件下可以重复利用的，不可消耗的人类共享的宝贵自然资源。无线频谱资源具有两个特点：①可用的频谱资源总量有限；②由于无线通信的广播特性，同一频段的频谱资源在被多个系统同时同地使用的时候会产生相互干扰。

频谱共享技术能够更好地利用可用的射频或频谱，频谱由包括用户设备（UE）的各种实体共享，以解决对移动通信增加的需求。在频谱共享过程中，第一移动网络拥有者（MNO）具有或拥有频谱，然而该频谱在地理位置中的一段时间内不被使用，因此在这段时间内该频谱可以被分配给该地理位置中的另一 MNO 或被许可方并被其使用。但是，由于政策和市场的原因，频谱共享在蜂窝网络中不甚流行，无线网络虚拟化正重新强调频谱共享的概念以促进全面虚拟化。

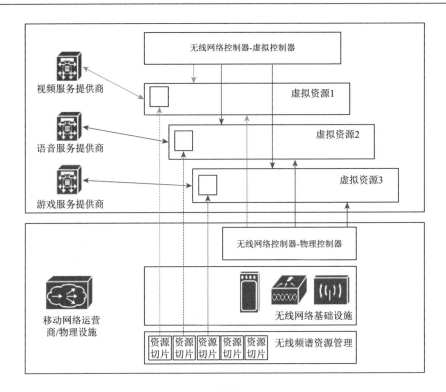

图 2-16　无线网络虚拟化架构

2）无线网络虚拟化控制器

无线网络虚拟化控制器用来实现提供给服务提供商（Service Provider，SP）的虚拟切片的定制、可管理性和可编程性。通过无线虚拟化控制器，控制平面从数据层面解耦出来，并且 SP 能够定制自己的虚拟切片内的虚拟资源。

无线网络虚拟化控制器在功能性上需要有 QoS 映射、资源抽象和分配、移动性管理等功能。首先是 QoS 映射，控制器需要能够将不同的业务种类的时延、带宽等需求动态地从网络高层映射到底层的物理网络中；其次是资源抽象，控制器需要用统一的评估准则和量化的评估参数描述底层网络资源，并且从逻辑上将物理网络资源抽象并构建一个虚拟的网络资源池；然后是资源分配，控制器需要将虚拟资源池中的网络资源按照用户的业务需求分配给不同的用户；最后是移动性管理，由于无线网络的用户具有移动性，因此为了保证防止信号中断影响用户体验，需要对用户的移动性管理机制进行设计。

SDN 网络控制器具有可编程和结构体系较好的优势，利用 SDN 去部署实现网络虚拟化得到了越来越多的重视。数据平面和控制平面分离的架构使得 SDN 可以实现两种不同级别的网络虚拟化，即数据平面虚拟化和控制平面虚拟化，其中控制平面的虚拟化实现了 SDN 的控制器部分的虚拟化,从而能够提供功能更加强大的 API。

3）无线网络基础设施

无线网络基础设施是指整个无线物理底层网络,包括地址（塔和天线）、基站（蜂窝网络中的宏蜂窝、小蜂窝、中继、射频、基带处理器、无线资源控制器等）、接入点、核心网络元件（网关、交换机、路由器等）,以及传输网络（RAN 和 CN 之间的回程链路）。这些通过物理方式实现的基础设施组件是无线网络的基础,并占据了大多数的移动网络运营商的投资。

4）无线虚拟资源

无线虚拟资源是将无线网络基础设施和频谱分割成多个虚拟切片形成的。无线网络虚拟化将无线网络基础设施资源和无线电资源抽象成无线虚拟网络资源,并被相互隔离的角色使用,从而实现无线资源抽象、切片、隔离和共享。

2.5.2 无线网络虚拟化关键技术

1. 基站虚拟化技术

基站虚拟化技术可通过基站集中式放置、基站间协作以及分布式天线实现,根据基站服务区域的实际需求,为基站动态分配无线资源和配置系统参数,提升基站处理能力和效率,大幅降低成本和提升系统性能。

虚拟化基站主要由虚拟化基础设施、虚拟网络功能和基站虚拟化编排器 3 个域构成。虚拟化基础设备包括计算、存储和网络硬件资源,如通用计算设备、交换、存储设备,也包括专用射频设备、天线等;虚拟网络功能是无线协议功能的软件实现,运行于虚拟化基础设备之上,如 LTE 协议栈功能、MEC 等的逻辑实现;基站虚拟化编排器实现对虚拟化基础设备和虚拟网络功能的管理,支持虚拟化的物理/软件资源和虚拟网络功能的生命周期管理。

2. 动态频谱管理

无线网络由于易受环境影响而对信号造成衰减并且无线链路具有广播性质,会导致用户使用频谱时由于自身的信道衰落特性不同,管理的载波和功率也会不同。同时对于衰落较差的信道,其管理的结果可能达不到用户的通信需求。因此,无线网络虚拟化中的动态频谱管理与普通的动态频谱管理相比具有一定的共性和特性,在设计动态频谱管理算法时必须给予充分考虑。

动态频谱管理问题一直是国内外理论研究的热点。较为常见的主要有基于图论的动态频谱管理模型、基于定价拍卖的动态频谱管理模型和基于博弈论的动态频谱管理模型等。

（1）基于图论的动态频谱管理模型。

基于图论的动态频谱管理模型的理论基础是图论着色模型，该模型主要用于分布式网络结构。应用图论着色模型时，多个可用频域信道作为不同颜色，信道与颜色一一对应；在某个信道上两个相互干扰时，则这两个对应的顶点间有连线，作为图的边，并且边的颜色就是该信道对应的颜色。当两个在某信道上相互干扰时，这两个不能同时接入该信道，即当两个不同顶点间存在某颜色的边的时候，这两个顶点不能同时着色为该颜色。

基于图论的动态频谱管理算法是先利用图论模型将网络中的节点抽象出来，考虑在干扰等限制条件存在的情形下，设计动态频谱管理算法满足尽可能多的认知用户的通信需求，以此提高频谱的利用率。

（2）基于定价拍卖的动态频谱管理模型。

在无线网络虚拟化环境下的定价拍卖模型中，资源分配的参与者主要包括基础设施提供商（Infrastructure Provider，InP）、SP、经济中间人（Broker）。InP的主要职责是部署和管理底层网络资源，不同的InP之间的区别在于提供资源的覆盖范围、数量和质量，对资源的操作和控制能力等。SP的主要职责是提出虚拟网络请求，租用底层网络资源，通过对分配的网络资源进行编程、部署，创建虚拟网络，为终端用户提供专业服务。Broker的主要职责是提供一个公平的交易平台，满足和自身利益时，尽可能使系统的交易剩余量最大化。

定价拍卖的赢家胜出的规则是最大化代表收益的效用函数，包括最大化系统吞吐量效用公平、时间公平等。在一个拍卖回合中，SP分别对频谱定价投标，由网络中心根据效用函数确定得标者。在拍卖竞价模型中，SP是自私、理性用户，以非合作方式进行竞价；通过网络中心实体根据竞价拍卖后，实现网络收益最大化，达到合作式频谱共享的目的。

（3）基于博弈论的动态频谱管理模型。

博弈论是一套广泛地应用于微观经济学的数学工具，它可以为不同应用场景的决策选择问题提供数学依据。当SP以最大化自身利益为目标时，SP竞争有限的频谱资源；并且由于SP的认知能力和重配置能力，能够基于认知到的频谱动态性和其他用户的决策，智能地决定频谱接入策略以及传输参数。这种智能竞争行为是博弈论的典型应用场景，将博弈论引入无线电通信的研究中，可以分析动态资源管理的问题。

博弈模型有三个要素：游戏者、效益函数和策略空间。在动态频谱管理问题中，SP作为游戏者，系统容量、公平性和频谱使用率等目标作为效益函数，功率和频谱分配策略作为策略空间。利用博弈论进行动态频谱共享分析时，需要确定算法是否具有稳定状态以及博弈的均衡（Equilibrium）是否存在。纳什均衡是博弈论最基本的均衡，又称为非合作博弈均衡，指博弈的参与者达到一种稳定状态，在这种状态下，所有参与者均不再改变自身策略，因为改变策略后参与者并不能获得更高的收益。达到纳什均衡时，系统的资源管理则被认定为有效。

2.6　网络虚拟化中的资源分配算法

当前，网络虚拟化技术通过将物理设备的资源分区，实现了大量网络节点、链路和功能的虚拟化，同时这些网络要素互联形成拓扑结构，组成了虚拟网络。考虑到节点、链路和网络功能设备的资源约束、位置/拓扑约束和业务需求的约束，网络虚拟化中的资源分配十分复杂，研究资源分配算法十分必要。本节主要介绍当前网络虚拟化的资源分配策略，面向虚拟网络和网络功能虚拟化两种场景，分为虚拟网络映射算法和网络功能服务链映射算法。

虚拟网络的基础是底层物理基础设施，包括节点和链路。底层物理基础设施的链路可以是光纤、铜线或无线连接，节点是诸如路由器、交换机、服务器和接口等网络设备。物理网络的物理资源通过分区或切片进行虚拟化，然后这些资源可以被分配给多个虚拟网络，然后节点成为虚拟节点，链路经过切片成为虚拟链路。这意味着在硬件条件允许的情况下，建立在物理基础架构上的虚拟网络可能会运行不同的协议，如 ATM、IPv4 和 IPv6。

物理基础设施可能有多个管理方，并且提供多个虚拟化网络。底层物理基础设施中的资源是经过切片后的，它们可以构建起更上一层的虚拟网络，这样可以保证虚拟网络之间彼此隔离独立。根据其在网络中的位置进行分类，节点可以分为边缘节点、核心节点和边界节点。边缘节点通常是基础设施提供商，并连接最终用户。核心节点是网络的主要转发引擎，边界节点是不同网络域之间边界的节点。底层网络之上是虚拟网络。根据客户需求，虚拟网络可以动态地进行设置和删除，而客户不需要知道底层基础设施的构建方式以及其跨越的网络域。此外，网络虚拟化有助于增强底层物理基础设施的利用率，虚拟网络不需要运行相同的协议，这显著简化了新技术的引入。

除了转发节点以外，网络运营商在网络中部署了大量具有特定功能的网络中间件，如转码器、防火墙和负载均衡器等。随着网络虚拟化的进一步发展，这些网络功能被虚拟化，与专有硬件进行解耦，可以在通用硬件上通过软件实现，这被称为网络功能虚拟化。

面对不同用户对虚拟网络或网络功能服务链性能的不同需求，在建立虚拟网络的过程中，服务提供商需要基础设施提供商确保虚拟路由器、虚拟链路或者网络中间件的资源被合理分配。在虚拟路由器和网络中间件属性方面，基础设施提供商需要确保 CPU 处理分组的最低速率，具体的磁盘存储空间，以及内存的下界等属性。虚拟链路方面，基础设施提供商需要确保物理链路的最高带宽和固定损失与延迟特征。为了提供这些保证，基础设施提供商需要使用一套合适的资源调度机制，以处理所有的网络资源。当资源不是固定分配，而是动态地分配给不断进入和离开的用户请求时，就更加需要简洁和有效的资源调度机制。

2.6.1　虚拟网络映射

当前网络的架构越来越僵化，运营商部署新型网络协议和新兴业务的成本越来越高，虚拟网络被用来解决这一问题。在未来网络的体系结构中，当前 Internet 服务提供商（Internet Service Provider，ISP）的角色分为基础设施提供商（InP）和服务提供商（SP）[14]。随着创新性技术和应用的出现，不同的租户可能具有差异化的网络要求，如特定的网络结构、端到端的时延保证和特定的网络协议等。SP 根据不同租户的网络服务需求生成不同的虚网请求，然后 InP 通过划分物理基础设施的资源创建不同的虚拟网络，虚拟网络之间不会互相干扰，从而为租户提供差异化的端到端服务。

随着软件定义网络和网络虚拟化的出现，运营商对物理基础设施的资源管控能力越来越强。网络虚拟化实现了物理基础设施的资源池化，而软件定义网络实现了控制平面和数据平面的分离，两种技术的结合实现了灵活的资源分配能力，集中的资源分配架构使得虚拟网络的部署更加快捷、灵活，并且可以充分地利用物理基础设施的资源，降低成本。这需要一套灵活高效的资源分配算法将物理基础设施的网络资源进行划分，按照需求分配给不同的虚拟网络，使虚拟网络具有不同的性能，满足租户差异化的网络需求。因此，虚拟网络映射问题是网络虚拟化资源分配的重要问题之一。

虚拟网络映射问题是指，如何在满足各种资源（如节点容量、链路带宽等）限制的条件下，将用户的虚网请求并行、高效、快速地映射至底层网络。虚拟网络映射的性能和效率将直接影响到网络虚拟化技术能否走向实际应用，因此具有重要的理论意义和应用价值。

1. 虚拟网络映射的基本概念

在一个网络虚拟化环境中，每一个虚拟网络都是一个被一组虚拟链路连接起来的虚拟节点的集合。一个虚拟节点被映射在一个特定的物理节点上，但是一条虚拟链路可能映射在底层网络的多条链路上。虚网映射技术就是来处理虚网请求，也就是把虚拟网络的节点和链路映射到物理网络的节点和链路上，并且物理网络有充足的资源来满足这个虚网请求。由于许多个虚拟网络共享一个底层网络，在线高效并准确地映射虚网请求对于提高底层网络的资源利用率来说是非常重要的。

　　然而，即使在离线状态下，虚网映射问题也被认为是一个 NP-hard 问题，由于虚拟节点和链路的约束，离线的虚网映射问题可以被简化为 NP-hard 多路径的分离问题。或者是在所有节点被映射完成之后，在链路带宽的约束下映射虚网链路到物理网络链路的问题依然是 NP-hard 问题，所以出现了一大批启发式算法，先利用贪婪算法进行节点映射，然后把重心放在链路映射的问题上。本章提出的基于位置的标签复用虚网映射算法也是基于此思想。

　　本节将介绍虚拟网络的映射模型。在虚网映射中，底层网络 SN 可以用一个无向图 G_S 来表示：

$$G_S = (N_S, E_S, J_S^N, J_S^E) \qquad (2\text{-}1)$$

其中，N_S 表示底层网络的节点集合；E_S 表示底层网络中的链路集合；J_S^N 表示底层网络中节点的资源的集合，本章中节点的资源用 CPU 表示；J_S^E 表示底层网络中链路的资源的集合，本章中链路的资源用带宽 BW 表示。

　　虚拟网络 VN 也可以用一个无向图 G_V 来表示：

$$G_V = (N_V, E_V, J_V^N, J_V^E) \qquad (2\text{-}2)$$

其中，N_V 表示虚拟网络的节点集合；E_V 表示虚拟网络中的链路集合；J_V^N 表示虚拟网络中节点的资源的集合，本章中节点的资源用 CPU 表示；J_V^E 表示虚拟网络中链路的资源的集合，本章中链路的资源用带宽 BW 表示。

　　虚网映射问题实质就是将虚拟网络 G_S 映射到物理网络 G_V 的一个子集上，其中物理网络的资源必须要大于虚拟网络的资源，令此操作为 O，有

$$O : (G_V, J_V^N, J_V^E) \rightarrow (G_S, J_S^N, J_S^E) \qquad (2\text{-}3)$$

　　另外，现在普遍的虚网映射问题都由节点映射和链路映射组成，有

$$O_N : (N_V, J_V^N) \rightarrow (N_S, J_S^N) \qquad (2\text{-}4)$$

$$O_E : (E_V, J_V^E) \rightarrow (E_S, J_S^E) \qquad (2\text{-}5)$$

其中，物理网络的节点资源必须大于虚拟网络的节点资源，物理网络的链路资源必须大于虚拟网络的链路资源。由此可以得出虚网映射的过程。

2. 时间窗模型

　　本节将介绍一种基于时间窗的虚网映射仿真模型[15]，该模型不仅可以对映射算法性能进行仿真，同时也考虑到了在线处理方式和接入控制，由于模型结构仿真度较高，因此基于该模型的仿真算法可以很容易地移植到实际映射系统中。

　　虚网请求到来时会按照其重要性来进行排列加入等待队列，每个时间窗内将此队列的虚网请求进行映射。到来的虚网请求包括两部分，第一部分是新到来的虚网请求，第二部分是上一个时间窗映射未成功的虚网请求，它们被推迟到本时间窗再次映射。在映射时，映射成功的虚网会出队。未映射成功的虚网会

打上一个标记，代表着它未成功映射的次数，然后此虚网请求会被加入推迟映射队列，在此时间窗结束下一个时间窗开始时将推迟队列加入等待队列。在时间窗内会拒绝部分虚网请求，以下两种虚网请求会被拒绝，一是当此虚网未成功映射的次数超过设置的门限时会被拒绝，二是当此虚网请求是危险请求时会被控制系统拒绝。在时间窗结束时，到生存时间的虚网请求会释放其物理资源然后退出。

图 2-17 示意了时间窗模型。时间窗模型不仅仅模拟了实际虚网请求的在线处理方式，也为虚网映射的仿真提供了一个很好的方案，它可以周期性地对虚网请求做出应答，应对不同虚网请求的状态做出不同的处理，可以提高底层网络的资源利用率，提高虚网的接受率，同时还可以保证整个虚网映射系统的安全。

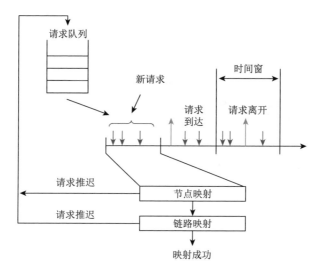

图 2-17　时间窗模型[15]

3. 虚网映射的基本性能指标

为了提供一个评价任意一个虚网性能的途径，需要对虚网映射的几个效果做一个性能评测指标，并且为了更便捷地与其他算法进行对比，体现算法在性能方面的差异，我们介绍几个比较流行的性能评测指标，分别是虚网接受率、收入、支出和收入支出比。

（1）虚网接受率：虚网接受率（Acceptance Ratio）用来评估虚网映射算法处理虚网请求的能力，它是虚网映射算法性能评价的重要指标，它由虚网请求的数量 A 和成功映射的虚网数量 a 所决定：

$$\text{Acceptance Ratio} = \frac{a}{A} \tag{2-6}$$

（2）收入：一个虚拟网络的收入（Revenue）是指一个虚网内，所有的节点资源（如 CPU）的总和加上所有链路资源（如 BW）的总和，它代表着这个虚网映射之后租户可以使用的资源和。其中 α 和 β 是用来平衡不同种类网络资源的权值：

$$\text{Revenue}(G^{\text{V}}) = \alpha \cdot \sum_{n^{\text{V}} \in N_{\text{V}}} \text{CPU}(n^{\text{V}}) + \beta \cdot \sum_{e^{\text{V}} \in E_{\text{V}}} \text{BW}(e^{\text{V}}) \tag{2-7}$$

（3）支出：一个物理网络的支出（Cost）是指完成映射之后的物理网络中所使用的所有的节点资源（如 CPU）的总和加上所有链路资源（如 BW）的总和，它代表着在完成虚网映射之后物理网络消耗的资源和。其中 γ 和 δ 是用来平衡不同种类网络资源的权值，NUM 是此条虚网链路映射成功后所使用的底层物理链路的数量：

$$\text{Cost}(G^{\text{V}}) = \gamma \cdot \sum_{n^{\text{V}} \in N_{\text{V}}} \text{CPU}(n^{\text{V}}) + \delta \cdot \sum_{e^{\text{V}} \in E_{\text{V}}} \text{NUM}(e^{\text{V}})\text{BW}(e^{\text{V}}) \tag{2-8}$$

（4）收入支出比：从 InP 的角度来看，虚网映射的一个目标是最大化接受虚网请求（长期平均收入）的经济效益。该目标与被映射的虚网请求的收益成正比。为了实现这一目标，虚网映射算法应尽量减少物理网络用于映射虚网所花费的资源，也称为映射成本。通过这种方式，映射下一个虚网请求更容易，同时可以使 VN 接受率增加。整个虚网映射算法的收入支出比（R/C）可以反映映射这个虚网所获得的资源收入和所消耗的底层物理资源的情况，实质上就是底层网络的资源利用率：

$$R/C = \frac{\text{Revenue}(G^{\text{V}})}{\text{Cost}(G^{\text{V}})} \tag{2-9}$$

4. 虚网映射算法介绍

1）完全解耦的虚网映射算法

一个网络是由众多节点通过一组链路连接起来而构成的，在虚网映射的时候，也就是将虚网的节点和链路映射到物理链路上。由于虚网映射是 NP-hard（NP 难）的，虚网映射问题一般被表示为两个子问题：节点映射问题和链路映射问题。完全解耦的虚网映射算法通过独立的方式解决每个子问题，可以实现虚网映射问题的解决。这种方式可以大大简化问题的复杂度，但是一个子问题的优化可能会危及另一个子问题的优化。最典型的完全解耦的虚网映射算法是文献[15]提出的两步式虚网映射算法（见算法 1）。

两步式虚网映射算法主要是将节点映射和链路映射分离开来，节点映射使用贪婪算法来映射，链路映射使用 Dijkstra 算法。

算法 1　两步式虚网映射算法

1　本时间窗开始，虚网请求按照其收入 Revenue 排序，存入准备队列
2　　FOR 准备队列中的每个虚网请求 DO
3　　　依据各节点的 CPU 需求对这个虚拟网络中的节点进行排序
4　　　FOR 队列中的每个虚拟网络的节点 DO
5　　　　找出物理网络中剩余资源 AR 最大的节点 A
6　　　　IF 虚网节点所需 CPU 大于 A 的 CPU THEN
7　　　　　节点映射失败。若此虚网重映射次数大于门限直接丢弃。若小于映射门限，放入等待队列到下一个时间窗进行映射，BREAK
8　　　　ELSE
9　　　　　节点映射成功，A 节点的 CPU 减去此虚拟节点的 CPU
9　　　　END IF
10　　END FOR
11　　FOR 虚拟网络中的每条链路 DO
12　　　使用 k 最短路径算法遍历物理网络上的最短路径
13　　　IF 虚网链路所需带宽大于 B 的带宽 THEN
14　　　　映射失败。若此虚网重映射次数大于门限直接丢弃。若小于映射门限，放入等待队列到下一个时间窗进行映射，BREAK
15　　　ELSE
　　　　　映射成功。
16　　　END IF
17　　END FOR
18　END FOR

　　节点映射算法采用贪婪算法，贪婪算法在映射每一个节点时都面临着一个选择，当映射完整张虚拟网络的时候，贪婪算法也就做出了许多个选择，虽然启发式算法找到的并不是最佳策略，但是在针对每一个节点时，它做出的是当前最好的选择。节点映射的具体做法是先按照虚网节点的请求资源大小进行排序，优先映射请求资源大的节点。在选择对应的底层网络上的节点时，寻找拥有最大剩余资源的节点。这里的请求资源和剩余资源指的不仅仅是节点的 CPU，而且要同时考虑到直接连接到此节点的所有链路的带宽的剩余情况，否则节点的 CPU 剩余很多，但是周围链路的带宽过低，会导致链路映射的成功率过低，所以请求资源和剩余资源是在选择时同时考虑了节点 CPU 和链路带宽的一个参数，具体的定义会在第 4 章说明。这里寻找"最大"的意义是将请求资源最大的节点映射到剩余资

源最大的节点，这样的好处是防止某个剩余资源中等的节点映射了需求资源最大的节点，导致剩余资源急剧降低，最后成为下一个虚网映射时的瓶颈。

链路映射算法采用 Dijkstra 算法，由于节点映射已经确定好所有节点在物理网络上对应的位置，所以现在只需要将这两个节点用链路连接起来。Dijkstra 算法是通过对底层网络进行遍历，先找出两点间最短的 k 条路径，然后对第一条最短路径的带宽进行判断，如果物理链路的带宽能够满足虚拟链路的带宽，则链路映射成功，如果不满足，再对下一条最短路径的带宽进行判断。如果 k 条最短路径的带宽都不能满足，则拒绝这个虚网请求。

将节点映射和链路映射进行解耦使得此算法较为简单和稳定，但是因为在节点映射时无法考虑到节点之间的连接情况，可能出现节点之间的链路数较多，在映射时一条虚拟链路会使用过多条物理链路的资源，这样会导致资源利用率的降低。

2）协同的虚网映射算法

无论物理网络还是虚拟网络，节点之间都是有连接关系的。在节点映射时，如果不考虑节点之间的连接关系会限制链路映射的解决方案空间，导致虚网映射性能的下降。因此，为了进一步提高物理网络的资源利用率，需要将节点和链路进行协同映射。协同映射可以是两步式，也可以是一步式。

（1）协同的两步式的虚网映射算法。

协同的两步式的虚网映射算法与完全解耦的虚网映射算法相似，分为节点映射和链路映射两部分。

Chowdhury 等提出了一个协同的两步式的虚网映射算法 ViNEYard[14]。ViNEYard 算法包括确定性虚网映射（D-ViNE）和随机虚网映射（R-ViNE）。该算法的特点是在进行节点映射时采取特殊的节点选择，考虑物理节点和虚拟节点之间的位置关系，使节点映射有益于后续的链路映射。为此，作者首先扩展了物理网络，为每个虚拟节点引入了元节点，并将元节点连接到物理节点的选定子集，每个元节点连接到服从位置和容量约束的候选物理节点的集合。然后，将具有带宽限制的每个虚拟链路视为由一对元节点组成的商品。结果，找到商品的最大流等同于以最佳方式完成了链路映射。该算法使用混合整数规划（Mixed-Integer Programming，MIP）算法来解决映射问题，即在元节点到物理节点的链路上具有二进制约束，而在实际物理网络链路上具有线性约束。由于解决 MIP 的难度很大，因此使用 MIP 解决虚网映射问题的计算复杂度很大。因此，该算法放宽了整数约束，得到了一个可以在多项式时间内求解的线性规划公式。然后，在线性程序的解中使用确定性（在 D-ViNE 中）和随机化（在 R-ViNE 中）舍入技术来近似原来 MIP 中的二进制变量。一旦所有虚拟节点都被映射，使用多商品流算法完成链路映射。大量的模拟研究中得出的结果表明，所提出的算法在虚网接受率、收入、成本和资源利用率方面均优于同类算法。

（2）协同的一步式的虚网映射算法。

协同的一步式的虚网映射算法是将节点和链路同时映射，当映射第一虚拟节点对时，它们之间的虚拟链路也被映射，并且当映射每个虚拟节点时，还映射将其连接到已映射的虚拟节点的虚拟链路。

Cheng 等[16]受 Google 搜索引擎所使用的 PageRank（基于马尔可夫随机游走来衡量网页的受欢迎程度）的启发，提出了一种协同的一步式的虚网映射算法。该算法使用 PageRank 来衡量节点的拓扑感知资源排名（称为 NodeRank），该排名反映了节点的资源和连接质量。PageRank 将从页面 A 到页面 B 的连接视为投票，如果有许多重要页面对此页面进行投票，则认为该页面很重要。这样，网页的 PageRank 可以反映网络拓扑的结构。在虚网映射中，如果一个节点向前连接到多个具有相对较高重要性的节点，则该节点将被视为重要节点，其中重要性是指节点的相对资源质量。因此该算法不仅考虑节点的 CPU 和链接资源的带宽，还考虑网络拓扑特征，即其邻居节点的质量。将两个节点之间的连通性视为具有马尔可夫链转移概率，可以基于网络拓扑使用马尔可夫链模型计算节点的相对资源质量。该算法基于 NodeRanks 设计了两种新的虚网映射算法，称为 RWMaxMatch 和 RW-BFS。他们首先计算虚网请求中的每个节点和剩余物理网络中的每个节点的节点等级。RWMaxMatch 是两步式的虚网映射算法。由于两步式算法可能导致更高的物理网络资源消耗并降低虚网请求接受率，又提出了一种一步式虚网映射算法 RW-BFS。这是一种基于广度优先搜索（Breadth-First Search，BFS）的回溯虚网映射算法，构建虚网请求的 BFS 树，其中根节点是具有最大等级的虚拟节点，并且基于虚拟节点的等级从左到右放置子节点。通过遍历 BFS 树并将每个虚拟节点映射到其列表的第一行物理节点中来完成节点映射，同时将该虚拟节点的虚拟链路映射到满足带宽需求的物理链路上。RW-BFS 可在同一阶段映射虚拟节点和虚拟链接，以提高物理资源的资源利用率。大量的仿真实验表明，基于 RW 的算法提高了长期平均收益和虚网请求的接受率。

3）跨 InP 的虚网映射算法

大部分的虚网映射的研究都是以一个全局的拓扑视图为前提，即有一个集中控制器可以及时地感知整个网络资源的状态。但是，在当前的互联网市场中，存在着多个具有商业竞争关系的 InP，而 InP 的业务部署和拓扑是保密的，所以很难存在一个机构可以整合不同 InP 的网络资源进行虚网映射。因此，虚网请求将被分割成多个部分，分别被不同的 InP 映射，再由 InP 之间进行互连，实现整个虚拟网络的映射。这样每个 InP 只需要映射虚网请求的特定部分，而不需要知道其他部分将如何被映射。

因此，Chowdhury 等提出了一种跨 InP 的虚网映射算法 PolyViNE[17]。在该架构中，服务提供商（SP）和 InP 之间将存在博弈。从 InP 角度来看，每个 InP 都将期望获得尽可能多的请求，然后在给定的约束下进行优化分配。此外，InP 更期望获取具有高利润的虚网请求，同时将低利润的工作转移给竞争对手 InP。从 SP 的角度看，SP 希望在最小化支出的同时满足其虚网的要求。当各方自私进行利润计算时，SP 和 InP 之间可能会出现博弈。任何跨 InP 的虚网映射算法都必须执行适当的激励措施和机制来解决这些问题。PolyViNE 以全局分布的方式将虚网请求映射到多个 InP 中，同时允许每个相关的 InP 实施其本地策略以实现利润最大化。PolyViNE 引入了一种分布式协议，该协议可协调参与的 InP，并在映射的每个步骤中通过重复招标来确保有竞争力的价格。同时，提出了分层寻址系统和位置分发协议，它们共同允许 InP 做出明智的转发决策。最后，作者期望通过更大的仿真和分布式实验来进一步研究 PolyViNE 的可扩展性、稳定性等性能特征，其中需要使用域内虚网映射算法和策略的异构混合。

4）能量感知的虚网映射算法

先前虚网映射的研究主要考虑的是节点的 CPU 资源和链路的带宽资源成本，主要目标是通过在同一物理网络上容纳更多的虚拟网络请求来最大化收入。但是，能源其实也是网络运营商的主要成本之一。在美国，Akamai 是全球领先的内容交付网络服务提供商之一，每年的电费约为 1000 万美元。在中国，2011 年，全球最大的移动服务提供商中国移动通信公司消耗的电力超过 13TW·h。因此，为了使运营商利润最大化，需要在最大化虚网请求接受率和资源利用率的同时，最小化服务 VN 请求的能源成本。

Su 等提出了一种基于能量感知的虚网映射算法[18]，在最大化可容纳的虚网数量与最小化整个系统的能源成本之间进行权衡。对于每个虚网请求，会将虚网映射到其网络中的某些物理节点，以使因接受虚网请求而导致的额外能源成本量最小。该方法基于两个观察结果。第一个观察结果是，物理节点通常分布在不同的地理位置上，以服务不同地区的用户，但是电价在不同位置可能有所不同，并且可能随时间而波动。基于此观察，运营商应该尝试将虚网的虚拟节点映射到电价最低的物理节点，同时满足 VN 的位置约束。第二个观察结果是，服务器的功耗与 CPU 利用率大致呈线性关系，并具有较大的偏移量，这相当于峰值功率的近 50%。基于此观察，运营商应该尝试将虚拟节点映射到已经处于活动状态的物理节点。因此，该算法可以最大化没有任何负载的节点数量，使这些节点进入睡眠状态以节省能源。

5）无线网络中的虚网映射算法

现有的虚拟网络映射的研究主要集中在有线网络，而在无线网络中，会存在同频干扰、噪声、用户移动性等影响，基于有线网络的虚网映射算法无法解决这一问题。

Chochlidakis 等开发了一种考虑用户移动性的虚网映射算法[19]。用户移动性方案的设置会影响核心网的拥塞情况、性能和可用资源，进而影响最佳虚拟网络的建立。现在的趋势是移动性从功能的集中化分散到核心网络边缘。为此，互联网工程任务组（the Internet Engineering Task Force，IETF）提出了分布式移动性管理方案，其中每个边缘路由器都成为用户的移动性锚点。基于分布式移动性管理方案，在切换过程中，流直接通过隧道传送到新的边缘路由器，然后将该路由器连接到新的基站，其中移动性锚点位于边缘路由器上。作者将核心网作为物理网络，以建立不同的虚拟网络。所提出的移动感知算法不仅明确地考虑了源节点和目的节点，还考虑了移动性管理的隧道路径，以获取需要移动性支持的部分流量。因此，该算法将首先映射网关节点与基站连接的两条最短路径，并且考虑隧道的流的建立，将切换前后的边缘路由器联系起来。考虑移动性的虚网映射算法并利用移动性信息，以更加有效的方式支持迁移流。

Abdelwahab 等提出了一种考虑信道干扰的虚网映射算法，考虑了无线多跳网络上的虚网映射问题[20]。在进行虚网映射的过程中需要检查映射是否可行和量化映射的质量。这在有线网络中是很容易做到的，可以通过将物理层的剩余资源与映射所需的资源进行比较来检查，也可以通过计算映射所占用的资源总量来量化映射的质量。但是，在无线网络中，由于链路间的干扰，在链路上分配的资源对其他相邻链路上的实际剩余资源产生了间接影响。MAC 协议（如 802.11）具有以下独特的功能：在每个链路上支持分配的速率，这意味着可行性检查将导致不同的结果，具体取决于底层 MAC。以质量比较指标为例，考虑两个虚拟网络 E1 和 E2，其中 E1 所需的资源总量超过了 E2。但是，如果 E1 中的虚拟节点和链路位于干扰较小的区域，则 E1 可能会更好，因为将来可能会接受更多的请求。基于上述思想，Abdelwahab 等提出了基于能力的映射来解决干扰的评估问题。

6）基于人工智能的虚网映射算法

虚网映射算法是 NP 难的，对于较大规模的物理网络和虚拟网络，计算复杂度会非常高。现在已经存在多种精确算法和启发式算法来解决虚网映射问题。精确算法一般通过线性规划（LP）可以实现最佳解决方案。虽然整数线性规划在许多实际情况下是 NP-complete（NP 完全的），但是存在精确的算法在合理的时间内解决问题的实例。实现这些算法的软件工具，通常被称为求解器，如开源的 GLPK 或非开源的 CPLEX[21]。尽管精确的解决方案可以获得较高的网络资源利用率，但它们的计算成本很高。为了进一步降低虚网映射算法的复杂度，更多的虚网映射的研究采用了启发式算法。基于启发式的解决方案并不期望一定获得全局最优解，它只是试图在找到一个较优的解决方案的前提下，尽量保持较低的计算复杂度。启发式算法将虚网映射问题分解为节点映射和链路映射，但是可能会出现两个相邻的虚拟节点对应的物理节点的距离很远，因此需要大量带宽资源。随着人工智能技术在各个领域中的应用，开始有一部分研究采用机器学习的方法来从各方面对虚网映射算法进行优化。

Blenk 等提出了一种基于子图提取虚网映射预处理机制 NeuroViNE[22]。可以看到，虚网映射中大多数的有效解决方案都是尽量使相邻的虚网节点彼此靠近，并且在从物理网络中智能选择的子图中执行时，可以使许多耗时的虚网映射算法受益。因此，提取子图的预处理机制可以使物理网络能够容纳虚拟网络的概率更高，并且确保低成本的映射和缩减运行时间，同时保持较高的映射质量。NeuroViNE 通过执行有效的搜索空间缩减和子图提取来加快和改进现有的虚网映射算法。具体而言，对于给定的虚拟网络请求，NeuroViNE 利用一种特殊的人工神经网络——Hopfield 神经网络来预先选择"良好"物理节点的子集，从而提取整个有价值的子图。值得注意的是，Hopfield 神经网络不需要任何学习。Hopfield 神经网络计算每个节点成为子图一部分的概率，然后使用现有的虚网映射算法查找最终的映射解决方案。通过广泛的仿真，发现 NeuroViNE 可以为许多算法（如 GREEDY 与两种 VINEYARD 算法 D-VINE 和 R-VINE）提供了较优的扩展。同时，它还可以改善运行时间或映射质量，在某些情况下甚至可以同时优化两个指标。

当前大多数虚网映射算法使用最短路径算法（如 k-最短路径、广度优先搜索（BFS）或 Dijkstra）或多商品流算法来解决链路映射问题。它们的区别在于最短路径算法不允许路径拆分，而多商品流可以。许多现有的虚网映射算法仅找到一种解决方案，即使有额外的执行时间可用，它们也无法改进该解决方案。为了进一步提高执行效率，Haeri 等将虚网映射建模为马尔可夫决策过程（Markov Decision Process，MDP），引入两种基于蒙特卡罗树搜索（Monte Carlo Tree Search，MCTS）的算法以及开发 VNE 模拟器[23]。MDP 将顺序决策问题分解为状态、动作，给定动作的状态之间的转移概率，以及在给定状态下执行动作所获得的奖励。作者介绍了两种基于蒙特卡罗树搜索的虚拟网络嵌入算法：MaVEn-M 和 MaVEn-S。MaVEn-M 是协同的两步式虚网映射算法。在解决节点映射子问题时，MaVEn-M 使用多商品流算法来协调节点映射和链路映射。获得节点映射解决方案后，它还使用多商品流算法解决链路映射子问题。而 MaVEn-S 采用简单的 BFS 算法。所提出的算法的优点之一是可以根据虚网请求到达率来调整其运行时间。如果 VNR 到达率较低，则它们的执行时间可能会增加，以找到资源利用率更大的解决方案。

5. 虚网映射的仿真工具

为了评估虚网映射算法的性能，许多论文提出了不同的仿真平台，这些仿真平台通常分为三个部分，即拓扑生成模块、映射模块和性能评估模块。拓扑生成模块主要用来生成物理网络拓扑和多个虚拟网络请求，并按照仿真需求设置网络中节点和链路的资源参数。映射模块主要是各类待测试的虚网映射算法，完成虚拟网络到物理网络的映射，即物理网络的资源分配。性能评估模块是记录虚网映射算法运行的各项参数，生成虚网接受率、底层网络资源使用情况和算法效率等性能指标。通过使用这些仿真平台，研究人员可以将自己新提出的算法与先前的研究进行对比，验证新型算法的优越性。下面介绍三种仿真平台。

一是 Chowdhury 的 Vineyard VNE 仿真平台[14]，它是一个使用了开源线性编程工具包 glpk 的离散事件模拟器。Vineyard 使用 GT-ITM 工具生成随机拓扑网络，可以设置网络节点之间的随机连接概率、节点，以及链接的 CPU 和带宽资源。在仿真平台中，VN 请求以泊松过程到达，每个 VN 请求都具有平均时间单位的指数分布的生存周期。它用 C++语言编写，附带 Shell 脚本，用来运行仿真，验证 G-SP、G-MCF、ViNE-LB、ViNE-SP、D-ViNE 和 RViNE VNE 等算法，并且可以评估收入、成本、接受率和资源利用率。

二是 Fischer 等提出的名为"ALEVIN"[24]的仿真平台。ALEVIN 使用 Waxman 生成器创建随机网络拓扑，采用 Java 编写，具有良好定义的接口，可实现新的 VNE 算法和指标。它附带了一些从多个 VNE 论文中提取的预先实现的算法。此外，它还提供了广泛的用户和开发人员文档，使其他人可以轻松地进行仿真平台的修改和使用。

三是 Haeri 等开发的一种虚拟网络嵌入模拟器 VNE-Sim[23]，用于 VNE 算法的性能评估。它基于离散事件系统规范的框架，并使用 Adevs 库。

6. 总结

网络虚拟化技术是通过抽象和隔离等途径，使得一个底层公共物理网络上可同时映射多个虚拟网络，并且虚拟网络相互独立，然后依据不同的虚网需求合理分配整个网络中的物理资源，从而实现网络资源的可靠管控、提升网络的安全性与服务质量、降低网络运营和维护成本。其中，虚网映射是网络虚拟化资源分配的最主要问题之一，该领域已有大量的研究。本节介绍了虚网映射的基本概念、常用的映射框架和性能指标、具有代表性的工作和仿真工具，希望能帮助读者了解虚网映射实现的机制和当前的研究状态。虚网映射领域还有许多值得研究的问题，如当不能预先知道请求到达的状况时，可以基于人工智能研究动态的虚网映射问题。当网络出现突发故障时实现弹性的虚网映射策略，保障用户的服务质量的稳定性。可以从不同角度考虑，进一步提高虚网映射算法的效率。

2.6.2　NFV 资源分配

当前网络的架构越来越僵化，不仅仅在于网络的转发节点和链路，还在于网络中的专用硬件。在传统网络中，存在着众多专用硬件完成一些特定的网络功能，如转码器、防火墙和负载平衡器等。由于网络规模的扩大、业务种类和数量的增加，智能传感网络、大规模移动社交网络和智能交通系统等具有不同要求和特性的新兴服务和应用层出不穷[25, 26]。为了满足不同业务对时延、带宽、功耗、鲁棒性、安全性等方面的差异化需求，运营商需要在网络中为每个业务部署不同的转发设备、存储设备、传输光纤和网络功能设备，导致业务的部署流程极为复杂。一个业务的开通会消耗大量的人力和物力，部署时间也可能会持续数月。网络虚拟化使业务的部署不再受底层硬件设施的限制，但是从收到业务请求到最终完成虚拟化网络的搭建依然是一个需要大量人为干预的流程。为了实现业务部署流程的自动化，越来越多的网络服务提供商开始研究网络编排系统的设计，来实现业务部署到网络功能虚拟化服务链的映射和其中的资源分配问题。

网络编排通常分为高层业务编排和底层网络资源编排。业务编排将业务部署的工作流程进行规范，再转化为标准化策略下发给底层资源控制器；底层网络资源编排根据业务编排下发的策略，通过北向接口对业务所需要的网络资源和网络功能进行调配、更新和管理，最终实现业务的部署，同时也将当前的网络状态反馈给业务编排，进行策略的改进。业务编排和网络资源编排相互依赖，形成一套闭环的网络编排系统，实现自动化的定制化业务部署。

网络虚拟化分为两部分，SDN 技术实现了网络二、三层的网络软件化，实现了网络的集中控制。NFV 技术实现了四至七层的网络软件化，将网络功能与专用的硬件分离，虚拟化为 VNF。单个 VNF 可以由多个内部组件组成，因此可以部署在多个虚拟机上，在这种情况下，每个虚拟机都承载 VNF 的单个组件。在网络资源的约束下，将多个 VNF 和 VNF 之间的虚拟链路部署到网络物理基础设施上，构成 VNF 链[27]，提供端到端的差异化网络功能服务。通过软件定义网络和网络功能虚拟化技术，可以在运营商网络基础设施上搭建多个相互隔离的虚拟网络，通过对不同虚拟网络分配不同的网络资源和网络功能中间件，满足不同业务场景对带宽、时延等服务质量的差异化要求。

当前很多网络功能都实现了虚拟化，ETSI 中提出了一些应用例子[28]。

（1）网络功能虚拟化即服务：NFV 基础设施平台基于类似于云计算服务，可以通过 TSP 将单个 VNF 实例作为服务提供给用户。

（2）移动核心网和 IMS 的虚拟化：移动网络和 IP 多媒体子系统中装有各种专有硬件设备，尤其是在 5G 中，使用 NFV 可以降低成本和复杂性。

（3）移动基站的虚拟化：移动运营商可以使用 NFV 以降低成本，并不断开发为其客户提供更好的服务。

（4）家庭环境的虚拟化：通过引入 VNF，可以避免在家庭环境中安装新设备，减少维护和改善服务。

（5）CDN 的虚拟化：内容交付网络使用缓存节点来提高多媒体服务的质量，但它有许多缺点，如浪费专用资源，可以通过 NFV 来解决。

（6）固定接入网功能虚拟化：NFV 支持接入网的多租户的设备，可以为虚拟接入节点分配专用的资源，或直接控制多个实体。

网络软件化使业务的部署不再受底层硬件设施的限制，但是从收到业务请求到最终完成虚拟化网络的搭建依然是一个需要大量人为干预的流程。为了实现业务部署流程的自动化，需要实现合适的资源分配机制。VNF 资源分配机制的研究引起了学术界和工业界的广泛关注，但如何提高 VNF 链的效率和可扩展性仍然存在许多问题。考虑设备移动性和基于学习的 VNF 链流量调度的动态 VNF 链嵌入研究尚处于早期阶段。该研究领域具有非常重要的应用场景和进行深入研究的空间。本节主要介绍 NFV 中的资源分配算法。

1. NFV 资源分配的概念

NFV 中的资源分配问题分为三个阶段：VNF 链的组合、VNF 链的映射和动态 VNF 链调度策略[29]。VNF 链的组合按照业务需求完成高效的服务链，VNF 链的映射与虚网映射类似，完成虚拟化功能资源到物理网络的映射。在实现 VNF 链的映射之后，针对变化的服务需求，需要进行流量的合理调度，实现资源的充分利用。

1）VNF 链的组合

VNF 链是由多个有序的 VNF 组成的链式结构，实现端到端的服务。VNF 链的组合需要采取特定的组合策略，有效地连接不同的 VNF，以实现运营商的利润需求和租户的服务目标。在业务运行时，数据包会按顺序流经一组 VNF，不同的 VNF 会导致数据速率的变化，如深层数据包检查器可以根据被检查数据包的类型将数据包发送到不同的分支上，实现速率分流；防火墙可以丢弃某些数据包，从而导致数据流的速率低于传入流；视频优化器可以修改视频的码率，从而可以改变数据速率[30]。因此，不同方式的 VNF 组合会对整条链上的数据速率产生不同的影响，从而决定业务的时延和性能。

2）VNF 链的映射

在完成了 VNF 链的组合之后，需要利用 VNF 链的拓扑结构和资源使用量。为了支持多样化的服务需求并加强网络资源的管理，需要研究 VNF 链映射以满足无线和核心网域中的定制服务需求。与虚网映射相似，VNF 链映射是将一组 VNF 链映射的请求，在网络资源的约束下，合理地映射到物理网络中，以满足剩余网络资源的最大化、功耗的最小化等性能指标。虚网映射是 NP 难的，作为虚网映射的扩展，而 VNF 链的映射也是 NP 难的。为了简化问题，虚网映射分为节点映射和链路映射两个子问题，VNF 链的映射也可以分为 VNF 节点的映射和链路映射。其中 VNF 节点的资源包括计算和存储，比虚网映射问题更加复杂，必须将多种资源分配到满足 VNF 类型的物理节点。

在基于 NFV 的网络架构中，HVS 是物理网络的物理节点，其根据资源（CPU、磁盘、NIC 和 RAM）的可用性使用管理程序来管理虚拟机。在 HVS 之上运行的虚拟机可以托管一个或多个相同类型的 VNF。在节点映射阶段，VNF 1 托管在 HVS 1 上，并将 VNF 2、VNF 3 依次映射到其他 HVS 中。在链路映射阶段，可以利用最短路径等算法将 VNF 之间的虚拟链路映射到物理链路上。

VNF 链的映射阶段也可能是动态的，业务流量可能会随着时间产生较大的波动，因此控制器在必要时会触发 VNF 从当前 HVS 到另一个 HVS 的迁移，以重新排列多个服务的 VNF 链，以便优化物理资源的使用和分配，给 VNF 位置的放置带来了额外的复杂性。

3）动态 VNF 链调度策略

随着未来移动网络中移动设备的快速增长，大量用户期望随时随地访问其服务。因此，需要重新调整 VNF 链以平衡服务质量、资源利用和开销。物理网络由不同的 HVS 组成，而每一个 HVS 上搭载着可能不止一条链的 VNF，所以应当进行优化的 VNF 调度策略，以最小化网络服务的总执行时间。

2. NFV 资源分配的性能指标

相比于虚网映射，NFV 的资源分配的资源类型和业务服务质量都更加复杂，NFV 资源分配的性能指标也会更加多样化，如流时间、收入、成本、容错、负载平衡和能耗等指标[31]。

（1）流时间：服务的流时间定义为服务的最后一个功能的处理完成时间与服务到达之间的时间差。流时间是两个参数的量度。一方面，它是对资源利用效率的一种度量，因为高流量时间意味着给定的服务会长时间占用网络，从而导致高网络负载，进而导致高功耗。另一方面，如果它与处理给定服务的延迟有关，则可以用来衡量服务质量。最小化流程时间意味着快速处理普通服务，而规模较大的服务却要花费很长时间。

（2）收入：收入 R 可以定义为给定映射和调度使用的物理网络资源总量中的收入。$I(n^{\mathrm{v}})$ 是服务在其所映射的节点上每个功能的缓冲区要求，$T(n^{\mathrm{v}}\mathrm{vnf}^{\mathrm{s}})$ 是 VNF 链 S 上的网络功能 $\mathrm{vnf}^{\mathrm{s}}$ 在虚拟节点 n^{v} 上的处理时间：

$$\text{Revenue} = \sum_{n^{\mathrm{v}} \in N_{\mathrm{v}}} I(n^{\mathrm{v}}) + \sum_{n^{\mathrm{v}} \in N_{\mathrm{v}}} \sum_{\mathrm{vnf}^{\mathrm{s}} \in \mathrm{VNF_S}} T(n^{\mathrm{v}}\mathrm{vnf}^{\mathrm{s}}) \tag{2-10}$$

（3）成本：成本 C 定义为给定的映射和调度所使用的物理网络资源的总量（时间和缓冲区）。其中 γ 和 δ 是常数，目的是按比例分配缓冲区和时间资源的成本。收益与成本之间的差异在于，收益仅包含功能的实际处理时间，而成本中 t^{v} 包括处理时间和等待分配的节点时可用而未使用的时间。

$$\text{Cost} = \gamma \cdot \sum_{n^{\mathrm{v}} \in N_{\mathrm{v}}} I(n^{\mathrm{v}}) + \delta \cdot t^{\mathrm{v}}$$

除此以外，许多研究还考虑了其他重要的指标，如激活的物理节点数、节点缓冲容量、接受率、资源利用率和拥塞等附加指标。

3. NFV 资源分配算法

只有当解决了 VNF 链的组合、映射和流量调度三个问题之后，NFV 资源分配才算得到完全解决。现有的大多数研究独立地解决其中的一个问题，同时也有论文考虑了不同问题之间的相关性，使得 NFV 资源分配能够得到更优化的解决。本节分别介绍了 VNF 链的组合、映射和流量调度的解决方案，综合多个阶段的 NFV 资源分配算法，以及基于人工智能的 NFV 资源分配算法。

1）VNF 链的组合算法

VNF 链的组合存在多种挑战，在收到业务请求后，网络运营商需要考虑 VNF 之间的依赖性，以最佳方式链接 VNF，以适应租户应用程序的要求。除了 VNF 链中的依赖性之外，VNF 还可能在网络中的不同应用程序之间共享和重用。因此，网络运营商还考虑单个请求的需求以及所有网络应用程序的整体需求，为 VNF 找到最佳的位置。Mehraghdam 等定义了一个模型，使用上下文无关的语言形式化网络功能链[30]来处理部署请求，提出了一种贪婪的启发式算法，计算 VNF 输出与输入数据速率的比率，按该比率数值的升序对 VNF 进行排序，并将 VNF 链接起来，从而最大限度地优化总剩余数据速率。

2）VNF 链的映射算法

VNF 链的映射算法是当前研究的重点，作为虚网映射算法的进一步演进，VNF 链的映射也是将 VNF 映射到物理节点，将虚拟链路映射到物理路径上。当前已经有多项研究，如支持服务分解的 VNF 链的映射和跨域的 VNF 链的映射等算法。

Bari 等提出了基本的 VNF 链的映射算法[32]，在不违反服务水平协议的前提下，优化网络运营成本和利用率的 VNF 的数量和位置。与虚网映射相似，它也是用一个物理网络作为多个 VNF 链请求共享的基础资源，建立了一个整数线性规划模型，旨在最小化分配给服务提供商所造成的运营成本，同时保证每个服务的延迟约束。运营成本包括 VNF 部署成本，能源成本和转发流量成本。针对整数线性规划模型，提出两个解决方案：基于 CPLEX 的小型网络最佳解决方案和面向大型网络的启发式算法。启发式算法使用多阶段图和维特比算法，以解决更大的映射规模。该方法达到接近最优的性能结果，并显著缩短执行时间，还可以确定 VNF 的最佳数量，并将其放置在最佳位置以优化网络运营成本和资源利用率。

Sahhaf 等提出了一个支持服务分解的 VNF 链的映射[33]。例如，用户需要一个父母管控上网的网络服务，那么 VNF 链的功能可以分解为三个部分：流量分类器、Web 代理和防火墙。应该按照给定的顺序遍历这些 VNF，并且它们之间的逻辑连接如下：流量分类器→Web 代理→防火墙。这些 VNF 中的每一个都可以通过更精细的 VNF 来实现，例如，防火墙可以通过以下方式实现：基于 IP 转发表的防火墙和基于 OpenFlow 的防火墙。VNF 的分解定义为每个 NF 到一组更精细的 VNF 链的映射，对于编号为 i 的 NF：$NF_i \rightarrow \{NFG_i^1, NFG_i^2, \cdots\}$。对于服务而言，在具有多个分解选项的情况下，在物理网络中找到 VNF 的最佳位置十分困难。此问题称为支持服务分解的 VNF 链的映射问题。作者研究了如何优化分解和 VNF 链映射的问题，提出了两种新颖的算法来将 VNF 链映射到物理网络，同时允许网络功能的分解。第一种算法基于整数线性规划，该整数规划的目标是在服务的性能约束下来最小化物理网络成本。第二种是一种启发式算法，用于解决整数线性规划公式的可伸缩性问题。它旨在通过合理选择网络功能分解来最大限度地降低映射成本。实验结果表明，在最优解和启发式解中，长期考虑映射时网络功能分解，可以显著提高映射接受率，同时降低映射成本。

Sun 等提出了一种基于省电的跨域 VNF 链映射方法[34]。针对跨域的 VNF 链映射的问题有两种解决途径：集中式方法和分布式方法。集中式方法需要每个域与其他域或第三方共享其信息，但是和虚网映射类似，这侵犯了各个域之间的隐私，不同运营商并不会愿意公开自己的设施信息。分布式方法可以在 VNF 链映射请求期间维护每个域的隐私，但是会导致更长的响应时间和更高的映射成本。同时为了减少能耗，VNF 链映射应在满足 VNF 链要求的同时打开尽可能少的服务器。对于离线场景，VNF 链的请求是事先给出的，并且映射策略通常会重新设计 VNF 链请求的拓扑，以通过为不同请求合并相同的 VNF 来减少 VNF 的数量。但是，对于在线 VNF 链的请求，请求是动态到达和离开的，这使得不可能事先知道所有 VNF 链请求。因此，Sun 等分析了物理网络中的功耗，提出了基于能量感知的跨域的在线 VNF 链映射问题，并建成整数线性规划模型。该模型在满足资源约束、VNF 顺序约束的前提下，最大限度地降低功耗。由于跨域 VNF 链映射问题是 NP 难的，作者还提出了一种低复杂度的启发式算法——EE-SFCO-MD 算法，EE-SFCO-MD 算法将每个子 VNF 链映射到相应的域，以生成 VNF 链的最终映射方案。

3）VNF 链的调度算法

每一个物理节点上搭载着可能不止一条链的 VNF，所以应当进行优化的 VNF 调度策略，以最小化网络服务的总执行时间。

在给定计算资源约束和特定服务的网络功能执行顺序的情况下，VNF 链的调度问题要求在相应的服务器/VM 上沿着服务链找到每个 VNF 的执行时隙。在这项研究中，我们考虑针对网络功能的集中式调度算法的设计。在现有的研究中，通常将服务链调度问题定义为灵活的作业车间问题，这个问题不存在多项式时间解。在其调度模型中，仅将 VNF 的处理延迟视为调度的标准。但是传输延迟一旦考虑，将影响网络功能的调度以及这些功能上网络服务的处理顺序。Qu 等提出当控制器不考虑传输延迟时，会获得不正确的时间表。如果带宽分配不正确，则处理较大流量的虚拟功能会在其传出的虚拟链路上遇到较高的传输延迟，而负载较低的网络功能将无法从分配给其链路的固定带宽中受益。因此，应将虚拟链路上的流量感知带宽分配与 VNF 调度问题同时考虑。实际上，应该为服务于繁忙网络功能的虚拟链路分配更多带宽，或者应该以很少的链路带宽将流量从网络功能中转移出去。Qu 等将 VNF 调度问题建模为混合整数线性规划，还考虑了具有数据压缩功能的 VNF，并表明调整链路传输速率将有助于减少调度延迟[35]。

4）NFV 的资源分配算法

NFV 中的资源分配问题分为 VNF 链的组合、映射和流量调度，只有当这三个子问题都被解决时，NFV 的资源分配问题才能得到完全解决。现有的大多数研究集中在解决其中一个问题。但是也存在一些方法来解决 NFV 的资源分配问题中一个以上的子问题。这些方法可以分为解耦的 NFV 资源分配算法和协同的 NFV 资源分配算法[29]。

（1）解耦的 NFV 资源分配算法。

每个 NFV 资源分配的前一个子问题的输出是后一个子问题的输入，已有研究证明将子问题完全解耦分别解决也可以得到好的性能。Mehraghdam 等提出了一个解耦的 NFV 资源分配算法，以解决 VNF 链的组合和映射问题[30]。此算法使用上下文无关的语言来形式化网络功能链来处理部署请求，将 VNF 组合成 VNF 链，然后将 VNF 链的映射问题建模成混合整数二次约束规划，并基于最大化网络链路上的剩余数据速率、提高能量效率和最小化指定物理路径的等待时间这三种性能指标精确求解。但是使用精确算法求解 VNF 链映射在大型网络中计算复杂度较高，使其不适用于中型到大型场景。此外，解耦的 NFV 资源分配算法并不能保证 VNF 链的组合的结果一定使之后的映射的成功率较高。

（2）协同的 NFV 资源分配算法。

与解耦的 NFV 资源分配算法相比，协同的虚网映射算法期望优化前一个子问题的结果，为后续子问题的解决提供便利。事实上，一些方法试图一次性解决多个子问题。

Beck 等提出了一种协同的虚网映射算法：CoordVNF[36]。CoordVNF 以协同的方式解决了两个子问题，即在组成 VNF 链的同时，将其映射在物理网络中。这样，由于在组成 VNF 链时，考虑 VNF 的映射是否能成功。传统的解耦的 NFV 资源分配算法中，在组成 VNF 链时，如果无法找到有效的 VNF 映射策略的情况下，将丢弃所有先前计算的组成，然后重新开始组成 VNF 链。相反，CoordVNF 运用了回溯概念：它递归地尝试为 VNF 实例找到有效的分配选项。如果它在某个时候失败，它将放弃后面的映射步骤，并反复尝试映射替代的链接选项。因此 CoordVNF 提高了分配成功的可能性。

Mijumbi 提出了一种协同 VNF 链映射和调度的协同算法[31]。随着网络变得越来越大，并且用户服务需求的变化也越来越频繁，网络运营商不可能将给定服务的特定 VNF 手动映射和调度到特定的物理设备上，因此自动化对于 NFV 的成功至关重要。作者提出了 VNF 的在线映射和调度问题，然后提出了解决方案。具体提出了三种基于贪婪标准（例如，该节点的可用缓冲区容量或给定 VNF 在可能节点上的处理时间）来执行 VNF 映射和调度的算法。该算法同时执行映射和调度，即在每个 VNF 的映射时，也进行调度处理。另外，提出了基于禁忌搜索（Tabu Search，TS）的局部搜索算法，TS 算法首先随机创建一个初始解，然后通过在其邻域中搜索更好的解来进行迭代改进，在虚网请求接受率和流时间方面取得了很好的效果。

5）无线网络中的 NFV 的资源分配算法

一旦将 VNF 映射到节点上，虚拟机管理程序将负责调度各种 VNF，从而确保逻辑隔离和物理资源的有效利用。如果将无线网络的节点添加到物理网络中，则这种假设将不再成立。实际上，在无线网络中，取决于信道波动和最终用户分布，每个物理无线节点上的可用资源数量都是随机数量。

Riggio 等研究了无线接入网域中的 VNF 映射和调度问题[37]。在这种情况下，VNF 链可以包括诸如负载平衡和防火墙之类的功能，以及虚拟无线节点。此外，为了满足未来应用程序和服务提出的多样化要求，应允许移动网络虚拟机管理程序在其网络切片内部署自定义的资源分配方案。同时，底层系统既要在移动网络虚拟机管理程序之间强制执行严格的性能隔离，又要确保无线网络具有非确定性，尽管要确保整个网络的有效资源利用。作者解决了无线接入网的 VNF 放置问题，并提出了一种切片调度机制，以确保不同切片之间的资源和性能隔离。所提出的解决方案可以协同工作，即如果在 VNF 放置所施加的约束下接受切片，则可以确保切片问题得到更好的解决。通过完善 VNF 放置的启发式无线网络映射算法，将模拟研究扩展到其他类型的 VNF 请求。

6）基于人工智能的虚网映射算法

随着大数据和人工智能技术的发展，网络人工智能成为当前的研究热点，已经有很多研究表明人工智能在 SDN 管理、NFV 编排、网络安全等方面都表现出优异的性能。综合网络中各方面人工智能技术的应用，不断优化编排系统中的策略，使网络编排由"自动化"向"智能化"转变，实现高效、稳定、快速的业务部署。

为了实现更加灵活的功能部署和服务定制，一系列连接的 VNF 构成 VNF 链，以满足不同业务场景对带宽、时延等服务质量的差异化要求。现有的基于人工智能的 NFV 编排技术主要在于资源分配和流量分类调度两个方面。

基于人工智能的 NFV 资源分配不仅需要考虑网络资源的使用，还要考虑网络功能中间件之间的连接关系和业务需求。集中式方法会导致复杂性并出现可伸缩性问题。因此，分布式解决方案将是首选，但分布式方案存在着收敛时间的问题。Galluccio 等提出了基于分层博弈论的分布式 SDN/NFV 管理系统[38]，使分布式资源分配和编排成为可能，并证明相关机制的收敛性。Galluccio 等利用博弈论对请求网络功能的用户与提供这些功能的服务器之间的交互进行建模，并提出了一个两阶段的 Stackelberg 博弈，其中服务器充当博弈的领导者，用户充当跟随者。服务器的利益相互冲突，并试图最大限度地发挥效用。另外，用户尝试模仿其他用户的决策以提高他们的利益。该框架证明了均衡的存在和唯一性，使用强化学习算法证明博弈可以收敛到唯一的 Stackelberg 平衡状态，使服务提供商和请求的收益最大化。许多数据中心以静态模式为业务分配资源，资源通常未被充分利用或被滥用，导致 CPU 利用率低。NFV 资源分配建模是一个 NP 难问题，缺乏有效的解决方案。Shi 等提出了面向 NFV 的云计算资源动态分配方案[39]，利用马尔可夫决策过程考虑长期的影响和所有成本因素做出分配决策，并使用机器学习方法处理动态收集的数据，以预测资源可靠性。为了降低开销，利用贝叶斯学习方法根据资源的历史使用情况预测分配的资源在未来的可靠性，最终实现最优的资源利用率。针对动态的业务需求，Kim 等进一步利用强化学习进行动态的服务链创建[40]，通过控制器学习每个 VNF 对虚拟资源的使用，每个物理节点根据学习结果创建合适的 VNF，在考虑 CPU、内存等资源消耗的情况下搭建高效的服务链。

　　基于人工智能的 NFV 流量的分类与调度在已有的网络功能服务链的基础上，进行业务流量的分类与调度，实现网络资源利用率的最大化。

　　通过使用机器学习算法，流量分类已在传统网络中被广泛应用。NFV 中的流量分类不同于传统网络，因为在基于 NFV 的网络中，流量通过物理链路传递，但有时候流量仅通过虚拟链路流动。已有研究通过使用机器学习算法对虚拟网络功能的流量进行分类，分析数据中心网络中 NFV 部署中的流量以及评估 NFV 中间件的流量。与上述工作不同，Vergara-Reyes 等执行基准测试，用来评估不同流量分类的监督学习算法的性能[41]。基准测试机制用于定义不同技术之间性能比较的有效度量。作者分析了 NFV 网络流量特征，使传统数据集具有这些特征，并训练了多种监督算法来确定其在流量分类中的效率。测试结果表明，在基于 NFV 的网络中，NaiveBayes 算法在流量分类中具有最佳性能。Bu 等提出了一种自适应的 NFV 路由优化策略[42]，提出了离线和在线两种学习模型，利用多层前馈神经网络对 NFV 之间的路由进行持续的学习和优化，从而提高资源利用率和用户的服务质量。

　　4. 总结

　　本章介绍了 NFV 的资源分配策略，包括 NFV 编排的背景、资源分配的性能指标以及各类算法。NFV 的资源分配算法包括 VNF 链的组合、映射和流量调度，现有的研究从这三个子问题出发，分别解决了业务解析、能量感知、VNF 分解、跨域映射等各场景中的问题，并且考虑子问题之间的关系，使 NFV 资源分配得到完整的优化解。

NFV 的资源分配涉及多方面的问题，属于网络编排的重要组成部分。在未来，NFV 的资源分配问题将与网络编排系统的其他方面的耦合越来越紧密，实现自动化的业务部署流程。

网络编排和人工智能技术都是当前未来网络领域的研究热点。基于人工智能的编排系统架构在当前闭环自动化的编排架构中加入了人工智能模块，实现了由"自动化"到"智能化"的转变。现有的基于人工智能的流量分类技术已经可以较好地识别网络的恶意流量和故障信息，但是在此基础上，如何利用人工智能实现网络的自愈依然有很大的研究空间。同时也需意识到，网络编排系统实现的是从业务请求的到来到最终网络服务提供的整个流程，各模块的策略之间会互相影响，单个模块内的人工智能技术的应用无法实现全局的优化，因此利用人工智能技术对网络编排进行整体的优化也将是一个非常有价值的研究领域。

参 考 文 献

[1]　Wang A, Iyer M, Dutta R, et al. Network virtualization: Technologies, perspectives, and frontiers[J]. Journal of Lightwave Technology, 2012, 31 (4): 523-537.

[2]　Sonderegger J, Blomberg O, Milne K, et al. Junos High Availability: Best Practices for High Network Uptime[M]. Sebastopol: O'Reilly Media, Inc., 2009.

[3]　Victor M, Kumar R. A Virtualization Technologies Primer: Theory[M]. Indianapolis: Cisco Press, 2006.

[4]　尹星, 朱轶, 王良民. 虚拟网络新技术[M]. 北京: 人民邮电出版社, 2018.

[5]　Chowdhury N M M K, Boutaba R. A survey of network virtualization[J]. Computer Networks, 2010, 54 (5): 862-876.

[6]　McKeown N, Anderson T, Balakrishnan H, et al. OpenFlow: Enabling innovation in campus networks[J]. ACM SIGCOMM Computer Communication Review, 2008, 38 (2): 69-74.

[7]　Xia W, Wen Y, Foh C H, et al. A survey on software-defined networking[J]. IEEE Communications Surveys & Tutorials, 2014, 17 (1): 27-51.

[8]　黄韬, 刘江, 魏亮, 等. 软件定义网络核心原理与应用实践[J]. 通信学报, 2015, (3): 288.

[9]　Bosshart P, Daly D, Gibb G, et al. P4: Programming protocol-independent packet processors[J]. ACM SIGCOMM Computer Comunication Review, 2014, 44 (3): 87-95.

[10]　Blenk A, Basta A, Reisslein M, et al. Survey on network virtualization hypervisors for software defined networking[J]. IEEE Communications Surveys & Tutorials, 2015, 18 (1): 655-685.

[11]　Sherwood R, Gibb G, Yap K K, et al. Flowvisor: A network virtualization layer[J]. OpenFlow Switch Consortium, Technical Report, 2009, 1: 132.

[12]　Al-Shabibi A, de Leenheer M, Gerola M, et al. OpenVirteX: Make your virtual SDNs programmable[C]. Proceedings of the Third Workshop on Hot Topics in Software Defined Networking, Chicago, 2014: 25-30.

[13]　Hancock D，van der Merwe J. Hyper4：Using p4 to virtualize the programmable data plane[C]. Proceedings of the 12th International on Conference on Emerging Networking Experiments and Technologies，Irvine California，2016：35-49.

[14]　Chowdhury M，Rahman M R，Boutaba R. Vineyard：Virtual network embedding algorithms with coordinated node and link mapping[J]. IEEE/ACM Transactions on Networking，2011，20（1）：206-219.

[15]　Yu M，Yi Y，Rexford J，et al. Rethinking virtual network embedding：Substrate support for path splitting and migration[J]. ACM SIGCOMM Computer Communication Review，38（2），2008：17-29.

[16]　Cheng X，Su S，Zhang Z，et al. Virtual network embedding through topology-aware node ranking[J]. ACM SIGCOMM Computer Communication Review，2011，41（2）：38-47.

[17]　Chowdhury M，Samuel F，Boutaba R. Polyvine：Policy-based virtual network embedding across multiple domains[C]. Proceedings of the Second ACM SIGCOMM Workshop on Virtualized Infrastructure Systems and Architectures，New Delhi，2010：49-56.

[18]　Su S，Zhang Z，Liu A X，et al. Energy-aware virtual network embedding[J]. IEEE/ACM Transactions on Networking，2014，22（5）：1607-1620.

[19]　Chochlidakis G，Friderikos V. Mobility aware virtual network embedding[J]. IEEE Transactions on Mobile Computing，2016，16（5）：1343-1356.

[20]　Abdelwahab S，Hamdaoui B，Guizani M，et al. Embedding of virtual network requests over static wireless multi hop networks[J]. IEEE Transactions on Wireless Communications，2016，15（4）：2669-2683.

[21]　Fischer A，Botero J F，Beck M T，et al. Virtual network embedding：A survey[J]. IEEE Communications Surveys & Tutorials，2013，15（4）：1888-1906.

[22]　Blenk A，Kalmbach P，Zerwas J，et al. NeuroViNE：A neural preprocessor for your virtual network embedding algorithm[C]. IEEE INFOCOM 2018-IEEE Conference on Computer Communications，Honolulu，2018：405-413.

[23]　Haeri S，Trajković L. Virtual network embedding via Monte Carlo tree search[J]. IEEE Transactions on Cybernetics，2018，48（2）：510-521.

[24]　Fischer A，Botero J F，Duelli M，et al. ALEVIN-a framework to develop，compare，and analyze virtual network embedding algorithms[J]. Electronic Communications of the EASST，2011，37：1-12.

[25]　Qiang Y，Weihua Z，Xu L，et al. End-to-end delay modeling for embedded VNF chains in 5G core networks[J]. IEEE Internet of Things Journal，2018：1.

[26]　Ordonez-Lucena J，Ameigeiras P，Lopez D，et al. Network slicing for 5G with SDN/NFV：Concepts，architectures and challenges[J]. IEEE Communications Magazine，2017，55（5）：80-87.

[27]　Zhang X，Huang Z，Wu C，et al. Online stochastic buy-sell mechanism for VNF chains in the NFV market[J]. IEEE Journal on Selected Areas in Communications，2017，35（2）：392-406.

[28]　Network Functions Virtualisation：Use Cases，ETSI Ind. Specification Group（ISG），Valbonne，2013.

[29]　Herrera J G，Botero J F. Resource allocation in NFV：A comprehensive survey[J]. IEEE Transactions on Network and Service Management，2016，13（3）：518-532.

[30]　Mehraghdam S，Keller M，Karl H. Specifying and placing chains of virtual network functions[C]. 2014 IEEE 3rd International Conference on Cloud Networking（CloudNet），IEEE，2014：7-13.

[31]　Mijumbi R. Design and evaluation of algorithms for mapping and scheduling of virtual network functions[C]. Proceedings of 1st IEEE Conference Network Softwarization（NetSoft），London，2015：1-9.

[32]　Bari M F，Chowdhury S R，Ahmed R，et al. On orchestrating virtual network functions[C]. Proceedings of 11th International Conference Network Service Manag（CNSM），Barcelona，2015：50-56.

[33]　Sahhaf S，Tavernier W，Rost M，et al. Network service chaining with optimized network function embedding supporting service decompositions[J]. Computer Networks，2015，93：492-505.

[34]　Sun G，Li Y，Yu H，et al. Energy-efficient and traffic-aware service function chaining orchestration in multi-domain networks[J]. Future Generation Computer Systems，2019，91：347-360.

[35]　Qu L，Assi C，Shaban K. Delay-aware scheduling and resource optimization with network function virtualization[J]. IEEE Transactions on Communications，2016，64（9）：3746-3758.

[36]　Beck M T，Botero J F. Coordinated allocation of service function chains[C]. 2015 IEEE Global Communications Conference（GLOBECOM），IEEE，2015：1-6.

[37]　Riggio R，Bradai A，Harutyunyan D，et al. Scheduling wireless virtual networks functions[J]. IEEE Transactions on Network and Service Management，2016，13（2）：240-252.

[38]　Galluccio L，D'Oro S，Palazzo S，et al. A game theoretic approach for distributed resource allocation and orchestration of softwarized networks[J]. IEEE Journal on Selected Areas in Communications，2017，35（3）：721-735.

[39]　Shi R，Zhang J，Chu W，et al. MDP and machine learning-based cost-optimization of dynamic resource allocation for network function virtualization[C]. 2015 IEEE International Conference on Services Computing（SCC），New York，2015.

[40]　Kim S I，Kim H S. A research on dynamic service function chaining based on reinforcement learning using resource usage[C]. 2017 Ninth International Conference on Ubiquitous and Future Networks（ICUFN），Milan，2017：582-586.

[41]　Vergara-Reyes J，Martinez-Ordonez M C，Ordonez A，et al. IP traffic classification in NFV：A benchmarking of supervised machine learning algorithms[C]. 2017 IEEE Colombian Conference on Communications and Computing（COLCOM），Cartagena，2017：1-6.

[42]　Bu C，Wang X W，Huang M. Adaptive routing service composition：Modeling and optimization[J]. Journal of Software，2017，28（9）：2481-2501.

第3章 局域网网络虚拟化

3.1 局域网简介

3.1.1 局域网定义

计算机网络可以根据网络覆盖范围分为广域网、城域网、局域网和个人区域网。局域网是我们日常生活中使用最为广泛的一种网络。通常,我们用局域网(Local Area Network,LAN)指代在方圆几千米以内的地理区域内(如一个学校、一栋建筑),通过专用的网络传输介质,将各种计算机、外部设备和数据库等互相连接起来组成的通信网络。局域网可以由几台甚至成千上万台计算机组成,支持文件管理、应用软件共享、打印机共享、扫描仪共享、工作组内的日程安排、电子邮件和传真通信服务等功能,并能够通过数据通信网或专用数据电路,与远方的局域网、数据库或处理中心相连接,构成一个较大范围的信息处理系统。

局域网的典型特点即网络为一个单位所拥有,且地理范围和站点数目均有限[1]。相比于其他网络,局域网具有更快的传输速度和更加稳定的性能,其框架简单并且具有封闭性。在局域网中,从一个站点可以非常便捷地访问全网,各类连接在局域网上的软硬件资源能够在主机间共享,系统扩展及演变、各个设备的位置均能够灵活调整,系统的可靠性、可用性和生存性也得到进一步的提升。决定局域网性能的主要包括三个因素:传输介质、拓扑结构、媒体访问控制方法。

1)传输介质

局域网可以使用多种传输介质进行传输,常用的传输介质包括双绞线、同轴电缆、光纤等有线介质和微波、激光等无线介质。传输介质的特性会影响网络数据通信的质量,双绞线是局域网中的主流传输介质,当数据率很高时,可以使用光纤进行传输。

2)拓扑结构

总线结构、环形结构、星形结构、树形结构(图3-1)和混合型结构是最为常见的局域网网络拓扑结构。总线网中各主机和服务器均直接连在总线上,各主机地位平等,无中心节点控制,总线两端连接匹配电阻,以吸收在总线上传播的电磁波信号的能量,避免在总线上产生有害的电磁波反射。环形网中各设备通过点到点的链路首尾相连构成一个闭合的环。星形网中各设备以星形方式连接成网,网络存在中央节点，以中央节点为中心，其他节点直接与中央节点相连。树形网络中各设备之间具有层次性，节点的扩展较为方便，任意节点之间的通信也不会存在环路。混合型结构是上述几种基本结构的混合，网络结构更为复杂，能够根据不同的应用场景灵活调整。

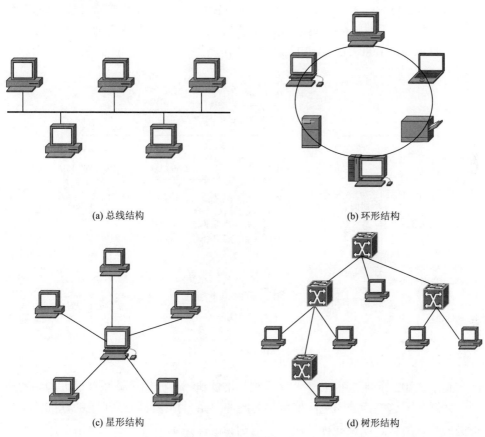

　　　(a) 总线结构　　　　　　　　　　　　　　　　　　(b) 环形结构

　　　(c) 星形结构　　　　　　　　　　　　　　　　　　(d) 树形结构

图 3-1　局域网拓扑结构

3）媒体访问控制方法

媒体访问控制方法是局域网最重要的基本技术之一，它决定着局域网体系结构、工作过程和网络性能。常用的媒体访问控制方法包括 CSMA/CD、令牌环。

3.1.2　局域网标准

IEEE 802 标准委员会[2]是专门制定局域网与城域网标准的机构，主要研究局部范围内的计算机组网问题。该委员会成立了一系列工作组（Working Group，WG）和技术咨询组（Technical Adivisory Group，TAG），专门负责各类协议标准的制定，他们制定的标准统称为 IEEE 802 标准。IEEE 802 标准委员会一共包含 24 个工作组。随着网络的发展，IEEE 802.4WG、IEEE 802.6WG、IEEE 802.7WG、IEEE 802.10WG 等许多工作组已停止工作。目前仍在活跃的工作组包括：IEEE 802.1——高层局域网协议工作组、IEEE 802.3——以太网工作组、IEEE 802.11——无线局域网工作组、IEEE 802.15——无线个域网工作组、IEEE 802.18——无线电监管技术咨询组、IEEE 802.19——无线共存工作组、IEEE 802.24——垂直应用技术咨询组。IEEE 802.1、IEEE 802.3、IEEE 802.11、IEEE 802.15 工作组发布的主要标准如图 3-2 所示。

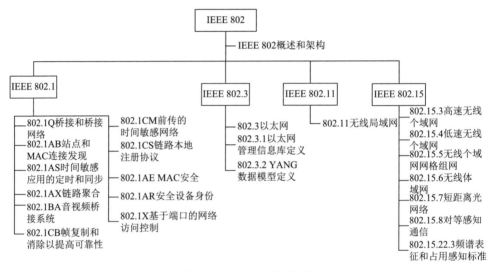

图 3-2　IEEE 802 系列标准

其中，802 标准是对 IEEE 802 系列标准的概述，介绍了该系列标准的参考模型，并解释了这些标准与更高层协议之间的关系，指出 MAC 地址的标准结构，提供公有、私有、原型和标准协议的判别标准，指定了用于系列标准的统一分配对象标识符的层次结构以及用于高层协议的识别方案。

802.1 标准涉及局域网体系结构、网络互联、安全、网络管理等方面，包括生成树协议、VLAN 协议等。802.1 标准由 802.1 工作组制定和维护，该工作组下设时间敏感网络（Time-Sensitive Networking，TSN）、安全、维护三个任务组（Task Group，TG），分别负责确定性服务提供、局域网设备间安全通信和 802.1 标准活动维护的相关标准。802.1 后面附上不同的字母更加具体地区分协议，如 802.1Q 定义桥接和桥接网络，802.1AB 定义站点和媒体访问控制连接发现，802.1AS 定义时间敏感应用的定时和同步，802.1AX 定义链路聚合，802.1AE 定义 MAC 安全，802.1X 定义基于端口的网络访问控制。

802.3 标准主要描述了有线以太网中物理层和数据链路层的 MAC 子层的实现

方法，以及在铜线、光纤等多种物理介质上以多种速率使用 CSMA/CD 的访问方法。

802.11 标准定义了无线局域网通信的 MAC 层和物理层规范，是使用最为广泛的无线网络标准，我们所熟悉的 WiFi 技术就是基于 802.11 标准实现的。目前 IEEE 802.1 系列标准已经有 20 多个，其中比较具有代表性的标准有 802.11a、802.11b 和 802.11g。

802.15 标准定义了近距离无线个人局域网（Wireless Personal Area Network，WPAN）标准，包括 802.15.3/4/5/6/7/8 等。802.15.3 旨在实现高速率的无线个人局域网；802.15.4 专注于低速率短距离的无线个人局域网，该标准定义的 MAC 层和物理层规范，用于支持能耗受限设备间的低速无线连接；802.15.5 标准提供了 WPAN 设备进行网络组网的架构框架；802.15.6 标准主要关注人体周边设备的低功耗和短距离无线传输；802.15.7 提供基于可见光的自由空间光通信标准；802.15.8 标准则针对 11GHz 以下频段的完全分布式协作的对等感知通信优化。

此外，802.18 技术咨询组负责全球无线电资源的监管，以支持 802.11、802.15、802.19 和 802.24 的相关工作。802.19 工作组负责为无线汽车等未授权设备的无线标准之间的共存制定标准。802.24 技术咨询组主要负责为智能电网、智能交通、智能家居、智慧城市等垂直应用提供 802 标准的技术支持。

3.1.3　媒体接入控制方法

在局域网中，每个主机需要通过共享信道发送和接收数据，为有效避免多个主机同时发送数据导致的冲突问题，支持多个用户合理方便地共享媒体资源，需要采取合适的媒体访问控制方法，技术上可通过静态划分信道和动态媒体介入控制两种方式实现。

静态划分信道方式使用时分复用、频分复用等技术为每个用户分配固定的信道，每个用户独享所分配到的信道，避免冲突，但该方式代价高、信道利用率低，不适合用在局域网中。在动态媒体接入控制方式中，信道的分配是动态变化的，并不固定给某个用户，可分为随机接入、受控接入两种。随机接入条件下，所有用户可以随时发送消息，但当两个及以上用户同时发送消息时，在共享媒体上会发生冲突，并导致信息发送失败，因此需要设计相应的协议来解决冲突问题。受控接入条件下，用户必须在一定控制下发送消息，这类典型代表有分散控制的令牌环局域网和集中控制的多点线路探询。

两类动态媒体接入控制方法对应着三种不同类型的局域网，下面将详细介绍这三种局域网结构类型。

（1）冲突检测的载波监听多路访问（CSMA/CD）控制方法：总线型以太网；

（2）Token Bus（令牌控制）：令牌总线型局域网；

（3）Token Ring（令牌控制）：令牌环状局域网。

1. 以太网

以太网（Ethernet）作为目前局域网中最为通用的通信协议标准，是由 Xerox 公司创建并由 Xerox、Intel 和 DEC 公司联合开发的基带局域网规范。与 IEEE 802.3 系列标准类似，以太网使用 CSMA/CD 技术，并能够以 10Mbit/s 的数据传输速率运行在多种类型的电缆上。

1）物理结构

标准以太网通常指早期的 10Mbit/s 以太网，它的拓扑结构为总线型拓扑，后续出现的快速以太网（100Base-T、1000Base-T 标准）为了最大限度地减少冲突、提高网络速度和使用效率，用交换机对整个网络进行连接和组织，以太网的拓扑结构就变成了星形结构，但在逻辑上，以太网仍然是总线型拓扑结构。

2）帧格式

以太网帧包括多种类型，不同类型具有不同的格式和 MTU 值，可以在同一物理介质上共存。以太网帧主要的类型包括如下几种。

（1）以太网 DIX V2 标准定义的帧。

该标准定义的帧就是我们现在用于 IP 协议中的 MAC 帧，其格式如图 3-3 所示。其中，目的地址、源地址分别标识接收数据帧的目的节点 MAC 地址和发送数据帧的源节点 MAC 地址。类型标识以太网帧携带的上层数据类型，如 0x0800 表示 IP 数据包，0x0806 表示 ARP 数据包。FCS 为帧校验序列，一般使用 32 位 CRC 循环冗余校验。在物理层传输时，每个帧的前面还会加上 7 字节的前导码和 1 字节的帧开始符。

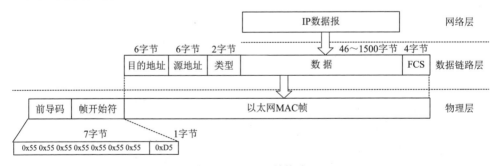

图 3-3　DIX V2 帧格式

（2）Novell 的非标准 IEEE 802.3 帧变种 802.3 Raw。

802.3 Raw 是 1983 年 Novell 发布 Netware/86 网络套件时采用的私有以太网帧格式，其格式如图 3-4 所示。该格式以当时尚未正式发布的 802.3 标准为基础，但是 1985 年 IEEE 正式发布 802.3 标准时，在 802.3 帧头中加入了 802.2 LLC（Logical

Link Control, 逻辑链路控制) 头部, 这使得 Novell 的 802.3 Raw 格式与正式的 IEEE 802.3 标准互不兼容。802.3 Raw 只支持 IPX/SPX 协议, 所以它的帧结构中没有标识协议类型的字段, 而只有 2 字节的长度字段, 用于标记数据帧长度。在长度字段后是 2 字节的十六进制值 FFFF, 用于标识 IPX 协议头的开始。

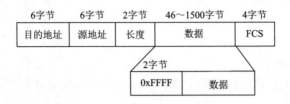

图 3-4　802.3 Raw 帧格式

（3）IEEE 802.3。

IEEE 802.3 由 Ethernet V2 发展而来, 是正式的 IEEE 802.3 标准, 其帧格式如图 3-5 所示。它将 Ethernet V2 帧头的协议类型字段替换为帧长度字段（取值范围为十进制的 0～1500）；并加入 802.2 LLC 头用于标识上层协议。LLC 头包括目的服务访问点（DSAP）、源服务访问点（SSAP）、控制（Control）三个字段, 控制用于标识无连接或者面向连接状态。IEEE 802.3 将 DLC 层分为 MAC 层和 LLC 层两个子层, MAC 层用于指示硬件目的地址和源地址, LLC 层用来提供一些服务。

图 3-5　IEEE 802.3 帧格式

（4）IEEE 802.3 SNAP。

IEEE 为保证在 802.2 LLC 上支持更多上层协议的同时更好地支持 IP 协议, 发布了 IEEE 802.3 SNAP 标准, SNAP（Sub-Network Access Protocol, 子网访问协议）是 LLC 的一个子集, 它允许协议在不通过服务访问点的情况下实现 IEEE 兼容的 MAC 层功能。因此, SNAP 虽然带有 LLC 头, 但 DSAP 和 SSAP 字段的值是固定的（均为 0xAA）, 此外, SNAP 对 LLC 属性进行了扩展, 额外提供了 5 字节来指定接收方法, 其中 3 字节用于标识不同的厂商或组织, 2 字节用于标识上层协议, 使其可以标识更多的上层协议类型。RFC 1042 定义了 IP 报文和 ARP 报文使用 LLC 和 SNAP 头部在 IEEE 802 网络上的实现方法。802.3 SNAP 帧格式如图 3-6 所示。

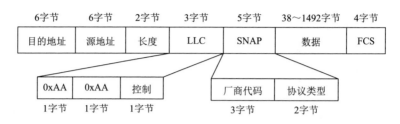

图 3-6　IEEE 802.3 SNAP 帧格式

3）帧收发操作原理

以太网采用 CSMA/CD 机制实现数据帧的收发，如果某个节点要发送数据，它首先通过广播的形式在总线上发送一个数据帧，与总线连接的所有节点都可以接收到该数据帧，具体工作流程图如图 3-7 所示，简单概述如下。

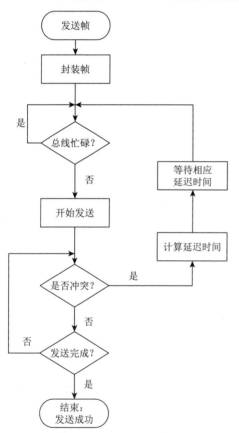

图 3-7　以太网帧收发流程图

（1）监听信道上是否有数据在传输。如果有数据传输，说明信道正忙，需要继续监听信道，直到信道空闲为止。需要注意的是，监听过程在整个发送过程中持续进行。发送前的监听用于判断何时发送数据，发送过程中的监听则用于判断其他节点发送的数据与本节点是否发生碰撞，即碰撞检测。

（2）如果没有监听到信道上有任何数据，则可以进行数据传输。

（3）传输的时候继续监听，如果发现冲突，发送方立即停止发送信息，并执行退避算法，随机等待一段时间后，重新执行步骤（1）。退避时间由截断二进制指数退避算法决定。

根据 CSMA/CD 协议的工作流程，我们可以发现，节点在使用 CSMA/CD 协议时不能够发送数据的同时接收数据，故基于 CSMA/CD 协议的以太网不能够进行全双工通信而只能进行半双工通信。

2. 令牌环状局域网

令牌环状局域网是 IBM 公司于 20 世纪 80 年代初开发的一种网络技术。它的物理结构为环形，多个节点相互连接，相邻节点之间为点对点的链路。与以太网的广播方式不同，令牌环状局域网按顺序向下一站广播，因此，即使是在负载很重的条件下，其仍然具有确定的响应时间。令牌环遵循 IEEE 802.5 标准，规定了 1Mbit/s、4Mbit/s 和 16Mbit/s 三种操作速率。

1）令牌环状局域网的物理结构

令牌环状局域网的工作站以串行方式顺序相连，形成一个封闭的环路。数据按顺序通过每一个工作站，直到到达数据的发送方。构成令牌环物理结构的传输介质有屏蔽双绞线（Shielded Twisted Pair，STP）和无屏蔽双绞线（Unshielded Twisted Pair，UTP），最初 UTP 电缆只能支持 1Mbit/s 的操作速率，STP 电缆支持 4Mbit/s 和 16Mbit/s 的操作速率，现在大部分厂商的产品已经突破了这种限制。组成令牌环网的主要部件包括网卡、多站访问单元、传输介质和连接介质。

2）令牌环状局域网的操作原理

令牌环状局域网中的工作站需要发送数据帧时必须持有令牌。令牌是一种长度为 3 字节的特殊帧，专门控制由哪个工作站访问网环。工作站收到令牌后开始发送帧，帧中包括接收站的地址，用以标识哪一站应接收此帧，令牌作为帧开始序列添加到帧中。帧在环上传输时，网络中不存在令牌，并且所有工作站都需要对帧进行转发，直到回到帧的始发站后由始发站撤销。帧的接收者除转发帧外，还需要维持一个目的地是自身的帧的副本，并通过在帧的尾部设置"响应比特"来标识已经收到此副本。工作站在发送完一帧后释放令牌给其他站使用。令牌释放方式包括常规释放和早期释放，常规释放是工作站收到响应比特后释放令牌，早期释放是工作站发出帧的最后一比特后直接释放令牌。

假设令牌环状局域网中的工作站 A 需要向工作站 B 发送帧，其工作流程如下。

第 1 步：首先需要进行环的初始化，即建立一个逻辑环，产生一个空令牌并在环上流动。

第 2 步：工作站 A 进入等待状态，直到检测到空令牌的到来。

第 3 步：工作站 A 将令牌状态置为忙，并发送数据帧到环上。

第 4 步：数据经过的每个工作站将该帧的目的地址和本站地址进行比较，地址符合则接收帧，地址不符合则将继续转发。工作站 C 地址符合接收帧，同时将该帧继续转发到环上。

第 5 步：工作站 A 等待接收它发的帧，并将帧从环上撤离，不再向环上转发。

第 6a 步：工作站 A 接收到帧的最后一比特后产生令牌，并通过环传给下一个工作站，然后对帧尾部的响应比特进行处理。

第 6b 步：工作站 A 发送完最后一个比特后直接将令牌传递给下一个工作站。

6a、6b 两种方式任选其一即可。常规释放时为 6a，早期释放时为 6b。另外，当令牌传到没有数据需要发送的工作站时，只要简单地将令牌向下一站转发。

3）MAC 帧格式

令牌环上传输的数据格式有两种：一种是令牌帧；另一种是常规帧。令牌是占有发送权的标志，只有拥有令牌的站点才能发送消息。常规帧用来发送数据或控制信息。两种帧的格式如图 3-8 所示。帧首定界符和帧尾定界符用于标识数据帧的开始和结束，访问控制字段用于控制对令牌环的访问，帧控制字段定义帧的类型和控制功能，目的地址和源地址分别标识数据帧的接收站点和发送站点，数据字段携带用户数据或者控制信息，FCS 为帧校验序列，也是使用 32 位的循环校验码，帧状态字段用于标识各工作站对该数据帧的操作状态。

令牌帧：

1字节	1字节	1字节
帧首定界符	访问控制	帧尾定界符

常规帧：

1字节	1字节	1字节	2/6字节	2/6字节	<5000字节	4字节	1字节	1字节
帧首定界符	访问控制	帧控制	目的地址	源地址	数据	FCS	帧尾定界符	帧状态

图 3-8　两种帧格式

3. 令牌总线型局域网

令牌总线型（Token Bus）局域网是在总线拓扑结构中利用令牌（Token）作为控制节点访问公共传输介质的局域网。在令牌总线网络中，节点只有在拿到令牌后才能发送数据，如果不需要发送数据，则直接将令牌交给下一个节点。令牌总线由 IEEE 802.4 工作组负责标准化。

1）物理结构

就物理结构而言，令牌总线型局域网仍为总线结构的局域网；但在逻辑上，它是一种环形结构的局域网，物理总线上的各节点组成一个逻辑环，每个节点被赋予相应的逻辑位置。

2）帧格式

令牌总线型局域网中的帧格式如图 3-9 所示，其中前同步码、目的地址、源地址、FCS 含义与 IEEE 802.3 相同，帧首（尾）定界符含义与 IEEE 802.5 一致。帧控制用于区分数据帧和控制帧，如果是数据帧，帧控制字段用于标识该帧的优先级及要求接收站应答的指示；如果是控制帧，则用于标识控制帧的类型。

≥1字节	1字节	1字节	2/6字节	2/6字节	≤8182字节	4字节	1字节
前同步码	帧首定界符	帧控制	目的地址	源地址	数据	FCS	帧尾定界符

图 3-9　令牌总线型局域网帧格式

3）操作原理

令牌总线型局域网与令牌环状局域网类似，各个节点在传输数据之前必须具备令牌，令牌在节点间不断传递。网络中各节点按照一定顺序（如接口地址大小）排列成一个逻辑环，环中每个节点只知道本站地址、直接前驱和直接后继的地址。令牌按照逻辑环中各个节点的排列顺序不断传递，当一个节点发送完数据后，将令牌传给其后继节点，序列的最后一个节点将令牌返回到第一个节点。令牌按此模式在逻辑环中循环流动，各节点轮流发送数据，可以避免冲突。由于总线采用的是广播媒介，令牌传递时需要加上目的地址。

令牌总线定义了四种优先级，由低到高分别是：0、2、4、6。当某一节点接到令牌，在将令牌传给下一相邻节点前，令牌会在节点内部从最高优先级传往最低优先级。当某一级别接到令牌后，该级别缓冲区内的缓冲信息将被传送，直到队长为 0 或计时器到时。为避免某个节点独占带宽，规定每个节点存在一个最大令牌持有时间，超过这个时间必须将令牌传递给下一节点。不同优先级队列的令牌持有时间也不同，最高级别 6 拥有最高优先权，该缓冲区内的信息最先被传送，信息传送完之后，令牌才会被传至级别 4。3 个较低级别也分别有其各自的令牌循环时间参数，令牌持有时间和令牌循环时间可根据需要自行设定。

4. 三种局域网比较

结合本小节内容可以看出，三种局域网都遵循 IEEE 802 层次结构模型，使用的传输介质以同轴电缆、双绞线和光纤为主，都通过共享介质的方式实现数据帧的收发，都采用分布式控制访问方法进行访问控制，局域网没有用于集中控制的主机。

CSMA/CD 总线型局域网中，所有节点连在同一个总线上，且一个时刻只允许一个节点发送数据，当一个节点发送数据时，其他节点只能接收数据，各节点获得数据发送权是随机的，两个以上节点发送数据会产生冲突。CSMA/CD 主要用于以太网，协议简单、安装容易、总线可靠性高，可以为用户提供同等的访问权，在轻负载情况下具有良好的延迟特性和吞吐能力，但 CSMA/CD 必须进行冲突检测，并且对最小帧长度有一定限制，随负载的增加，冲突的加剧会导致性能急速下降。由于随机竞争发送和延迟等待，没有办法准确判断数据传输时延，也没有优先级，因此对实时系统不适用。

令牌环状局域网的节点通过网卡和点到点线路形成环状结构，令牌存在一个MAC 控制帧以标志令牌的忙/闲状态。该网络可以使用多种传输介质，支持优先级设置以及短帧的传输，将令牌环网做成星形环可自动检测和隔离电缆故障，在高负载下可以获得很高的传输效率，但在低负载情况下传输时延较大，同时由于采用集中式控制，对监控站的可靠性具有较高的要求。

令牌总线型局域网中节点必须持有令牌才能通过总线发送数据，令牌持有时间规定了节点获取令牌发送数据占用的最大时间，网络会预先确定节点获得令牌的顺序。该网络的吞吐量随数据传输速率的提高而增加，具有较强的吞吐能力。它不需要冲突检测，既可以提供对各节点的公平访问，也可以提高优先级，能够预判数据在网络中传输的最大延迟，可用于实时系统，但需要解决环初始化等问题，并进行逻辑环的维护，同时物理层规范较为复杂，在负载较轻时可能要等待许多无用的令牌帧传递，从而降低了信道利用率。

3.1.4　其他局域网类型

从介质访问控制方式的角度来看，局域网可以分成两大类：共享介质局域网（Shared LAN）和交换式局域网（Switched LAN）（图 3-10）。前面介绍的标准以太网、令牌环状局域网、令牌总线型局域网以及以光纤为传输介质的光纤分布式数据接口（Fiber Distributed Data Interface，FDDI）均属于共享介质局域网。随着以太网的快速发展，令牌网和 FDDI 由于性能、价格等原因逐渐退出应用市场。相比于共享介质局域网，交换式局域网是一种"非共享介质网络"，交换机构成局域网的核心，网络中所有计算机连接到交换机端口。交换式局域网包括交换以太网、ATM 局域网、虚拟局域网等。这种以交换机为核心的组网方式有许多优点，它可以有效解决平均带宽问题并消除碰撞，可以根据具体需求为交换机端口配置不同的接口速度以连接不同速率的终端，也可以互联不同标准的局域网，并且支持全双工通信。因此，交换式局域网是我们现在常用的局域网类型，由于交换机端口隔绝了碰撞域，也就不需要和别的用户竞争共享介质，用简单有效的方法

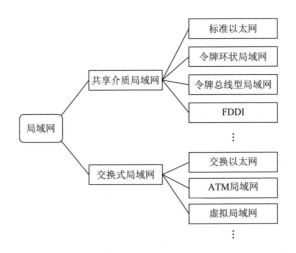

图 3-10　局域网分类

满足了用户独享带宽这个更本质的需求。然而，碰撞域隔离并不意味着广播域隔离，因此，在现有的交换式局域网上增加虚拟局域网协议，是大规模交换式局域网常用的形态，也是在局域网进行虚拟化的主要场景和方法。此外，IEEE 802 标准中还定义了无线局域网、无线个域网标准，本小节将简要介绍虚拟局域网、无线局域网、无线个域网这三种现阶段应用非常广泛的局域网类别。

1. 虚拟局域网简介

在以太网中，普通交换机的所有端口都在同一个广播域，任何一个端口发送的广播报文都会被发送到除发送端口外的所有端口。这种方式显然不利于网络的隔离，还有可能会出现网络风暴。为克服以太网的广播问题，通常的方式是把不同的工作组放到不同的交换机上，比如每个办公室属于一台交换机，交换机之间通过路由器连接，这种方式成本较高，而且存在很大程度的浪费，我们可以运用 VLAN 技术解决这个问题。

虚拟局域网（Virtual Local Area Network，VLAN）通过将局域网设备从逻辑上划分成多个网段，实现虚拟工作组的数据交换技术，遵循 IEEE 802.1Q 协议。VLAN 技术可以把一个物理上的局域网划分为多个逻辑上的虚拟局域网，每个虚拟局域网内的主机间直接通信，而不同虚拟局域网内的主机不能直接通信，广播报文被限制在 VLAN 内部。在集中式网络环境中，将中心的所有主机系统集中到一个 VLAN 里，不允许任何用户节点接入该 VLAN，可以很好地保护敏感的主机资源。在分布式网络环境下，如果按机构或部门的设置来划分 VLAN，各部门内的服务器和用户节点在各自的 VLAN 内交互，可以避免相互干扰。

VLAN 的划分主要有三种方式：基于交换机端口、基于节点 MAC 地址和基于应用协议。基于交换机端口的 VLAN 根据交换机的端口进行划分，技术比较成熟，在实际应用中效果显著，使用广泛，但是灵活性有限。基于节点 MAC 地址的 VLAN 根据每个主机的 MAC 地址来划分，这种方式允许用户在移动过程中仍然保留初始的 VLAN 成员身份，为移动计算提供了可能性，但同时也存在 MAC 欺诈攻击的隐患。基于应用协议的 VLAN 根据网络层协议进行划分，可以分为 IP、IPX、DECnet 等 VLAN，当用户物理位置改变时，不需要重新配置 VLAN，并可以根据网络协议来划分，也不需要额外的帧标签来识别 VLAN，但实际使用效率较低。

为了让设备能够对不同的 VLAN 报文进行区分，需要在报文中添加 VLAN 信息标识字段。IEEE 802.1Q 协议在以太网数据帧中加入 4 字节的 VLAN 标签（又称 VLAN Tag，简称 Tag），对 VLAN 信息进行标识。VLAN 帧格式如图 3-11 所示。

其中，TPID 为 2 字节的标签协议标识符，用于表示数据帧类型，取值为 0x8100 时表明是 IEEE 802.1Q 的 VLAN 数据帧。PRI、CFI 和 VID 是标签控制信息，共占 2 字节。PRI 表示数据帧的 802.1p 优先级,包括 3 比特,取值范围为 0~7,值越大优先级越高。CFI 为标准格式指示位,表示 MAC 地址在不同的传输介质中是否以标准格式进行封装,用于兼容以太网和令牌环网,CFI 占 1 比特,0 表示标准格式封装,1 表示非标准格式封装。VID 表示该数据帧所属 VLAN 的编号,取值范围是 0~4095。

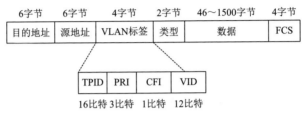

图 3-11　VLAN 帧格式

VLAN 通信主要分为两种形式:同一 VLAN 内用户通信和不同 VLAN 间用户通信。VLAN 中用户通信需要经过三个环节:用户主机的报文转发、设备内部的以太网交换以及设备之间交互时 VLAN 标签的添加和剥离。由于划分 VLAN 后广播报文只在同一 VLAN 内二层转发,所以同一 VLAN 内的用户可以直接进行二层通信,不同 VLAN 内的用户则需要借助三层路由技术或 VLAN 转换技术才能实现通信。

VLAN 技术具有很多优势,它将广播域限制在一个 VLAN 内,既节省了带宽,又避免了不必要的数据传输,提高了网络处理能力;不同 VLAN 间用户不能直接通信,提升了网络的安全性;当网络出现故障时,VLAN 内部的故障不会影响其他 VLAN 的工作,能够有效增强网络的健壮性;此外,使用 VLAN 可以实现用户到工作组的灵活划分,用户可以不受物理范围的限制,灵活构建和维护网络。

2. 无线局域网简介

无线局域网(Wireless Local Area Network,WLAN)是利用射频技术,把分布在数公里范围内的不同物理位置的计算机设备连在一起,在网络软件的支持下可以相互通信和资源共享的网络系统,基于 IEEE 802.11 标准。在 WLAN 出现之前,计算机组网的传输主要依赖铜缆或光缆,构成有线局域网。但有线网络在许多场合会受到线路的限制,线路调整工程量大,网络中的各个节点也无法移动,连接距离较远的节点时施工难度大,成本高昂。这些问题不断影响着急速扩大的联网需求。为解决有线网络的这些问题,WLAN 应运而生。它使用电磁波在空气中发送和接收数据,不需要线缆介质,网络中的计算机能够自由移动,可以有效解决网络联通问题,是对有线网络的有效补充和扩展。

WLAN 的实现协议有很多,WiFi 是目前应用最为广泛的一种技术,通过无线技术将各种终端进行互联,为用户屏蔽了各种终端之间的差异性。在实际应用中,WLAN 的接入方式很简单,只需要一台无线接入设备即可接入 WLAN,常用的接入设备包括路由器、具备无线功能的计算机或终端(手机等),没有无线功能的计算机可以通过外插无线网卡接入。以家庭 WLAN 为例,使用路由器将无线或有线网络接入家庭后,按照网络服务商提供的说明书进行路由配置,待配置完成后,终端打开,输入服务商给定的用户名和密码即可。

WLAN 具有安装便捷、使用灵活、设备可移动、易于扩展等优势,它的配置方式多样,能够根据实际需要灵活选择,从几个用户的小型局域网到上千用户的大型网络都可以使用,并且能够提供像"漫游"(Roaming)等有线网络无法提供的特性。凭借这些优势,WLAN 已经在医院、商店、工厂和学校等场合得到了广泛应用,为人们的生活带来极大的便利。

当然,WLAN 在给网络用户带来便捷和实用的同时,也存在一些缺点。一方面,WLAN 依靠无线电波传输,很容易受到建筑物、树木等阻碍,网络性能不稳定;同时,无线信道的传输速率比有线信道低得多,WLAN 只适用于个人终端和小规模的网络应用;更重要的是,无线信号很容易被监听,造成用户信息泄露。

3. 无线个域网简介

无线个域网(Wireless Personal Area Network,WPAN)是一种采用无线连接的个人局域网,遵循 IEEE 802.15 标准。WPAN 位于整个网络架构的底层,适用于短距离的终端与终端之间的无线连接(个域网的工作范围一般是在 10m 以内),在个人操作环境中将需要相互通信的装置构成一个网络,不需要任何中央管理装置及软件。支持无线个人局域网的技术包括 Bluetooth(蓝牙)、ZigBee、UWB(超宽带)、IrDA(红外)、HomeRF(家庭射频)等,其中蓝牙技术在无线个域网中使用最为广泛。

WPAN 定位于短距离无线通信技术,根据不同的应用场合又分为高速(HR-WPAN)、低速(LR-WPAN)两种。高速 WPAN 支持高速率的多媒体应用,如高质量声像配送、多兆字节音乐和图像文档传送等,主要用于连接便携式通信设备。低速 WPAN 则用于满足对速率要求较低的应用需求。

相比较 WLAN 而言,WPAN 通常只需要少量甚至不需要网络基础设施,可以为廉价设备(如物联网设备)之间提供超低复杂性、超低成本、超低功耗和超低数据速率的无线连接[3]。IEEE 802.15.1 标准还定义了多个物理层以支持各种频段,一些备用物理层能够提供精度到 1 米,其物理层原始数据传输速率最高能达 500kbit/s 以满足应用程序的需求,且可以根据需要缩减到 50kbit/s 或更低,以满足无线通信或传感器的需求。WPAN 设备具有价格便宜、体积小、易操作和功耗低等优点。

3.2　局域网虚拟化的发展历程

3.2.1　以太网发展史

经过多年发展，以太网已经基本统一了局域网市场，本节主要介绍以太网的发展历程。以太网是美国 Xerox（施乐）公司的 Palo Alto 研究中心（简称为 PARC）在 1975 年研制成功的，它的核心技术起源于 ALOHA 网。20 世纪 70 年代初，Bob Metcalfe 对 ALOHA 系统进行改进，提出一种总线型局域网的设想。1972 年，Bob Metcalfe 和 David Boggs 开发出第一个实验性网络，该网络采用无源的同轴电缆作为总线来传输数据，数据传输速率达到了 2.94Mbit/s。1976 年 7 月，论文 *Ethernet*：*Distributed Packet Switching for Local Computer Networks* 的发表标志着以太网的诞生。1980 年 9 月，DEC 公司、英特尔公司和施乐公司联合提出了以三个公司名称缩写命名的 10Mbit/s 以太网规约的第一个版本 DIX V1。1982 年又对其进行了修改，提出了第二版规约 DIX V2，这也是最终版本，该规约是世界上第一个局域网产品的规约。

以太网的发展先后主要经历了五个阶段：传统以太网（10Mbit/s Ethernet）、快速以太网（100Mbit/s Ethernet）、千兆以太网（1000Mbit/s Ethernet，GE）、万兆以太网（10000Mbit/s Ethernet，10GE）、十万兆以太网（40/100GE）。

1. 传统以太网

传统以太网指的是最早的 10Mbit/s 以太网，它是一种总线型局域网，所有计算机被连接在一条同轴电缆上，采用具有冲突检测的载波监听多点接入/碰撞检测（Carrier Sense Multiple Access with Collision Detection，CSMA/CD）方法进行数据传输。在传统以太网中，所有网络设备共享通信介质，传输的数据会发送到所有节点，但只有特定节点才能接收帧，媒体访问控制层的所有 Ethernet 网卡都采用 48 位 MAC 地址。以太网由共享传输介质如双绞线电缆或同轴电缆、多端口集线器、网桥或交换机及以太网协议构成，集线器/交换机/网桥通过电缆使计算机、打印机和工作站彼此之间相互连接，IEEE 802.3 标准中提供了以太网帧结构及相关说明，其余各网络组成具体介绍如下所述。

1）共享介质和电缆

传统以太网的共享介质包括三种类型：10Base-T（双绞线）、10Base-2（同轴细缆）、10Base-5（同轴粗缆），三者的传输速率均为 10Mbit/s，均使用基带传输，其中 10Base-2 的传输距离为 200m，10Base-5 的传输距离为 500m。

2）集线器或转发器

集线器或转发器是用于接收网络设备上的大量以太网连接的一类设备。通过将发送设备的数据转发到所有接收设备，可以有效提高传输效率，降低网络成本。

3）网桥

网桥属于二层设备，负责将网络划分为独立的域或者分段，并在同一个域/分段中维持广播及共享。网桥中存储一张包括所有分段和转发帧的表，以确保分段内及其周围的通信行为正常进行。

4）交换机

交换机是一种多端口的二层设备，它支持的功能与网桥类似，此外，它可以临时将任意两个端口连接在一起。交换机包含一个交换矩阵，可以通过交换矩阵迅速建立端口连接或者解除端口连接。交换机只转发从发送端口到其他目标节点且不包含广播端口的帧，这是与集线器不同的地方。

2. 快速以太网

1995 年 9 月，IEEE 将 100Base-X 的快速以太网制定为正式的国际标准，即 IEEE 802.3u，作为对原有 802.3 标准的补充，这个快速以太网标准得到了所有主流网络厂商的支持。100Base-T 标准定义了介质专用接口（Media Independent Interface，MII），它将 MAC 子层与物理层分隔开，物理层在实现 100Mbit/s 速率时使用的传输介质和信号编码方式的变化不会影响到 MAC 子层。

快速以太网支持全双工与半双工两种模式，只支持双绞线和光缆连接，不支持同轴电缆。规定了 100Base-TX、100Base-FX、100Base-TX4 三种不同的物理层标准。100Base-TX 使用 2 对 UTP5 或 STP 类线，一对用于发送，另一对用于接收。信号的编码采用多电平传输 3（MLT-3）的编码方法。100Base-FX 使用 2 根光纤，一根用于发送，另一根用于接收，信号的编码采用 4B/5B-NRZI 编码。100Base-T4 使用 4 对 UTP 3 类线或 5 类线，信号采用 8B6T-NRZ 的编码方法。为更好地与 10Base-T 的以太网兼容，快速以太网设计了在一个局域网中支持 10Mbit/s 与 100Mbit/s 速率的网卡共存的速率自适应机制。

3. 千兆以太网（GE）

面对日益增长的电视会议、三维图形与高清晰度图像等应用需求，人们迫切需要寻找更高带宽的局域网，如果直接将当时的以太网互联到作为主干网的 622Mbit/s 的 ATM 局域网上，以太网与 ATM 的工作机理差异会导致异型网互联等复杂问题，千兆以太网（又称为吉比特以太网，GE）应运而生。

千兆以太网仍然采用 CSMA/CD 的 MAC 访问技术和 DIX V2 帧格式，支持共享式、交换式、半双工和全双工的操作，可无缝连接原有的 100Mbit/s 和 10Mbit/s

以太网。千兆以太网的物理层包括 1000Base-X（802.3z 标准）、1000Base-T（802.3ab 标准）两类标准。1000Base-X 是基于光纤通道的物理层标准，使用 1000Base-SX、1000Base-LX、1000Base-CX 三种介质。1000Base-T 使用 4 对 5 类 UTP，原有的布线系统可以直接升级，能够最大限度地保护用户在已有以太网方面的投资。此外，1000Base-T 标准还定义了千兆介质独立接口（Gigabit Media Independent Interface，GMII），它将 MAC 子层与物理层分隔开来，当在物理层实现 1Gbit/s 的传输速率时，传输介质和信号编码方式的变化不会对 MAC 子层产生影响。

4. 万兆以太网（10GE）

万兆以太网对 IEEE 802.3 协议及 MAC 规范进行了扩展，支持 10Gbit/s 的传输速率，具体规范在 IEEE 802.3ae 补充标准中有详细说明。万兆以太网的帧格式与标准以太网、快速以太网、千兆以太网的帧格式相同，也保留了 802.3 标准对以太网最小和最大帧长度的规定，以便在用户升级原有以太网时与较低速率的以太网通信。

万兆以太网不再使用双绞线，而将光纤作为主要的传输介质，使用不同类型的光纤以支持不同的通信需求，长距离（大于 40km）的光收发器与单模光纤可以在广域网和城域网范围内工作，如果使用较便宜的多模光纤，传输距离限制在 65～300m。万兆以太网采用全双工的工作模式，不存在介质争用，网络的传输距离也不再受限于冲突检测。由于万兆以太网的物理层使用光纤通道技术，需要对物理层协议进行调整，万兆以太网包括两种不同的物理层标准：①局域网物理层标准，传输速率为 10Gbit/s，每个万兆以太网交换机可以支持 10 个千兆以太网端口；②广域网物理层标准，物理层符合光纤通道速率体系 SONET/SDH 的 OC-192/STM-64 标准，传输速率略低于 10Gbit/s。

5. 十万兆以太网（40/100GE）

十万兆以太网（40/100GE）于 2010 年由 IEEE 802.3ba 标准定义，该标准支持 40Gbit/s 速率下 100m 多模光纤传输、10m 铜线传输和 1m 背板传输，100Gbit/s 速率下 10km、40km 单模光纤传输、100m 多模光纤传输、10m 铜线传输。十万兆以太网相关技术随后由 2011 年的 802.3bg、2014 年的 802.3bj、2015 年的 802.3bm 和 2018 年的 802.3cd 标准补充定义和完善。通常认为 40Gbit/s 主要面向服务器部署，而 100Gbit/s 技术由于具备与 OTN、SONET/SDH 和传统以太网的兼容性，适用于网络汇聚和骨干传输系统。

40/100GE 技术只支持全双工操作，同时保留了 802.3 标准中的以太网帧格式和最大帧最小帧的设置，在光网络产品中引入了下一代相干技术，支持运营商通过对高速率传送网络系统进行优化以减少高传输速率带来的损耗，提供无缝光纤传输支持。此外，40/100GE 提供多种物理层规范，设备通过可插拔模块支持不同的规范类型，以便在单模光纤、多模光纤 OM3/OM4、铜线、背板等不同的物理层上运行，并能够实现更低的误码率。

总的来说，随着局域网的不断发展，令牌环、FDDI 和 ATM 在与以太网的竞争中逐渐被淘汰，而以太网在这个过程中不断演化和发展，到目前为止已成为最流行的局域网技术之一，几乎垄断了现有的有线局域网市场。以太网成功的原因有很多，一方面，以太网是第一个广泛部署的高速 LAN，由于部署的时间问题，当其他 LAN 技术问世时，网络管理员已经非常熟悉以太网而不愿意转用其他技术；另一方面，相比于以太网，令牌环状局域网、FDDI 和 ATM 价格更昂贵，技术上也更复杂；其他 LAN 技术（如 FDDI 和 ATM）高数据速率的优势也随着快速以太网等的问世逐渐消失；此外，以太网硬件（如适配器和交换机）便宜，成本较低。

3.2.2 局域网网络虚拟化发展史

1. 局域网网络虚拟化的发展需求

在应用初期，计算机不仅体积庞大，而且使用前必须向计算机操作人员提交请求，获准上机后，需要等待数小时或几天才能得到处理结果。随着电子技术的发展，终端可以直接连接到计算机上，人们从办公室的终端上便可提交请求，而不必进入机房。随着中小型计算机及操作系统的出现，用户能够以交互操作方式向中心机提交请求。随着个人计算机（Personal Computer，PC）的出现，计算机开始普及。随着 PC 大量投入市场，人们发现需要为每台 PC 配置一台磁盘驱动器和打印机，成本极其高昂。为解决这个问题，资源共享的方式应运而生，即磁盘服务器和共享打印机。这种硬件和软件组合的方式，可使多个 PC 用户便捷地对公共硬盘驱动器、打印机进行共享式访问，局域网的概念就此产生。

IEEE 802 委员会成立于 1980 年 2 月，致力于制定局域网和城域网的物理层、数据链路层中定义的服务和协议。在以太网规约的基础上，802.3 工作组于 1983 年制定了第一个以太网标准 IEEE 802.3，由于 IEEE 的 802.3 标准与以太网的两个标准 DIX Ethernet V2 只有很小的差别，很多人将 802.3 局域网简称为"以太网"。

由于相关厂商在商业上的激烈竞争，IEEE 802 委员会一直未能形成一个统一的局域网标准，而是制定了好几个不同的局域网标准，如 802.4 令牌总线网、802.5 令牌环网等。到了 20 世纪 90 年代后，竞争激烈的局域网市场逐渐明朗。以太网在局域网市场中已取得垄断地位，几乎成为局域网的代名词。

LAN 的基本组成结构包括计算机、传输介质、网络适配器、网络连接设备、网络操作系统。在过去的几十年时间里，网络负载直接运行在物理设备上，网络运营模型也固定不变，存在网络配置效率低下且不可复制、位置受限、移动性受限、对硬件网络设备依赖性高等问题，逐渐无法满足应用需求，网络虚拟化技术应运而生。

2. 局域网网络虚拟化发展历程

网络虚拟化基本思想是对物理网络及其组件（如交换机、路由器等）进行抽象，并从中分离网络业务流量，以摆脱物理约束，提升资源利用率。采用网络虚拟化可以将多个物理网络抽象为一个虚拟网络，也可以将一个物理网络分割为多个逻辑网络。网络虚拟化概念及相关技术的引入使得网络结构的动态化和多元化成为可能，它被认为是解决现有网络体系僵化问题，构建下一代互联网最好的方案。作为虚拟化技术的分支，网络虚拟化本质上还是一种资源共享技术。

根据本书前面内容的介绍，我们知道，网络虚拟化技术可以从资源池化、资源分配两方面分析。资源池化包括节点虚拟化（网卡、交换机、路由器、网络功能虚拟化）、链路虚拟化（物理链路复用、数据通道虚拟化（标签 VLAN、隧道和封装 VPN））、基于 SDN 的网络虚拟化等。资源分配主要涉及虚网映射算法，网络虚拟化技术在局域网中的应用也是从这几个方面展开的。目前比较常见的局域网虚拟化应用包括 VLAN、VPN 等，此外，主动可编程网络（Active and Programmable Network，APN）技术也是网络虚拟化的一个相关技术，将在本章后面内容进行介绍。

1）VLAN 发展史

VLAN 是局域网虚拟化应用的典型代表。自 20 世纪 70 年代以来，局域网、广域网等技术不断发展，网络规模不断扩大，接入设备数量迅猛增加，网络结构日趋复杂，局域网技术的问题和缺陷也逐渐显现，例如，数据在跨局域网传输时经常需要经过多个路由器，这会导致网络延时增加，数据传输速率降低。又或者用户按照物理连接被划分到某个局域网中，但这种划分方式可能并不符合用户的实际需求，比如带宽需求不同的主机被分到同一个局域网竞争相同的带宽资源。这些问题以及物理空间的局限性促进了 VLAN 技术的产生。

VLAN 的出现可以追溯到 20 世纪 80 年代，Sincoskie 博士解决以太网扩展问题时，采用了在每个以太网帧中添加标签的方式，这些标签可认为是颜色，如红色、绿色或蓝色[4]。在该方案中，指定开关只处理某个颜色的帧，而忽略掉其他颜色的帧，网络与三个生成树相连，每个开关负责一个生成树，通过混合发送不同颜色的帧，可以有效改善聚合带宽。他和 Chase Cotton 创建并完善了使系统可行所必需的算法，这里的颜色其实就相当于现在以太网帧中的 VLAN 标记。

1998 年，IEEE 802.1 委员会发布了 802.1Q 标准，该标准为携带 VLAN 分组信息的以太网帧提供了一套标准方法，使用多路复用的 VLAN 思路为各厂商提供 VLAN 支持。该标准定义了 VLAN 网桥操作，进而允许在桥接局域网结构中实现定义、运行以及管理 VLAN 拓扑结构等操作，具体来说主要包括以下几个方面[5]：①将 VLAN 的功能定义在 MAC 子层的架构描述中；②指定了在 VLAN 网桥中提供帧中继功能的 MAC 子层增强服务；③指定了提供帧中继功能的操作方法；④定义了 VLAN 标记帧中携带控制信息的结构、编码方式和具体说明；⑤定义了管理帧中 VLAN 控制信息插入、删除的规则；⑥设定自动配置 VLAN 拓扑信息的要求，并制定配置方式；⑦定义可在 VLAN 网桥中提供的管理功能，便于对 VLAN 操作进行管控。这个标准作为 VLAN 史上的一块里程碑，推动了 VLAN 的发展，各大网络厂商也迅速将新标准融合到各自的产品中。同时，IEEE 802.1 委员会也在不断对该标准进行完善，发布了多个修订版本。

802.1Q 是最常用的 VLAN 支持协议，但在 802.1Q 标准发布之前，各大厂商曾提出许多支持 VLAN 的专有协议，如 Cisco 交换机间链路（ISL）和 3Com 的虚拟 LAN 中继（VLT）。1995 年，Cisco 公司还提出在 IEEE 802.10 帧头中携带 VLAN 信息来实现 FDDI 上的 VLAN，该方案由于与 802.10 标准目的相违背而没有得到 802 委员会的成员的广泛支持。目前交换机支持的标签（Tag）封装协议包括 802.1Q 和 ISL，只不过 802.1Q 属于国际标准协议，适用于各个厂商生产的交换机，ISL 是 Cisco 独有协议，只能用于 Cisco 网络设备之间的互联。

根据 802.1Q 中对 VLAN 标签的规定，VLAN 编号（即 VID）长度为 12bit，那么，一个以太网下 VLAN 数目最多为 4094（0x000 和 0xFFF 为保留值），这个数目对于一些规模庞大的网络或部署 PUPV 的宽带接入网而言并不充裕。为解决 VLAN 的这种局限性，提出了多标签嵌套技术——QinQ，该技术在 IEEE 802.1ad 标准中定义。QinQ 允许以太网帧中放置两个 VLAN 头部，一个标签为局域网中的 VLAN 标签，另一个标签用作外部网络的标识，VLAN 个数被扩充至 4094×4094 个，局域网中的标签封装在公有网络（公网）标签中，在通过运营商的骨干网络时不会被改变。此后，在最短路径桥接技术标准中（IEEE 802.1aq）将 VLAN 限制扩展到 1600 万个。

VLAN 技术凭借优越的可扩展性、灵活性和安全性等特点，广泛应用在校园网建设、企业网络管理、监控系统等各种网络场景下，发挥着越来越重要的作用。现在的 VLAN 技术基本能够满足网络用户需求，但在网络性能、网络流量控制、网络通信优先级控制等方面仍然需要提升，基于三层交换机的 VLAN 存在网络效率的瓶颈问题，其性能也需要提升。

2）VPN 发展史

我们知道，VPN 的全称是虚拟专用网，主要用于连接不同网络的组件和资源。它是利用互联网的各种基础设施为用户创建隧道，提供与专用网络一致的安全及功能保障。需要注意的是，使用 VPN 技术在任意两个节点之间创建的连接并不是传统网络中的端到端物理链路，而是由公共网络资源动态组成的，在公共网络中虚拟出的一条端到端的传输专线。

VPN 出现于 20 世纪 90 年代，当时由于 IP 地址紧缺，一个机构（如公司）并不能为每台主机都申请到一个 IP 地址，而且很多情况下，很多主机只需要和机构内其他主机通信，而不需要连接到外部网络。为解决这个问题，RFC 1918 规定了一些专用地址，这些地址只能用于机构内部的主机间通信，采用这样的专用地址的网络就叫做专用网。显然，许多机构的各个部门可能分布在物理位置相距较远的地点，每个地点都维护着一个专用网，如果这些专用网之间需要通信，则有两种方案：一种是直接租用运营商的通信线路，另一种是利用公共因特网作为各专用网间的通信载体。租用运营商线路成本高昂，线路利用率也不高；而使用公共因特网必须考虑到数据安全、用户隐私等问题。

为了解决企业内部物理分布式的专用网之间的通信问题，VPN 技术出现了，其核心是在使用公共因特网连接的同时，提供更加安全的连接，保证远程用户在访问和使用公司文件时避免遭受黑客攻击或其他数据丢失的风险。

1993 年，John Ioannidis 等在 AT&T 贝尔实验室开发了软件 IP 加密协议，也称为 SWIPE，这是最早的 VPN 形式，是一项试图为网络用户提供机密性、完整性和身份验证的实验性工作[6]。早期数据网络虽然允许利用帧中继和 ATM 虚拟电路提供到远程站点的 VPN 式连接，但它们通过创建逻辑数据流的方式被动地保护传输数据，严格来说不是真正的 VPN。直到 1996 年，微软员工开发了点对点隧道协议（Point to Point Tunneling Protocol，PPTP），用户和互联网之间能够建立更安全的连接，真正为 VPN 的发展奠定了基础。

PPTP 是基于第二层隧道技术的 VPN 协议，使用 TCP 控制信道和通用路由封装隧道来封装 PPP 数据包，是一种曾非常流行的 VPN 解决方案，但由于其弱加密（GRE 隧道）和简单的身份验证方法（质询握手验证协议，MS-CHAP），它提供的安全性有限。同样基于第二层隧道技术 VPN 的协议还有 L2F、L2TP、VPLS。L2F 是由思科开发的隧道协议，在 1998 年的 RFC 2341 中详细定义。它也是专门用于 PPP 流量，它自身不提供加密，而依赖于隧道提供隐私协议。L2TP 也是为在用户和服务器间透明传输 PPP 报文而设置的隧道协议，在 L2F 和 PPTP 的基础之上发展而来，作为提议的标准 RFC 2661 在 1999 年发布。L2TP 的新版本 L2TPv3 出现在 2005 年的提议标准 RFC 3931 中，该版本提供了额外的安全功能，改进的封装格式，以及在 IP 网络中为以太网帧提供的不只是 PPP 的简单传输能力。VPLS（Virtual Private LAN Service，虚拟专用局域网业务）是一种基于 IP/MPLS 和以太网技术的二层虚拟专用网技术，与仅允许第二层点对点隧道的 L2TPv3 相比，VPLS 允许任意多点到多点的连接，专为需要多点或广播访问的应用程序而设计。VPLS 的建立由 RFC 4761 和 RFC 4762 跟踪描述。

针对不同的用户需求，VPN 提供了三种解决方案：远程访问虚拟网（Access VPN）、企业内部虚拟网（Intranet VPN）和企业扩展虚拟网（Extranet VPN），这三种类型的 VPN 分别对应传统的远程访问网络、企业内部网以及企业网和相关合作伙伴的企业网所构成的外部扩展。VPN 主要采用隧道（Tunneling）技术、加解密

（Encryption & Decryption）技术、密钥管理（Key Management）技术、认证（Authentication）技术这四种技术来保证安全，这些技术也随着需求的变化而不断发展完善。

我们知道，根据 VPN 实现层次不同，可以将 VPN 简单分为二层 VPN 和三层 VPN。二层 VPN 包括 PPTP、L2F、L2TP；三层 VPN 则充分利用高层协议，如 IP 协议安全性及许多其他相关协议，提供足够的安全性和加密性，以确保会话安全且正确加密。三层 VPN 中所有接入点之间通过三层 IP 路由协议联通，也存在许多解决方案，包括 IPsec、MPLS VPN、SSL VPN，常用于骨干网中，具体内容会在本书的第 5 章作详细介绍。

如今，VPN 用于保护互联网连接，防止恶意软件和黑客攻击，确保数字隐私，解锁地理限制内容以及隐藏用户的物理位置。VPN 比以往任何时候都更容易使用并且更加实惠，是保持在线安全的重要工具，也将得到更加广泛的应用。

3）APN 发展史

APN 是一种网络架构方案，允许网络中的数据包动态修改网络运行状态。它的核心思想是：网络中的路由器或交换机可以对传输的数据包进行计算，这些计算根据用户对网络应用和服务的要求对网络进行编程来实现。举个例子，用户可以将程序放在分组中，使程序随分组在网络中传输，交换机在处理分组时执行该程序，利用自身的计算能力对分组中的数据进行处理，即将传统网络中"存储—转发"的处理模式变为"存储—计算—转发"的处理模式。

APN 的概念源于 1994～1995 年美国国防部高级研究计划署（Defense Advanced Research Projects Agency，DARPA）有关未来网络发展方向的讨论。研讨会上确定了当时网络存在的几个问题：将新技术和新标准集成到当今共享的网络基础架构中难度高；多个协议层的冗余操作导致网络性能差；难以在现有架构模型中容纳新服务，资源预留、IPv6、移动 IP 等就是很好的佐证。为解决这些问题，经过多方讨论，最终提出了主动网络这一新的网络体系结构。它的主要目的就是解决现有体系结构在集成新技术、扩展新应用时存在的诸多不便。

APN 通过节点的计算能力对高层协议进行抽象，省去了为新应用制定标准的过程，新协议的应用就可以简化为网络分组中新应用程序的开发，由此可以有效加速网络的发展，但同样也面临着更大的安全威胁，如破坏节点资源、拒绝服务、信息泄露等，更需要考虑到性能、灵活性、安全性和可用性之间的权衡。

SwitchWare 项目[7]的初始目标之一便是将现代编程语言技术应用于主动网络，它涉及现代编程语言技术的发展和应用、针对资源控制的新操作系统技术的发展等诸多关键问题，利用各种小型项目探索了大量不同的灵活性/安全性/性能的权衡策略，融合了主动扩展和主动分组两个主要的主动网络编程方法。SwitchWare 中的主动扩展方法主要在 ALIEN 系统及其增强功能（如安全主动网络环境（Secure Active

Network Environment，SANE））的环境中进行。SwitchWare 中的主动分组方法主要发生在主动网络分组语言（Packet Language for Active Networks，PLAN）系统下。

APN 和其他网络范例的关系主要在于如何在网络架构中划分计算和通信。同样以网络可编程为主要思想的软件定义网络也给网络提供了足够的灵活性，并在当今互联网环境下得到大量应用。二者的区别主要在于：主动网络是将计算放置在通过网络传输的数据包中，而软件定义网络将系统分离，该系统决定从发送流量到达所选目的地（数据平面）的底层系统发送流量的位置（控制平面）。

综上可知，网络虚拟化的研究主要集中在三个领域：云计算应用、平台化实现、软件定义网络。在性能保障、可靠性、易用性和完备性等方面需要加强，未来的网络虚拟化需要优化自身服务结构，并向无线网络、光网络等领域推广，可能还需要提供更加友好的可编程接口及网络功能。

3.3　局域网中常用的虚拟化方案

3.3.1　虚拟局域网

虚拟局域网（Virtual Local Area Network，VLAN）是一种构建于局域网交换技术的网络管理技术，可在逻辑上根据组织、功能、项目团队或者应用程序进行划分的交换网络。

那么我们为什么需要使用 VLAN 呢？在早期的局域网应用中，整个实体网络中没有虚拟网络的概念，当两个站点之间的通信关系改变以后，网络管理员需要对网络的物理结构进行调整。随着网络技术的更迭，网络规模愈发扩大，对于单个局域网络的负担进一步加重，此时当我们仍然只有一个局域网可以广播的时候，网络中会存在大量的广播帧，会影响整个网络的整体传输性能。

如图 3-12 所示，5 个二层交换机连接了大量客户机构成一个大型网络。假设此时，计算机 A 需要与计算机 B 进行通信。在基于以太网的通信中，必须在数据帧中指定目的 MAC 地址才能正常通信，因此主机 1 必须先广播"ARP 请求信息"来尝试获取主机 2 的 MAC 地址。当交换机 1 收到广播帧（ARP 请求）后，会将它转发给除接收端口以外的其他所有端口，也就是泛洪（Flooding）操作。之后，交换机 3 在接收到广播帧后也会进行相应的泛洪操作。同理，交换机 2、4、5 在接收到相应的 ARP 请求后也会进行泛洪。那么，最终 ARP 请求会被转发到同一个网络中的所有客户机中。我们实际的网络需求是主机 2 能够接收到这个广播帧进行相应的信息答复，但在这个实际物理网络中导致了一个 ARP 请求信息发送到所有客户机中，导致广播信息消耗了网络整体的带宽以及广播信息需要消耗的一部分 CPU 资源，这在一个超大型的局域网中将会是致命的，可能会导致网络瘫痪业务无法使用等情况。为了解决这个广播域分割的问题，我们可以采用路由器实现多个局域网，但路由器会受限于网络接口，无法灵活地分割创建，在二层交换机操作则没有这个限制。伴随着这种状态，虚拟局域网技术应运而生，可以简化物理网络的操作，提高网络设计的灵活度。

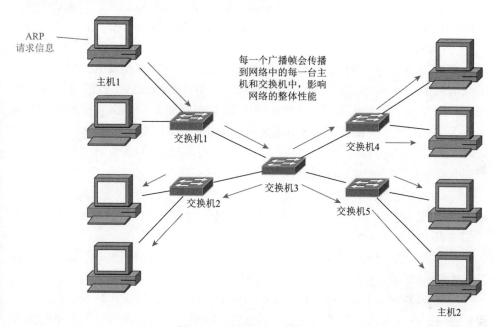

图 3-12　局域网中广播信息

　　VLAN 技术的出现，使得网络管理员可以根据实际应用需求把同一局域网内的不同用户逻辑地划分为不同的广播域，每一个 VLAN 都包含一组有着相同需求的计算机工作站，与物理形成的 LAN 有着相同的属性，也就是切分为多个独立的虚拟局域网。网络管理人员可借此透过控制交换机有效分派出入局域网的分组到正确的出入端口，达到对不同实体局域网中的设备进行逻辑分群管理，降低局域网内无用分组过多导致拥塞问题，提升局域网的信息安全保障。此外，因虚拟网络技术的诞生，网络管理人员只需在交换机上对网络进行逻辑重构，便可实现网络结构适应新的通信需求，维持通信的高效率。

　　目前，VLAN 技术已经广泛应用到大小型网络中，本节首先介绍 VLAN 制定标准，然后介绍 VLAN 的功能及其实现方式。

1. VLAN 制定标准

　　VLAN 的出现，对整个网络的性能带来了极大的突破，不同 VLAN 之间需要通过网络层实现，但在某些特殊情况下会出现 VLAN 穿越漏洞的问题，导致信息可能存在风险。针对以上问题，IEEE 802 委员会发表了 802.1Q VLAN 技术的实现标准与帧结构，希望通过设置逻辑地址（TPID、TCI）对实体局域网隔离为独立的虚网，规范分组广播时的最大范围。此外，VLAN 还有其他的标准，例如，Cisco 公司的 ISL 标准，IEEE 802.1 标准（早期的 VLAN 标准，后来推广被否定），ATM LANE 标准，ATM LANE Fast Simple Server Replication 标准。本章只介绍较为通用的 802.1Q 标准[8]，关于其他几个的内容可以去网上自行查阅。

（1）802.1Q 概述。

IEEE 提出的 802.1Q 标准属于互联网下 IEEE 802.1 的标准规范，允许多个网桥在信息不被外泄的情况下公开地共享同一个实体网络，这个标准也可以称为 VLAN 技术的标准。因为，在这个标准中 IEEE 明确定义了 VLAN 标签，并吸纳了 802.1p 的成果，并在以太网上引入了优先级的概念，制定了 VLAN 在未来一段时间内的发展方向。802.1Q 的出现打破了虚拟网络依赖于单一厂商的僵局，从一个侧面推动了 VLAN 的迅速发展。

（2）802.1Q 数据包格式。

在我们描述 802.1Q 数据包格式之前，首先让我们回顾一下以太网帧格式，如图 3-13 所示。

源目的 MAC 地址字段：分别标识的是以太网帧发送端工作站的物理地址和目标工作站的物理地址。

类型字段：表示以太网中多路复用的网络层协议，目标工作站根据此字段进行多路分解，从而达到解析以太网帧的目的，将数据字段交给对应的上层网络层协议，这样就完成了以太网作为数据链路层协议的工作。

数据字段：表示以太网中发送端工作站向目标工作站发送的一个 IP 数据报，这个数据报作为以太网帧结构中的有效载荷。

FCS/CRC 字段：校验字段，用于目标工作站的网卡适配器检查接收到的数据帧是否有错误，是否有比特翻转引入差错，如果引入了差错就会对数据帧进行抛弃操作。

目的MAC地址 (6字节)	源MAC地址 (6字节)	类型 (2字节)	数据 (46～1500字节)	FCS/CRC (4字节)

图 3-13　以太网帧格式

802.1Q 则是在以太网帧中定义了一个新的以太网帧格式，在源 MAC 地址与以太网类型的原始帧里添加了一个 32 位的域，分别包含了 TPID/PCP/CFI/VID 四个字段，其封装之后的格式如图 3-14 所示。

在 802.1Q 封装格式中，VLAN 必须遵循如表 3-1 所示的格式，合计 32 比特。

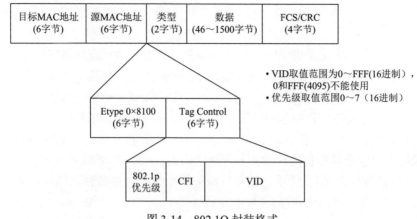

图 3-14 802.1Q 封装格式

表 3-1 VLAN 需遵循的格式

字段	TPID	PCP	CFI	VID
大小	16 比特	3 比特	1 比特	12 比特

标签协议识别符（Tag Protocol Identifier，TPID）：一组 16 比特的域，其数值被设置在 0x8100，用来辨别某个 IEEE 802.1Q 的帧称为"已被标注的"，而这个域所被标定位置与以太网形式/长度与未标签帧的域相同，这是为了区别未标签的帧。

优先权代码点（Priority Code Point，PCP）：以一组 3 比特的域当作 IEEE 802.1p 优先权的参考。一共有 8 种优先级，从 0（最低）到 7（最高），主要用于当交换机处端口发生拥塞时，交换机通过识别该优先级，优先发送优先级高的数据包。

标准格式指示（Canonical Format Indicator，CFI）：1 比特的域。若这个域的值为 1，则 MAC 地址则为非标准格式；若为 0，则为标准格式；在以太网交换机中，规范格式指示器通常默认为 0。在以太类网络和令牌环类网络中，CFI 作为两者的兼容。若帧在以太网端口中接收数据，则 CFI 的值须设为 1，并且这个端口不能与未标签的其他端口桥接。

虚拟局域网识别符（VLAN Identifier，VID）：12 比特的域，用来具体指出帧是属于哪个特定 VLAN。值为 0 时，表示帧不属于任何一个 VLAN；此时，802.1Q 标签代表优先权。12 比特的值 0x000 用于识别帧优先级，0xFFF 为保留值，其他的值都可作为 VLAN 的识别符，可识别 4094 个 VLAN。在桥接器上，VLAN1 在管理上作为保留值。这个 12 比特的域可分为两个 6 比特的域用来延伸目的（Destination）与源（Source）的 48 位地址，18 比特的三重标记（Triple-Tagging）可和原本的 48 比特相加成为 66 比特的地址。

2. VLAN 功能

VLAN 允许我们在物理网络上进行逻辑网络划分，这样就可以将任意的 LAN 端口集合组合为一个自治的用户组或者独立业务的虚拟网络。前面也提到过，VLAN 技术从逻辑上将网络划分为独立的二层广播域，这样可以指定为同一个 VLAN 的端口之间进行数据包的交换。如图 3-15 左侧所示，在初期的传统网络中，我们要分割出多个独立的 LAN 网络，可以通过 Hub 桥接的方式实现，但是这样的方式经常会导致数据包被转发到不需要它们的 LAN 中，导致带宽的浪费。而如图 3-15 右侧 VLAN 划分所示，则可以保证每个虚拟网络的独立性与隔离性，同时 VLAN 可以提高整个网络的可伸缩性。

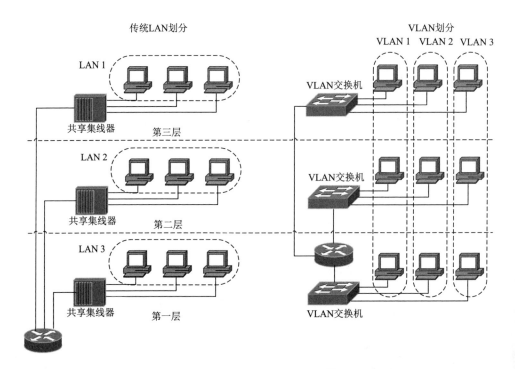

图 3-15　LAN 和 VLAN 划分[9]

通过图 3-15，我们可以加深对 VLAN 的认知。VLAN 相比于传统的 LAN，具有以下几个功能。

（1）广播控制：按照 802.1D 标准中透明网桥的算法，当一个数据包找不到对应的路由信息时，此时交换机会将该数据包向除接收端口以外的其他所有端口发送，这也就是所谓的泛洪操作，这样会造成整个网络带宽浪费。VLAN 则提供了不同 VLAN 之间的完全隔离性，只发送特定端口的适当流量，不会造成无谓的浪费带宽的状况。同时，VLAN 也是作为一个桥接域，所有广播和多播的信息都会包含在其中。

（2）便捷化的网络管理：当一个用户从一个位置移动到另一个位置中时，该用户的网络属性不需要重新配置，而是通过动态配置实现，只需要通过将端口配置到适当的 VLAN，就可以便捷地实现添加、移动和更改。这样做可以极大地简化物理网络的运维复杂度，给予更大网络便捷化能力。

（3）虚拟工作组：采用 VLAN 可以划分不同的用户到不同的工作组，同一工作组的用户也不必局限于某一固定的物理范围，可以更加灵活地构建和维护网络。例如，在一个企业网中，同一个部门工作在一个 VLAN 上，可以互相访问、交换信息，所有的广播包也被限制在这个 VLAN 中，不会影响位于其他 VLAN 的人。当这个部门中有一个人的办公地点更换了，但仍然属于这个部门，需要使用这个 VLAN 网络，此时只需要网络管理员进行用户配置即可保证这个工作组的正常工作。VLAN 的虚拟工作组作用也很好地阐释了网络虚拟化的本质，需要根据不同的功能去切分网络，分割为多个不同功能互不影响的虚拟网络。

（4）安全性：VLAN 通过分组隔离的方式可以提高网络的安全性。由于在配置了 VLAN 之后，一个 VLAN 的数据包无法发送到其他 VLAN 中，这样，即使两个用户处于同一个物理网络中，但因为 VLAN 的使用，两个用户间的信息也不会出现任何交换，这样就可以确保了 VLAN 信息不会被其他 VLAN 的用户窃听，从而实现了信息的保密性。在这个过程中，VLAN 就如同提供了一道防火墙，可以控制用户对网络资源的访问，控制广播组的大小和组成，并且可以借助网络管理软件在发生非法入侵时及时地通知网络管理人员。

3. VLAN 实现

前面我们提到过 VLAN 是因为切分广播域而诞生，并且可以达到很好的隔离效果，但是并未给出对应的实现方式，本小节将对 VLAN 的实现机制以及各个实现方式进行逐一描述。

1）VLAN 的实现机制

首先，在一台未设置任何 VLAN 的二层交换机上，根据 802.1D 透明网桥算法，任何广播帧都会被转发到除接收端口以外的所有其他端口。如图 3-16 所示，计算机 A 发送广播信息后，交换机从端口 1 接收到广播帧后，会将广播帧转发给端口 2、3、4。

此时，我们在交换机上划分 VLAN，生成两个 VLAN，分别表示为 VLAN1、VLAN2，并且设置端口 1、2 属于 VLAN1，端口 3、4 属于 VLAN2，如图 3-17 所示。当计算机 A 再次发送广播帧时，交换机在从端口 1 接收到广播帧后，只会

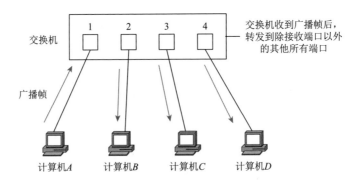

图 3-16　VLAN 实现机制-步骤 1

将这个广播帧转发给属于同一个 VLAN 的其他端口——也就是属于 VLAN1 的端口 2，而不再将广播帧转发给属于 VLAN2 的端口 3 和 4。同理，当计算机 C 发送广播信息的时候，交换机在接收到对应的广播后，只会将广播帧转发给其他 VLAN2 的端口，不会转发给属于 VLAN1 的端口。因此，VLAN 可以通过限制广播帧转发的范围进行分割广播域。在图中的交换机端口在实际使用中是用的 VLAN 识别符进行区分。

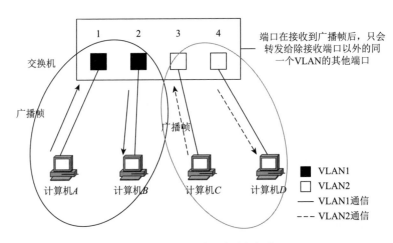

图 3-17　VLAN 实现机制-步骤 2

　　如果将图 3-17 划分的 VLAN 分割开来，就是如图 3-18 所示两个独立的网络，属于 VLAN1、VLAN2 的端口分别充当一个独立的二层交换机。当有除了这两个 VLAN 之外的端口新组网的 VLAN 时，可以想象为这些端口又组成了一个新的独立的交换机，所以从直观上我们可以看出不同 VLAN 之间一般情况下是不能相互通信的。

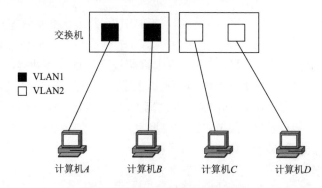

图 3-18　VLAN 实现机制-步骤 3

2）VLAN 的访问方式及处理原则

交换机端口的 VLAN 有以下三种访问方式：Access 连接、Trunk 连接、Hybrid 连接。我们将逐一介绍这三种连接方式及对应的报文接收和发送处理方式。

（1）Access 连接（访问连接）：指的是"只属于一个 VLAN，且仅向该 VLAN 转发数据帧"的端口，这种类型的端口一般用于连接计算机。

Access 端口接收报文处理：Access 端口接收到报文后，首先判断是否有 VLAN 信息，若没有，则打上端口的 PVID，并进行交换转发；若有 PVID 则直接丢弃（缺省）。

Access 端口发送报文处理：将报文的 VLAN 信息剥离，不带 Tag 地直接发送出去。

（2）Trunk 连接（汇聚连接）：指的是能够转发多个不同 VLAN 的端口。这种类型的端口可以接收和发送多个 VLAN 的报文，一般用于交换机之间连接的端口。

Trunk 端口接收报文处理：Trunk 端口在接收到一个报文后，首先判断是否带有 VLAN 信息，如果没有，则打上端口的 PVID，并进行交换转发，若有 VLAN 信息，那么会首先判断该端口是否允许此 VLAN 的数据进入，如果允许则将报文携带原 VLAN 标记进行转发，否则将该报文进行丢弃。

Trunk 端口发送报文处理：比较端口的 PVID 和将要发送报文的 VLAN 信息，若信息相同则剥离 VLAN 信息，将报文进行无 Tag 转发；否则，报文将携带原 VLAN 标记进行转发。

（3）Hybrid 连接（混合连接）：同 Trunk 连接端口类似，此端口能够转发多个不同 VLAN。此端口也可以接收和发送多个 VLAN 的报文，可适用于交换机之间的连接，也可以用于连接用户的计算机。但与 Trunk 端口不同之处在于，Hybrid 端口可以允许多个 VLAN 的报文发送时不带 Tag，而 Trunk 端口只有 PVID 所属的 VLAN 不带 Tag 转发，而其他 VLAN 都必须带 Tag。

Hybrid 端口接收报文处理：在接收到一个报文后，首先判断是否有 VLNA 信息。若没有 VLAN 信息，则打上此端口的 PVID，并进行交换转发；若有 VLAN 信息，则判断该 Trunk 端口是否允许该 VLAN 的数据进入。如果允许数据进入则将报文携带原 VLAN 标记进行转发，否则将此报文进行丢弃处理。

Hybrid 端口发送报文处理：Hybrid 端口在进行发送报文时，首先判断此 VLAN 在本端口的属性。如果是无 Tag 状态则剥离 VLAN 信息，再进行发送；如果是有 Tag 状态，那么将比较端口的 PVID 和将要发送报文的 VLAN 信息是否相同：如果信息相同那么就剥离 VLAN 信息再进行交换转发，如果信息不同那就报文携带原 VLAN 标记进行转发。

以上三种 VLAN 访问模式的总结如表 3-2 所示。

表 3-2　VLAN 访问模式总结

端口类型	VLAN 数量	只连接计算机	交换机连接	缺省 VLAN	收/发	Tag 标签	处理方式
Access	1	是	否	所在 VLAN	收	有	丢弃（缺省）
					收	无	打上端口的 PVID 并进行交换转发
					发	有*	剥离帧的 VLAN Tag 后发送
Hybrid	n	是	是	VLAN1	收	有	判断端口是否允许该 VLAN 信息进入，允许则转发，否则丢弃
					收	无	打上端口的 PVID 并进行交换转发
					发	有*	若帧的 VLAN Tag 和端口 PVID 相等则剥离 Tag 进行发送，否则携带原有 VLAN 标记进行转发
Trunk	n	否	是	VLAN1	收	有	判断端口是否允许该 VLAN 进入，允许则转发，否则丢弃
					收	无	打上端口的 PVID 并进行交换转发
					发	有*	判断此 VLAN 的端口的 Tag 状态，如是无 Tag 状态，剥离 VLAN Tag 发送，否则直接发送

* 从交换机内部向外发送时，在无 Tag 状态/有 Tag 状态处理前此帧必定携带 VLAN 标记。

3）VLAN 的实现方式

VLAN 的配置方式，可以划分为"静态 VLAN"和"动态 VLAN"。当我们提前设定交换机的某一个端口属于哪一个 VLAN 的时候，那么这种方式就被称为"静态 VLAN"，而当交换机的端口属于某一个 VLAN 是根据所连接的计算机动态改变设定，这种方式就被称为"动态 VLAN"。

在"静态 VLAN"和"动态 VLAN"之下，根据不同的目标实现的方式，VLAN 配置大致可以分为以下几种：基于端口实现的 VLAN、基于 MAC 地址实现的 VLAN、基于子网实现的 VLAN、基于协议实现的 VLAN、基于用户实现的 VLAN、基于组播地址实现的 VLAN、基于策略实现的 VLAN。其中，基于端口实现方式属于"静态 VLAN"，其余方式属于"动态 VLAN"。我们将在后面内容对这几种方式进行逐一阐述。

（1）基于端口实现的 VLAN：这种方式就是明确地指定各端口属于哪个 VLAN 的设定方法，这也是最常用的划分方式。如图 3-19 所示，从左到右 4 个端口，我们分别设置前面两个端口为 VLAN10，后面两个端口为 VLAN11，这也就将一个 4 端口交换机划分为两个 VLAN。

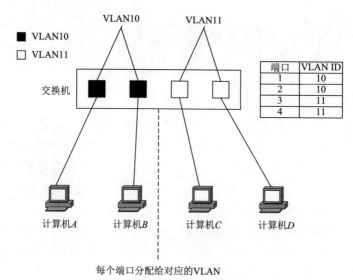

图 3-19　基于端口的实现方式

优点：操作简单，只需要将所有的端口指定一下即可。

缺点：这种方式虽然简单，但是当网络中的计算机数目超过一定数字（如成百上千台）后，设定的操作会给网络管理人员带来枯燥繁杂的工作。同时，若客户机每次变更所连接的端口，则端口需要被重新定义。这也就表示这种方式不适用于大型规模网络或者频繁变更拓扑的网络。

（2）基于 MAC 地址实现的 VLAN：这种就是根据每个主机的 MAC 地址来划分，即对每个 MAC 地址的主机都配置它属于哪个组。举例来说，如图 3-20 所示，假定有一个 MAC 地址"A"被交换机设定为属于 VLAN"10"，那么无论 MAC 地址为"A"的这台计算机连在交换机哪个端口，该端口都会被划分到 VLAN 10 中。计算机连在端口 1 时，端口 1 属于 VLAN 10；而计算机连在端口 2 时，端口 2 属于 VLAN 10。

优点：当用户物理位置移动时，即从一个交换机换到其他的交换机时，VLAN 不用重新配置，即可以动态地将端口分配给 VLAN。

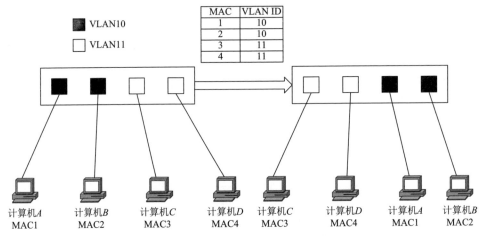

图 3-20 基于 MAC 地址的实现方式

缺点：初始化时，所有的用户都必须进行配置，如果有几百个甚至上千个用户，配置量很大，会造成时间成本和运维成本增加。并且这种划分的方法也导致了交换机执行效率的降低，因为在每一个交换机的端口都可能存在很多个 VLAN 组的成员，这样就无法限制广播包了。当计算机更换了网卡时，此时无法查询到对应的 MAC 地址，仍然需要更改绑定。

（3）基于子网实现的 VLAN：类似于 MAC 地址，这种方式通过所连计算机的 IP 地址决定端口所属的 VLAN。举例来说，如图 3-21 所示，假定有一个 IP 地址"192.168.1.1"属于 VLAN"10"，那么无论拥有 IP 地址为"192.168.1.1"的这台计算机连在交换机哪个端口，该端口都会被划分到 VLAN 10 中。IP 地址

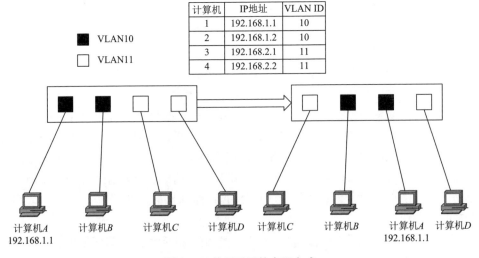

图 3-21 基于子网的实现方式

为"192.168.1.1"的计算机连接端口 1 时，端口 1 属于 VLAN 10；而计算机连接端口 2 时，端口 2 属于 VLAN 10。因为 IP 地址属于 OSI 参照模型中第三层的信息，所以我们可以理解为基于子网的 VLAN 是一种在 OSI 的第三层访问设定访问连接的方法。

优点：相比于 MAC 地址，由更换网卡或者其他原因导致 MAC 地址改变而使得 VLAN 接入失效，这种方式则是只要 IP 地址不变，那么仍可以加入原先设定的 VLAN 中，能够较为简便地改变网络结构。同时，这种方式不需要附加的帧标签来识别 VLAN，可以减少网络的通信量。

缺点：效率较为低下，因为检查每一个数据包的网络层地址是需要消耗处理时间的，一般的交换机芯片都可以自动检查网络上数据包的以太网帧头，但要让芯片检查 IP 帧头，则需要更高的技术，同时也更加耗时。

（4）基于协议实现的 VLAN：原理和上述的基于 MAC/子网类似，都是根据数据报文的某个特征进行 VLAN 的划分，只是关注的特征不相同。基于协议的 VLAN 通过识别报文的协议类型和封装格式进行 VLAN 的划分，如 IP、IPX、AppleTalk 协议族；Ethernet II、802.3、802.3/802.2 LLC、802.3/802.2 SNAP 等封装格式。

优点：同 IP 类似。

缺点：效率不高，同 IP 类似。

（5）基于用户实现的 VLAN：根据交换机端口所连的计算机上当前登录的用户决定属于哪个 VLAN。这里的用户识别信息，一般是计算机操作系统登录的用户，如可以是 Windows 域中使用的用户名。这些用户名信息，属于 OSI 第四层以上的信息。

优点：基于用户组播实现的 VLAN 可对组播源和组播组成员进行管理和控制，实现组播数据在不同用户 VLAN 之间的复制分发，减少上游带宽浪费。其他方式实现的可对应不同的优势进行分析。

缺点：这一类因为在 OSI 中层级较高，所以囊括的种类较多，优缺点不一。

（6）基于组播地址实现的 VLAN：由组播分组动态创建。每个组播分组对应一个不同的 VLAN，保证组播数据帧只被那些连接到相应组播分组成员的端口接收到。

优点：可以将 VLAN 扩大至广域网，灵活性较高，易于通过路由器进行扩展。

缺点：这种划分方式效率不高，不适用于局域网。

（7）基于策略实现的 VLAN：VLAN 最基本的定义实现方式。每个输入（无 Tag）帧都在策略数据库查看，该数据库决定该帧所属的 VLAN。这种方式可分为基于 MAC 地址＋IP 地址组合策略和基于 MAC 地址＋IP 地址＋接口组合策略。例如，建立公司管理人员之间往来电子邮件的特别 VLAN 策略，便于保证私密性。

优点：这种实现方式最为灵活，使得端口配置 VLAN 具有自动配置的能力，能够把相关用户连成一体。网络管理员只需要在网络管理软件中确定划分 VLAN

的规则或者属性，则站点加入网络时会被"感知"，并被自动包含进正确的 VLAN 中。此外，还可以自动识别和跟踪站点的移动和改变。

缺点：只能处理无 Tag 报文，有 Tag 的报文处理方式和基于端口实现的 VLAN 方式一样，并且其缺点和上述基于 MAC/IP 的方式类似。

本节主要对几种 VLAN 的实现方式进行了描述。总体而言，VLAN 的实现方式从 OSI 的第 1 层到第 5 层都有对应的实现方式，而且随着在 OSI 中的层面越高，决定端口所属 VLAN 时利用的信息就越多，就越适用于构建灵活多变的网络，满足我们更多的业务需求。

4. VLAN 通信

前面我们描述了 VLAN 的基本概念到实现方式，本节我们将了解 VLAN 的通信机制。我们知道在 VLAN 中不同 VLAN 被划分为不同的广播域，也就是同一 VLAN 组成的是一个可以相互通信的虚网，主机之间的流量可以通过二层网络直接转发完成。而不同 VLAN 属于不同的虚网，主机无法通过 ARP 广播请求到对方的地址完成通信的过程，因此这个过程必须通过 OSI 中更高一层——网络层实现，我们可以利用三层交换机或者路由器实现 VLAN 间通信的过程。

在本节中，我们将先学习 VLAN 内的通信，即 VLAN 的二层转发过程，之后再学习借助路由器和三层交换机实现 VLAN 间通信的过程。

1）VLAN 内通信（二层转发）

VLAN 内的二层转发过程主要有以下几个过程：确定和查找 VLAN、查找和学习源 MAC 地址、查找目的 MAC 地址并转发数据帧。

（1）确定和查找 VLAN：当交换机的端口接收到一个数据帧的时候，交换机首先会通过 802.1Q 中的 TPID 值判断此帧是否带标签。

①如果这是一个有 Tag 帧并且 VID≠0，则在端口所属的 VLAN 表中查找此帧标签中的 VID 是否存在，如果存在则进入下一步处理，否则此帧进行丢弃处理。

②如果这是一个有 Tag 帧但 VID = 0（表示一个 Priority 帧），那么对此帧附加端口 PVID 使之成为有 Tag 帧，并进行下一步处理。

③如果这是一个无 Tag 帧，则对此帧附加端口 PVID 并指定优先级使之成为有 Tag 帧，并进行下一步处理。

（2）查找和学习源 MAC 地址：在完成接收数据帧后，交换机会在 MAC 转发表（MAC + VID + PORT）中查找接收帧 VID 对应的源 MAC 表项。如果未找到则学习接收帧的源 MAC 地址（将源 MAC + VID + 接收 PORT 添加到 MAC 地址表中），如果找到则更新对应的表项（注：MAC 地址学习只学习单播地址，对于广播和组播地址不进行学习。组播 MAC 表项通过 CPU 配置建立）。

（3）查找目的 MAC 地址：如果目的 MAC 地址是广播或者组播地址，那么交换机则将此帧在所属的 VLAN 中进行广播或者组播。否则，交换机在 MAC 地址表中查找此帧的目的 MAC 地址。

（4）转发数据帧：若在 MAC 地址表找到完全匹配的目的 MAC + VID 表项，则将此帧信息转发到表项中对应的 PORT 中（若相应端口为接收帧端口，则将此帧进行丢弃）。否则将此帧信息向所属 VLAN 除接收端口以外的其他所有端口进行泛洪。

根据以上所述，可绘制如图 3-22 所示的 VLAN 通信流程图。

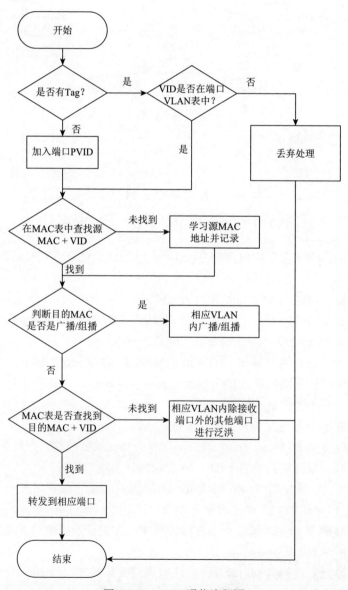

图 3-22　VLAN 通信流程图

　　我们可以通过一个数据帧在一个 VLAN 中进行转发的过程为例说明以上的过程，如图 3-23 所示为一个数据帧从计算机 *A* 发出，经过交换机转发到与另一台交换机相连的计算机 *B* 并得到响应的过程。

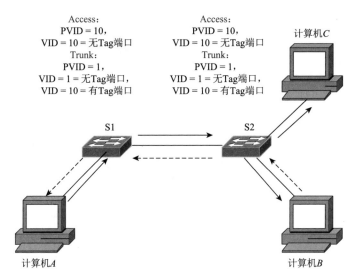

图 3-23　数据帧在 VLAN 中的转发过程示例

　　首先我们假设两台交换机刚刚开机（此时 MAC 地址表为空），其具体的转发过程如下。

　　（1）计算机 *A* 发送的数据帧在进入 S1 的 Access 端口后，会按照端口 PVID 加上 VID = 10 的标签。此时交换机会将该帧源 MAC 地址存入 MAC 地址表，并将该帧泛洪到所有 VID = 10 的端口（入端口除外）。

　　（2）S1 的 Trunk 端口属于 VID = 10 的 VLAN，故接受这个标记为 10 的有 Tag 标记的数据帧；而该端口在 VID = 100 上为无 Tag 端口，因此在发送数据帧出交换机 S1 时，不改变有 Tag 帧的结构。

　　（3）有 Tag 帧到达交换机 S2 的 Trunk 端口，由于 Trunk 端口拥有 VID = 10 的 VLAN，故接受该帧；该 Trunk 端口不改变有 Tag 帧的结构，而是学习源 MAC 地址后把该数据帧泛洪给所有 VID = 10 的端口（入端口除外）。

　　（4）S2 的 Access 端口接收到该帧，剥除该帧的 Tag 标签后发送给计算机 *B*（以上过程走向如图中实线箭头所示）。

　　（5）计算机 *B* 收到计算机 *A* 发送的数据帧，并发送响应帧给计算机 *A*（如图中虚线箭头所示）。

　　（6）经过与上过程类似的转发，响应帧到达交换机 S1。交换机发现该帧的目的 MAC 地址已在 MAC 地址表中，则仅转发给计算机 *A*。

2）路由器实现 VLAN 间通信

当我们需要进行两个 VLAN 通信，即两个独立的虚网需要进行通信时，我们可以采用路由器连接的方式实现。路由器进行 VLAN 间路由时，主要有以下两种连接方式：多个路由器端口分别与每个 VLAN 相连接，单个路由器接口与交换机的 Trunk 相连（使得多个 VLAN 共享同一条物理链路连接到路由器）。

（1）多个路由器端口分别与每个 VLAN 相连接。

将交换机上用于和路由器的每个端口设置为访问链接，然后分别用网线与路由器上的独立端口互联。如图 3-24 所示，交换机上有 2 个 VLAN，那么就需要在交换机上预留 2 个端口用于与路由器互联；路由器上同样需要有 2 个端口；两者之间用 2 条网线分别连接，如图 3-24 所示。如果有更多类型的 VLAN 需要接入路由器，则需要将每个 VLAN 预留一个端口连接路由器。

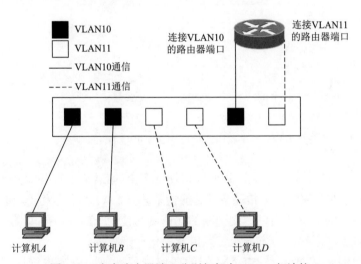

图 3-24　多个路由器端口分别与每个 VLAN 相连接

如果我们采用这种方式连接路由器实现 VLAN 间的通信，会存在严重的可扩展性问题。正如前面所述，当我们每新增一个 VLAN 时，都需要消耗路由器的端口和交换机上的访问链接，而且还需要重新布设一根网线。但在实际应用中，路由器通常只有少数的 LAN 口，而一旦路由器端口不足，则需要升级路由器到更加高端的多端口路由器，会带来很高的成本，同时因为布线增多也会给网络的运行维护带来很大的难度。这种方式不适用于大规模的网络，可适用于具有小规模的网络。

（2）单个路由器接口与交换机的 Trunk 相连接。

方式（1）中的方案既然存在可扩展性的问题，那么也自然会存在相应的解决办法，那就是我们采用的单个路由器接口与交换机的 Trunk 端口相连接。这种方式首先将用于连接路由器的交换机端口设置为汇聚链接，而路由器上的端口也必须支持汇聚链路。双方用于汇聚链路的协议也必须相同，然后需要在路由器上定义对应各个 VLAN 的"子接口"（Sub Interface）。尽管实际与交换机连接的物理端口只有一个，但在理论上我们可以把它分割为多个虚拟端口，如图 3-25 所示。

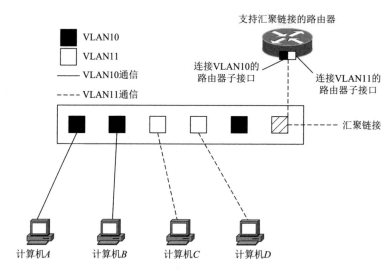

图 3-25　单个路由器接口与交换机的 Trunk 相连接

采用图 3-25 所示的方式，我们则可使得多个 VLAN 的业务流共享相同的物理链路，通过在汇聚链路上传递带标签的帧来区分各 VLAN 的流量。通常情况下，VLAN 间路由的流量不足以达到链路的线速度，使用 VLAN Trunk 的配置，可提供链路的带宽利用率，节省端口资源以及简化运维管理。

前面已经讲述过同一 VLAN 间的通信过程，前面内容也描述了关于不同 VLAN 连接路由器的两种方式。接下来，我们将以 VLAN Trunk 连接为例，探讨关于不同 VLAN 间的通信数据流程。

如图 3-26 所示的一个网络，属于 VLAN10 的计算机 A 需要和属于 VLAN11 的计算机 D 进行通信，通过 Trunk 端口汇聚链接的方式连接路由器，其通信过程如下。

（1）计算机 A 从通信目标的 IP 地址（192.168.2.2）得出 D 与本机不属于同一个网段。因此会向设定的网关（Gate Way，GW）转发数据帧。在发送数据帧之前，需要先用 ARP 获取路由器的 MAC 地址。

（2）得到路由器的 MAC 地址 R 后，接下来就是按图中所示的步骤发送到 D 的数据帧。①的数据帧中，目的 MAC 地址是路由器的地址 R，但内含的目标 IP 地址仍是最终要通信的对象 D 的地址。

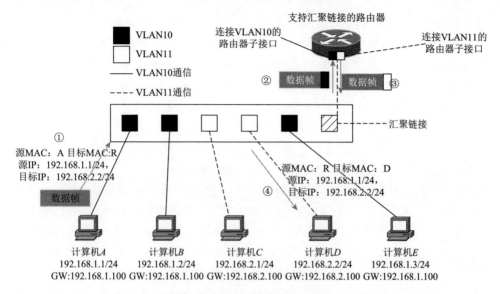

图 3-26　通过 Trunk 端口汇聚方式的 VLAN 通信示例

（3）交换机在端口 1 上收到①的数据帧后，检索 MAC 地址列表中与端口 1 同属一个 VLAN 的表项。由于汇聚链路会被看作属于所有的 VLAN，因此这时交换机的端口 6 也属于被参照对象。这样交换机就知道往 MAC 地址 R 发送数据帧时，需要经过端口 6 转发。从端口 6 发送数据帧时，由于它是汇聚链接，因此会被附加上 VLAN 识别信息。由于原先是来自 VLAN10 的数据帧，因此如图中②所示，会被加上 VLAN10 的识别信息后进入汇聚链路。

（4）路由器收到②的数据帧后，确认其 VLAN 识别信息，由于它是属于VLAN10 的数据帧，因此交由负责 VLAN10 的子接口接收。接着，根据路由器内部的路由表，判断此信息应该向哪里进行中继。由于目标网络 192.168.2.2/24 是VLAN11，且该网络通过子接口与路由器直连，因此只要从负责 VLAN11 的子接口转发就可以实现通信。此时，数据帧的目的 MAC 地址被改写成计算机 D 的目标地址；并且由于需要经过汇聚链路转发，因此被附加了属于 VLAN11 的识别信息。这就是图中③的数据帧。

（5）交换机收到③的数据帧后，根据 VLAN 标识信息从 MAC 地址列表中检索属于 VLAN11 的表项。由于通信目标——计算机 D 连接在端口 4 上且端口 4 为普通的访问链接，因此交换机会将数据帧除去 VLAN 识别信息后（数据帧④）转发给端口 4，最终计算机 D 才能成功地收到这个数据帧。

到此，一次通信的过程结束，而计算机 D 向计算机 A 返回信息时，也是通过这个路径返回实现。总的来说，进行 VLAN 间通信时，是经过"发送方—交换机—路由器—交换机—接收方"这样一个通信流程。

3）三层交换机实现 VLAN 间通信

通过前面分析可以知道，我们可以使用 VLAN Trunk 模式，使用传统路由器保证不同 VLAN 之间的通信。但是路由器会带来一定性能上的不足：路由器的转发依靠的是软件处理，而软件处理的过程包括报文接收、校验、查找路由、选项处理、报文切片等，会导致性能下降。并且 VLAN 间的路由会将流量集中在路由器和交换机互联的汇聚链接部分，该部分容易成为速度瓶颈。并且我们需要的 VLAN 之间的通信只需要查找路由表，并无复杂的功能，所以采用路由器实现的方式其实不是最好的选择。

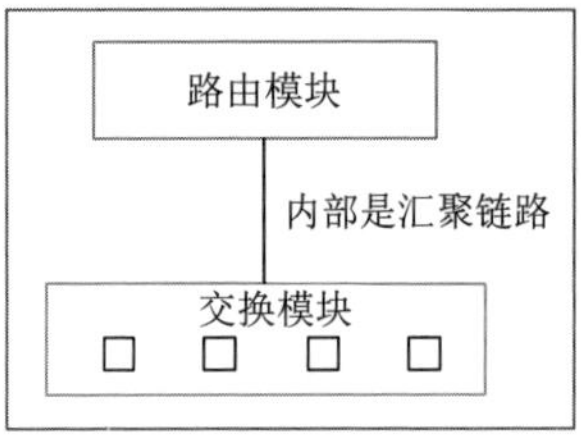

为了解决上述问题，三层交换机应运而生。三层交换机在本质上就是"带有路由功能的"（二层）交换机。其内部结构如图 3-27 所示，交换机内部有着普通的交换机模块和一个路由器模块，路由器模块采用的是硬件处理路由的方式，可以实现高速路由。

图 3-27　三层交换机内部结构

在了解了三层交换机内部结构之后，我们来了解三层交换机实现 VLAN 间通信的转发过程。如图 3-28 所示，我们仍然假设计算机 A 和计算机 D 之间通信的情况如下。

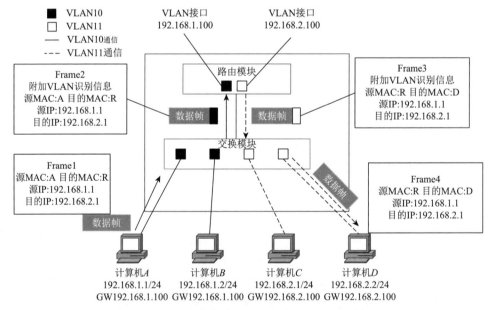

图 3-28　三层交换机实现 VLAN 间通信的转发过程

（1）针对目标 IP 地址，计算机 A 可以判断得出通信的对象 D 不属于同一个网络，因此需要向默认的网关发送数据（Frame1）。

（2）交换机模块通过检索 MAC 地址列表后，经由内部汇聚链接，将数据帧转发给路由模块。在通过内部汇聚链路时，数据帧被附加了属于 VLAN10 的 VLAN 识别信息（Frame 2）。

（3）路由模块在收到数据帧后，先由数据帧附加的 VLAN 识别信息分辨出它属于 VLAN10，据此判断由 VLAN10 接口负责接收并进行路由处理。因为目标网络 192.168.2.2/24 是直连路由器的网络，且对应 VLAN11。因此，帧信息会从 VLAN11 接口经由内部汇聚链路转发回到交换模块。在通过汇聚链路时，这次数据帧被附加上属于 VLAN11 的识别信息（Frame 3）。

（4）交换机模块收到这个帧后，检索 VLAN11 的 MAC 地址列表，确认需要将它转发给端口 4。由于端口 4 是一般的访问链接，因此转发前会先将 VLAN 识别信息除去（Frame 4）。最终，计算机 D 成功地收到交换机转发来的数据帧。

上述的过程就是从计算机 A 到计算机 D 的通信过程，类似地，若计算机 D 需要反馈信息给计算机 A，则是利用相反的方向进行传输。三层交换机中 VLAN 间的通信都需要经过"发送方—交换模块—路由模块—交换模块—接收方"的过程。

5. VLAN 扩展

随着以太网技术在运营商网络中的大量部署，采用 IEEE802.1Q 的 VLAN 对用户进行隔离和标识受到很大的限制。因为从 802.1Q 的组成中我们了解到 VLAN 标签只有 4094 个可用，无法满足某些大型以太网的大量用户需求，也因此 VLAN 的扩展技术出现了，本节将对 VLAN 扩展中的 Q in Q 技术进行简要介绍。

Q in Q 技术又被称为双重 VLAN 技术，出自 IEEE802.1ad 标准，是基于 IEEE 802.1Q 封装的隧道协议的形象称呼。Q in Q 的本质其实是在 802.1Q 的 VLAN 标签之前再加入一个 VLAN 标签，由此构成一个双重标签。外层公网标签将内网用户私网标签屏蔽起来，使报文携带两层 VLAN 标签穿越运营商骨干网络，到达用户另一端网络边缘交换机时再剥除外层公网 VLAN 标签，还原内层用户标签便于用户进行下一层通信，由此其可满足的虚网数量可扩展到 4094×4094 个，极大地扩展了虚网使用的灵活性。

1）Q in Q 报文格式

Q in Q 的报文格式如图 3-29 所示。当我们采用双重标签的时候，它可以允许当已被 VLAN 标签的混合数据从客户端提交时 ISP 仍能在内部使用 VLAN。外部标签会优先于内部标签，内部标签可以被透明传输使用。其中，TPID 的 16 进制值可能为 9100、9200 或者 9300，通常作为外部标签，而在值为 88a8 时会违反 802.1ad 而无法作为外部标签。

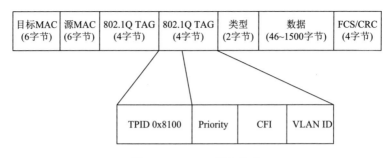

图 3-29　Q in Q 报文格式

2）Q in Q 封装

Q in Q 封装是指如何把单层 Q 报文转换为双层 Q 报文，封装主要发生在城域网面向用户的 UPE 设备，一般在交换式的端口上进行。根据不同的封装依据，Q in Q 可分为基于端口的 Q in Q、基于流的 Q in Q 和路由子接口上进行的特殊 Q in Q 封装。

（1）基于端口的 Q in Q 封装：进入一个端口的所有流量全部封装一个外层 VLAN。当端口收到报文时，无论报文是否带有 VLAN 标签，交换机都会为该报文附加本端口默认 VLAN 标签。若接收报文已带标签，则该报文成为双标签报文；若接收报文不带标签（Untagged），则该报文将携带本端口默认 VLAN 标签。基于端口的 Q in Q 封装很容易实现，但其外层 VLAN 标签封装方式死板，当多个不同用户或用户网络以不同的 VLAN 接入到同一个端口时无法区分用户。

（2）基于流的 Q in Q 封装：其实现方式是先对进入端口的数据进行流分类，然后对于不同的数据流选择是否插入外层标签以及插入何种外层标签，也被称为灵活 Q in Q。灵活 Q in Q 根据流的分类又可以分为以下四种类型。

①根据报文中的 VLAN 区间分流。

当同一用户的不同业务使用不同 VLAN 时，可根据 VLAN 区间进行分流。例如，PC 上网 VLAN 范围是 101～200，IPTV 的 VLAN 范围是 201～300，VoIP 的 VLAN 范围是 301～400。面向用户的设备收到用户数据后，根据 VLAN 范围，对上网业务插入 100 的外层标签，对 IPTV 插入 300 的外层标签，对 VoIP 插入 500 的外层标签。

②根据报文中的 VID + Priority 分流。

不同业务有不同优先级，当同一用户的多种业务使用相同 VLAN 时，可根据不同业务的优先级进行区分，然后插入不同的外层标签。

③根据报文的目的 IP 地址分流。

当同一台 PC 既包括上网业务又包括语音业务时，不同业务目的 IP 不同，可利用 ACL 对目的 IP 地址进行分流，然后插入不同的外层标签。

④根据 ETYPE 进行 Q in Q 封装。

当同一用户既包括 PPPOE 的上网业务，又包括 IPOE 的 IPTV 业务时，这些
终端都通过一个 VLAN 上行，可根据 PPPoE（0x8863/8864）和 IPoE（0x0800）
报文不同的 ETYPE 协议号作为 Q in Q 的分流依据。

（3）路由子接口 Q in Q 封装：Q in Q 封装一般在交换式端口上直接进行，但
特殊情况下 Q in Q 也可在路由子接口上进行封装。当核心网采用 VLL/PWE3 传输
用户数据时，NPE 设备上的路由子接口可根据用户的 VLAN 识别符封装外层
VLAN，通过外层 VLAN 接入 VLL/PWE3。可通过一个 Q in Q Stacking 子接口来
透传多个标识用户的 VLAN 识别符。

Q in Q 总体来说可以解决日益紧缺的公网 VLAN 问题，也可以提供一种较为
简单的二层 VPN 方案，并且使得网络有较高独立性，给予用户规划自己的私网
VLAN 识别符的权利，不与公网的 VLAN 识别符冲突。但是 Q in Q 也会存在可扩
展性问题，其问题就在于某些用户可能希望在分支机构间传输数据时可携带自己
的 VLAN 识别符，这样可能会造成 VLAN 标识冲突，更糟糕的是核心网会限制在
4094 个 VLAN 范围内，回到 VLAN 可扩展性的状态。

3.3.2 L2VPN：VPWS、VPLS、IPLS

虚拟专用网（Virtual Private Network，VPN）是指在公用网络建立的"虚拟"
专用网。在这个网络中，任意两个节点之间没有传统专用网络所需的端到端的
物理链路，它是构建在公用网络供应商提供的物理网络之上，通过隧道技术实
现的站点互联，达到共享物理资源的目的，是一种在物理网络上形成的逻辑网
络。VPN 可以在两个终端系统之间或者两个组织之间、单个组织内的多个终端系
统之间、全球 Internet 上的多个组织之间、单个应用程序之间或者上述任何组合
之间构建实现。

1. VPN 概述

在 VPN 的诞生过程中，核心术语是 Private 和 Network，网络当然是指由一组
网络节点和链路组成，Private 的含义是"私有"的含义，这个含义与网络虚拟化
的概念有着错综复杂的关系，这个会在后面内容所述。关于私有的定义，可描述
为两个或者更多的设备之间的通信以某种方式秘密地进行，这些通信对不参与通
信的设备而言是透明状态，它们无法知道正在通信的设备之间传输的内容，这也
体现了在 VPN 中的数据隐私安全，这种隐私安全是通过某种虚拟化方法引入。
VPN 具有离散的特性，这种特性给它带来了隐私性和虚拟化特性。VPN 分布在多

个站点中，通过公共通信网络上的隧道连接，在每个 VPN 站点中包含了一个或者多个 CE 设备（如主机或者路由器），这些设备通常连接到一个或者多个 PE 路由器。虽然这种方式本身不是完全独立的，但是这种离散的方式可以共享基础物理设施，可以提供不共享任何互联点的专用通信环境。

VPN 最为严格和正规的定义如下："VPN 是一种通信环境，在这种环境中，访问被控制，只允许在一个定义的相同目标的社区内进行对等连接，并且通过某种形式的公共底层通信介质分区来构建，在这种基础通信介质中，该基础通信介质在非排他性的基础上向网络提供服务。"简化的描述如下："VPN 是在公共基础设施（如全球 Internet）内构建的私有网络。"

一个 VPN 的示例网络如图 3-30 所示。网络 A 站点跨服务提供商的主干网络构建了一个 VPN（图中虚线表示部分），同在一个骨干网中的网络 B 完全不知道 A 的存在，网络 A 和 B 可以在这同一个主干网基础设施上和谐共存。

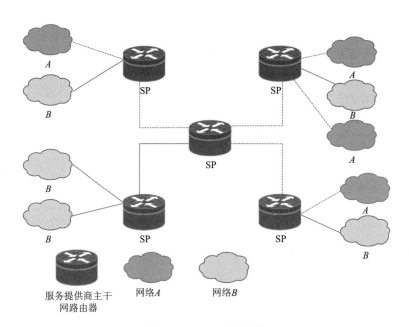

图 3-30　VPN 示例网络

部分名词介绍：

SP（Service Provider）：服务提供商。

CE：直接与服务提供商相连的用户边缘设备。

PE：服务提供商网络上的边缘设备，与 CE 相连，主要负责 VPN 业务的接入。它完成报文从私网到公网隧道和报文从公网隧道到私网的映射与转发。在分层 VPLS 体系架构下，PE 可以细分为 UPE 和 NPE。

UPE：面向用户网络的 PE 设备，用于连接 CE 设备与服务商网络，主要作为用户接入 VPN 的汇聚设备，为用户提供接入服务。

NPE：处于 VPLS 网络的核心域边缘，在核心网上提供 VPLS 透明传输服务。

服务界定符：服务提供商加载用户数据帧前用来标识特定 VPN 的报文标识符，服务界定符只具有本地意义，服务界定符的典型例子是 Q in Q 的外层 Tag。

2. VPN 主要类型

VPN 在网络模型的多个层次中都有出现，但最主要的还是以下三种 VPN：L3VPN、L2VPN 和 L1VPN[10]。

L3VPN：位于网络层，主要特点是采用 3 层网络协议（如 IP 或者 MPLS）在分布式 CE 之间传输数据。L3VPN 可以分为两类：基于 CE 的 VPN 和基于 PE 的 VPN。

基于 CE 的 VPN：CE 设备在不了解 SP 网络的情况下进行创建、管理和破坏隧道。发送方的 CE 设备对用户包进行封装并将其传输到运营商网络中，当这些封装包到达隧道的尽头时，VPN 站点会解析提取内部数据，并将实际的数据包注入接收网络。在基于 CE 的 VPN 方法中，隧道的使用需要三个不同的协议：载波协议（SP 网络用于承载 VPN 的数据包）、封装协议（用户封装原始数据，可以是非常简单的包装协议如 GRE/PPTP/L2TP，也可以是安全协议一类的如 IPSec 等）、客运协议（客户网络中的原始数据）。

基于 PE 的 VPN：SP 网络可以区分 VPN 网络流量，负责对 VPN 进行配置和管理。VPN 的状态存储在 PE 设备中，连接到 CE 设备的行为与它连接到一个专用网络中一样。

L2VPN：站点之间的传输只有 L2 帧传输（一般是以太网帧，也可以是 ATM 和帧中继），在分布式引用之间提供端到端的第 2 层连接的方式。L2VPN 的主要优点是不需要知道更高级别的协议，比 L3VPN 更加灵活，但由于缺乏控制平面，它无法管理跨 VPN 的可达性。在 L2VPN 网络中，SP 可以向客户提供两种不同类型的服务：点拓扑虚拟专用线服务（Virtual Private Wire Service，VPWS）和点拓扑虚拟专用网服务（Virtual Private LAN Service，VPLS）。此外，还有一种只支持 IP 局域网的服务（IP-only LAN Service，IPLS），这种服务类似于 VPLS，但 CE 设备是主机或者路由器，不是由交换机构成，并且只携带 IP 数据包（IPv4 或者 IPv6）。

L1VPN：L1VPN 是近年才出现的一个概念，随着下一代 SONET/SDH 和光交换技术以及 GMPLS 控制技术的快速发展，将 L2/L3 的分组交换 VPN 概念扩展到高级电路的交换领域。它是在一个公共的第一层核心基础设施上支持多个虚拟客户机提供的传输网络。L1VPN 与 L2VPN/L3VPN 的根本区别在于，L1VPN 中数据平面连接并不保证控制平面连接，同理，控制平面连接也不能保证数据平面连接。在 L1VPN 中的主要特点是具有多业务骨干的特性，客户可以提供自己的服务，包括任何层面的有效负载（如 ATM、IP、TDM）。这样就允许每个服务网络都具有主机独立的地址空间、独立的第一层资源视图、独立的策略和完全隔离的空间。在 L1VPN 中也大体上可以分为两种类型：虚拟专用线服务（VPWS）和虚拟专用网服务（VPLS）。VPWS 服务是点对点的，而 VPLS 是点对多点类型。

除了以上三种常用的 VPN 之外，还有使用更高层协议（传输层、应用层等）的 VPN。基于 SSL/TLS 的 VPN 因其在防火墙和远程 NAT 中的固有优势受到了广泛欢迎。这样的 VPN 属于轻量级的，便于安装和使用，可以给用户提供更高粒度的控制。

常用的三种 VPN 类型的总结[11]如表 3-3 所示。

表 3-3　三种 VPN 类型总结

VPN 类型	提供商的网络虚拟化	主要是设计给
L3VPN	路由器	IP/MPLS + BGP 核心
L2VPN	交换机	IP/MPLS + BGP 核心
L1VPN	一层连接	TDM&光网络

3. 局域网中的 VPN 实现

虽然 VPN 在网络模型中的多个层次都有出现，但是因为本章节重点在于局域网的虚拟化，L3VPN 将在骨干网中进行详细介绍，而 L1VPN 含义与 L2VPN 类似，但偏向通信底层，其实现方式也是独立运行的，不在讨论范畴之内，本节将主要讲述 2 层 VPN 中的几种实现方式及其网络虚拟化的实现。

1）VPLS

VPLS[12]是在 VPN 基础上结合 MPLS 在 Internet 上连接不同局域网的第二层技术，是对传统 LAN 全部功能的仿真。它是一种点对多点的服务，能够通过一个人或者广域网将地理上孤立的站点连接起来。它的主要目的是通过运营商提供的 IP/MPLS 网络连接地域上隔离的多个由以太网构成的 LAN，促使它们像一个 LAN 一样工作。

VPLS 的工作模式：来自服务提供商网络的数据包首先被发送到 CE 设备（如一个 48 端口的 10G 交换机）。然后，数据包被发送到一个 PE 路由器，它通过 MPLS 标签交换路径通过服务提供商网络。最后，当数据包到达出口 PE 路由器的时候，将流量转发到目标客户站点的 CE 设备。对于那些在数据交换机上实现 VPLS 的用户来说，他们将享受到一个快速、安全、同质的网络，具有更低的延迟。

VPLS 的网络架构图如图 3-31 所示。

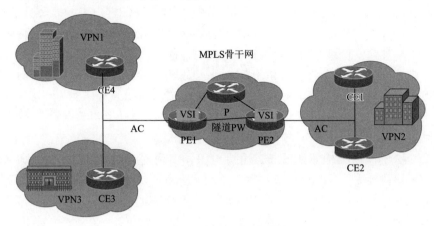

图 3-31　VPLS 网络架构图

（1）AC（接入电路）用于用户与服务提供商之间的连接，即连接 CE 与 PE 的链路。对应的接口只能是以太网接口。

（2）PW 则表示两个 PE 设备上的一条双向虚拟连接，由一对方向相反的单向的 MPLS VC 组成，也被称为仿真电路。

（3）Tunnel：隧道，用于承载 PW，一条隧道上可以承载多条 PW。隧道是一条本地 PE 与对端 PE 之间的直连通道，完成 PE 之间的数据透明传输，可以是 MPLS 或者 GRE 隧道等。

（4）VSI：虚拟交换实例，VPLS 实例在一台交换设备上的一个以太网桥功能实现，根据 MAC 地址和 VLAN TAG 进行二层报文转发。

VPLS 具有以下优点。

（1）VPLS 在面向用户网一侧使用以太网接口，简化了 LAN/WAN 边界，可以支持快速和灵活的服务部署。

（2）VPLS 将用户网络的路由决策控制和维护权利交给了用户，简化了运营商网络的管理。

（3）VPLS 服务内的所有用户路由器 CE 是相同子网的一部分，简化了 IP 寻址规划。

（4）VPLS 服务既不需要感知，又不需要参与 IP 寻址与路由。

2）VPWS

VPWS[13]是建立在 MPLS 网络之上的二层技术，可以提供点对点的链路连接。其链路是通过分组交换网络建立的逻辑链路。VPWS 中主要由以下三要素组成（和 MPLS 一样）：PE 路由器、标签分发协议（Label Distribution Protocol，LDP）和标签交换路径（Label Switched Path，LSP）。

（1）PE 路由器：运营商边缘路由器，即为 MPLS 网络中的标签边缘路由器（Label Edge Router，LER），可以根据存放的路由信息将来自 CE 路由器或者标签交换路径的 VPN 数据处理后进行转发，同时负责和其他 PE 路由器交换路由信息。

（2）标签分发协议：规定标签分发过程中各种消息以及相关的处理进程。通过 LDP，标签交换路由器（Label Switching Router，LSR）可以把网络层的路由信息直接映射到数据链路层的交换路径上，进而建立起 LSP。

（3）标签交换路径：每一个沿着从源端到终端的路径上的节点标签序列，是数据传输发生的场所。

VPWS 的网络架构图如图 3-32 所示。整体实现的结构和 VPLS 无太大区别，最主要的区别就是，VPLS 是单点对多点的实现方式，而 VPWS 是单点对单点的实现方式。对于 VPLS 而言，CE 路由器只是将所有流量发送到 PE 设备，而针对 VPWS 而言，CE 路由器则用于执行 2 层交换，决定使用哪一条链路将数据发送到另一个客户站点。

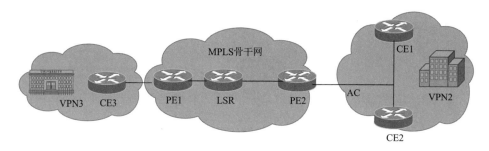

图 3-32　VPWS 网络架构图

VPWS 具有以下优点。

（1）传统的 VPN 在第二层网络上需要额外的独立网络提供 IP 和 VPN 服务，VPWS 则可以在 IP 层和第二层的 VPN 服务之间共享提供商的核心网络基础设施，会使得服务的费用减少。

（2）在二层 VPN 中，VPWS 可以使用 MPLS 实现其隧道，也可以应用 GRE 实现隧道，具有可扩展的性能。

3）IPLS

IPLS 是 VPLS 的一种简化模式。VPLS 可以用于跨广域网和城域网互联的系统，让系统看起来是在一个专用的 LAN 上，相互连接的系统之间可能是局域网交换机。但如果它们是 IP 主机或者 IP 路由器，那么这个时候可以对 VPLS 进行简化，这种简化类型的 VPLS 就被称为 IPLS。

IPLS 使用了 PE 路由器提供一种类似于 VPLS 的服务，这些路由器本身不是执行一般的 LAN 桥接功能，即 IPLS 只用于 IP 流量，不用于互联本身（即 LAN 交换机的 CE 设备）。

4. 局域网中的 QoS 保证

在 VPN 中除了需要创建私有通信的隔离地址环境之外，还希望 VPN 能够支持一组 QoS 保证，提供不同的服务级别。这样每个 VPN 服务级别可以根据定义的服务级别来指定，VPN 可以随时依赖该服务级别，也可以根据不同级别的差异来制定，VPN 可以利用具有一定资源分配优先级的公共平台资源。

VPN 中使用专用的租用电路，专用网络可以在任何条件下设置固定的可用资源级别。使用共享交换基础设施，如帧中继虚拟电路或者 ATM 虚拟连接也是希望通过实现 VPN 的虚拟电路特性为 VPN 提供量化的服务级别保障。

3.3.3　主动可编程网络技术

主动可编程网络（Active and Programmable Network，APN）技术分为主动网络和可编程网络两个概念，从本质来说是不属于网络虚拟化的范畴，但该领域内的大多数项目中都通过可编程提出了共存网络的概念。因此本节也将它纳入局域网虚拟化的一部分进行概要介绍，随着 SDN 等的兴起这个概念已经逐渐淡化了，但还有一些项目依旧在运行中，感兴趣的读者可以找到相关的论文进行研读。

进入 20 世纪 90 年代中期后，互联网开始步入高速增长阶段，人们对应用程序的需求，远远超过了文件传输和电子邮件，当时的互联网存在以下几个问题：

（1）难以将新技术和标准集成到共享的网络基础设施中；

（2）难以在多个协议层上执行冗余操作；

（3）难以在现有体系架构模型中容纳新服务。

于是研究人员就想设计一种新的网络协议去实现这种广大需求。由此主动网络诞生了，在这个过程中主动网络探索了一些方法去替换由传统的 IP 或者 ATM 提供的网络协议栈，主动网络可以说是对重新构建网络架构的第一个尝试，通过报文传送程序和数据的思想可以迅速适应网络不断变化的需求。

主动网络允许用户对网络的中间节点（如路由器、交换机等）进行编程，具有智能的中间节点通过对收到的报文进行定制处理来提供可定制的服务。通过向主动节点发送携带有移动代码的报文，用户可以按需创建自己的服务并分布到网络中。主动网络的主动性表现在以下两个方面：

（1）用户可将程序注入网络来扩展节点功能；

（2）路由器可对流经它的用户数据包的内容执行计算，甚至改变数据包的内容。

　　与传统节点的存储-转发模式不同，主动节点的工作模式是存储-计算-转发。主动网络的诞生促进了关于网络环境隔离的概念的出现，允许多方用户在相同的网络元素上同时执行可能冲突的代码，但不会导致网络的不稳定，这也可看作网络虚拟化的一个雏形，和网络虚拟化的定义相似，这也是本节介绍 APN 的原因。

1. 主动网络

1）主动网络体系架构

　　主动网络由一群主动节点构成，主动节点通过执行主动包中的代码实现定制的服务。主动节点和主动包是主动网络中最主要的两个功能实体，其定义如下。

　　（1）主动节点：可编程的中间节点。

　　（2）主动包：携带了代码的分组。

　　主动节点体系架构以及主动包的定义构成了主动网络体系结构的基础。在传统的网络体系架构中，用户发送的数据包在经过网络的时候进行网络层发送，然后经过设备发送到底层信道进行传输。在传输的过程中也是每一跳执行到路由层面查找下一跳的地址。主动网络中的路由器或者交换机则属于主动节点，会对经过主动节点的主动包执行自定义的计算-转发。由于网络扩展的原因，主动网络的实现方式则是在传统网络的基础之上进行改造，如图 3-33 所示。主动网络一开始是将传统的 IP 网络路由器进行扩展，便于在经过路由器的数据报文上执行定制处理。

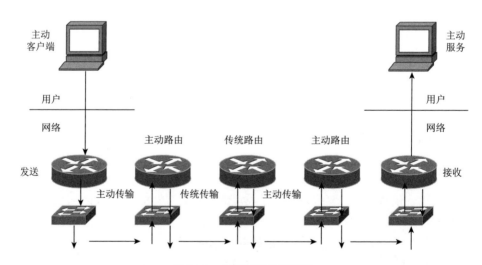

图 3-33　主动网络传输架构

　　主动路由器还可以与传统路由器进行交互操作，例如，图 3-33 的报文在经过第二个设备时就是传统的路由器，在这个过程中需要以传统的方式实现报文在传统路由器中的透明传输。

2）主动网络编程模型

在主动网络诞生的过程中，主动网络社区主要诞生了两种编程模型：packet/cell 模型和胶囊模型[14]。下面将从程序的角度对这两种模型进行描述。

packet/cell 模型：这个模型中文被称为可编程路由/交换机模型。在这种模型中，节点上要执行的代码通过带外机制实现，可编程交换机的方式可以维护现有的数据包格式，并且提供一个支持程序下载的离散机制。当一个程序的选择是由网络管理员完成，而不是单个终端用户完成时，将程序的注入与消息的处理分开的方式更加合适。

在可编程路由器/交换机模型中，消息处理在体系架构上与程序注入节点的业务分离，每个功能都有着自己独立的运行机制。这也是保留了当前带内数据传输和带外管理通道之间的区别。用户首先会将自定义的例程注入所需的路由器中，然后他们可以通过 packet/cell 模型中的可编程节点发送数据包。当数据包到达节点时，节点首先检查数据包的报头，然后调度适当的程序对其数据包内容进行操作。

在我们必须小心控制应用程序加载时，这种单独的加载和执行机制就会变得非常有意义。也就是说，即使程序不执行面向应用或用户的相关计算，这种允许运营商将代码动态加载到他们的路由器中的方式，也会对于增强路由器的可扩展性非常有用。例如，在因特网中，程序加载可以限于路由器的管理员，该管理员可以配置相应的"后门"，通过这个"后门"可以动态地加载代码。但是这个"后门"至少会对管理员进行身份验证，并且还可能对正在加载的代码执行大量检查。

胶囊模型：将要执行的代码包含在数据包之中，即需要对数据包进行修改。当时架构中的被动数据包被封装在传输帧中的活动微型程序锁取代，这些程序可以在传输帧的每个节点上执行。那么用户数据就可以嵌入到这些胶囊中，就像页面内容可以嵌入到 PostScript 代码片段中一样。

主动网络中有一个极端的方式就是网络中的每个消息都是一个程序。在节点之间传递每个消息或者数据包都包含一个程序片段（至少一条指令），其中也有可能包含了嵌入式数据。当一个胶囊到达一个活动节点的时候，就会计算它的内容，这与 PostScript 打印机解释发送给它的每个文件的内容非常相似。

到达传入链路的比特由标识胶囊边界的机制进行处理，这其中可能使用传统链路层协议提供的帧机制。然后将胶囊的内容发送到瞬态执行环境，在那里可以安全地评估它们。我们假设程序由指令组成，指令对胶囊内容执行基本计算，并且还可以调用"内置"原函数，这些原函数可以提供对瞬态环境的外部资源的访问。胶囊的执行导致调度零个或者多个胶囊以便在输出链路上传输并且可以改变节点的非瞬态状态。

总结：这两种模型中，胶囊模型更能表现主动网络的特性，但这两种模型对于现有的新型网络都有着极大的思想启发，做出了不可磨灭的贡献。胶囊模型设想在数据平面上安装新的数据平面功能，数据包加载了代码（就像早期的无线电分组数据包研究），并使用缓存来提高代码分配的效率，网络操作人员直接决定了可编程路由器的可扩展性。在主动网络的研究过程中，用户需求拉动作用类似于当前的 SDN 研究。在那个年代，一方面由于网络服务提供商开发和部署新服务困难；另一方面由于第三方对增值服务动态地满足特定应用或者网络环境能力的兴趣，研究人员希望有一个平台可以支持规模化实验。此外，主动网络的相关论文中还提到了关于中间件的扩散，包括防火墙/代理服务器/转码器等，每一个都必须独立地部署，但是又必须能够有一个不同于特定供应商的编程模型。主动网络提供统一控制这些中间件的设想，可能最终取代临时性、一次性的方法，来管理和控制这些中间件。这种方式也预示着现代 NFV 的到来，能够提供一个统一的控制架构将复杂的中间件功能一一部署。

3）主动网络的应用

（1）可靠组播。

可靠组播的含义是所有组播包都被正确地传送给每个接收者，并且需要具有丢失检测、反馈和数据重传等措施。

传统的实现组播确认的模型有以下两种。

基于 ACK 的模型：接收者对每个正确收到的包，向发送者发送 ACK 进行确认。

基于 NACK 的模型：接收者检测丢失的包，仅在发现包丢失的时候发送 NACK 进行确认。

这两种模型在执行的过程中都可能会产生 ACK/NACK 风暴，且重传数据包都由源发出，增加发送方负担和增大重传延迟。

在有主动路由器参与的可靠组播中，主要有三大功能。首先组播树上的主动路由器会缓存经过的数据包实现数据缓存。其次，当 NACK 到达路径上的一个主动路由器时，若路由器中有缓存的包，则组播该包到 NACK 到达的接口链路，否则向上游转发 NACK，这种特性被称为本地恢复。此外，当主动路由器对每个丢失包维护一个 NACK 记录和修复记录时，会抑制重复的 NACK，这被称为 NACK抑制。

（2）端到端拥塞控制。

在传统的网络中，端到端拥塞控制采用的是 TCP 拥塞控制算法，该算法的详细说明可参考文献《计算机网络》的第 5 章，不在此赘述。简言之，在端节点检测拥塞，并在检测到拥塞之后降低发送速率。发送拥塞的路由器从发生拥塞到接收到速率调整后的分组，一直处于拥塞状态。

在有主动节点参与到端到端的拥塞控制后，拥塞控制过程可分为以下几个步骤。

①主动路由器检测到拥塞后，立即要求其上游路由器设置过滤器，过滤从导致拥塞的端节点来的分组。

②主动路由器将拥塞情况直接报告给端节点。

③主动路由器在接收到端节点的反应后，撤销过滤器。

（3）扩展的任意播。

任意播（Anycast）的含义是发送方把分组发送给一组接收者中的任意一个。组播是发送者把分组发送给一组接收者中的每一个。扩展的任意播则是允许多于一个接收者收到分组。这种实现方式理论上可以通过主动网络的体系架构来实现，具体的内容还请读者自行查阅相关资料。

4）主动网络的缺点

主动网络在 20 世纪 90 年代是对当时网络体系架构的一个重大突破与创新，也为当今成熟的新型网络如 SDN/NFV 奠定了良好的基础，但是主动网络因为当时技术有限，也存在着许多问题，现把这些问题总结成如下几点：

（1）有特色的主动网络应用不多；

（2）未经过大规模实践的检验；

（3）互操作性难题（应用程序在多个操作系统上运行的兼容性问题）；

（4）尚缺乏完备的网络设备管理功能；

（5）网络安全如何保证（路由器具有执行程序的能力）。

2. 可编程网络

伴随着现在 SDN 和 NFV 技术的成熟，网络可编程已经变成了我们的一种基本认知，但是在 20 世纪网络刚兴起的时候，网络可编程可是当时的一种特别新奇的技术。在当时，伴随着通信硬件的分离（即交换、路由引擎），网络可编程具有至关重要的影响。首先，在那个年代网络节点存在封闭性，使得当时新的网络服务部署难以实现，但随着各种新服务的出现，也可以发现新服务需要比专有控制系统灵活许多个数量级。在当时也就出现了相应的问题，即人们如何利用第三方控制软件和新服务的部署而打开这个"黑盒子"。

由于以上问题的出现，快速创建、部署和管理新服务以响应用户需求的能力成为推动可编程网络研究社区的关键因素。当时的社区认为在这一领域的研究结果会对带宽、移动和 IP 网络等电信行业的客户、服务提供商和设备供应商产生广泛的影响。从今天的角度来看，当时的可编程网络社区确实因此做出了极大的贡献，创造了一个网络发展的新方向，也造就了如今关于虚拟网络的实现，奠定了良好的基础。当时的一系列举措，促使如今我们新的网络环境（SDN/P4）等的出现，也给如今中国正在建设的未来网络试验基础设施（CENI）提供了开放、可扩展和可编程的特性。

1）可编程网络两种实现方法

当时由于网络可编程的特性的提出，在可编程网络社区掀起了一股热潮，出现了两种可编程网络的思想流派。其中一个是由电信社区所倡导的开放信令法，另一个则是 IP 网络社区倡导的主动网络法。接下来我们会逐条概述这两种方法。

开放信令法：由电信社区提出，其想法是通过使用一组开放的可编程网络接口对通信硬件进行建模，可以提供对交换机和路由器的开放式访问，从而使得第三方软件供应商能够进入电信软件的市场。这种方式提出了一个抽象层，可以用于物理网络设备充当分布式计算环境，可以定义良好的开放编程接口，允许 ISP 操作当前的网络状态。电信社区当时认为通过这种方式"开放"交换机，可以实现新的、独特的体系结构和服务（如虚拟网络）的开发。这种方式可以对构成可编程网络的传输、控制和管理平面有着明确的区分，并且强调为创建的服务提供良好的服务质量（QoS）保证。

主动网络法：IP 网络社区在考虑可编程网络的时候，考虑到在运行时动态地部署新服务。动态运行时需要对新服务部署的支持要求远远超过电信社区提出的开放信令法能够达到的水准，在基于网络社区中提出的"主动包"（见前面主动网络部分）概念的数据包的分派、执行和转发的时候，这个问题会变得尤为严重。在主动网络的一个极端情况下，"胶囊"由可执行程序组成，包括了代码（如 Java 代码）和数据。同时在主动网络中，代码移动性是程序交付、控制和服务构建的主要载体。我们可以通过安装全新的交换机代码，控制的粒度就可以从包到流级别不等。同时，在另一种极端情况下，一个包可以引导一个完整的软件环境，即所有到达该节点的包都可以探测到这个环境的情况。另一个极端的情况就是，单个包（如胶囊包）可以修改仅由此包看到的行为。因此，主动网络法是允许路由器和交换机基于包的内容执行自定义计算，同时还允许网络元素对包进行操作，这一点听起来和主动网络的模型基本一样。没错，可编程性本身就已经融入主动网络，但是为了让读者更好地理解主动网络和可编程网络，将它们的前世今生一一道来。

总结：这两种方法当时都有一个共同的目标那就是能够超越当时已有的网络技术，开辟一个新的天地，能够在电信网络中建设、部署和管理新的服务。这两种方法在当时也被广泛地应用于各个项目的研究中。开放信令法注重于将网络的控制与信息传输分离，主要关注于提供某种级别 QoS 支持的可编程交换机。而主动网络法则是允许在包粒度上定制网络服务，可以提供比开放信令法更好的灵活性，但是相比于开放信令法，这种方法带来的代价是牺牲更加复杂的网络模型。

2）可编程网络模型

可编程网络与任何其他网络环境的区别在于，可编程网络可以由一组最小的

API 进行编程，从这些 API 中可以理想地组合出无限范围的高级服务。在当时，Campbell 等提出了一个可编程网络的通用模型[15]，如图 3-34 所示。这个模型显示了扩展传输、控制和管理平面的 Internet 参考模型（即链路层、网络层、传输层、应用层）。传输、控制和管理之间的划分可以让该模型普遍适用于电信和互联网技术，而传输、控制、管理三者分离的思想在架构中有非常明显的体现。在互联网环境中，通过一条数据路径，就能很好地区分传输（如视频

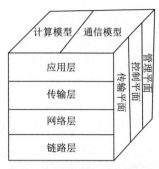

图 3-34　可编程网络通用模型

包）、控制（如 RSVP）和管理（如 SMNP）机制。对电信网络而言，它的体系架构中通常支持传输、控制和管理功能。这种划分是由这些网络功能利用底层硬件的不同方式以及它们运行的不同时间尺度引起的。在这种情况下，广义模型的平面可以保持中立，支持不同网络技术的设计空间。

　　网络服务的可编程性是通过在网络内部引入计算实现。为了区分"可编程网络体系结构"和"网络体系结构"的概念，当时的设计者扩展了通信模型并使用计算模型对其进行了扩展，明确地承认了网络体系结构的可编程性。如图 3-34 所示，可编程网络的通用模型包括传统通信、传输、控制和管理平面以及计算、通信模型等内容。其中，计算模型和通信模型共同构成一个可编程网络。计算模型提供跨传输、控制和管理平面的可编程支持，允许网络架构师在这些平面上为各个层（即应用层、传输层、网络层和链路层）编写程序。从另一个角度来说，可编程能力通过计算模型传递到了传输、控制和管理平面。

　　如图 3-35 所示为可编程网络通用模型的另一种视图。计算模型的关键部件表示为分布式网络编程环境和一组节点内核。节点内核是实现资源管理的节点操作系统。节点内核只具有本地意义，也就是说，它们管理单个节点资源，可能由多

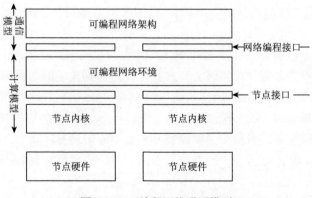

图 3-35　可编程网络通用模型

个可编程网络架构共享。可编程网络环境为分布式网络编程服务提供中间件支持。图中也体现出节点的硬件和编程与通信软件的分离，并指出了两类接口。第一类接口是可编程网络环境和可编程网络架构之间的网络编程接口。第二类接口为节点内核和可编程网络环境之间的节点接口。当时的工作者认为，为了实现独立于平台的网络可编程，需要对这两类接口进行某种协议商定或者标准化，这些标准化工作可能通过许多组织实现，如 IEEE 可编程网络接口工作组、DARPA 主动网络项目、多业务交换论坛、OPENSIG 和 IETF（如 GSMP 上的新工作项），或者新兴的可编程网络行业。

在当时，可编程网络的研究主要集中于该模型的各个方面，研究不同的编程方法、可编程性级别和通信技术等。由此，开启了划时代的可编程网络。

3. 主动可编程网络对现有网络的贡献

主动可编程网络出现的年代较早，目前虽然已经被淡化了，但是它的出现对现在的新型网络奠定了非常良好的基础，可以说是现代 SDN 和网络虚拟化的鼻祖。主动可编程网络对现有新型网络的贡献总结为如下三点。

（1）网络可编程功能降低了创新的门槛。主动网络的研究开创了可编程网络的概念，将其作为一种降低网络创新门槛的新方法。在生产网络创新和满足网络可编程特性这些方面的困难都变成了研究 SDN 的动力。早期 SDN 的愿景更多地放在控制平面的可编程性，而主动网络更多地关注数据平面的可编程性。这就是说，数据平面与控制平面的可编程特性一直在并行发展，而且数据平面的可编程特性推动着 NFV 的到来。当前 SDN 的工作包括探索 SDN 协议的演化，如 OpenFlow，以支持更广泛的数据平面功能。从实际网络流中分离出实验网络流的概念——这起源于主动网络，也出现在设计 OpenFlow 和其他 SDN 技术的前面。

（2）网络虚拟化和基于数据包报头的软件多路分解能力。支持具有多种编程模式的试验的需求推动了网络虚拟化的发展。Calvert[16]提出了主动网络的体系结构框架，该框架的关键组件包括一个共享的节点操作系统（Node OS）——它负责管理共享的资源；一组运行环境（Execution Environments）——每个运行环境定义了一个用于消息包处理的虚拟机；一组活跃的应用程序（Active Applications）——在指定的运行环境中提供端到端的服务。将数据包定向到指定的运行环境依赖于快速的消息头部字段匹配和多路分解（将数据包分解到合适的运行环境中）。有趣的是，这个模型是在 PlanetLab 中开发出来的，不同的实验在不同的运行环境中运行，而这些实验的数据包通过消息头部字段被分发到相应的运行环境中。多路分解这项技术也被应用于设计虚拟化的硬件数据平面，用于将数据分解到不同的虚拟运行环境中。

（3）中间件编排的统一架构的愿景。尽管这个愿景在主动网络研究中从未被实现，但是早期的设计文档探讨了一个重要的需求，即用一个通用安全的编程框架来统一不同的中间件功能。虽然这并没有直接影响当前 NFV 的研究工作，但是从主动网络中汲取的经验对于基于 SDN 的应用和中间件组成架构的发展是一个极大的助力。

参 考 文 献

[1]   谢希仁. 计算机网络[M]. 北京：电子工业出版社，2013.

[2]   IEEE 802 LAN/MAN Standards Committee. IEEE 802 Working Groups and Study Groups[EB/OL]. https://ieee802.org/[2021-03-20].

[3]   IEEE Wireless Personal Area Network（WPAN）Working Group. IEEE Std 802.15.4-2020，IEEE Standard for Low-Rate Wireless Networks[EB/OL]. https://ieeexplore.ieee.org/stamp/stamp.jsp?tp = &arnumber = 9144691[2021-03-20].

[4]   Sincoskie W D，Cotton C J . Extended bridge algorithms for large networks[J]. IEEE Network，1988，2（1）：16-24.

[5]   IEEE 802.1 Working Group. Local and Metropolitan Area Networks-Virtual Bridged Local Area Networks[S]. IEEE Std 802.1 Q-1998，1999.

[6]   Snader J C. VPNs Illustrated：Tunnels，VPNs，and IPsec[S]. 2005.

[7]   Smith J M，Nettles S M. Active networking：One view of the past，present，and future[J]. IEEE Transactions on Systems，Man，and Cybernetics，Part C：Applications and Reviews，2004，34（1）：4-18.

[8]   IEEE 802.1 Working Group. Virtual Bridged Local Area Networks[S]. IEEE Std. 802.1Q-2005，2005.

[9]   Cisco. LAN switching configuration guide，Cisco IOS release 12.2SX[EB/OL]. https://www.cisco.com/c/en/us/td/docs/ios-xml/ios/lanswitch/configuration/12-2sx/lsw-12-2sx-book/lsw-vlan-cfg-rtg.html[2021-03-20].

[10]   Chowdhury N M M K，Boutaba R. A survey of network virtualization[J]. Computer Networks，2010，54（5）：862-876.

[11]   Wang A，Iyer M，Dutta R，et al. Network virtualization：Technologies，perspectives，and frontiers[J]. Journal of Lightwave Technology，2012，31（4）：523-537.

[12]   Kompella K，Rekhter Y. Virtual private LAN service（VPLS）using BGP for auto-discovery and signaling[R]. RFC 4761，2007.

[13]   Lasserre M，Kompella V. Virtual private LAN service（VPLS）using label distribution protocol（LDP）signaling[R]. RFC 4762，2007.

[14]   Tennenhouse D L，Smith J M，Sincoskie W D，et al. A survey of active network research[J]. IEEE Communications Magazine，1997，35（1）：80-86.

[15]   Campbell A T，de Meer H G，Kounavis M E，et al. A survey of programmable networks[J]. ACM SIGCOMM Computer Communication Review，1999，29（2）：7-23.

[16]   Calvert K. Architectural Framework for Active Networks[S]. Active Network Working Group Draft，1999.

第4章　移动通信网络虚拟化

4.1　移动通信网络发展与架构

　　移动通信网络在自从在纯语音系统运用以来，随着数字调制、频分复用、分组网络及 WCDMA、OFDMA、MIMO 等物理层技术的引入不断发展。4G 网络的普及催生了移动视频会议、直播、在线游戏等一系列新型应用。而随着各类智能终端的不断增加，人们对移动网络提出了更高的要求，5G 通信通过提供高速、超低时延、大容量及高 QoS 的网络环境，为增强现实、物联网、车联网、医疗健康、可穿戴设备、智能电网等新业务场景及需求提供服务。可以说，移动网络早已深入到生活中的各个领域，我们大部分人的生活已经与移动网络紧密相连，移动网络的发展直接影响着信息社会的前进步伐，移动网络的创新与革命直接颠覆着人们的生活方式。本节首先概述移动网络的发展历程，然后对移动网络演进过程中的典型架构、关键技术进行阐述，主要包括 2G、3G、4G、5G 移动网络的发展历程、典型核心网、无线接入网架构及功能介绍。

4.1.1　移动网络发展历程

　　移动网络业务起始于最初的话音业务，在 1973 年，美国摩托罗拉实验室发明了第一代手提电话。1987 年，手提电话进入中国，广东省率先建立了 900MHz 模拟移动网络，手提电话在中国获得了一个众所周知的外号——"大哥大"。在 1992 年，第一条 SMS（Short Message Service，手机短信服务）手机短信通过沃达丰成功进行发送，移动网络业务正式从话音拓宽到文本业务。在同一时期，在 1991 年，GSM（Global System for Mobile Communications，全球移动通信系统）在芬兰首次投入商业运营。1995 年，CDMA（Code Division Multiple Access，码分多址）商用系统首先被美国高通公司运营。GSM 与 CDMA 的应用，标志着移动网络进入 2G 时代。

　　1997 年，爱立信等通信巨头联合制定了 WAP（Wireless Application Protocol，无线应用协议），允许互联网的信息传输到移动电话上，为移动网络带来了"手机上网"业务。1999 年开始，世界多个地区开始进行 GPRS（General Packet Radio Service，通用分组无线服务）技术部署，通过 GSM 网络进行 GPRS 的叠加发展。

至此，移动网络的服务类型基本确定，同时，移动网络的架构也基本确定，后续的移动网络的发展均在此基础上进行演进。GPRS 时代称为 2.5G 时代，为 2G 到 3G 的过渡期。

随着互联网的发展，数据业务与多媒体业务也取得了迅猛的发展，人们对于网络的与通信的需求进一步提升，网络通信业务量急剧增加，对移动网络又提出了新的挑战。为了解决该类问题，在 20 世纪末期提出了第 3 代（3G）移动通信的概念，同时拟定了发展与部署计划。3G 网络以无线接入网的发展为契机，同时推进了包括核心网在内的整个网络系统的发展。3G 网络的出现与智能手机的普及一起极大地推进了移动网络业务的发展，互联网厂商开始大量地在移动网络端进行部署。

对比 2G 网络，3G 网络极大地提升了网络的数据业务速率，但依然无法满足所有互联网业务的需求。例如，对于以高清视频流业务为代表的大带宽业务，受限于上下行带宽，3G 网络就无法很好地满足。因此，网络移动业务的需求继续促进着移动网络的演进。于是第 4 代（4G）移动通信概念被提出来。4G 网络能够提供超过 100Mbit/s 的下行带宽，极大地提升了网络速率与用户体验。4G 网络的高性能几乎能覆盖所有的网络业务类型，部分网络厂商开始以移动网络为重心，甚至只在移动网络上进行部署。同时 4G 网络的高性能也催生了新的业务的出现，例如在线直播、移动短视频等。

4G 网络能提供较高的网络性能，但是却无法满足一些特殊的业务需求，例如，低时延、超高带宽与大连接。该类需求主要集中在物联网与工业互联网等有极高实时性的网络场景下。因此，继续提出了第 5 代（5G）移动通信技术，开启了 5G 时代。5G 网络定义了 3 大应用场景：增强型移动带宽（Enhanced Mobile Broadband，eMBB）、海量机器通信（Massive Machine Type Communications，mMTC）、超高可靠性低时延通信（Ultra-reliable and Low Latency Communications，uRLLC）。经历近 20 年的发展，移动网络已经开启了 5G 时代。eMBB 主要在高用户密度区域，具有低移动性的场景下，提供预期下行 20Gbit/s，上行 10Gbit/s 的数据传输速率。mMTC 主要面向物联网业务，提供单位面积内大量的元件的网络接入能力，预期能够在 1 平方公里内提供 100 万条物联网设备接入。uRLLC 主要针对具有低时延和高可靠性需求的场景，如工业控制、远程医疗控制、配电自动化等。预计提供小于 10^{-5} 的错误率与低于 1ms 的时延。

移动网络以演进的形式发展，在 2G 时代就基本定型了移动网络提供的服务种类：话音，文本与数据流量。每一次移动网络的演进都会带来显著的性能提升，同时也会带来许多新的特性。基于此，本章余下的部分将会对演进历程中的典型移动网络架构进行简述。

4.1.2　2G 移动网络

2G 移动网络起始于 GSM，经历 CDMA、GPRS、EDGE（Enhanced Data Rate for GSM Evolution，增强型数据速率 GSM 演进技术）等技术的引进与更新。本章将以基于 GSM 网络的 2G 网络架构进行说明。2G 网络主要基于 GSM，并且在后续演进的过程中进行了 GPRS 与 EDGE 的叠加。GSM 系统的主要架构如图 4-1 所示。

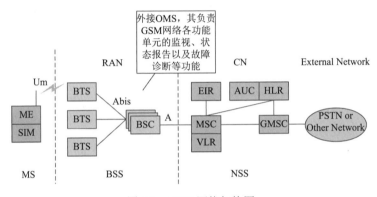

图 4-1　GSM 网络架构图

对于 2G 网络架构，在数据平面主要能分为 4 个部分：MS、BSS、NSS 与 External Network。

其中 MS 全称为 Mobile Station，即移动台，负责无线信号的产生与接收，包括用户终端 ME 于 SIM，较为常见的实例为手机。

BSS 全称为 Base Station Subsystem，即基站子系统，负责面向 MS 产生无线信号，并且无线信号进行收发，处理等。同时还要负责移动性管理。BSS 由 BTS 和 BSC 构成，具体如下。

BTS：Base Transceiver Station，即基站收发信号机，负责面向 MS 进行无线信号的发送与接收，是移动网络的空口。

BSC：Base Station Controller，即基站控制器，负责无线信号的控制工作，包括资源与频带管理、移动性切换等。

NSS 为 Network and Switching Subsystem，表示网络与交换子系统，为 2G 网络的核心网部分，负责对汇聚之后的移动网络流量进行交换处理。包括 MSC、VLR、HLR 等多种实体。其中，MSC 为 NSS 的核心实体。MSS 全称为 Mobile Service Switching Center，表示移动业务交换中心，为移动网络的用户提供交换功能，同时还包括呼叫的建立等过程。GMSC 全称为 Gateway MSC，表示 MSC 网关，用以连接 GMSC 与外部网络（External Network）。MSC 可以看作核心网的入口，GMSC 可以看作核心网的出口。从 NSS 至 MS 有 3 大接口，即 A 接口、Abis 接口和 Um 接口。特别地，在 GSM 网络中采用的是电路交换形式，对于其具体的信令过程本书不进行介绍，可以参考相关的文献。

External Network 表示外部网络，即移动网络需要连接到的其他网络，例如，GSM 架构下的公共交换电话网络（PSTN）与 GPRS 架构下的 Internet。

GSM 基于电路交换，因此对于分组数据业务的承载就成为 2G 网络需要解决的问题之一。在 GSM 网络架构中，采用了叠加的方式来进行 GPRS 业务的部署。GPRS 叠加网络在 BSC 处扩展了分组控制单元 PCU，提供新的分组交换通道，同时在 NSS 内也建立了新的分组交换域和对应的网络实体，如图 4-2 所示。

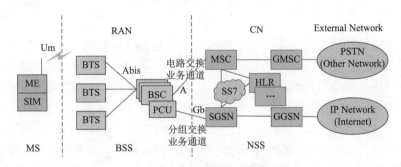

图 4-2　GPRS 网络架构图

在 GPRS 架构中，网络被划分为电路交换域（CS 域）与分组交换域（PS 域）。在 BSC 处，分组数据流量会经由分组交换域处理并传输。从 NSS 至 MS 有 4 大接口，即 Gb 接口、A 接口、Abis 接口和 Um 接口。

在 GPRS 架构下，SGSN 对应于 GSM 架构下的 MSC。SGSN 全称为 Serving GPRS Support Node，表示 GPRS 服务支持节点，同样能够看作核心网的入口。GGSN 全称为 Gateway GPRS Support Node，表示网关 GPRS 支持节点，在功能上对应于 GMSC，能够看作核心网的出口，用以连接外部网络，典型的为 Internet。3G 网络演进自 GPRS，因此对于 GPRS 中部分网元将在 3G 移动网络章节进行详细的介绍。

移动网络的结构与服务种类在 2G 时代基本定型。以 GSM 为例，移动网络能够分为 4 个部分：终端、回传网、核心网、外部网络。后续的移动网络技术均在此基础上进行演进。终端是移动网络业务的发起点与终结点，也是移动网络信号的源端与目的端；回传网主要包含空口至核心网端之间的网络，主要的作用为进行无线信号的产生、终端的接入以及对于终端流量的上下行；核心网是移动网络的核心部分，包含多个位于边缘的网关作为核心网的入口和出口，核心网的功能包括服务与交换两方面。核心网需要处理移动网络服务，如呼叫控制、移动性管理、加密与鉴权等，同时也要对于移动网络流量进行交换处理，进行出口网关的选择；外部网络为移动网络的目的网络，可以是移动网络内部的核心网，也可以是其他的网络，如 PSTN 与 IP 网络。

移动网络提供的服务类型同样也在 2G 时代基本定型，GSM 负责 SMS 与话音业务，GPRS 负责数据流量业务。后续网络的演进并没有催生新的服务类型，只是在上述的业务类型上进行性能的增强。

4.1.3　3G 移动网络

1. 3G 移动网络发展

第 3 代移动通信系统在网络结构与 GPRS 叠加网络架构基本类似，可以看作"轻度"的演进，但是 3G 网络提供的服务质量与其对移动网络带来的影响，足以称为是一场"革命"。就实际网络速率上来看，GPRS 大约能支持 40kbit/s 的上行速率和 85kbit/s 的下行速率。而在 EDGE 下，实际使用上下行速率可以分别为 45kbit/s 和 90kbit/s。而对于 3G 网络，在 WCDMA 制式下，理论能够达到 14.4Mbit/s 的峰值速率，在实际的使用中，依据环境的不同，也能够有 300kbit/s 到 2Mbit/s 的下行速率。对比 2G 网络，3G 网络的速率提升了超过 20 倍，已经接近当时家庭有线网络的典型速率。

3G 网络速率的革命性提升，直接刺激了移动网络业务的诞生。在 3G 网络部署的同时，世界各大运营商几乎都推出了手机视频电话业务。3G 网络的能力能够较好地支持当时的移动设备的视频分辨率。3G 网络在中国的部署较晚，早在 2000 年，英国、德国等欧洲国家开始进行 3G 牌照的发放，并且进行 3G 网络业务（如视频通话）的部署。2009 年 1 月，中国正式发布 3G 牌照，中国移动增加中国自主研制的 TD-SCDMA 制式，中国联通拥有基于 WCDMA 制式的 3G 牌照，而中国电信则是 CDMA2000。虽然中国进入 3G 时代的时间较晚，但是由于智能手机的出现与互联网业务进入发展的黄金期，3G 业务的部署与移动网络业务的在 2009 年后取得了爆发式的发展。

在 3G 时代，各大门户网站开始部署移动网网页，同时 OTT 业务也开始广泛部署在移动端，如微信。3G 网络的性能为多媒体提供了有效的支撑，如微信，由于其基于数据流量，能够免费地进行语音、图片等的发送与接收，相比于传统的短信与彩信业务有更好的用户体验与极低的资费，因此迅速占领了市场。

在中国，3G 网络存在 3 种制式：TD-SCDMA、WCDMA 与 CDMA2000。在这三种制式下，3G 逻辑网络结构可以统一分为两个层次：无线接入网络层和核心网络层。由于此三种制式与虚拟化内容无关，本书不做详细的介绍，感兴趣的读者可以自行查阅相关资料。本书将介绍 3G 网络的架构。

3G 网络的架构基于 GPRS 进行演进，与 2G 网络架构相似，在核心网中基本保留了 GPRS 的网络实体，如图 4-3 所示。

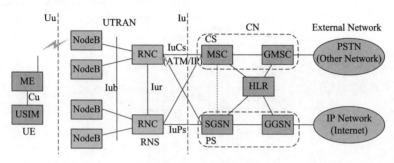

图 4-3　3G 网络架构

在 CN（Core Network，核心网）中，网络节点与架构与 GPRS 网络基本相同。而在终端与回传网部分则有较大的改变。

对于终端，在 3G 网络中称为 UE（User Equipment），包含 ME 与 USIM 卡。3G 架构下的回传网称为 UTRAN（UMTS Terrestrial Radio Access Network），包括 NodeB 与 RNC（Radio Network Controller）。NodeB 则是 3G 网络中基站的名称。在 3G 网络中采用了分布式的基站架构，将基站分为 RRU（Radio Remote Unit，射频拉远单元）与 BBU（Building Base band Unit，基带处理单元）。RRU 负责射频信号的收发，也就是室外常见的板状天线。而 BBU 负责基站信号的处理，一个 BBU 可以支持多个 RRU，它们之间通过光纤进行连接。RNC 中文名为无线网络控制器，是 3G 网络中负责通话处理、交换处理的网络实体，在 RNC 处将确定移动网络的流量是通过电路域转发还是分组域转发。

2. 3G 无线接入网-UTRAN

无线接入网（Radio Access Network，RAN）主要指连接用户端与核心网的部分，由一系列传送实体构成，通过使用无线通信技术代替传统的用户线，支持用户全部或部分以无线的方式接入交换机，为各类业务提供所需的传送承载能力。3G 无线接入网络主要完成语音、数据、移动多媒体等多种业务的接入。UTRAN 作为 UMTS 适用范围最为广泛的一种接入方式，能够实现用户数据传输（业务和多呼叫）、全系统访问控制、移动性管理、无线资源管理控制、广播和多播业务管理等通信功能。UTRAN 的主要网元包括无线网络控制器（RNC）和基站收发器（NodeB）：RNC 主要完成连接建立和断开、切换、宏分集合并、无线资源管理控制等功能，基站收发器在 RNC 的管控下对物理资源进行管理和使用，主要功能包括扩频、调制、信道编解码及解扩、基带信号和射频信号的相互转化等功能。
UTRAN 的网络结构如图 4-4 所示。

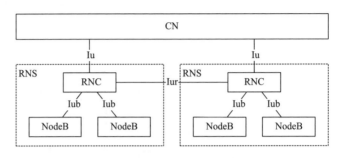

图 4-4　UTRAN 网络结构

　　UTRAN 主要包括三个物理接口：Iub 为 RNC 与 NodeB 之间的物理接口，Iur
为 RNC 之间的接口，Iu（Iu-CS/Iu-PS）为 RNC 和 CN 之间的接口。3G 无线接入
传输主要是指 Iub 接口的传输，Iub 接口负责完成基站与基站控制器之间业务的接
入和传送功能，是整个 3G 传输网建设中最为复杂和重要的部分。Iub 接口具有以
下几个典型特点：使用 ATM AAL2 承载用户业务数据（包括语音业务和数据业务），
ATM AAL5 承载信令数据；NodeB 设备提供的物理接口主要有两种：E1（ATM IMA
方式）和 STM-1（ATM），接口协议为 ATM；NodeB 分布范围广，呈现分散性特
点，在初始阶段传输需求以覆盖为主，带宽需求较小；NodeB 的传输需求不同，
业务量较小的基站可能只需要几个 E1 就能满足需求，而业务量大的基站可能需要
STM-1；不同厂家的单个 RNC 能够承载的最大 NodeB 数量不同，NodeB 连接拓
扑一般为星形或链形，对应的传输拓扑可以采用环形或者链形。

　　3. 3G 核心网——UMTS R99

　　在 3G 核心网的演进过程中，出现了多个核心网版本，比较重要的有 R99、
R4 与 R5 版本，本书将对此三个版本进行介绍。UMTS R99 网络继承了 GSM/GPRS
的核心网架构，并且在非接入层上使用了与 GSM 基本相同的信令流程。如图 4-5
所示，R99 中核心网的主要网络实体的功能如下所述。

　　（1）MSC/VLR：MSC 与 GPRS 架构下我的 MSC 功能基本相似，是核心网电
路域的入口节点与功能控制节点，连接 UTRAN 与 CN。在 R99 核心网中，MSC
的主要功能依然与 GPRS 相似，包括对于 UE 进行呼叫控制与移动性管理、鉴权
与加密等功能。VLR 与 MSC 通常在同一网络实体上进行实现，VLR 全称为访问
位置寄存器（Visiting Location Register），主要用于存储进入该控制区域内已经登
记的移动用户的相关信息。

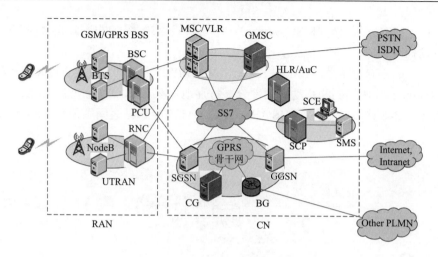

图 4-5　UMTS 网络架构

（2）GMSC：GMSC 是 UMTS 网络电路域与外部网络连接的网关节点。可以连接的外部网络包括 PSTN、ISDN 或者是其他的 PLMN（Public Land Mobile Network，公共陆地移动网络）。GMSC 的主要功能是充当移动网和固定网之间的移动网关，提供 PSTN 用户呼叫移动用户时呼入呼叫的路由功能。

（3）SGSN：面向分组域执行移动性管理、安全管理、接入控制和路由选择等功能，能够看作分组域下的核心网入口。

（4）GGSN：面向分组域提供外部分组数据网络的接口，可以看作核心网的分组域出口。为了完成分组会话，UE 需要与 GGSN 之间建立一条 PDP 上下文，作为 UE 与外部网络之间的隧道。

（5）HLR：用于移动用户管理的数据库。每个移动用户都需要看在其所属的 HLR 中进行登记。HLR 主要存放用户的签约信息。

（6）AuC：鉴权中心负责产生相应鉴权参数的功能实体。

4. 3G 核心网——UMTS R4

R99 的结构中，分组域已经使用了基于 IP 的网络结构，而在电路域则依然沿用传统的电路交换技术。而在 R4 核心网当中，最重要的改进是引入了软交换的概念，将对 UE 的呼叫的控制与流量的承载进行分离。在 R99 中，MSC/GMSC 同时进行呼叫控制与承载控制。而在 R4 中，MSC 被分离为 MSC Server 与 MGW（Media Gateway，媒体网关）。MSC Server 负责呼叫控制功能，MGW 负责对于承载传输的控制。R4 的电路域网络结构如图 4-6 所示。

R4 的电路交换域的网络实体和功能如下。

（1）MSC 服务器（MSC Server），主要负责 R99 核心网中 MSC 的呼叫控制和移动控制部分。

（2）GMSC 服务器（GMSC Server，网关 MSC 服务器），主要负责 R99 核心网中 GMSC 的呼叫控制和移动控制部分。特别地，在 MSC Server/GMSC Server 之间使用 H.248 协议。在各个 MSC Server 或 GMSC Server 之间则使用 BICC 协议。

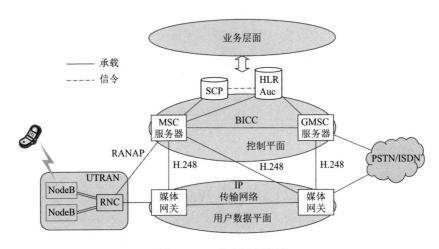

图 4-6　R4 核心网电路域

（3）媒体网关功能（MGW）：MGW 是面向外部网络的传输终结点。MGW 可以接收来自电路域的承载流量，也可以接收来自分组域的媒体流。

R4 网络中呼叫控制与承载控制相互分离，极大地推进了核心网向全 IP 化进行演进。R4 网络已经有现在 SDN 网络中的"数据"与"控制"分离的思想，因此 R4 核心网比 R99 的电路域核心网更加地开放，能够支持更多的功能扩展。另外，R4 网络也需要与 TDM 电路域进行通信，因此，R4 也并不是全 IP 网络。

5. 3G 核心网——UMTS R5

与 R4 核心网相比，R5 核心网中最大的变化是对分组域进行了有效的增强。R5 提出了 IP 多媒体子系统（IMS 系统），基于分组域实现。话音业务与分组数据业务都可以通过这个多媒体子系统来完成，因此话音业务首次在移动网络中可以通过分组进行传输，即使没有电路域的交换设备，也可以实现语音呼叫。所以 R5 网络是"可以"工作在全 IP 网的状态的。但是在 R5 中，仍然保留电路域并实现与 IMS 的互操作。但是，可以看出，全 IP 的组网方式是网络演进的趋势。

IMS 系统为 WCDMA 提供了全 IP 的应用平台。在 R5 中，为了更好地支持多媒体会话，同时更好地与 Internet 融合，R5 在呼叫控制上引入了 IETF 的 SIP 作为呼叫控制与多媒体会话的使用协议。图 4-7 为 R5 中 IMS 子系统的结构与相关的接口。

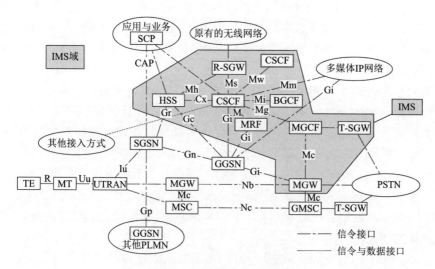

图 4-7 R5 核心网架构接口

IMS 基于全 IP 网络设计，但是由于在移动核心网中电路域依然存在，因此与电路域网络的互通依然需要进行考虑，包括控制面的信令互通与数据面的承载互通。关于信令互通，需要解决的主要问题是对于不同的底层信令传输技术的映射，以便在 IMS 中使用 IP 作为信令传输技术。而对于承载互通，由于在 IMS 中使用了 MGW 作为 IMS 网络与外部网络的接口，因此在 MGW 中需要实现基于 IP 的传输与非 IP 传输的转换。例如，在 MGW 中使用 RTP 进行话音业务的传输，而在 PSTN 采用 64kbit/s 的 PCM 语音，MGW 就需要负责在二者之间进行相互转换，用以实现承载互通。

R5 系统中开始引入了 HSPA（High-Speed Packet Access，高速分组接入）制式。HSPA 按照引入的顺序分别是 HSDPA（面向下行）、HSUPA（面向上行）、HSPA＋（增强型）。HSPA 进一步提升了网络速率，在 HSPA＋中，下行峰值速率可以达到 21.6Mbit/s，能够看作 3.5G 的通信系统。

4.1.4 4G 移动网络

1. 4G 移动网络发展

3G 网络的核心网演进历程已经揭示了 3G 与 4G 时代移动网络演进的基本方向：移动网络将向 IP 网络进行演进与融合。移动网络与 IP 网络的演进，主要表现在移动网络架构尤其是核心网架构上。移动网络与 IP 网络的融合，主要表现在移动网络业务上。相比于 3G 网络，4G 网络的架构已经完全进行了变革，2G 与 3G 时代的网络节点与命名在 4G 网络中都没有进行沿用。4G 网络采用了全新的网络架构，这也是 4G 网络制式命名为 LTE 的原因之一。LTE 全称为 Long Term Evolution，即长期演进，在命名方式上更加突出了演进的思想，而不像之前 UMTS/HSPA 等技术性的描述。

不只是移动网络，其他的网络技术也在移动网络演进的同时不断地涌现出来，正因为如此，3GPP（3rd Generation Partnership Project）认为移动网络需要从空口到核心网络进行全面的演进与增强才能保证移动网络在通信领域的竞争力，才能适应不断发展的网络业务需求。因此，4G 网络的演进在不同于之前的网络版本，其在空口技术更新的同时，3GPP 也对移动网络进行了系统架构方面的演进工作，定义为 SAE（System Architecture Evolution，系统架构演进）。SAE 的目标是设计新的 3GPP 移动网络系统框架结构，具有高速率、低时延、数据分组化和无线接入多样化的技术特征。

在 4G 网络中，移动网络被分为 UE、E-UTRAN 与 EPC 三个部分，三者一并成为 EPS（Evolved Packet System，演进分组系统）。UE 即用户终端，与 3G 网络的命名方式相同。E-UTRAN 即 Evolved UTRAN，表示回传网络部分是 3G 网络的演进版本。EPC 即 Evolved Packet Core，可以翻译为演进分组核心网，即 4G 网络核心网。EPC 的命名即表明了其特点、演进与分组化。EPC 沿用了 3G 网络的分组域架构形式，并且在网络结构与功能实体上做了更新。同时，EPC 是完整的分组 IP 网络，在 EPC 内部完全移除了电路域，只是出于对之前网络的兼容性，移动网络中还保留了电路域，但该类电路域不属于 EPC 的范畴。

2. 4G 无线接入网——E-UTRAN

4G 移动网络中的无线接入网是 3G 网络中无线接入网 UTRAN 的演进版本，简称为 E-UTRAN。E-UTRAN 由多个网络元素扩充的基站（evolved NodeB，eNodeB）组成，eNodeB 的功能包括无线资源管理相关功能、IP 头压缩及用户数据流加密、UE 附着时的 MME 选择、到业务网关的用户面数据的路由、寻呼信息的调度与传输、系统广播信息的调度传输、测量与测量报告的配置等。E-UTRAN 结构图如图 4-8 所示。

如图 4-8 所示，E-UTRAN 的主要开放接口包括 S1 接口、X2 接口和 LTE-Uu 接口。S1 接口主要用于实现 E-UTRAN 和 CN 之间的连接，开放的 S1 接口使运营商可以采用不同的厂商设备来构建 E-UTRAN 和 CN。X2 接口用于实现 eNodeB 之间的相互连接，支持数据和信令的直接传输。LTE-Uu 接口是 E-UTRAN 的无线接口，主要用于实现用户的接入。与 UTRAN 相比，eNodeB 节点除了具有原来 3G

网络中 NodeB 的功能外，还承担了原有 RNC 的大部分功能，如无线资源控制、调度、无线准入、无线承载控制、移动性管理和小区间无线资源管理等，使得接入网的组成更加扁平化。同时，eNodeB 之间采用网格（Mesh）方式直接连接，也是相比 UTRAN 网络结构的重大调整。

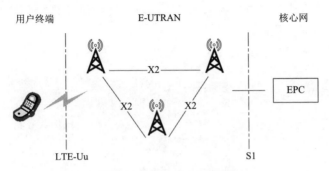

图 4-8　E-UTRAN 结构图

3. 4G 核心网——EPC

对于 EPC 的功能，3GPP 提出了以下的要求。

（1）EPC 能够提供对于多种无线接入系统的支持，如 WLAN、WiMAX 等，并且能够提供不同接入系统间的移动性管理。

（2）EPC 需要能够兼容 E-UTRAN 与 UTRAN 等分组域的核心网节点。

（3）EPC 能够优化移动性管理的性能，降低切换时延，减少信令开销。

（4）EPC 网络能够与其他的非 3GPP 的 IP 网络进行互操作。

（5）EPC 需要能够有效地改善网络性能，如降低上下文（Context）时延、降低通信时延、提升通信质量等。

（6）EPC 能够支持多种业务模型。

（7）EPC 需要允许用户在 EPC 系统之间进行漫游，也需要支持在 EPC 与之前的 3GPP 网络之间进行漫游。

（8）EPC 系统需要能够与之前版本的核心网中的分组域与电路域进行互操作。

（9）无论 UE 是否支持无线并发传输，EPC 都要能够支持 3GPP 系统间、3GPP 系统与非 3GPP 系统间的业务连续性。

（10）EPC 系统能够支持固定网络接入，并且能与其进行互操作，提供业务的连续性。

（11）EPC 支持的业务至少需要包含语音、视频、消息、数据文件。

（12）EPC 系统需要包含提供系统资源利用率的方式。

（13）EPC 需要支持从 CBC（Cell Broadcast Centre，蜂窝广播中心）接收文本类广播消息。

（14）EPC 能够唯一地标识每一个通过 3GPP 接入系统接入的终端。

相比于 3G 网络，上述的需求确定了 4G 网络将会具有更好的性能，更多样化的业务承载能力，更稳定的网络服务质量与可靠的向下兼容性。为了更好地满足上述的需求，EPC 的设计需要充分考虑无线接口的演进；需要考虑对于多种接入系统的支持；需要支持不同的接入系统间的移动性，保障业务的连续性、保障控制、保密与计费的一致性。

第一个版本的 EPS 系统在 2005 年完成，其基本的架构如图 4-9 所示。

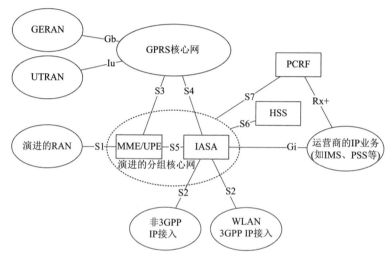

图 4-9　第一个版本的 EPS 系统架构

由图 4-9 可以看出，第一个版本的 EPF 系统基本延续了 3G 网络中的分组域架构，其中 MME 与 UPE 能够映射为 SGSN，而 IASA（Inter-Access System Anchor，接入系统间的锚点）的功能与 GGSN 基本相似。MME（Mobility Management Entity，移动性管理实体）相当于 SGSN 的控制网元，进行信令的处理、存储和管理 UE 的上下文数据。MME 能够给 UE 分配临时标识，对于用户进行授权和鉴权管理。UPE（User Plane Entity，用户面实体）主要负责 SGSN 的用户面功能，如寻呼消息的触发。同时 UPE 也能管理和存储用户的上下文，包括业务的参数与路由信息。

IASA 在 EPC 中负责对于多种无线接入系统进行接入支持，是用户平面的接入系统锚点。在 4G 的标准化进程中，有两种关于 IASA 的接入方案供讨论。在方案 1 中，3GPP 接入采用 GTP（GPRS Tunnel Protocol）协议，非 3GPP 接入采用 MIP（Mobile IP）。而方案 2 则是在对于非 3GPP 的接入部分采用了 IETF 协议，用以保证后续的与非 3GPP 的接入演进进程。方案 1 与方案 2 各有不足的地方，对于方案 1，GTP 的隔离，会使得运营商在网络业务中造成孤立，不利于与其他业务的互通。对于方案 2，方案需要的改动较大，方案过于冗余。最后，两种方案经历了单独的发展后被 3GPP 合并，提出了最终的 EPC 架构。

EPC 标准架构分为漫游架构与非漫游架构，分别面向漫游场景与非漫游场景。两者依然符合移动网络的总体架构模式，通过回传到核心网，再进行业务的出口转发。

EPC 非漫游架构如图 4-10 所示。

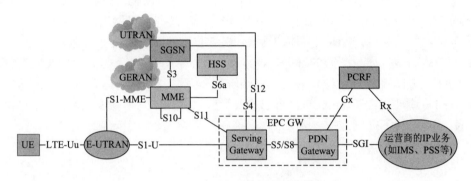

图 4-10　EPC 非漫游架构

与之前的核心网架构类似，EPC 依然采用了数据面与控制面分离的架构思路，在控制面主要的功能节点为 MME 与 HSS，数据面则是 S-GW 与 P-GW。

（1）MME：全称为 Mobility Management Entity，即移动性管理实体，负责处理用户业务的信令，与 eNodeB（即 LTE 架构下的基站）、HSS 以及 S-GW 等网络实体进行交互，负责用户鉴权、会话管理、移动性管理与 S-GW 选择等功能。

（2）HSS：全称为 Home Subscriber Server，即归属用户服务器，能够看作 HLR 的功能增强，在 EPC 中负责用户关键信息的存储，提供鉴权和签约等功能。

（3）S-GW：全称为 Serving Gateway，用户面接入服务网关。S-GW 功能与 MME 基本对应，能够看作 MME 对应的数据面，承载并处理用户的网络数据。S-GW 需要交互的网络实体主要包括 P-GW、eNodeB 与 MME。S-GW 通过 S5 接口连接 P-GW，eNodeB 通过 S1 接口与 S-GW 相连，MME 通过 S11 接口连接 S-GW。特别地，以上接口均为分组 IP 接口。S-GW 是 EPC 的数据面入口，负责核心网的接入。同时 S-GW 还是移动性管理的锚点；负责数据包的路由与转发；负责 UE 上下文数据的存储和管理；对于移动网络业务进行计费与监听等。

（4）P-GW：全称为 PDN Gateway，即分组数据网关（PDN：Packet Data Network，分组数据网）。P-GW 能看作 EPC 的出口，负责接入外部网络，接口为 SGi。P-GW 主要需要与 S-GW 与 PCRF 进行交互。P-GW 通过 S5 接口连接 S-GW，通过 Gx

接口与 PCRF 交互。在移动网络角度，P-GW 负责 UE 的 IP 分配，数据包的路由与转发，计费与监听等功能。在外部网络角度，P-GW 主要负责接入外部的网络。

（5）PCRF：PCRF 是 Policy and Charging Rules Function 的缩写，即策略以及计费规则功能，主要负责 QoS 与计费相关的工作，通过 Gx 接口连接 P-GW，通过 Rx 接口连接外部网络。有关 PCRF 的详细功能可以参考 3GPP TS 23.203。

在非漫游的情况下，UE 的数据包会通过 E-UTRAN 抵达 S-GW。对于 S-GW 大多基于 UE 所处的位置进行选择，由 MME 进行。P-GW 的选择根据 APN（Access Point Name，接入点名称）来进行。APN 是移动网络与外部网络（通常是互联网）之间的网关的名称，能够点明移动网络业务数据需要使用什么样的 PDN 通信，能够简单理解成"用户想做的事"，国内较为常见的 APN 包括 CMNET、CMWAP、UNINET、UNIWAP 等。对于 APN 的详细信息，可以参考 3GPP TS 23.003。用户的上行数据将通过 P-GW 离开 EPC 到达外部网络，对称地，下行数据也将通过同样的关键节点路线下行到 UE。

4. 移动网络数据平面协议

对比常用的 IP 有线网络，移动网络需要完成更多的功能，以满足用户移动性的需求。在 GPRS 系统（包括后续演进系统）中，GTP（GPRS Tunnel Protocol）协议是其中最重要的协议，负责在回传网与核心网完成数据传输、移动性管理、计费等功能。

GTP 协议工作在 GPRS 功能节点之间（SGSN、GGSN、S-GW、P-GW 等），通过传输层协议（TCP、UDP）进行承载，分为面向控制平面的 GTP-C、面向数据平面的 GTP-U，以及用以计费传输的 GTP′。

GTP-C 协议是 GTP 标准的"控制"部分。当一个签约用户请求一个 PDP 上下文时，SGSN 将发送一个"创建 PDP 上下文请求"（Create PDP Context Request）的消息给 GGSN，给出该签约用户请求的明细。该 GGSN 将发送一个"创建 PDP 上下文响应"（Create PDP Context Response）消息，这个消息会要么给出被激活的 PDP 上下文内容，要么指出请求失败，以及它失败的原因。版本 1 和版本 2 的 GTP-C 消息使用 UDP 端口 2123。在 LTE 核心网中，GTPv2-C 协议负责在 S1、S5/S8 等接口上创建、维持和删除隧道。它被用于控制面路径管理（Control Plane Path Management）、隧道管理（Tunnel Management）和移动性管理（Mobility Management）。它也控制转发位置变更消息、SRNS 上下文，并在 LTE 的网间切换中创建转发隧道。

GTP-U 是一个比较简单的基于 IP 的隧道协议，它允许在各个端点集之间建立多个隧道。UMTS 网络中，每个签约用户至少拥有一个隧道。每一个激活的 PDP 上下文至少拥有一个隧道，当隧道多于 1 个时，多出来的隧道为特定的服务提供特定的端到端 QoS。每个隧道由一个 GTP-U 消息中的 TEID（隧道端点标识符，

Tunnel Endpoint Identifier）标识。TEID 应当是一个动态分配的随机数。如果这个随机数能达到密码级水平，则可以抵御一定程度的攻击。即使这样，3GPP 标准仍然要求所有的 GTP 流量，包括用户数据，都应当在安全私有网络中被发送，不能直接连接到因特网。GTP-U 使用 UDP 端口 2152。在 LTE 核心网中，使用 GTPv1-U协议在 GTP 隧道上跨 S1、S5/S8 等接口上交换用户数据。UE 所收发的 IP 包被打包在 GTPv1-U 包中，并在 P-GW 和 eNodeB 之间的各段隧道中传输。在 LTE 网络的 X2 接口，即 eNodeB 之间的接口上，用户面协议使用的也是 GTPv1-U。

　　GTP′协议被用于向 CGF（计费网关功能，Charging Gateway Function）传输计费数据。GTP′使用 TCP/UDP 端口 3386。

　　GTP 是隧道协议的一种，基于 3-over-4 封装。GTP-U的协议栈如图 4-11 所示。

UE-IP
GTP-U
UDP(port 2152)
IP
Ethernet
L1

　　GTP 数据包包括内层 IP 与外层 IP。内层 IP 即 UE-IP，包括 UE 的 IP 与访问目的地址的 IP。外层 IP 为 GPRS功能节点 IP，即 GTP 隧道的两端。在 UDP 与 UE-IP 之间插入 GTP Header，用以表述 GTP 协议的相关字段。GTP Header 的格式如图 4-12 所示，以 GTPv1 为例进行介绍。

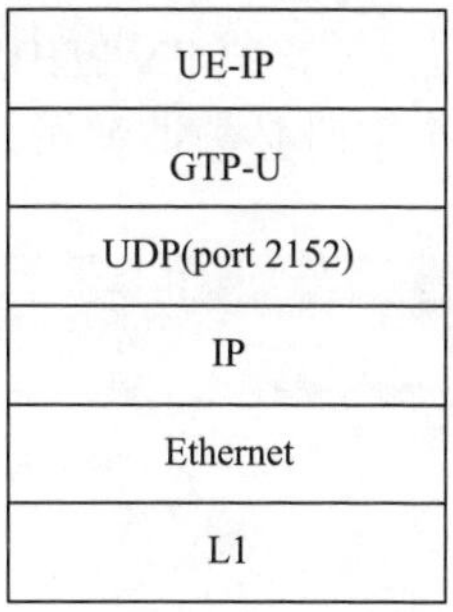

图 4-11　GTP-U 协议栈

　　（1）Version：3bit，版本号，对于 GTPv1，其值恒定为 1。

+	0~2	3	4	5	6	7	8~15	16~23	24~31
0	Version	Prorocol Type	Reserved	Extension Header Flag	Sequence Number Flag	N-PDU Number Flag	Message Type	Message Length	
32	TELD								
64	Sequence number							N-PDU number	Next extension header type

图 4-12　GTP Header 格式

　　（2）Protocol Type：1bit，协议类型，1 表示 GTP，0 表示 GTP′。

　　（3）Reserved：1bit，保留字段，设定为 0。

　　（4）Extension Header Flag（E）：1bit，扩展消息头标志位，标记是否存在一个可选的扩展消息头字段。

　　（5）Sequence Number Flag（S）：1bit，序列号标志位，标记是否存在一个可选的序列号字段。

　　（6）N-PDU Number Flag（PN）：1bit，N-PDU 号标志位，标记是否存在一个可选的 N-PDU 号字段。

　　（7）Message Type：1bit，消息类型，指示 GTP 消息的类型。关于消息类型的定义，参考 3GPP TS 29.060 第 7.1 节。

（8）Total Length：16bit，总长度，指示消息体长度，单位为字节，不包括 GTP 头前 8 字节的必选字段。

（9）TEID：32bit，全称 Tunnel Endpoint Identifier，隧道端点标识，用以区分在同一条 GTP 隧道中的不同连接。

（10）Sequence Number：32bit，序列号，当 E、S 或 PN 位中的任意一个取值为 1 时，这个字段存在。仅当 S 位为 1 时，这个字段必须被解析。

（11）N-PDU Number：8bit，N-PDU 编号，当 E、S 或 PN 位中的任意一个取值为 1 时，这个字段存在。仅当 PN 位为 1 时，这个字段必须被解析。

（12）Next Extension Header Type：8bit，可选字段，下一扩展消息头类型。当 E、S 或 PN 位中的任意一个取值为 1 时，这个字段存在。仅当 E 位为 1 时，这个字段必须被解析。下一代扩展消息头格式如图 4-13 所示。

+	0～7	8～23	24～31
0	总长度(Total length)	内容(Content)	
…		…	
…	内容(Content)		下一扩展消息头(Next extension header)

图 4-13　下一代扩展消息头格式

（1）Length：8bit，长度，这个字段指出本扩展消息头的长度，包括长度（这个字段本身）、内容和下一扩展消息头字段，以 4 个 8 位元组为单位，因此扩展消息头的长度必须是 4 的倍数。

（2）Contents：内容，即扩展消息头的内容。

（3）Next Extension Header：8bit，下一扩展消息头，它指出下一扩展消息头的类型，取值为 0 表示不存在下一个扩展消息头。通过该字段可以实现多个扩展消息头的串联。

在 LTE 网络中，需要在 S1、S5/S8 等端口上创建、维持、删除隧道。在网络中，GTP-U 的数据平面协议栈如图 4-14 所示。

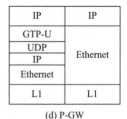

图 4-14　GTP-U 数据平面协议栈

对于上行数据包，无线层终止于 eNodeB，并且 eNodeB 建立了到达 S-GW 的

GTP 隧道，S-GW 建立了到达 P-GW 的 GTP 隧道，P-GW 则提供了到达骨干网的桥梁。对于每个 EPS 承载，需要建立一个用户面的 GTP Tunnel（GTP-U），包括 eNodeB 和 SGW 之间的 S1-U 接口和 SGW 和 PGW 之间的 S5/S8 接口。GTP 隧道采用了 3 over 4 的 overlay 封装技术，即将三层数据包封装在四层数据包报头中传输。因此 GTP 隧道保持了外部 IP 的不变性，外部源目的 IP 始终为 UE 和其访问的 Internet 资源的 IP。而 GTP 隧道的内部 IP 需要根据不同的 EPS 承载发生改变，在 eNB 和 S-GW 间的 S1 接口隧道应为 eNB 和 S-GW 的 IP，在 S-GW 和 P-GW 间的 S5/S8 接口隧道间则应为 S-GW 和 P-GW 的 IP 地址。上行数据包的示意图如图 4-15 所示。

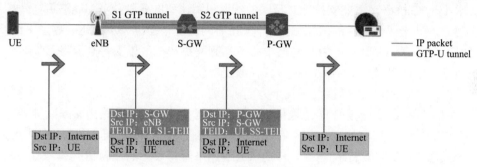

图 4-15　上行数据包示意图

对于下行数据包，数据包从外部网络（如 Internet）抵达 P-GW，接入移动网络。在 P-GW 处，建立 GTP 隧道，隧道终点为 UE 对应的 S-GW。抵达 S-GW 后，S-GW 将重新进行 GTP 隧道封装，隧道端点为 UE 所属的 eNB。下行数据包的示意图如图 4-16 所示。

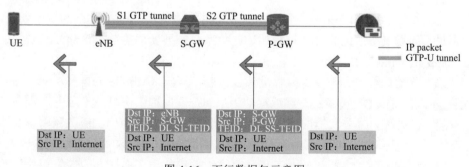

图 4-16　下行数据包示意图

4.1.5　5G 移动网络

1. 5G 移动网络发展

为了应对 5G 需求和场景对网络提出的挑战，并满足 5G 网络优质、灵活、智能、友好的整体发展趋势，5G 网络需要通过基础设施平台和网络架构两个方面的技术创新和协同发展，最终实现网络变革。

当前的电信基础设施平台是基于专用硬件实现，5G 网络将通过引入互联网和虚拟化技术，设计实现通用硬件的新型基础设施平台，从而解决现有基础设施平台成本高、资源配置能力不强和业务上线周期长等问题。

在网络架构方面，基于控制转发分离和控制功能重构的技术设计新型网络架构，提高接入网在面向 5G 复杂场景下的整体接入性能。简化核心网结构，以提供灵活高效的控制转发功能，支持高智能运营，开放网络能力，提升全网整体服务水平。5G 核心网需要支持低时延、大容量和高速率的各种业务。能够更高效地实现对差异化业务需求的按需编排功能。核心网转发平面进一步简化并逐渐下沉，同时将业务存储和计算能力从网络中心下移到网络边缘，以支持高流量和低时延的业务要求，以及灵活均衡的流量负载调度功能。

5G 网络关键技术包括以下几个方面。

（1）网关控制转发分离。现有移动核心网网关设备既包含路由转发功能，也包含控制功能（信令处理和业务处理），控制功能和转发功能之间是紧耦合关系。在 5G 网络中，基于 SDN 思想，移动核心网网络管理设备的控制功能和转发功能将进一步分离，网络向控制功能集中化和转发功能分布化的趋势演进。

（2）控制功能重构。控制功能重构技术通过把控制面功能拆分成独立的功能逻辑模块，再根据不同的应用场景进行组合以形成不同的网络控制面，从而解决现有网络控制功能冗余、网络接口众多以及标准化工作难度大的问题，并且通过组合不同的控制面功能提供差异化的网络特征，满足 5G 时代业务对于网络多样性的需求。

（3）新型连接管理和移动性管理。在 5G 网络中，包含更多复杂的应用场景，为满足不同场景下网络管理和护具传输的效率，需要新型的链接管理技术来保证用户业务的 QoS 需求

（4）移动边缘内容与计算。移动边缘内容与计算（Mobile Edge Content and Computing，MECC）技术是在靠近移动用户的位置上提供信息技术服务环境和云计算能力，并将内容分发推送到靠近用户侧（如基站），使应用、服务和内容部署在高度分布的环境中，从而可以更好地支持 5G 网络中低时延和高带宽的业务要求。

（5）按需组网。多样化的业务场景对 5G 网络提出了多样化的性能和功能要求。5G 核心网应具备向业务场景适配的能力，针对每种 5G 业务场景提供恰到好处的网络控制功能和性能保障，实现按需组网的目标。网络切片是实现按需组网的一种实现方式。

（6）统一的多无线接入技术融合。5G 网络将是多种无线接入技术融合共存的网络，如何协同使用各种无线技术，提升网络整体运营效率和用户体验是多无

线接入技术（Radio Access Technology，RAT）融合所需要解决的问题。多 RAT 之间可以通过集中的无线网络控制功能实现融合，或者 RAT 之间存在接口实现分布式协同。统一的多 RAT 融合主要包括智能接入控制与管理、多 RAT 无线资源管理、协议与信令优化以及多制式多连接技术等四个方面。

（7）无线 MESH 和动态自组织网络。无线 MESH 是应用于 5G 网络连续关于覆盖和超密集组网场景中重要的无线组网技术。无线 MESH 网络能够构建快速、高效的基站间无线传输网络，提高基站间的协调能力和效率，降低基站间进行数据传输与信令交换的时延，提供更加动态、灵活的回传选择，进一步支持在多场景下的基站即插即用，实现易部署、易维护、用户体验轻快和一致的轻型网络。

（8）无线资源调度与共享。无线资源调度与共享技术是通过在 5G 无线接入网采用分簇化集中控制、无线网络资源虚拟化和频谱共享技术实现对无线资源的高效控制和分配，从而满足各种典型应用场景和业务指标要求。

（9）用户和业务的感知与处理。针对 5G 网络中多样化、差异化的业务需求和用户要求，用户和业务的智能感知与处理技术将帮助网络按需分配接入网资源，针对性地提升用户体验，已达到优化 5G 网络服务的目的。

（10）定制化部署和服务。定制化部署和服务技术在对用户和业务的感知和区分的基础上，针对用户和应用的网络拓扑和协议栈，在无线接入网提供差异化服务，保证各种业务性能要求。主要包括用软件定义的协议栈和软件定义的拓扑两个方面。

（11）网络能力开放。网络能力开放的目的在于实现向第三方应用服务提供商提供所需的网络能力。其基础在于移动网络中各个网元所能提供的网络能力，包括用户位置信息、网元负载信息、网络状态信息和运营商组网资源等，而运营商网络需要将上述信息根据具体的需求适配，提供给第三方使用。

2. 5G 无线接入网

3GPP 提出的 5G NR（New Radio，新无线接入）技术架构在 TR 38.801 中有明确说明，其架构图如图 4-17 所示。新型 RAN 由 gNB 和 eLTE eNB 两种逻辑节点组成。gNB 基站为 UE 提供 NR 用户平面（UP，U-plane）和控制平面（CP，C-plane）协议终端，eLTE eNB 基站（升级后的 LTE 基站）为 UE 提供 E-UTRA（Evolved Universal Terrestrial Radio Access，演进的全球陆地无线接入）的用户平面和控制平面协议终端。逻辑节点之间通过 Xn 接口互连，逻辑节点通过 NG 接口连接到 NGC（5G 核心网络）。具体来说，gNB 将通过 N2（NG-C）接口连接到访问和移动功能（AMF），并通过 N3（NG-U）接口连接到用户平面功能（User Plane Function，UPF）。基站与核心侧网关（NG-CP/UPGW）通过 NG 接口实现多对多连接。

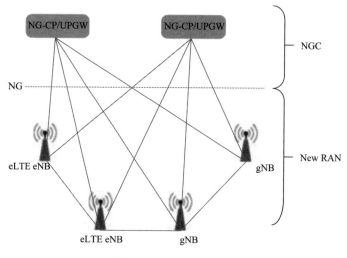

图 4-17　5G NR 架构图

5G 需求对时延的要求非常高,需要将相关的网元下沉,而网元数量的剧增势必会增加网络的复杂度,如由类似树形的结构变成 MESH 结构。在 5G 超密集小区部署下,服务器、路由器等设备的配置和维护变得非常复杂。这样不仅会导致运营商投入成本剧增,还需要解决信令的迂回问题。因此,5G 网络将控制平面(CP)与用户平面(UP)的分离以适应 SDN 架构的需求,支持网络灵活、可编程、可定制,并将控制逻辑集中到控制平面,简化对设备的管理。用户平面和控制平面分离之后,用户平面的容量变化将与控制平面资源相独立,为网络提供所需位置的大量数据时不会产生额外的控制平面开销,通过软件管理控制平面还可以减少硬件的约束,平面间的交互可以通过开放接口来实现。

将 UP 和 CP 分离具有如下优势:降低分散式部署带来的成本,解决信令迂回和接口压力的问题;提升网络架构的灵活性,支撑网络切片;便于控制与转发分离,方便网络演进和升级。将下一代无线接入技术体系结构建立在 CP 和 UP 功能分离的基础上,意味着可以在不同节点之间分配特定的 CP 和 UP 功能,具有诸多优势:控制不同传输点的 CP 功能的集中化有可能实现增强的无线性能。提供操作和管理复杂网络的灵活性,支持不同的网络拓扑,资源和新服务要求。基于部分解耦的架构,在用户和控制平面实体以及网络抽象中实现无线电接入的功能分解。对于仅使用 CP 或 UP 流程处理的功能,可以独立扩展并实现控制和用户平面功能操作。UP 与 CP 分离的基本体系结构有两种:扁平分离架构和分层分离架构,不同的体系结构对中央控制平面的控制功能分配有所不同。

5G 将无线基站划分为两种逻辑功能实体,即 CU(Centralized Unit,集中单元）与 DU（Distributed Unit，分布单元），具体架构在 TR 38.401 中进行了说明，如图 4-18 和图 4-19 所示。

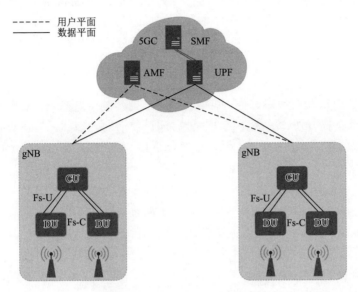

图 4-18 5G RAN 高层次架构图

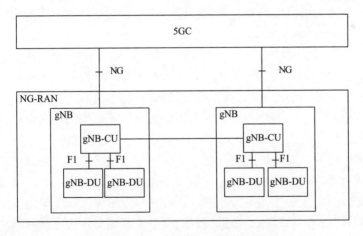

图 4-19 5G 无线基站划分架构

gNB 由一个 gNB-CU 和一个或者多个 gNB-DU 组成，gNB-DU 根据分离功能的设置，实现 gNB 的功能，其功能实现由 gNB-CU 进行控制。gNB-CU 与 gNB-DU 之间通过 F1 接口连接。CU 侧重于无线网功能中非实时性的部分，主要是无线高层协议，并承接部分核心侧的功能，便于实现云化和虚拟化；DU 负责除 CU 功能之外的所有的无线侧功能，侧重于物理层功能和实时性需求，目前 DU 的功能虚拟化尚不成熟，可采用专用硬件实现。

3GPP TR 定义了 8 种 CU/DU 切分方案（Option1～Option8），逻辑位置分别在 RRC、PDCP、RLC（分两层）、MAC（分两层）、PHY（分两层）之后，其中 Option2 为高层切分方案，是标准化重点，DU 的部分物理层的功能可以上移至 RRU 完成。CU 可与移动边缘计算共同部署与相应的 DC 机房，实现业务快速创新和快速上线，也节省了 DU 至 RRU 的传输资源。

CU/DU 分离具有很多好处：可以有效降低前传的带宽需求，实现 DC 本地流量卸载/分流；提升协作能力并优化性能；通过灵活的硬件部署，降低成本的同时支持端到端的网络切片；让部分核心侧功能下移；降低系统时延。在 CU 和 DU 之间拆分和移动 NR 功能的灵活部署架构还具有一些明显优势，例如，灵活的硬件实现可以产生经济的可扩展解决方案，CU 和 DU 的分离式架构支持功能协调、负载管理、实时性能优化以及 NFV/SDN，可配置的功能拆分能够适应传输中的可变时延等各种使用场景。在架构中如何拆分 NR 功能取决于无线网络部署场景及约束、需要支持的服务相关等因素。

3. 5G 核心网

为了应对 5G 需求和场景对网络提出的挑战，并满足 5G 网络优质、灵活、智能、友好的整体发展趋势，5G 网络需要通过基础设施平台和网络架构两个方面的技术创新和协同发展，最终实现网络变革。

当前的电信基础设施平台基于专用硬件实现，5G 网络将通过引入互联网和虚拟化技术，设计实现通用硬件的新型基础设施平台，从而解决现有基础设施平台成本高、资源配置能力不强和业务上线周期长等问题。

在网络架构方面，基于控制转发分离和控制功能重构的技术设计新型网络架构，提高接入网在面向 5G 复杂场景下的整体接入性能。简化核心网结构，提供灵活高效的控制转发功能，支持高智能运营，开放网络能力，提升全网整体服务水平。5G 核心网需要支持低时延、大容量和高速率的各种业务。能够更高效地实现对差异化业务需求的按需编排功能。核心网转发平面进一步简化下沉，同时将业务存储和计算能力从网络中心下移到网络边缘，以支持高流量和低时延的业务要求，以及灵活均衡的流量负载调度功能。

5G 网络逻辑架构包含三个功能平面：接入平面、控制平面和转发平面。三个平面的功能特性如图 4-20 所示。

为了满足 5G 多样化的无线接入场景和高性能指标要求，接入平面需要增强基站间协同和灵活的资源调度与共享能力。通过综合利用分布式和集中式组网机制，实现不同层次和动态灵活的接入控制，有效解决小区间干扰，提升移动性管理能力。接入平面通过用户和业务的感知与处理技术，按需定义接入网拓扑和协议栈，提供定制化部署和服务，保证业务性能，接入平面可以支持无线网状网、动态自组织网络和统一无线接入技术融合等新型组网技术。

控制平面功能包括控制功能、按需编排和网络能力开放。控制逻辑方面，通过对网元控制功能的抽离与重构，将分散的控制功能集中，形成独立的接入统一控制、移动性管理、连接管理等功能模块。模块间可根据业务需求进行灵活的组合，适配不同场景和网络环境的信令控制要求。控制平面需要发挥虚拟化平台的优势，实现网络资源按需编排的功能。通过网络切片技术按需构建专用和隔离的服务网络，提升网络的灵活性和可伸缩性。在网络控制平面引入能力开放层，通过应用 API 对网络功能进行高效抽象，屏蔽底层网络的技术细节，实现运营商基础设施、管道能力和增值业务等网络能力向第三方应用的友好开放。

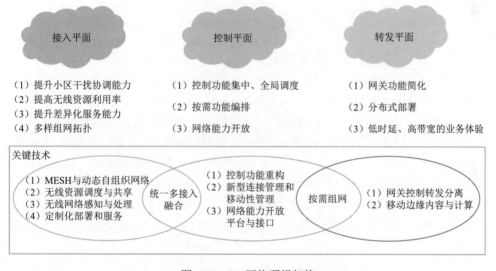

图 4-20　5G 网络逻辑架构

转发平面中，将网关中的会话控制功能分离，网关位置下沉，实现分布式部署。在控制平面的集中调度下，转发平面通过灵活的网关锚点、移动边缘内容与计算等技术实现端到端海量业务流的高容量、低时延、均负载的传输，提升网内分组数据的承载效率与用户业务体验。

由于 5G 网络为面向多业务场景的网络，而现有的网络架构基于语音通信设计，所以现有的网络架构不足以支撑 5G。华为发布的 *5G Network Architecture-A High-Level Perspective* 中提到，5G 网络结构的变革有以下五点驱动力：①多业务、多制式、多站点形态的复杂组网；②多连接技术的协同；③业务锚点的按需部署；④网络功能的灵活编排；⑤更短的上线时间。从以上分析可以看出，5G 结构的变革，均是从业务与网络功能角度出发，在面向不同的业务与网络功能的前提下进行的变革推进。

5G 网络的架构如图 4-21 所示。

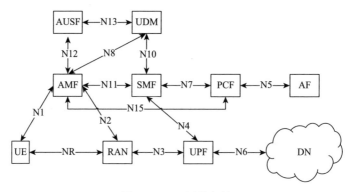

图 4-21　5G 网络架构

对应的网络实体的解释与功能如下。

（1）AMF：Access and Mobility Management Function，接入和移动管理功能，主要负责终端接入权限和切换。支持的功能有：终止 RAN CP 接口（N2）、终止 NAS（N1）、NAS 加密和完整性保护、注册管理、连接管理、可达性管理、流动性管理、合法拦截（适用于 AMF 事件和 LI 系统的接口）、为 UE 和 SMF 之间的 SM 消息提供传输、用于路由 SM 消息的透明代理、接入身份验证、接入授权、在 UE 和 SMSF 之间提供 SMS 消息的传输、TS 33.501 中规定的安全锚功能（SEAF）、监管服务的定位服务管理、为 UE 和 LMF 之间以及 RAN 和 LMF 之间的位置服务消息提供传输、用于与 EPS 互通的 EPS 承载 ID 分配、UE 移动事件通知。

（2）SMF：Session Management Function，会话管理功能，提供服务连续性，以及服务的不间断用户体验，包括 IP 地址和/或锚点变化的情况。具体包含的功能有：会话管理，如会话建立，修改和释放，包括 UPF 和 AN 节点之间的通道维护；UE IP 地址分配和管理（包括可选的授权）；DHCPv4（服务器和客户端）和 DHCPv6（服务器和客户端）功能；例如，IETF RFC 1027 中规定的 ARP 代理和/或以太网 PDU 的 IETF RFC4861 功能中规定的 IPv6 Neighbor Solicitation Proxying。

SMF 通过提供与请求中发送的 IP 地址相对应的 MAC 地址来响应 ARP 和/或 IPv6 邻居请求请求、选择和控制 UP 功能，包括控制 UPF 代理 ARP 或 IPv6 邻居发现，或将所有 ARP/IPv6 邻居请求流量转发到 SMF，用于以太网 PDU 会话、配置 UPF 的流量控制，将流量路由到正确的目的地、终止接口到策略控制功能、合法拦截（用于 SM 事件和 LI 系统的接口）、收费数据收集和支持计费接口、控制和协调 UPF 的收费数据收集、终止 SM 消息的 SM 部分、下行数据通知、AN 特定 SM 信息的发起者，通过 AMF 通过 N2 发送到 AN、确定会话的 SSC 模式、漫游功能、处理本地实施以应用 QoS SLA（VPLMN）、计费数据收集和计费接口（VPLMN）、合法拦截（在 SM 事件的 VPLMN 和 LI 系统的接口）、支持与外部 DN 的交互，以便通过外部 DN 传输 PDU 会话授权/认证的信令。

（3）UPF：User Plane Function，用户平面功能。包含的功能有：用于 RAT 内/RAT 间移动性的锚点（适用时）、外部 PDU 与数据网络互连的会话点、分组路由和转发（例如，支持上行链路分类器以将业务流路由到数据网络，支持分支点以支持多宿主 PDU 会话）、数据包检查（例如，基于服务数据流模板的应用流程检测以及从 SMF 接收的可选 PFD）、用户平面部分策略规则实施（如门控、重定向、流量转向）、合法拦截（UP 收集）、流量使用报告、用户平面的 QoS 处理（如 UL/DL 速率实施）、DL 中的反射 QoS 标记、上行链路流量验证（SDF 到 QoS 流量映射）、上行链路和下行链路中的传输级分组标记、下行数据包缓冲和下行数据通知触发、将一个或多个"结束标记"发送和转发到源 NG-RAN 节点。

（4）PCF：Policy Control Function，策略控制功能。包含的功能有：支持统一的策略框架来管理网络行为、为控制平面功能提供策略规则以强制执行它们、访问与统一数据存储库（Unified Data Repository，UDR）中的策略决策相关的用户信息。

（5）NEF：Network Exposure Function，网络开放功能，主要负责网络中能力和事件的开放。3GPP NF 通过 NEF 向其他 NF 公开功能和事件。NF 展示的功能和事件可以安全地展示，例如，第三方应用功能、边缘计算。NEF 使用标准化接口（Nudr）将信息作为结构化数据存储/检索到统一数据存储库。它为应用功能提供了一种手段，可以安全地向 3GPP 网络提供信息，如预期的 UE 行为。在这种情况下，NEF 可以验证和授权并协助限制应用功能。它在与 AF 交换的信息和与内部网络功能交换的信息之间进行转换。例如，它在 AF-Service-Identifier 和内部 5G Core 信息（如 DNN、S-NSSAI）之间进行转换。NEF 使用标准化接口将接收到的信息作为结构化数据存储到统一数据存储库（由 3GPP 定义的接口）。所存储的信息可以由 NEF 访问并"重新展示"到其他网络功能和应用功能，并用于其他目的。NEF 中的 PFD 功能可以在 UDR 中存储和检索 PFD，并且应 SMF 的请求（拉模式）或根据请求提供给 SMF 的 PFD。来自 NEF（推模式）的 PFD 管理，如 TS 23.503 中所述。

（6）NRF：NF Repository Function，网络存储库功能，包含的功能有：支持服务发现功能。从 NF 实例接收 NF 发现请求，并将发现的 NF 实例（被发现）的信息提供给 NF 实例、维护可用 NF 实例及其支持服务的 NF 配置文件。在 NRF 中维护的 NF 实例的 NF 概况包括以下信息：NF 实例 ID、NF 类型、PLMN ID、网络切片相关标识符,如 S-NSSAI、NSI ID、NF 的 FQDN 或 IP 地址、NF 容量信息、NF 特定服务授权信息、支持的服务的名称、每个支持的服务的实例的端点地址、识别存储的数据/信息。

(7) UDM:Unified Data Management,统一数据管理,包含的功能有:生成 3GPP AKA 身份验证凭证、用户识别处理(例如,5G 系统中每个用户的 SUPI 的存储和管理)、支持隐私保护的用户标识符(SUCI)的隐藏、基于用户数据的接入授权(如漫游限制)、UE 的服务 NF 注册管理(例如,为 UE 存储服务 AMF,为 UE 的 PDU 会话存储服务 SMF)、支持服务/会话连续性(例如,通过保持 SMF/DNN 分配正在进行的会话)、MT-SMS 交付支持、合法拦截功能(特别是在出境漫游情况下,UDM 是 LI 的唯一联系点)、用户管理和短信管理。

(8) AUSF:Authentication Server Function,身份验证服务器功能,支持 3GPP 接入和不受信任的非 3GPP 接入的认证。

(9) N3IWF:Non-3GPP Inter Working Function,非 3GPP 互通功能在不受信任的非 3GPP 接入的情况下,N3IWF 的功能包括以下内容:支持使用 UE 建立 IPsec 通道;N3IWF 通过 NWu 上的 UE 终止 IKEv2/IPsec 协议,并通过 N2 中继认证 UE 并将其接入授权给 5G 核心网络所需的信息;N2 和 N3 接口终止于 5G 核心网络,分别用于控制平面和用户平面;在 UE 和 AMF 之间中继上行链路和下行链路控制平面 NAS(N1)信令;处理来自 SMF(由 AMF 中继)的 N2 信令,与 PDU 会话和 QoS 有关;建立 IPsec 安全关联(IPsec SA)以支持 PDU 会话流量;在 UE 和 UPF 之间中继上行链路和下行链路用户平面数据包;考虑与通过 N2 接收的这种标记相关联的 QoS 要求;上行链路中的 N3 用户平面分组标记;根据 IETF RFC 4555 使用 MOBIKE 的不可信的非 3GPP 接入网络中的本地移动性锚点;支持 AMF 选择。

(10) AF:Application Function,应用功能,与 3GPP 核心网络交互以提供服务,支持的功能有应用流程对流量路由的影响、访问网络开放功能、与控制策略框架互动。基于运营商部署,可以允许运营商信任的应用功能直接与相关网络功能交互。应用流程操作员不允许直接接入使用的网络功能,应通过 NEF 使用外部展示框架与相关的网络功能进行交互。应用功能及其目的仅在本规范中针对它们与 3GPP 核心网络的交互进行了定义。

(11) UDR:Unified Data Repository、统一数据存储库,主要功能有:通过 UDM 存储和检索用户数据;由 PCF 存储和检索策略数据;存储和检索用于开放的结构化数据。统一数据存储库位于与使用 Nudr 存储和从中检索数据的 NF 服务使用者相同的 PLMN 中。

(12) UDSF:Unstructured Data Storage Function,非结构化数据存储功能,功能是将信息存储和检索为非结构化数据。

（13）SMSF：SMS-Function，短消息服务功能，支持基于 NAS 的 SMS，功能有：SMS 管理用户数据检查并相应地进行 SMS 传递；带有 UE 的 SM-RP/SM-CP；将 SM 从 UE 中继到 SMS-GMSC/IWMSC/SMS-Router；将 SMS 从 SMS-GMSC/IWMSC/SMS-Router 中继到 UE；短信相关的 CDR；合法拦截；与 AMF 和 SMS-GMSC 的交互；用于 UE 且不可用于 SMS 传输的通知流程（即当 UE 不可用于 SMS 时，通知 SMS-GMSC 通知 UDM）。

（14）NSSF：Network Slice Selection Function，网络切片选择功能，负责选择为 UE 提供服务的网络切片实例集、确定允许的 NSSAI，并在必要时确定到用户的 S-NSSAI 的映射、确定已配置的 NSSAI，并在需要时确定到已签约的 S-NSSAI 的映射、确定 AMF 集用于服务 UE，或者基于配置，可能通过查询 NRF 来确定候选 AMF 列表。

（15）LMF：Location Management Function，位置管理功能，包含的功能有：支持 UE 的位置确定；从 UE 获得下行链路位置测量或位置估计；从 NG RAN 获得上行链路位置测量；从 NG RAN 获得非 UE 相关辅助数据。

（16）SEPP：Security Edge Protection Proxy，安全边缘保护代理，能够进行 PLMN 间控制平面接口上的消息过滤和监管与拓扑隐藏。

（17）NWDAF：Network Data Analytics Function，网络数据分析功能，代表运营商管理的网络分析逻辑功能。NWDAF 为 NF 提供特定于切片的网络数据分析。NWDAF 在网络切片实例级别上向 NF 提供网络分析信息（即负载级别信息），并且 NWDAF 不需要知道使用该切片的当前用户。NWDAF 将切片特定的网络状态分析信息通知给用户的 NF。NF 可以直接从 NWDAF 收集切片特定的网络状态分析信息。此信息不是用户特定的。

4.2 5G 网络虚拟化

随着移动互联网及物联网的高速发展，多种应用场景和新型业务不断涌现，5G 网络不仅用于满足传统用户的移动接入需求，还将满足工业、医疗、交通等垂直行业的多样化信息化服务需求。5G 网络将呈现多需求、多场景、多业务、多制式共存的多样化形态，在容量、时延、可靠性、连接数等方面都对网络提出了更高的、多样化的要求。网络虚拟化技术可以在复杂无线网络环境下提供面向场景的按需定制服务，使得网络具有灵活的可扩展性、开放性和演进能力，能够有效降低电信基础资源重复建设和资源消耗，促进电信网络基础资源进一步深入共享，降低新业务服务商的准入门槛，提升业务部署的灵活性和经济性，是 5G 网络发展的必由之路。本节首先对 5G 网络需求进行简单介绍，随后按核心网和无线接入网分类介绍 5G 网络虚拟化情况，最后介绍 5G 网络虚拟化过程中所需要的 SDN、NFV 等关键技术、系统架构及应用难点。

4.2.1　5G 网络需求

在 5G 网络中，业务类型将会变得多样化。因此 5G 网络需要针对不同场景提供对于不同的 QoS 需求的支撑。在需要进行无缝化的广域网络覆盖时候，5G 网络系统需要随时随地为用户提供无缝的高速率的数据传输服务。并且在用户处于特殊状态的时候也要能够提供足够的支撑，例如，用户在小区网络的边缘或者正在以高速进行移动。在大城市中，对于无线流量接入需求的密度和数量都非常高，5G 网络需要为他们提供高容量的密集的热点覆盖。另外，在需要进行可靠的连接大量的低功耗节点的情况下，5G 网络需要能够在低成本的约束下连接百万级的设备。5G 网络还需要提供极低的时延和极高的可靠性来满足某些垂直行业的可靠性和安全性通信需求。

传统网络中，通信设备通常采用专用架构，设备能力不开放，部署各种新的业务时，需要部署新的硬件和软件，研发周期长，定制成本高，无法有效保护前期投资。与此同时，大量不同形态的网元设备复杂组网给运维带来了巨大的难度，运维成本不断攀升。由于 5G 网络中存在大量的、独有的、定制的服务新需求和新应用场景，5G 网络需要对于此类需求和场景基于有限的网络资源提供服务可定制能力。通过网络虚拟化和网络切片技术，可以在同一个物理网络中切分出多个逻辑上的网络切片，并且针对每一个网络切片提供面向应用场景的按需定制服务。在网络切片的支持下，可以根据相应的 QoS 需求的动态，面向逻辑网络切片，高效地进行网络资源的分配。

4.2.2　5G 网络虚拟化概况

1. 5G 无线网络虚拟化

无线网络虚拟化是指通过对无线资源、无线接入网平台资源和传输资源的灵活共享与切片，构建适应不同应用场景需求的虚拟无线接入网。其中无线资源包括但不限于频域、时域、空域、码域、功率域资源，无线接入网平台资源包括接入设备（平台）的计算、存储、网络资源，传输资源包括基站到移动核心网的回传资源和移动核心网到业务服务器的传输资源。无线网络虚拟化技术的核心特征是资源的共享与隔离，通过对同一基础网络资源切片形成多个虚拟网络，实现对网络资源灵活、动态共享；通过资源隔离保证不同的虚拟无线网络之间相互独立。

无线网络虚拟化可以从两个方面分析，即网络资源虚拟化和网络功能虚拟化。无线网络的网络资源虚拟化称为无线资源虚拟化，是对移动网无线侧的频谱资源、功率资源、空口（容量）资源进行虚拟化，网络资源虚拟化的结果作为网络功能虚拟化的基础；网络功能虚拟化是对无线接入网的数据单元和控制单元以及部分核心侧的功能虚拟化。通过这两个方面的虚拟化，实现对无线网资源的有效调度和利用，从而提升资源使用效率并很好地支撑 5G 网络切片。无线网络虚拟化与承载/核心网络虚拟化相比，结构和特性更加复杂，不仅要考虑无线环境的不确定性、系统内外的干扰、信令调度开销以及高速移动性等问题，还要考虑前传、中传和回传网络的容量和时延限制问题。

无线资源虚拟化：无线资源包括频域资源、时域资源、空域资源和功率资源等，以及传输带宽等资源。无线资源虚拟化通过 SDN/NFV 技术，将这些资源池化，通过映射等手段，使得对无线网资源的调度和配置与具体的网络资源无关，即调度和配置时对无线网络资源进行屏蔽，从而达到对无线网资源的最大化利用的目的。

网络功能虚拟化：网络功能虚拟化是通过 NFV 技术结合 SDN 技术的使用来实现，NFV 技术将网络功能转移到边缘云中的虚拟机中，这些虚拟机通过 SDN 技术实现与核心云中的虚拟机的互联互通。虚拟机可以较为容易地实现资源的分配与隔离，即软件功能与硬件能力的解耦，从而支撑 5G 网络的切片。为了满足不同的业务对时延等的不同需求，可以选择将网络功能设置在边缘虚拟机或者是核心虚拟机上。无线侧网络功能虚拟化，可以实现网络能力（承载）与覆盖需求的分离，使得网络节点能力的配置不受物理位置的限制，从而更好地为5G 切片服务。

2. 5G 核心网虚拟化

《5G 网络技术架构白皮书》中提到，5G 核心网需要支持低时延、大容量和高速率的各种业务，能够更高效地实现对差异化业务需求的按需编排功能。核心网转发平面进一步简化下沉，同时将业务存储和计算能力从网络中心下移到网络边缘，以支持高流量和低时延的业务要求，以及实现灵活均衡的流量负载调度功能。

NFV 和 SDN 技术在移动网络的引入和发展，将推动 5G 网络架构的革新，借鉴控制转发分离技术对网络功能进行重组，使得网络逻辑功能更加聚合，逻辑功能平面更加清晰。网络功能可以按需编排，运营商能根据不同场景和业务特征要求灵活组合功能模块，按需定制网络资源和业务逻辑，增加网络弹性和自适应性。5G 网络功能及逻辑架构如图 4-22 所示。新型 5G 网络架构包含接入、控制和转发三个功能平面。控制平面主要负责全局控制策略的生成，接入和转发平面主要负责策略执行。接入平面之间可以互联，受控制平面的统一管控。

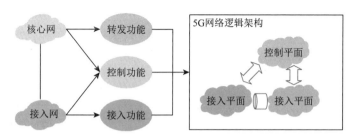

图 4-22 5G 网络功能及逻辑架构

多样化的业务场景对 5G 网络提出了多样化的性能要求和功能要求。5G 核心网应具备向业务场景适配的能力，针对各种 5G 业务场景提供恰到好处的网络控制功能和性能保证，实现按需组网的目标。网络切片是实现按需组网的一种重要方式。

总的来说，5G 网络将呈现出"一个逻辑架构，多种组网架构"的形态。如图 4-23 所示，面向 5G 网络的四种典型场景的网络切片包括：广域覆盖网络、热点区域的网络、低功耗大连接网络和低时延高可靠网络。

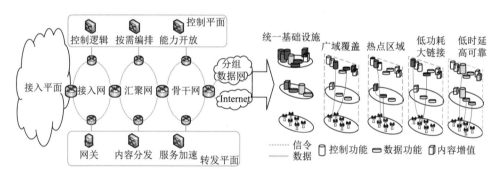

图 4-23 5G 网络覆盖形态

网络切片是利用虚拟化技术将 5G 网络物理基础设施基元根据场景需求虚拟化为多个互相独立的平行的虚拟网络切片。每个网络切片按照业务场景的需要和话务模型进行网络功能的定制剪裁和相应网络资源的编排管理。一个网络切片可以视为一个实例化的 5G 核心网架构，在一个网络切片内，运营商可以进一步对虚拟化资源进行灵活的分割，按需创建子网络。

网络编排功能实现对网络切片的创建、管理和撤销。运营商首先根据业务场景需求生成网络切片模板，切片模板包括了该业务场景所需的网络功能模块，各网络功能模块之间的接口以及这些功能模块所需的网络资源，然后网络编排功能根据该切片模板申请网络资源，并在申请到的资源上进行实例化创建虚拟网络功能模块和接口，如图 4-24 所示。

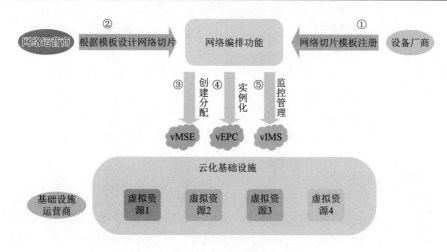

图 4-24　网络编排功能

网络编排功能模块能够对形成的网络切片进行监控管理,允许根据实际业务量,对上述网络资源的分配进行扩容缩容动态调整,并在生命周期到期后撤销网络切片。网络切片划分和网络资源分配是否合理可以通过大数据驱动的网络优化来解决,从而实现自动化运维,及时响应业务和网络的变化,保障用户体验和提高网络资源利用率。

通过网络切片实现按需组网具有以下优点。

(1)根据业务场景需求对所需的网络功能进行定制裁剪和灵活组网,实现业务流程和数据路由的最优化。

(2)根据业务模型对网络资源进行动态分配和调整,提高网络资源利用率。

(3)隔离不同业务场景所需的网络资源,提供网络资源保障,增强整体网络健壮性和可靠性。

基于网络切片技术所实现的按需组网,改变了传统网络规划、部署和运营维护模式,对网络发展规划和网络运维提出了新的技术要求。

5G 网络架构的设计需要考虑到软件控制和硬件基础设施之间的互通性。例如,可以基于统一的物理基础设施资源设计满足网络需求多样性的网络切片资源共享机制。SDN 和 NFV 能够对于网络虚拟化有着重要的推动作用,对于 5G 网络也是如此。NFV 可以替代 CN 和 RAN 中的传统网络元素,如 MME、PCRF、P-GW和 S-GW 等。NFV 利用商用服务器来对于专用物理基础设计的功能进行承载,这类服务器可以视为面向基础设施硬件和软件的资源池。在传统的 RAN 中,设备可以被分为集中式处理单元(如 C-RAN 中的 BBU)和无线接入单元。其中集中式处理单元在很大程度上是通过虚拟化实现的,通过资源池来根据不同的 QoS 需求服务网络切片。

在 5G 网络的无线接入平面中,异构的网络模型可以容纳多种无线接入技术,并支持它们之间的协作。在 5G 中,小型的蜂窝基站和 WiFi 接入节点将会得到大量的密集的部署,以满足 5G 系统中不断增长的数据流量需求。此外,设备到设备(Device to Device,D2D)通信也被用于增加系统容量、提供能源和频率效率,同时还能减少通信延迟和回程的负担。D2D 通信对于基于网络切片的 5G 网络系统至关重要,能够极大地提升本地服务的质量,对于紧急通信和物联网等场景有非常重要的意义。

在 5G 网络架构中,传统的集中式 CN 已经演变成了云网络,将控制平面和数据平面进行分离,减少了控制信令和数据传输的时延。云核心网提供了控制平面的一些重要功能,如移动性管理、虚拟化资源管理、干扰管理等。在 RAN 中,服务器和其他的功能位于边缘云中,边缘云是虚拟化的集中资源池,主要负责进行数据转发和部分控制平面功能。移动边缘计算平台还可以与数据转发和内容存储服务器一起在边缘云中进行部署。内容存储服务器可以高效地协作,执行存储、计算和海量数据传输。相应的虚拟机在核心云和边缘云中分布,执行虚拟化的网络功能。利用 SDN,5G 网络可以连接分布在核心云和边缘云的虚拟机,从而在核心和边缘中建立映射。此外 SDN 控制器还可以集中式地控制网络切片。

在网络切片中,端到端的网络切片是一个和其他的网络切片完全隔离的网络功能和网络资源的集合。例如,eMBB 需要较大的带宽来支持高数据速率服务,比较典型的是高清视频流和增强现实。eMBB 还需要一些缓存功能、数据单元和云单元,以协助实现 eMBB 切片服务。在 uRLLC 中,可靠性、低时延和安全性则非常重要,尤其是对于时延敏感的服务,如自动驾驶等。对于 uRLLC,需要在边缘云对于专用的功能进行实例化。对于大量静态和动态的机器设备(如传感器、监视器等),IoT 切片需要将垂直应用放置在最上层用以支持不同租户的外部服务。

对于网络切片的管理,不同的控制功能通过控制器或者特殊的接口进行交互。虚拟网络功能管理器能够将物理的网络功能映射到虚拟的 VM。SDN 控制器与虚拟化网络功能管理相互协作,通过接口协议与数据层和垂直应用进行连接,从而完成对于整个虚拟网络的操作。虚拟化基础设施管理器是虚拟化基础架构的核心,通过监视虚拟机资源的利用率状态来进行虚拟化资源的分配。网络管理和编排器是切片管理的核心部分,需要根据用户的需求进行定制化服务的创建、激活和删除。基于网络切片的 5G 网络架构将从根本上改变传统的规划和部署模式。网络切片由网络应用程序和用户需求进行驱动,并可以针对网络应用程序和用户的需求进行定制化,根据定制的应用程序需求提供端到端的服务。

4.2.3　基于 SDN/NFV 的 5G 网络虚拟化

网络的软件化是网络的发展趋势。网络软件化能够提供可编程性、灵活性和模块化的管理能力。常见的网络软件化方案包括 SDN 与 NFV。其中 SDN 提供了对于网络控制的软件化，能够基于可编程性来定义网络的控制功能。NFV 能够提供对于网络功能的软件化。基于软件化的网络，网络能够在功能上被逻辑化，进而管理上呈现出多个逻辑网络，这种逻辑网络被称为网络切片。网络切片的概念出现得较早，例如，早期的 VPN 与 VLAN，都能看作早期的网络切片手段。它们都能够在逻辑上对于网络划分出不同的管理域或者广播域。在 SDN 时代，网络切片更多地被视为一种运行在同一个底层网络的端到端逻辑网络，并且它们在管理上相互独立，而在数据平面上又有网络侧进行统一的管理。因此，网络切片可以在同一个网络中同时支撑不同的客制化网络性能与服务需求，并且能够灵活地对网络进行管理。

1. 资源、虚拟化、编排与隔离

在网络虚拟化的概念下，可以定义且可以管理的特性和能力被视为资源。根据不同的网络切片对于网络特性的需求，每一个网络切片都要分配特定的网络资源。底层网络统一地对资源进行管理。在通常情况下，网络资源被分为网络功能和设备资源两类。

网络功能能够提供特定的网络处理能力。网络切片存在不同的网络特性需求，因此，不同的切片可能需要不同的网络功能进行支撑。网络功能同时是运行在特定网络设备上的软件功能，能够在物理上与供应商指定的硬件和软件进行对应。

设备资源即网络设备的可分配资源，如计算能力、存储空间、网络资源（如带宽）、频带资源等。这些资源在网络虚拟化的过程中都需要进行抽象化的定义，形成定量的资源描述方式，使之能够通过与分配物理资源相似的方式进行软件资源的分配。

网络切片是实现虚拟化的重要手段，而其中的主要难点是需要在不同的切片之间实现资源的共享。虚拟化过程也就是对于同一网络资源的不同抽象过程。资源抽象通过一些预先定义的选择标准来表示资源，并同时忽略一些与该选择标准无关的因素来简化抽象的操作。需要进行抽象的资源可以是物理的，也可以是已经经历过抽象的。网络资源抽象的网络与计算资源抽象类似。在计算资源抽象中，一个计算实体（如服务器）能够通过虚拟化平台抽象出多个虚拟机。虚拟机之间相互独立，但是共享宿主机的物理计算资源。网络资源抽象需要将网络的资源进行隔离，独立地进行分割，并针对不同的网络切片进行不同的分配。

在网络虚拟化中，不同的实体有不同的功能与需求，比较常见的区分方式分为设备提供商、租户和端用户。设备提供商是整个网络物理实体与资源的管理者，他们需要进行资源的抽象与分配，并且通过一些编程化的处理来实现面向不同租户的配置接口。租户是虚拟网络资源的使用者，即虚拟网络的使用者，可以独立地对虚拟网络进行配置和管理，并且向其中的用户提供网络功能。不同的租户之间的管理实行严格隔离。端用户是虚拟网络下的服务使用者。

编排是进行网络切片的一个重要内容。在网络切片环境中，由于网络功能和用户的多样化，需要对网络中的服务进行统一的创建和管理。根据 ONF（Open Networking Foundation）的定义，编排指的是面向用户服务的资源分配的管理与优化。编排以用户的服务需求为准，需要进行一定的策略化配置以达到最佳的编排效果。编排的方式需要随着服务与最优化标准的变化而进行相应的更改。在 ONF 的定义下，编排包括用户的服务需求验证、资源配置和事件的通知。

在大多数情况下，网络切片的编排都不是在一个单独的实体上完成的。在一个实体上进行集中式的编排比较困难，主要包括两个方面的原因。一是维护网络、资源、服务的全局视图是极其复杂的，进行集中式的管理维护需要较大的开销。二是集中式的编排同样与管理的独立性相悖，无法支撑层次化的递归服务。

网络切片之间的强隔离性是网络虚拟化最主要的需求，并且需要在隔离的基础上在底层网络实现对于不同切片资源的平行化处理。网络切片之间的隔离主要体现在性能、私有性与管理三个方面。网络虚拟化需要为每一个网络切片提供不同的端到端服务性能，并且要能够保证每一个网络切片的性能能够满足其中的服务的需求。网络的私有性体现在两个方面。一是每一个网络切片都要有独立的、安全的网络功能来避免其他的网络切片对自己网络特性的感知与处理。二是当其他的网络切片发生功能性故障时，需要保证其他切片不受该切片故障的影响。而管理上的隔离即是每一个网络切片的管理都和一个独立的网络类似，在租户与用户看来他们都仿佛拥有一个独立的网络和网络功能。网络需要通过一些方式和规则对于不同的切片进行标识，并且在管理上定义不同的管理方式的作用域，来实现网络切片之间的严格隔离。

2. ONF 软件定义网络架构

ONF 提出了软件定义网络架构。软件定义网络能够动态地对网络进行配置，同时对于数据平面进行资源的抽象。SDN 能够满足 5G 网络切片的需求，能够以快速和低成本的方式满足大量不同的网络服务需求。因为，SDN 技术能够作为 5G 网络下的网络虚拟化和网络切片的重要技术支撑。

在 SDN 下，网络一般被分为数据平面与控制平面，从概念上表述，即资源与控制器。资源是为用户提供网络服务的开销的度量，包括前面提到设备资源与网络功能，但是同样也包括网络服务。控制器与 SDN 中常见的控制器不同，网络切片下的控制器描述的是进行集中控制的逻辑化的实体，主要进行资源的分配和服务的编排，从功能上来看位于用户端和服务端之间。用户端和服务端同样是概念化的表述。用户端表示控制器需要去支撑和通信的所有的信息。在功能上，概念化的用户端主要包含资源组和用户支撑。资源组指的是对于资源的一种抽象和客制化的视角。它通过北向接口面向用户提供针对服务需求的与控制器之间的交互功能。用户支撑包括所有用来支持用户操作元素，包括对于面向用户行为的策略和与服务相关的信息映射等。概念化的服务端代表了所有用来和底层资源进行交互的信息，并且在资源组中进行集合化的处理。将服务端访问的资源组转换为单个用户端中定义的资源组的过程较为复杂，一般情况下都需要 SDN 控制器来进行虚拟化操作并执行一定的协调功能。

为了完成虚拟化功能，SDN 控制器需要对底层网络的资源进行抽象和聚合。基于该虚拟化操作，每一个用户端都能够提供一个资源组来实现与其绑定的服务功能。而通过编排，SDN 控制器能够优化面向资源组的资源选择与分配。在 SDN 的架构中，网络管理员的主要功能是实例化并配置整个控制器。例如，为每一个服务端和用户端建立功能，并分配相应的策略。

根据 ONF 的定义，SDN 架构需要原生的支持切片，包括面向用户提供网络资源的完整抽象和面向控制面的操作支撑。由于 SDN 架构能够支持层次化的递归处理，因此它能有效地支持 5G 网络里面的网络切片。因为在网络虚拟化中不同的抽象层能够支持递归处理，SDN 控制面能够通过多个层次化的控制器在不同的层面扩展用户与服务端的对应关系。这样的机制意味着，对于一个 SDN 控制器，给定的控制器以专用切片的形式向其用户端提供的资源（即资源组）可以反过来被该用户端虚拟化和编排。因此，新的控制器就可以利用这种机制通过服务端访问的资源来进行定义和扩展，并且可以向新的客户端提供新的资源，也就是新的网络切片。

3. NFV 架构

SDN 架构能够对于网络控制提供全局的综合视图，进而具有进行网络切片的能力。但是，由于它缺乏高效地进行网络切片生命周期和成员资源的有效管理，SDN 架构依然需要其他功能来进行增强。NFV 能够很好地完成上述的功能，包括对于网络设备的管理和资源分配的编排。

　　如何结合 NFV 与 SDN 是在网络虚拟化中进行管理和编排的关键。一个典型的 NFV 与 SDN 融合架构是由 ETSI 提出的。在这个架构中包含了两个 SDN 控制器，一个在逻辑上放置于租户侧，另外一个放置于设备侧。

　　NFV 架构包括多个实体：NFV 设施、虚拟网络功能（VNF）、管理与编排器、网络管理系统。NFV 设施是用来承载和连接网络功能的一系列资源。由于 SDN 能够从全局视角将资源抽象为通用的概念，在 NFV 中的资源定义只包含设备资源。VNF 表示的是基于软件实现的虚拟化的网络功能，运行在 NFV 设施上。管理与编排器负责所有的虚拟化指定的管理、协同和自动化任务。管理与编排器包含 3 个主要的功能模块：虚拟设备管理器、VNF 管理器、编排器。虚拟设备管理器负责控制管理 NFV 设施资源。VNF 管理器负责配置在 VNF 的域内进行配置和生命周期管理。编排器包含两类功能：资源编排和网络服务编排。其中资源编排需要在负责在虚拟设备管理器之间分配功能资源，而网络服务编排则是进行网络服务的生命周期管理。网络管理系统负责通用的网络任务管理，与之前提到的管理与编排器功能互补。网络管理系统主要包括元素管理和业务支持系统两方面。其中元素管理是 VNF 的负责 FCAPS（Fault，Configuration，Accounting，Performance，and Security）的锚点。而业务支持系统是服务提供商用来提供和操作网络服务的一系列系统和管理程序的集合。

　　前面提到，ETSI 架构中包含两台控制器，分别是设备 SDN 控制器与租户 SDN 控制器。每一台都能集中式地提供控制平面的功能并且同时具有所管理部分的全局视图。设备 SDN 控制器能够管理底层的网络资源，为 VNF 之间提供连接能力和对应的管理。它收到虚拟设备管理器的管理，需要根据租户的需求进行动态的管理调控。租户 SDN 控制器和租户域一起启动，本质上是 VNF 的一部分。它能够动态地管理用以实现租户网络服务的相关的 VNF。租户 SDN 控制器中的操作和管理由上层的应用程序进行触发。

　　设备 SDN 控制器与租户 SDN 控制器通过可编程的南向接口对底层资源进行管理，并同时承载典型的 SDN 控制协议，如 OpenFlow、Netconf 和 I2RS 等。两种控制器在不同的层面进行抽象。设备 SDN 控制器在底层进行抽象，用以支撑 VNF 的部署和互联。而租户 SDN 控制器提供上层的 VNF，如网络服务定义。它们通过接口提供的不同的资源视图对其操作方式同样有影响。一方面，设备 SDN 控制器不能感知它所连接的应用了 VNF 的网络切片的数量，也无法感知操作这些切片的租户。另一方面，对于租户 SDN 控制器，网络基于 VNF 进行抽象，但是不能感知这些 VNF 的部署方式。尽管两种控制器的抽象层次不同，它们都必须对它们的动作进行协调和同步。另外需要注意的是，服务和租户的概念依然可以通过递归原理扩展至更高层次的抽象。

4. 5G 网络中的应用难点

SDN 与 NFV 基于软件定义网络环境设计，无法直接应用于 5G 网络场景。因此，在本节中将对 5G 网络中应用基于 SDN 与 NFV 的网络虚拟化所遇到的难点与核心问题进行说明。

共享式设备下的性能问题：当网络切片基于同样的底层进行部署的时候，同时满足所有切片的性能需求是极其困难的。例如，如果租户资源编排器只对网络切片指定了专门的资源，它们的性能需求通常都能够得以满足，但是代价是阻碍了切片之间的资源共享。考虑到租户所拥有的可分配的资源是有限的，这很有可能会导致资源的过度配置。一个解决方案是允许切片之间的资源共享，但是这样又会破坏切片在性能上的严格隔离性。因此，需要研究合适的资源管理机制，使得各个网络切片在必要的时候能够进行性能资源的共享，并同时保证它们的性能服务水平的需求。为了解决资源共享的问题，资源编排器可以利用类似于在虚拟设备管理器中应用的策略，例如，OpenStack Congress 和 Enhanced Platform Awareness。

管理和编排问题：考虑到网络切片能够带来动态性和可扩展性，多租户场景下的管理和编排将会变得较为复杂。为了更加灵活地面向网络切片进行资源及时分配，资源编排器需要优化面向需求的处理策略，尤其是在短时间内发生大变化的情况。需要完成的功能主要包括：切片管理功能模块和资源编排器之间的协同；策略需要以允许自动验证的形式来感知。这种自动化的验证方式可以是资源编排器与网络切片的特定功能都能够及时地执行相应的管理和配置操作；需要面向每个抽象层设计高效率的资源分配算法和冲突解决机制。

安全和私密性问题：可编程的网络开放接口对于软件化的网络带来了受到网络攻击的潜在风险。因此需要研究具有一致性的多层次安全架构，包括软件整合、远程认证、动态威胁检测、用户认证和账户管理等。5G 切片中的安全和私密性问题是采用多租户方式进行部署的主要难点。

新商业模式：不同企业之间的创新合作，能够推动具有前景的新商业模式。基于这一类以业务为导向的方式，必须要对新的转型进行广泛的分析，实现向未来的 5G 网络的演进，并确保对于旧设施的兼容性。

4.3　5G 网络切片技术

网络切片是实现面向服务的 5G 愿景的有效的解决方案，能够为具有各种资源约束的各种定制服务提供灵活支持。通过网络切片，物理基础架构被切成多个隔离的逻辑网络，5G 网络变成一种灵活的可编程网络架构，可支持具有各种性能和服务要求的垂直领域和使用场景。本节将系统介绍与 5G 网络切片相关的技术领域，包括 5G 网络切片技术面临的主要问题、无线接入网切片中的部分概念、系统架构和关键的技术点，以及作为 5G 网络重要应用场景之一的车联网中的网络切片技术。

4.3.1　5G 网络切片主要问题

在 5G 网络中引入 SDN 与 NFV 仍然存在许多挑战。本节将介绍与 5G 网络切片相关的技术领域，包括部分概念、系统架构和关键的技术点等。同时，也将详细阐述 5G 网络切片在架构设计、基于通用框架的切片方案、网络功能层、服务层与管理编排、移动性管理等方面存在的局限性以及面临的挑战。

1. 5G 网络切片架构

在本节中将介绍两种 5G 网络切片的架构，分别是由下一代移动网络联盟（Next Generation Mobile Networks，NGMN）定义的网络架构和由 5G-PPP 定义的网络架构。

由下一代移动网络联盟定义的网络架构主张灵活的软件化的网络方案。它将网络切片视为在同一个物理设施上共存多个垂直领域的必要保障手段。在最初，一些方案只是建议对于核心网进行切片，但是 NGMN 提出了需要在端到端的范围内对于 5G 网络进行切片，即需要同时纳入 RAN 和 CN。为了实现在 RAN 和 CN 范围的切片，并同时提供上下文的感知，这两个网络段需要被灵活地切分为多个带有重叠的实例，并为不同的用户、设备和用例服务。NGMN 的架构在整体上被分为三层：设备资源层、业务启动层、业务应用层。其中业务的实现需要依据特定的规则。例如，定义了结构、配置和用以启动和控制网络切片服务的工作流程。基于该规则创建的服务实例或者是切片实例由多个子网络服务实例组成。每一个子网络服务实例都包含了一系列网络功能和资源，用以满足用户的服务需求。

5G-PPP 的网络切片架构着重于研究 5G 网络中不同网络部分之间的作用和关系。总体来看，5G-PPP 与 NGMN 都提出了 5G 架构需要原生的支持功能的软件化以及要能够通过网络切片来支持不同的网络服务用例。在 5G-PPP 中架构被分为 5 层：设备层、网络功能层、编排层、业务功能层和服务层。与 NGMN 不同的是，在 5G-PPP 架构中，编排层被独立出来成为单独的一层。另外，在 NGMN 中的业务应用层在 5G-PPP 中也被拆分为两层，即业务功能层和服务层。通常情况下，不同的方案之间已经达成了共识，即 5G 网络中需要原生的支持软件化和网络切片，以支撑广泛的不同的网络服务。这个框架包括三个主要的层：设备层、网络功能层和服务层（或者是业务层）。它同样包含一个管理和编排实体来将用例和服务模型转换为网络切片。比较常用的操作方式包括建立网络功能服务链、将它们映射为设备资源并在它们的生命周期能进行监控和配置。

2. 基于通用框架的 5G 切片方案

设备层广义上包含了 RAN 和 CN 中所有的物理网络设备。它包括对于设备的部署、控制和管理；包括面向不同的网络切片进行资源分配（计算资源、存储资源、网络资源和无线电资源等）；包括面向更高层的对于这些资源的管理方式。在本节中，我们将介绍相关现存的 5G 网络切片方案。

5G 基础设备的构成：为了实现网络切片，需要依据 IaaS 范式进行发展。在该范式中，可以租用不同的基础架构元素来满足不同的需求，并适应不同的网络切片。在云计算中，这种范式是比较常见的，但是在 5G 网络中，还需要针对上下文的工作方式进行进一步的调整。在 CN 中，通过通用的硬件设备来部署虚拟的网络功能已经在业内达成了广泛的共识。但是，由于在网络中不同的网络服务之间存在不同的约束条件，因此简单的集中式云架构并不适用于所有的网络切片。例如，如果云的基础设备位于离 RAN 较远的位置，则无法满足具有毫秒级时延要求的触觉服务（例如，在专有的网络切片上进行远程手术）。因此现在存在一些方案提出了结合集中式云计算与边缘云计算，根据切片的具体要求在其中进行资源分配。另外，对于移动网络中的基站而言，可能会跨越多种无线接入方式，如 LTE 与 WiFi 等。并且，如果要遵循 RaaS 范式，还需要 RAN 中的基础设备具有足够的灵活性来为先验未知的服务需求动态地创建网络切片。因此，在许多网络切片架构方案中，都偏向于部署由集中式基带处理单元和射频拉远头组成的软件定义基站。

设备虚拟化：底层网络设备的虚拟化并且在不同的服务之间提供隔离对于切片至关重要。隔离不仅包括虚拟化切片之间的基础资源的隔离（如处理资源、存储资源、网络资源和无线电资源等），还包括能够基于基本的服务需求以网络虚拟化的操作方式来提供对于不同类型的控制操作的支撑。其中的一个关键功能是需要提供面向第三方的控制能力，允许第三方开放和控制虚拟化的网络环境。对于 CN 中基础设备的虚拟化，有一些在云计算当然得到应用的研究可以在 5G 网络中进行参考。例如，基于内核的虚拟机（Kernel-based Virtual Machine，KVM）和 Linux 容器（Linux Container，LXC）可以在操作系统和进程级别上保证处理资源、存储资源和网络资源等方面的严格隔离性。这些隔离性可以与 OpenStack 等资源池虚拟化平台相结合，用以简化对于 CN 进行实时虚拟化的工作流程。上述的技术具有较高的成熟度，因此证明了网络切片架构的原型实现是可行的。所以在云设施上部署虚拟化核心网络功能（如虚拟移动性管理实体（Mobile

Management Entity，MME）与虚拟服务网关（Serving Gateway，SGW）等）也是可行的。

另外，应用于 RAN 的虚拟化方案正在研究当中。在 RAN 中，基于 VM 和容器的虚拟化解决方案并不适用，因为它们无法隔离无线电资源（如频谱资源和无线电硬件资源）并提供虚拟化。目前解决 RAN 中的虚拟化有两种思路：一是为每一个虚拟的基站（同时也是网络切片）提供专用的频谱块，并在其基础上部署完整的虚拟网络栈；二是通过常见的物理层和媒体访问控制层在不同的虚拟基站之间动态地共享无线频谱资源。提供专用的频谱块的方法具有更好的实现性，尤其在每一个切片都使用有用的无线电硬件的情况下，可以直接通过频谱的静态分段来保证无线电资源的隔离。但是在这种情况下的无线电资源的使用效率比较低。而对于细粒度的动态的频谱共享方案，则问题就反了过来。

3. 网络功能层

网络功能层需要负责与网络功能相关的配置和生命周期管理。相关的操作被最优化地部署在基础设备上，并互相进行连接，用以提供面向特定约束条件和要求的端到端服务。该层的相关研究主要集中在对于网络功能的部署和管理，以及对应的与粒度和类型有关的问题。其中，NFV 适合对切片进行生命周期管理和网络功能协调。而 SDN 则可以通过如 OpenFlow 等标准化协议来配置和控制底层基础设备的路由和转发操作，能够作为 NFV 的支撑。

目前，存在着一些面向虚拟网络功能的研究工作。粗粒度的功能可以覆盖移动网络中的大部分功能，如 LTE eNodeB、MME、SGW 等。细粒度的功能可以继续在上述粗粒度功能的基础上继续细分出多个细粒度的子功能。例如，NEC 的研究人员提出了一种方案，其中 LTE 核心网被分解为负责移动性管理功能和数据流量转发功能（包括 MME、SGW、分组网关、PGW），这些功能又进一步被分解为多个子功能，包括信令负载均衡器、移动性管理和专用于控制面和数据面流量转发的功能。

粗粒度的功能能够更为简单地实现虚拟网络功能的放置和管理，同时也牺牲了进行网络切片的灵活性。由于网络切片灵活性的缺失，对于基础网络环境变换的场景则无法适应，尤其是当切片需要特定的 SLA 等级的时候。例如，当大量的移动设备都集中在特定的位置的时候，需要将网络切片中的无线资源调度程序切换为另外的资源调度策略，用以避免破坏切片的 SLA。如果调度器与 eNodeB 中的其余功能强耦合或者是体现为一个功能，那么执行功能的交换操作将是极其困难的。另外，细粒度的功能能够使切片适应不同的网络条件，但是由于需要使用的接口数量与存在的网络功能数量紧密相关，因此细粒度功能中的网络接口的连接可能会存在问题。这个问题主要体现在第三方使能虚拟网络功能中。诺基亚的研究人员提出了基于容器来包装相关功能的接口的方案。

4. 服务层与管理编排

将 5G 网络环境中的网络切片与其他网络下的网络切片进行区分的主要元素是其端到端特征和通过高层次方式表达需求的方式。有关在 5G 网络环境下进行切片操作有两个关键的高层次概念：一是在创建好网络切片之后直接与业务模型进行连接的服务层；二是用户监控网络切片生命周期的网络切片编排器。由于服务层在概念和思想上具有一定的新颖性，因此主要的研究都集中在网络切片架构相关的部署。具体而言，研究的方向大多数集中在网络服务的描述方式、如何映射到基础网络设备、网络切片的管理和编排等方面。

关于描述服务层和更高层的服务业务，有两种不同的基本方法。一种方法是将服务级别的描述视为基本的特征、SLA 要求（如与吞吐量和延迟的相关的性能参数）与其他的服务需求（如本地化服务）的集合。另一种方法是，进行更为详细的服务描述，用以标识捆绑在一起的特定功能，并应用于创建能够提供特定服务的网络切片（该切片同时也被认为是应用程序）。这两种方法的主要区别就是生成网络切片的方式。在第一种方法中，需要为网络切片编排器分配更加复杂的任务，才能识别适当的网络功能和技术，并满足网络切片中所描述的需求。第二种方法则通过建立功能块简化了网络切片的相关标识。相比第一种方法，第二种方法的效率较为低下，因为它缺少对于网络切片编排的灵活性组件。

在网络切片中，管理和编排器的确切形式并不固定，在不同的方案中有不同的表现。一些方案通过沿用 3GPP 的标准，提出了针对现有移动体系架构的接口和功能的扩展增强。另外一些方案则是相对革新的。在这些方案中，网络切片编排和管理都将通过 SDN 控制器在应用程序上进行实现。SDN 控制器同时监控着移动网络的有线域和无线域。同时也已经有了一些参考框架的具体实现，如 Open Source MANO。

另外一个需要考虑的重要问题就是如何将可用于各层架构的组件映射并结合在一起，以构成整个端到端的网络切片。目前有两种类型的映射：基于功能或者是 SLA 的将服务需求到网络功能和设备类型的映射；网络功能和设备类型到供应商实现的映射。第一类映射方式是指管理和编排器选择适当的高级网络元素，而这些元素需要为指定的服务创建网络切片并且满足其功能和 SLA 的需求。例如，如果切片需要覆盖大范围的设备，而设备的容量又是足够的，那么理想情况可以选择宏基站小区进行部署。对于这种映射方式，可以使用基本设备元素和网络功能向管理和编排器描述其功能和支持的服务类型。

一旦确定了切片中所需要的功能类型和基础的结构元素，就需要进一步将这些元素映射到具体的供应商实现。根据供应商对功能的实现，可以提供不同级别的服务。例如，如果通过软件功能来实现 LTE eNodeB，则它需要能够支持不同的用户数量，不同的服务性能保障能力和不同的服务功能。同样地，一种对应的解决方案是在功能和基础结构的提供商中引入 metadata。该 metadata 可以描述特定于供应商的功能，并且提供针对于部署和操作需求（如连接性、支持的接口和基础设备的关键性能指标）的支撑，以达到对于管理和编排器的最佳配置。

5. 5G 网络切片中的移动性管理

在目前的移动网络中，移动性管理已经从处理简单的无线接入切换演变为对于更为复杂的多样移动性接入的管理。基于 SDN，控制平面和数据平面在 CN 中的网关处实现分离解耦，集中式的控制功能可以极大地减少对于网络节点的控制信令。但是，由于 5G 网络下可能存在高密度与高移动性的用户，因此支持高质量的、高连续性的、可扩展的无缝移动性管理对于 5G 网络切片至关重要。

在移动性、时延和可靠性方面，不同的网络切片具有不同的特性和要求。例如，在铁路通信中，列车上的 UE 可以在短时间内触发多次切换。而在物联网应用中，大量的 UE 几乎不具有移动性，但是对于可靠性和低时延有着很高的需求。移动性管理主要包含两个过程：位置注册和切换管理。

对于位置注册，在移动设备首次连接到网络时会进行位置的注册，然后定期向网络报告位置信息。在 5G 网络中，面向家庭用户的服务器需要分布在边缘云中，使之更接近终端设备来降低注册时延并减轻回程的负担。5G 网络将聚合多个异构的无线接入接口。为了在 5G 网络中实现统一的多接口访问和无缝的移动性切片，还需要对多接口进行协调，通过共享移动设备位置信息来减少移动性管理的开销。

在传统的蜂窝网络中，切换主要由事件触发。基站控制用户终端执行测量，并且将测量的网络状态信息报告给服务基站。但是在 5G 网络切片中，与切换相关的事件需要重新进行定义，需要灵活地利用切换机制和自适应切片方式来定制切片中的移动性管理方案。

6. 5G 网络切片面临的挑战

1）RAN 的虚拟化

在前面提到，基础设备的虚拟化的主要问题在于难以对 RAN 进行虚拟化。虽然可以将不同的频谱块预先分配给虚拟的基站实例来解决无线资源的隔离，但是这会同时带来无线资源利用率低下的缺点。而基于频谱共享的动态细粒度的 RAN 虚拟化方法能够解决这个限制，但是如何确保无线电资源的隔离是这种方式的主要难点。预计 5G 网络能够跨越多种无线接入技术（包括一些新兴的技术，例如，5G 新无线电和窄带物联网 NB-IoT)，在 RAN 的虚拟化解决方案中，能够容纳多种无线接入技术是至关重要的。目前还正在研究如何在专有的硬件上进行多个无线接入技术的多路复用，又有可能每一种无线接入技术都需要自己的专有硬件设备。因此，该问题的突破口应该集中于考虑 RAN 所包含的无线接入技术。

从对于 RAN 进行虚拟化的角度看，另外一个主要的难点就是实现 RaaS 范式。进行 RAN 共享的关键点就是通过在涉及物理移动网络运营商的租户之间共享无线电资源。RaaS 范式要求无线资源和物理设备资源之外的更多的共享能力，需要支持定制虚拟网络控制功能集（如调度和移动性管理等），并动态地进行 RAN 实例的创建，来适应各个切片和服务的要求，并且同时确保不同的切片（也就是 RAN 实例）之间的严格隔离。

2）细粒度网络功能

前面已经提及，在网络中将功能组合成服务的操作难度与这些功能的粒度直接相关。对于粗粒度的功能，能够以较少的功能将它们链接在一起，具有易组合的特点，但是同时降低了网络切片的适应性和对于服务需求满足的灵活性。而细粒度的服务功能没有适应性和灵活性上的限制。对于细粒度的功能，目前还需要研究允许不同的供应商实现细粒度的功能组合的形式，并且还需要支撑可扩展性和相互可操作性。基于每一个新功能来定义新的接口的方式不具有可扩展性，因为功能数量的增加也会使粒度变得更为精细。

3）端到端切片和管理

在网络中进行网络切片的一个难点是如何从基础的网络设备和网络功能的角度对服务进行高层次的描述，进而具体到每一个切片。对服务进行语言化描述是比较困难的。目前的主要思路是开发特定于域的描述性语法去全方位地表达服务特征、KPI、网关功能和需求等。这类语法需要能够支持面向新的网络元素（网络功能、无线接入）的灵活性和可扩展性，还需要能够从简单的规则和表达式中组合出复杂的规则和表达式，并且在服务需求的表达式中引入一定的抽象意义。

如前面所述，近年来出现了诸如 OSM 这样的灵活的管理和编排孔来。尽管这些平台能够完成灵活的、按需的端到端切片的任务，但是依然存在着没有解决的问题。例如，涉及不同的切片的整体编排，需要使每一个切片都满足其服务需求和 SLA 需求，同时需要有效地利用基础设施资源。这个问题会使得端到端的编排和管理平面变得复杂。编排和管理平面不仅需要负责网络切片的生成，还需要将切片向网络组件进行映射，并且静态地为它们分配资源。相反地，它需要具有自适应性，用以确保满足已经部署的服务的性能和灵活变化的需求。因此，一个可行的方案是通过当前的状态和对于之后的状态的预测结果来有效并且全面地对网络资源进行管理。

在云计算和数据中心的场景下,已经对之前提到的问题有一些研究和解决方案。虽然可以对这些方案进行借鉴,但是还是需要考虑到 5G 网络的机制和进行网络切片的限制。具体来讲,在云计算和数据中心的场景中,资源主要包括内存资源、存储资源和网络资源,而在 5G 网络中,还需要考虑无线电资源,以及它们之间的相关性,并且对不同的资源之间的效率影响进行调整,从而保证其他切片的服务质量。在 5G 网络中,上下文需要对于基础网络资源进行有效的管理,用以满足不同服务的需求,这种问题在某种程度上与常见的 QoS 问题类似。

4.3.2　5G 无线接入网切片技术

RAN 切片构成了端到端网络切片的重要组成部分,它能够动态分配虚拟基站、频谱等资源。4.3.1 节系统地介绍了 5G 网络切片架构与方案,并对 5G 核心网络的虚拟化方案进行了说明。5G 核心网络的虚拟化已得到广泛研究,但无线接入网络(RAN)切片的实现尚处于起步阶段。由于涉及无线信道和用户移动性,RAN 切片的设计与核心网络切片相比更具挑战性。

1. 无线接入网切片需求

RAN 网络切片需要具备弹性、有效的资源共享和可定制化,以便对有限的频谱资源进行充分管理。RAN 对网络切片的要求可以概括为以下几点。

(1)动态资源管理。RAN 切片应该在考虑每个切片的不同关键性能指标的基础上,实现高效的资源共享。例如,eMBB 切片需要高带宽,而 URLLC 切片需要超低延迟,就应该根据切片的具体需求分配共享资源。此外,切片的分配要能够按需执行,即使在很短的时间内也可以完成分配,所以相应的资源管理过程应该是灵活的,并且可以利用开放 API 进行编程。

(2)资源隔离和共享。端到端切片要以适当的隔离度支撑逻辑独立的网络。为保证低延迟和安全性,核心的通信切片对频谱隔离有严格的要求,只有使用硬频谱切片才能满足。但在 RAN 中,由于多路复用增益的限制,硬频谱隔离可能会成为瓶颈。所以,在 RAN 级域中存在不同的隔离要求,其中考虑了特定的资源管理手段来满足相应的 KPI。

(3)功能需求。每个网络切片可能需要不同的控制平面/用户平面功能划分,以及不同的 VNF 位置以确保最佳性能。

2. 切片支撑技术

传统移动网络往往是基于“整体式”硬件构建的,这些硬件按照不同的供应商和技术要求进行设计和制造,5G 及未来的移动网络面向的是多厂商和多技术的复杂应用环境，无法用传统方法来解决，需要设计新的网络管理和编排方案。在灵活的适应性、动态多样化的服务交付机制等技术要求下，网络的软硬件分离、控制平面（CP）和用户平面（UP）分离变得十分必要。网络功能虚拟化（NFV）和软件定义网络（SDN）技术具有灵活、可编程控制等优良特性，用在 5G 网络中可以增加整体系统敏捷性、可扩展性和易管理性，可有效地解决网络的管理和编排问题。其中，NFV 通过定义虚拟网络元素来实现硬件和软件分离，SDN 利用数据平面和控制平面相分离的原生特性实现 CP 和 UP 的分离。

1）NFV 技术

传统移动无线接入网（RAN）基于与物理网络元素相对应的整体式网络功能构建。3GPP RAN 工作组将 5G RAN 架构分割为多个基本模块，并为 CP 和 UP 定义了具有适当粒度的网络功能（NF），以便创建用于 5G 网络的模块化端到端网络。这种方式可以更容易地保证端到端服务质量，并支持移动运营商使用白盒化硬件构建基于软件的网络，简化升级部署并提高效益。

NFV 使供应商能够在 VNF 软件组件中实现网络功能。VNF 通常部署在大容量服务器或云环境中。在移动无线网络中，运营商可以利用 NFV 将云基础架构用于基带处理单元（BBU），一方面能够减少计算和信令开销，另一方面也能优化成本并提高灵活性，移动运营商可以根据实际需要激活相应的处理资源。移动无线网络可以通过优化 VNF 的资源配置、在不同硬件之间扩展和动态分配 VNF 等方式来克服移动运营商在部署过程中面临的一些基本困难。图 4-25 为简化的 4G/5G

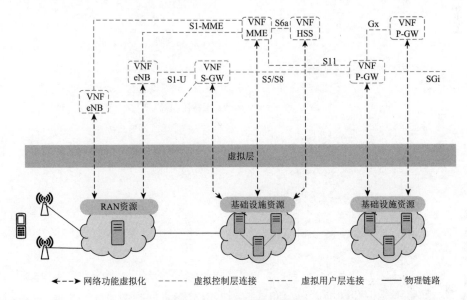

图 4-25　4G/5G 网络转发图

网络的转发图，所有的 RAN（eNB/gNB）、核心网络元素（S-GW 和 P0-GW）以及其他管理元素（MME 和 HSS）都已经虚拟化。5G 移动运营商可以按服务激活功能（如 CoMP）。网络功能使用单独的虚拟化层进行虚拟化，该层将服务设计与服务实现脱钩，同时提高了效率和灵活性。在 5G 中可以虚拟化以下 NF：核心网络功能、BBU 功能（包括媒体访问控制（MAC），无线电链路控制（RLC）和无线电资源控制（RRC））、总体切换功能和运营服务中心。

欧洲电信标准协会（ETSI）NFV 是 NFV 领域中最相关的标准化计划，已被移动运营商和其他移动实体采用，作为未来 RAN 和核心虚拟化的框架。ETSI NFV 参考体系结构通过协调各种计算、存储和网络资源编排 VNF 部署及操作，支持描述为转发图的一系列服务。如图 4-26 所示，计算和存储硬件资源通常由网络资源池化和互连。其他网络资源将 VNF 与外部网络和非虚拟功能互连，从而使现有技术与虚拟 5G 网络功能集成在一起。NFV 管理和编排由资源供应模块构成。NFV 管理和编排包含两个主要功能组件：①NFV 编排器（NFVO），负责 NFV 基础结构（NFVI）和软件资源的编排和管理，还管理网络服务的供应；②VNF 管理器（VNFM），负责 VNF 生命周期管理的组件。它包括具体化一个 VNF 相关的实例化、更新以及所有扩展或终止功能。方案的下一步将采用云本地 OpenRAN 网关功能。

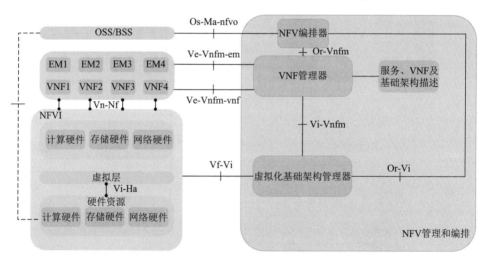

图 4-26　ETSI NFV 参考架构

2）SDN 技术

SDN 的主要思想包括：将控制平面和数据平面分离以容纳不断增加的流量，并提高网络可靠性和性能；对分布式控制器的数据平面和网络状态管理进行逻辑集中控制。控制功能是逻辑集中的，而分布式控制器如何管理其状态以提高可靠性和可伸缩性仍然具有很大挑战性,实现分布式状态管理需要底层 SDN 平台提供支持。尽管当前大多数移动网络都基于分布式 CP 解决方案,但是 SDN 编排机制引起了人们极大的兴趣,该机制不仅可以实现 UP 和 CP 的分离,还可以实现管理和服务部署过程的自动化。当前,商业化的 SDN 解决方案主要集中于单个域,该域特定于每个供应商(如数据中心)。异构 5G 网络也需要 SDN 架构。在移动网络中,运营商的特定应用程序通过应用程序控制器平面接口(Application-Control Plane Interface,A-CPI)(也称为北向接口(Northbound Interface,NBI))与 SDN 控制器进行通信。控制器使用数据控制器平面接口(Data-Control Plane Interface,D-CPI)也称为南向接口(Southbound Interface,SBI)来监督应用程序对物理基础结构的访问的编排。尽管 SDN 框架提供了管理和协调网络元素的机制,但这些机制的应用取决于移动运营商涉及的不同 SDN 应用程序。

SDN 部署到移动无线网络中,可以支持第三方应用程序在网络中集成,SDN 控制器可用作 OpenRAN 网关的一部分。为了管理和控制 5G 异构网络,重点在于一种部署模型,在该模型中,SDN 控制器针对给定的技术域进行了部署(将其视为子控制器),而整个系统则由父控制器编排,并依赖于网络抽象的主要概念。IETF 已基于标准协议和组件对基于应用程序的网络优化(ABNO)框架进行了标准化,可以有效地为不同 CP 技术(可能来自不同供应商)的网络编排提供解决方案。基于 ABNO 的网络协调器已针对基于虚拟节点聚合的动态域抽象,用于跨异构控制域的端到端多层和多域配置进行了验证。这可能是迈向未来 5G 网络中不同切片的真正保证 QoS 的第一步。图 4-27 显示了针对未来 5G 网络的拟议分层架构。它考虑了预期会出现的不同网段和网络技术。在 RAN 网段中,我们可以为不同的无线网络使用几个启用 SDN 的控制器。在传输网络和核心网络网段中,相应的 SDN 控制器会相应出现。在层次结构中,SDN 协调器可以将自己视为代表适当抽象的基础网络的信息模型实例的直接控制实体。

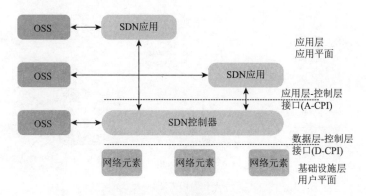

图 4-27　移动无线网络 SDN 架构

在此体系结构中，为网络的每个网段提供了几个子 ABNO（cABNO）。每个 cABNO 都负责一个网段。递归层次结构可以基于技术、SDN 控制器类型、地理域或网络段。此外，引入了父 ABNO（pABNO），如图 4-28 所示，它负责通过不同的网段提供端到端的连接。这是 5G 网络中未来切片支持的基石。网络协调控制器是负责处理所有涉及流程的工作流的组件。它还支持 NBI 将其服务提供给不同的应用程序，作为整个网络流程的一部分。SDN 应用程序提供了必需的功能以改善整体网络操作。

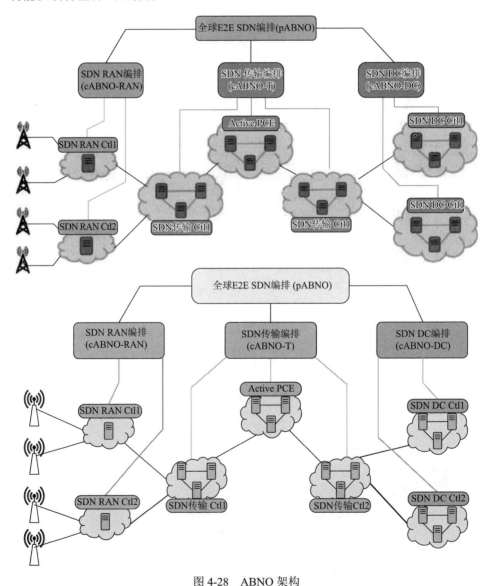

图 4-28　ABNO 架构

3. 切片隔离方案

2020 年 3 月 24 日，中国移动通信研究院在 5G SA（5G 切片联盟）联合华为、腾讯、中国电力科学研究院、数字王国共同发布了《网络切片分级白皮书》，基于垂直行业需求、网络切片标准定义以及产业实现能力，将端到端 5G 网络切片分为 L0 公众网普通切片、L1 公众网 VIP 切片、L2 行业网普通切片、L3 行业网 VIP 切片和 L4 行业网特需切片五个能力等级，同时详细介绍了五大切片等级的具体定义，对应的无线、传输、核心网关键技术能力以及基于安全、运营和定制化业务视角的综合分级方案。

1）无线切片隔离方案

《网络切片分级白皮书》指出，无线切片隔离方案主要是实现网络切片在 NR RAN 部分的资源隔离和保障。根据业务的时延、可靠性及隔离要求，可以分为切片级 QoS 保障、空口动态预留、静态预留。结合不同业务场景的不同需求，白皮书给出了典型的无线侧切片分级建议以及每级隔离度可对应的典型行业和业务场景划分。

无线空口的绝大部分业务保障都是通过差异化 QoS 优先级的方式进行，以此提升频谱等稀缺资源的使用效率，随着 5G 逐步渗透到各行各业的生产和管理环节，我们需要通过无线侧提供不同等级的保障。无线空口资源调度可能的方式包括 QoS（5QI）优先级、RB 资源预留和载波隔离。

（1）基于 QoS 的调度：基于 QoS 的调度可以确保在资源有限的情况下不同业务的"按需定制"，为业务提供差异化服务质量的网络服务，包括业务调度权重、接纳门限、队列管理门限等，在资源抢占时，高优先级业务能够优先调度空口的资源，但在资源拥塞时，高优先级业务也可能受到影响。

（2）RB 资源预留：RB 资源预留根据各切片的资源需求，为特定切片预留一定量 RB 资源，允许多个切片共用同一个小区的 RB 资源。RB 预留方式可分为静态预留和动态共享。在静态预留方式中，为指定切片预留的资源不能分配给其他切片用户使用，以保证资源的随时可用。在动态共享方式中，允许为指定切片预留的资源在一定程度上和其他切片复用。当该切片不需要使用预留的 RB 资源时，这些资源可以部分或全部用于其他切片，在有数据传输时可以及时调配所需资源。

（3）载波隔离：不同切片使用不同的载波小区，每个切片仅使用本小区的空口资源，切片间严格区分，确保各自资源的独立性。

2）传输切片隔离方案

传输切片面向 RAN 与 CN 之间的移动传输网络，根据对切片安全和可靠性的不同诉求，传输切片隔离技术分为硬隔离技术和软隔离技术，根据业务要求隔离度、时延和可靠性不同需求，传输承载技术包括：FlexE/MTN 接口隔离、MTN 交叉隔离和 VPN + QoS 隔离不同技术。

（1）硬隔离技术：硬隔离技术包括 FlexE 接口隔离、MTN 交叉隔离以及二者的组合。

FlexE/MTN 接口是基于时隙调度将一个物理以太网端口划分为多个以太网弹性硬管道，在网络接口层面基于时隙进行业务接入，在设备层面基于以太网进行统计复用。MTN 交叉隔离是基于以太网 64/66B 码块的交叉技术，在接口及设备内部实现 TDM（时分复用）时隙隔离，从而实现极低的转发时延和隔离效果，单跳设备转发时延最低为 5～10μs，和传统分组交换设备相比有明显的提升。FlexE/MTN 接口隔离技术可以组合 MTN 交叉隔离技术或分组转发技术进行报文传输，每个 FlexE/MTN 接口的 QoS 调度是隔离的。

（2）软隔离技术：VPN 可以实现多种业务在同一物理基础网络上的相互隔离，软隔离技术主要通过 VPN 技术与 QoS 隔离、FlexE/MTN 接口隔离的组合进行实现。

VPN 隔离 + QoS 隔离不能实现硬件、时隙层面的隔离，无法达到物理隔离效果。VPN 共享 + QoS 调度的组合技术中，转发基于 IP 包，流量参与 QoS 调度。VPN 共享 + FlexE/MTN 接口隔离组合 FlexE/MTN 接口 + QoS 调度，业务接入基于时隙隔离，转发基于 IP 包转发，VPN 共享，流量参与 QoS 调度，较传统分组交换设备隔离效果提升，但弱于 MTN 通道转发；VPN 隔离 + FlexE/MTN 接口隔离与 VPN 共享 + FlexE/MTN 接口隔离技术相似，区别在于 VPN 的状态是隔离还是共享。端到端 MTN 通道组合 MTN 接口和 MTN 交叉隔离技术，业务接入基于时隙隔离，转发基于 MTN 交叉技术，业务为物理隔离。

4. 切片资源管理

根据不同的资源隔离级别，存在不同的切片资源管理模型，这些模型可以将频谱作为每个切片的专用资源或特定切片之间的共享资源来处理。

在专用资源模型中，RAN 切片由控制平面和用户平面流量、MAC 调度器和频谱方面的隔离资源组成。每个切片可以访问自己的无线电资源控制（Radio Resource Control，RRC）、分组数据融合协议（Packet Data Convergence Protocol，PDCP）、无线电链路控制（Radio Link Control，RLC）、媒体访问控制（Media Access Control，MAC）实例以及部分专用物理资源块（Physical Resource Block，PRB）或部分信道。专用资源模型虽然可以为每个切片提供保证的资源，即满足延迟和容量约束，但它会降低资源弹性，限制多路复用增益。因为无论切片的资源使用与否，专用资源模型都不允许所有者在切片生命周期内修改其资源总量。

共享资源模型允许切片共享控制平面、MAC 调度器和频谱，属于共享频谱的

PRB 由通用调度程序管理，该调度程序根据指定的策略和其他业务标准将资源分配给切片。这种方案虽然利用了统计调度来保证物理资源的弹性，但无法支持严格的 QoS 保证和流量隔离。

5. 动态功能划分

RAN 不断朝着动态功能划分发展。虽然网关充当 RAN 与核心网络之间的中介，但 RAN 的功能将在 DU 和 CU 之间分配，如图 4-29 所示。在不同的场景中，这些元素可以折叠在一起并创建具有不同虚拟功能的单个物理实体。最初为支持不同基站之间的负载均衡提出了集中式基带部署，在大多数情况下，DU 将与 RRH 并置以执行所有计算密集型处理任务，例如，快速傅里叶变换/快速傅里叶逆变换（FFT/IFFT）这些与负载无关且没有共享增益的任务，CU 与聚合器分离或并置由 FH 的可用性决定。

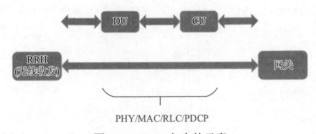

图 4-29　RAN 包含的元素

在 5G 网络中，FH 的逻辑拓扑将变得多样化。如前所述，集中式协作处理需要 FH 网络将信息从（到）多个 RRH 聚合（分布）到 BBU 或者在 BBU 之间传输信息。对于基于不同形态的不同部署方案，这将不是一个最佳解决方案。如图 4-30 所示，3GPP TR 38.801 提出了多种功能划分方法来满足这些多样化的要求，这些方案考虑了用户的负载和环境条件的前传容量、延迟和某些 RAN 功能的时间敏感特性。图 4-30 概述了不同的功能划分选项。本章认为，CU 和 DU 之间的动态功能划分将成为 5G 系统及以后的方法。尽管 CU 将保持类似 BBU 的功能，但就处理能力而言，DU 将比 RRH 更大。如果需要在 5G 中提供更多对延迟敏感的服

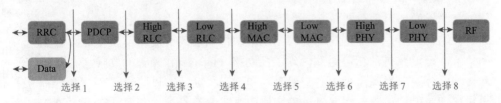

图 4-30　RAN 功能划分模型

务（包括但不限于波束形成和配置），则基于适当的 FH 可用性，MAC-PHY 拆分将是首选解决方案。未来的功能划分不应该是固定的，而是具有更多的灵活性以及能够基于不同形态和部署场景创建不同的功能划分。

IEEE NGFI（下一代前传接口）小组从前传性能的角度研究功能划分，引入了一系列考虑接口带宽和延迟要求的功能划分。BBU 由中央单元（CU）和中央分布式单元（DU）组成，其中 CU 可以承载时间允许的功能，如 PDCP，而 DU 则承担对时间要求严格的功能，如 MAC 和/或部分物理层功能。CU 的覆盖半径为 100～200km，而 DU 的工作范围应为 10～20km。RAN3 组也在讨论 CU 和 DU 之间的拆分、朝向 RRH 的前传拆分以及用户平面和控制平面的 RAN 内部拆分。

灵活的功能拆分会严重影响网络切片的性能，而最佳的拆分方案在很大程度上取决于目标服务的特性。uRLLC 切片可能需要大多数 RAN 功能运行在 DU 上运行才能满足延迟要求，而在 eMBB 切片中，更高的集中度可以提高吞吐量。在网络切片中，某些 RAN 功能也可以在不同切片之间共享。例如，每个网络切片可以有它自己的 RRC（已配置和定制的用户平面协议栈）、PDCP 和 RLC（非实时功能）的实例，而低 RLC（实时功能）、MAC 调度和物理层可以共享。某些网络切片可能还有自己的切片内部应用调度程序，或将 RLC 和 PDCP 功能调整为特定的切片类型。例如，在支持低时延的网络切片中，可以不使用头压缩，直接配置 RLC 透明模式，需要高 QoS/QoE 的服务可以激活已确认的 RLC 模式。

6. 5G 切片和前传/回传集成

5G 网络引入了异构的前传/回传环境，其中包括光、毫米波、以太网、IP 等各种技术。当前移动回程中的网络虚拟化依赖于共享基础架构上的专用网络和覆盖网络，从而将不同的传输网络服务融合为统一的基础架构。多协议标签交换（Multi-Protocol Label Switching，MPLS）支持逐步采用不同的传输层技术，以统一 2G 时分复用（Time-division Multiplexing，TDM）和高级数据链路控制（High-Level Data Link Control，HDLC）传输、3G 异步传输模式（Asynchronous Transfer Mode，ATM）和帧中继以及 4G 以太网和 IP，推动这种可扩展的多业务移动回程。

5G RAN 对设备和负载密度以及高移动性的严格要求可能会影响传输网络层，有助于增加容量、提高可用性和实现敏捷控制。对于前传/回传网络，这就意味着多路径连接，更严格的同步，无线电和传输层的协调以及软件定义的控制。为了解决延迟，抖动和可用性，确定性网络（DetNet）考虑：数据包优先级划分和缓冲区分配，以确保最大的延迟限制和避免抖动；通过同步网络节点之间的速率实现拥塞保护，避免数据包丢失；使用多条路径复制与需要高度弹性和可用性的服务相关的数据包。

解决 RAN 需求的方法有：移动回程的小小区增强，重点是可扩展的连接性和与宏小区的各种协调类型；使用 CPRI 接口的 RAN 集中化，该接口可实现理想的光纤前传。原则上，不同类型的基站拆分可以提供特定的服务性能，需要不同的容量和传输网络层的延迟。集成的前传/回传体系结构（即在公共链路上提供前传/回传服务）可以通过允许每种服务的控制平面和数据平面的不同集中，同时优化网络资源效率来确保所需的性能。网络切片可以根据相应的基站功能划分，在采用不同前传/回传风味的不同逻辑网络之间确保隔离和性能保证。

7. 无线接入网切片面临的挑战

与其他新兴技术类似，毫无疑问，网络切片带来了巨大的潜力，但同时也带来了一些技术和业务挑战。尽管网络切片目前正在进行标准化阶段，但是仍然存在许多开放研究问题和实施挑战需要解决。其中一些包括但不限于技术经济学、切片架构、安全性、互通性和功能暴露 API、切片最优性和 UE 切片。

1）网络切片技术经济方面

网络切片的规划和开发被视为推动新业务机会的关键推动力，同时降低了移动网络的运营成本和资本支出。网络切片的利润集中在提供的网络功能上，例如，NF 和性能保证，而增值服务则包括大数据、本地化和边缘计算。但是关于网络功能、动态切片使用、增值服务以及管理和编排的收费模型仍然是开放的。研究结果表明，在 SDN 和 NFV 的基础上部署移动网络可以节省网络运营商 10%左右的资本投资成本。当采用网络切片形式的主动资源代理时，这种节省的投资成本甚至可能高达总投资成本的一半以上。但是，大多数结论都是基于模拟结果和数学模型的，实际情况需要进一步调查。

2）RAN 切片和流量隔离

物理信道的虚拟化，即 RAN 业务隔离是 RAN 切片的一大挑战。实际上，除非不使用波束成形，否则将 PRB 静态分配给 UE 虽然能够确保 RAN 业务隔离，但会限制复用增益。基于流量预测的切片调整虽然可以增强多路复用增益，但是会以网络的可扩展性为代价。考虑整个频谱的基于策略的 PRB 分配可以增强更多的多路复用增益，但由于没有硬频谱隔离会牺牲安全性。因此需要思考新的解决方案对物理信道进行虚拟化并使 RAN 切片从波束成形技术中获益。此类解决方案应为切片创建特定的物理通道，要求每个物理层应先处理公共同相正交相位（I/Q）流，然后才能从一个切片解码出专用于 UE 的流量，这样非常消耗资源并且效率低下。但根据所需的隔离级别，可以虚拟化（即共享）用户特定的物理层处理（如 LTE 中的 Turbo 编码/解码）。

4.3.3　5G 车联网中的网络切片技术

车联网是 5G 网络的一个重要的应用场景。在 4G 网络和 5G 网络的标准化进程中，3GPP 都提出了需要针对车联网进行增强，如 V2X（Vehicle to Everything）和 eV2X。在 V2X 的场景下，单租户和多租户的场景都有覆盖，并且不同的场景有不同的服务需求。例如，智慧城市中行驶的自动驾驶汽车、车载信息娱乐系统中的高清视频流以及增强实时导航系统。

1. 3GPP 中的 V2X 通信模型

3GPP 为 V2X 定义了四种通信模型，分别是：车辆对车辆（V2V）、车辆对行人（V2P）、车辆对基础设施（V2I）、车辆对网络（V2N）。V2V 和 V2P 模式分别涵盖了车辆用户设备（UE）与易损道路用户（Vulnerable Road User，VRU）（如行人、自行车、摩托车和轮椅）之间的直接通信。对于 sidelink 无线在资源的分配，可以在以下的位置进行：在蜂窝基础设施（eNodeB）的控制下的调度模式；UE 从预先配置的资源池中选择预先配置的侧链资源的自主模式。V2I 表示的是车辆和基础设施的通信。例如，在 eNodeB 中面向独立的 UE 进行实现的路边单元（Road Side Unit，RSU）。车辆的 UE 和 RSU 通过 LTE-Uu 接口进行数据的交换。其中 RSU 可以通过 eMBMS 向给定区域的多个 UE 进行数据传输。V2N 表示的是车辆 UE 与支持 V2N 的应用程序服务器（称为 V2X 应用服务器，简写为 AS）之间进行的通信。AS 可以进行集中的控制，例如，对于交通、道路和服务信息的分配。

2. V2X 用例和相关指标

安全性和效率性。V2V 和 V2P 的事件驱动机制和周期性的消息携带了车辆的位置和运动学参数等。这一类信息可以支撑其他车辆和 VRU 对于周围的环境进行感知，并且能支持一些典型的应用，例如，用于通知驾驶员可能会与前方车辆发生追尾的前向碰撞警告；能够允许附近的一组车辆共享同一路径的自适应巡航控制系统；用以警告车架存在 VRU，等等。

自动驾驶。自动驾驶的要求和 V2V 安全应用要更为严格。在自动驾驶的场景下，两辆汽车可能会以较快的速度相互接近。此外，无人驾驶汽车需要在所有地区都进行网络覆盖，并且该网络覆盖可能一直工作在高车辆密度的场景。在某些情况下，通过 V2N 连接进行视频和数据的交换可以进一步提高自动驾驶的效率和安全性。

遥控驾驶。在一些特殊的场景中，人员不方便进入，如核事故、地震、道路建设、雪地清扫等。在这些场景下，可能会使用无人车辆进行工作，而人员在远程进行遥控接管。使用摄像头、状态和传感器数据等进行控制。这一类场景也被称为触觉互联网。

车载互联网和信息娱乐。目前情况来看，越来越多的用户希望在汽车上进行互联网浏览、社交媒体访问、文件和应用下载等活动，并且这些功能对于汽车来讲越来越重要。

远程诊断和管理。汽车制造商或者车辆诊断中心拥有的 V2X AS 可以对于车辆发送的信息进行检查，进行状态跟踪并进行远程诊断。同样，车辆管理应用可以跟踪车辆的状态，保留有用的信息用以进行事故处理等。

3. V2X 服务的 5G 网络切片

在 V2X 生态系统中，网络切片可以有效地应对多种用例，而其中多个租户在 5G 基础架构上提供的需求又是不同的。除了传统的 Internet 和服务提供商之外，V2X 还涉及更多的机构，如道路管理局、市政管理局、车辆制造商等，也都会对 V2X 产生影响。V2X 中的服务具有一定的独特性，V2X 一般是异构的，并且具有复杂的功能，因此不能直接将它映射为 eMBB、URLLC 和 mMTC 中的任意一种。并且在通常的情况下，映射为单个 V2X 网络切片也是不准确的。因此，有研究人员提出了网络切片组的概念。

（1）用于自动驾驶和其他与安全功能密切相关的服务切片通常需要依赖超低时延的无线接入技术，并且还需要基于 RAN 和 CN 进行一定的功能扩展，例如，通过 PC5 接口进行 eNodeB 网络资源的分配、进行移动性管理、进行身份验证、进行授权和订阅管理等。此外，需要通过部署在边缘的 V2X AS 进行低时延的可靠的视频和数据流量交换，用以帮助车辆进行一些比较增强处理，如对周边区域进行 3D 地图生成。

（2）用于远程驾驶的网络切片应该确保受控车辆和远程操作员（通常位于 CN 以外）之间的连接具有超低的等待时延和高度可靠的端到端连接。与自动驾驶不同，这种网络切片大多数情况下只服务于少数的车辆，并且只是在特定的情况下才能进行激活，因此该网络切片对于 CN 来讲是轻负载的。

（3）用于车载信息娱乐应用的网络切片由于大多数情况下都是工作在高吞吐量的状态，因此大多都是基于多种无线接入技术进行部署，并且将内容托管到靠近用户的位置，例如，云或者与 eNodeB 的位置并列的服务器。这一类切片还可能需要多个 MME。

（4）用于车辆远程诊断和管理的切片需要与 CN 外部的远程服务器进行少量低频的数据交换。因此，数据平面功能需要处理多种交互，而控制平面的功能则需要对应地进行相应的实例化。

V2X 网络切片面向的问题具体如下。

（1）面向端到端的 V2X 网络切片设计应该允许 RAN 和 CN 中的不同网络切片实例的动态组合。例如，某个切片是自动驾驶功能的实例，该切片同样可以与其他的切片共享一组公共的 CN 功能（如认证与授权），但是需要在 RAN 上进行特定的定义来解决 V2V 的交互问题。

（2）为了更好地识别切片配置，3GPP 定义的多维度切片描述符还应当充当其他的功能。例如，除了租户 ID（汽车制造商、所属的道路局等）和网络切片类型（如车辆信息娱乐和远程诊断）以外，在切片的描述中还可以考虑到位置和运动学参数，以便动态地将资源池分配给相反方向移动的车辆。

（3）车载的设备同样可以被视为多层的设备，或者是可以连接到多个网络切片的设备。驾驶员可以启动依靠自动驾驶汽车的切片进行 V2V 消息的交互，而其他的娱乐信息则是通过车辆信息娱乐切片进行的。

（4）在 V2X 切片方案中，多租户特性是其最典型的特征。映射到不同的网络切片上的不同服务可能是由不同的提供商在不同的网络基础设施上提供的。因此，这可能会使得网络切片的订阅和附加操作变得复杂化。

（5）不同类型的 UE 都可以请求进行网络切片的激活。网络切片的客制化也与 UE 的类型相关，例如，它可以是用于 VRU 的智能手机车，也可以是嵌入到车辆中的收发器单元，又或者是车载信息娱乐平台。

4. 面向 V2X 的 RAN 切片

在 V2X 中，对于 RAN 的切片的范围可以从无线接入一直到 RAN 中，并且需要考虑无线资源的分配策略和更细粒度的空口参数的子集配置。

无线接入选择。在 5G 网络中，无线接入的接口将会同时包括现有的 3GPP 接口（如 4G 与新 5G）和非 3GPP 接口（如 802.11）。在 V2X 的上下文中，蜂窝接入可以提供近乎无缝的覆盖。而用于非授权频谱的本地 V2V 通信的 802.11 OCB 则需要将 3GPP 网络进行卸载。对于一个 V2X 网络切片的配置，需要包括：对能够满足其 KPI 的无线接入技术的选择；进行网络条件的修改以适应不断变化的网络。特别地，多个无线接入可以被配置为对于车载信息娱乐网络切片的连接承载或者是向远程驾驶网络切片提供冗余的链接。

RAN 架构。V2X 网络切片可以通过 C-RAN 来实现 RAN 功能的按需部署，能够将无线功能和基带处理功能分开，并且将后者迁移到云中实现 BBU 的功能。利用虚拟化技术，可以根据网络的负载将池中的 C-RAN 资源动态地分配给 eNodeB。这种机制确保了对于车辆场景的非均匀流量适应性的表征（例如，在城市或乡村环境；在高峰时间或非高峰时间）。此外，与每一个 eNodeB 的分布式处理相比，集中式的 BBU 功能减少了必要的切换时间和信令。

通信模式和原始选择。V2X 网络切片的配置要求将业务流量映射到通信模式

（Sidelink 或者是蜂窝）和原语（单播、组播或广播）上。例如，在自动驾驶网络切片中，在默认的情况情况下，可以依赖于 Sidelink 通信进行局部的交互，但是移动性和时变密度条件可能会触发网络切片的重新配置，从 PC5 切换到 LTE-Uu 接口。在低车辆密度的情况下，安全数据的传播将会覆盖大面积的区域。当最初的非视线范围内的车辆驶入 Sidelink 范围内的时候，可以将接口从 LTE-Uu 切换到 PC5。广播和可靠性单播都可以用以匹配 V2V 和 V2P 安全服务。单播可以用于 V2I 和 V2N 上行链路中的通信以及双向的操作。而 RSU 和 eNodeB 可以使用组播在广域上接入多个 UE（如进行事故和拥塞的警告）。

无线资源分配。通常情况下，尽管在多个网络切片之间共享了无线接入的调度程序，它们也需要负责将资源对于不同的切片进行分配。无线电资源的切片可以在时域或者是频域进行。基于地址位置的资源分配可以促进内部和外部的 V2X 切片隔离。此外，也可以通过制定一组分组处理（优先级、吞吐量）规则来构建网络切片，例如，可以由服务质量类别标识符（QCI）来进行捕获。而 QCI 除了需要满足 LTE-Uu 接口上的 V2X 延迟需求（50ms 的数据包延迟）和可靠性需求（1%的错误率）之外，还需要为更加严格的 V2X 网络切片需求构造更多的 QCI。在 3GPP 的调度方案中，基于每一个 UE 的缓冲区状态信息可以自适应地分配给无线电资源以进行动态的调度，同时可以与车辆信息娱乐切片进行更好的匹配。同时，特别针对具有可以预测频率和数据包大小的流量（如自动驾驶切片和远程诊断切片），还提出了半持续性调度，周期性地进行资源分配且不需要其他任何信令的参与。

参数集（Numerology）。V2X 支持将不同的时间和频率参数集（如灵活的帧结构）在 5G 中进行实现。例如，对于较大的 TTI（1ms），可以应用于交付映射到车辆信息娱乐切片，而较短的 TTI（如 0.125ms）可以为远程驾驶切片提供快速的反馈和重传。

5. 面向 V2X 的 CN 切片

CN 上的网络切片会影响控制平面和数据平面的功能，以及对于 V2X 服务器的设计和部署。

MME。MME 在 CN 中的功能至关重要，主要包括了移动性管理、会话、身份验证和授权过程。在所有的 V2X 切片中，都存在使得传统 CN 的 MME 的移动性管理（Mobile Management，MM）功能超载的风险，进而导致时延增加。如果只根据其峰值速率来进行配置，则无法满足在路上行驶的场景。为了避免上述两个问题，在对于相同功能的非活跃切片（如行人和室内 UE）进行隔离的同时，V2X 网络切片需要允许将多个 MME 实例灵活地部署为 VNF，同时进行互联互通，用以满足 V2X 网络切片的需求。特别地，通过对于 MME 中的功能进行分解，可以将 MM 功能与 eNodeB 进行并置，从而确保具有低时延的信令过程。例如，在自动驾驶切片中，设计新的轻量级接口，使分割的 MME 功能通过路径配置来进行彼此的交互和与其他网络实体的交互。

eMBMS。在自动驾驶切片中，可能需要组播流量来进行即时的激活，从而完成对于事故和拥塞相关信息的传输。支持 eMBMS 功能的节点（即 BM-SC、MBMS-GW 和 MME）通常位于 CN 中。BM-SC 和 eNodeB 之间的回传时延造成的影响是不能忽略的。由于数据平面和控制平面的解耦，MBMS CN 功能的用户平面可以转迁移到更加靠近 eNodeB 的位置，以确保安全地将数据迅速且大面积地进行传播。

应用服务器。在通常情况下，AS 被部署在 LTE 网络外部，例如，运输局、市政局、汽车维修中心、服务提供商和云平台等。利用 MEC 等技术，V2X 中的 AS 实例可以在更加靠近用户的位置运行，如 eNodeB，从而提供更短的时延。如果 AS 收集到了传感器和车辆生成的数据，它将对其进行本地化的处理并跟踪道路的拥堵情况。然后通过 RSU 迅速地对事故区域的车辆进行通知。支持自动驾驶的 V2X AS 也可以很好地在边缘进行部署。可以将 V2X AS 很方便地在运营商外部网络的远程云设施中进行部署，从而支撑一些延迟容忍服务的需求，如远程诊断。信息娱乐服务器也可以基于 NFV 和 MEC 进行部署，将数据平面的功能部署在更加靠近 UE 的位置。由于车辆存在移动性，如果结合内容和 UE 的预提取策略，则将能够更加有效地进行车辆信息娱乐切片的配置。将内容从边缘节点转移到另外的边缘节点来确保业务的连续性。因此，切片功能可以通过车辆移动性预测模型来进行增强，对 V2X 资源规划和流量工程进行优化支撑。

6. 面向 V2X 的用户设备切片

车辆 UE 与 VRU UE 具有不同的功能和特征，所以对于支持安全服务的同一切片，应该分别针对两种设备类型来不同地配置业务模式参数。例如，在 VRU 中的消息交换频率必须要低于在车辆 UE 当中的消息交换频率。此外，尽管网络能够在调度模式下保持对于 V2V 和 V2P 的 Sidelink 通信的控制，一些控制功能依然能够因 RAN、CN 和 UE 的划分而得到增强，具体如下。

（1）车辆 UE 可以在自动驾驶切片中的 PC5 链路上本地化地处理重传，用来匹配 V2V 链路上的高可靠性和超低时延。

（2）可以根据 UE 自主地进行链路参数的适配，包括传输功率、调制和解码方案等。

（3）在 UE 不在覆盖范围内部时，UE 需要能够自主地选择一组切片进行配置，从而更好地匹配适当的服务。例如，可以决定在预分配资源中分配给不同的 V2X 服务哪些 Sidelink 资源。

有时候会将网络数据平面扩展到最边缘的位置，直到 UE。例如，车辆 UE 可以在本地托管轻量级的 V2X AS 实例（如作为容器），并服务其他的 UE（如拥有智能手机的行人）。切片需要能够支持这些车载 UE 的操作，并替代存储单元，用来传播与本地相关的信息娱乐内容。另外还需要作为处理单元，来执行一些本地云操作，例如，融合来自多个自动驾驶传感器的数据。

7. V2X 网络切片的运营问题

网络切片的管理和编排需要的主要功能如下。

（1）网络切片描述，用来垂直获取市场所接受的 SLA 需求，并需要保证它是由运营支持系统进行跟踪的。这部分信息需要翻译成网络元素。

（2）网络切片实例化，包括数据平面和控制平面体系架构、接口的标识和 CN 中特定切片与通用 VNF 的相互连接，以及 RAN 设备中的参数配置。

（3）切片生命周期管理，需要通过配置、调整和监视来实现隔离约束和 SLA 的商定。

每一个网络切片的管理都要负责后面两个功能。它需要与切片编排器进行交互，而切片编排器又和 ETSI NFV 管理和操作平台进行通信，并且实现了 NFV 资源的代理。当给定了服务需求的时候，若切片标识符预先存储在设备之中，V2X 设备应该需要选择所需要的切片，或者从网络接收相关的已经激活的切片指示。对于其他的非 V2X 切片，网络实体会识别请求，然后进行 UE 身份的检查和数据订阅后添加请求，然后重新进行切片的配置来附加新的 UE 需求。

由于参考环境的高度动态性，V2X 服务的复杂性以及网络基础架构都是以边缘为主的特性，此类操作会比 5G 网络中的上下文复杂得多。例如，切片编排器将必须同时为每一个设备配置多个网络切片，并在运行时调整切片的配置，例如，通过在边缘网络上进行 VNF 的迁移的时候，不仅要管理 SLA 的降级，并且要迅速地对车载 UE 进行跟随，用以进行迁移的预测。

目前看来，5G 网络中的网络切片将会对传统的业务模式进行革新。运营商可以快速地为来自不同的垂直市场的客户提供客制化的网络切片服务。对于特定服务的需求，需要设计适当的开放式 API 为垂直的网络段提供网络可编程性，而无须特定地拥有网络基础设施和对应于该基础设计的管理与编排实体。

在基于 5G 的 V2X 中，需要以较低的开销和低时延来保证用户的身份认证、不可否认性、数据完整性、机密性和用户的隐私性。此外，在 5G V2X 中应用网络切片技术，同样也可能出现安全问题。因此需要面向不同的场景，对于不同的用例进行独特的安全规程定义，因此需要保证不同的安全保障要求的网络切片可以共存，并拥有严格的隔离性。此外，在进行切片实例化之前，也需要切片管理器和基础设施提供方之间存在足够的可信任关系。

4.4　5G 网络典型虚拟化方案

本节主要介绍 5G 网络中的典型切片方案，我们将这些方案分为两类：移动核心网切片方案和无线接入网切片方案。移动核心网切片方案包括联通网络技术研究院 NFV 方案、中兴通讯 Cloud UniCore 方案，以及学术方案 SoftNet。无线接入网切片方案主要介绍 C-RAN 方案和 O-RAN 方案。

4.4.1　无线接入网典型虚拟化方案

最初基站中的 BBU、RRU 和供电单元等设备是集中放置的，3G 时代提出了分布式基站，将 BBU 和 RRU 分离，RRU 可以挂在天线下面。随着技术发展，出现了集中化/云无线接入网（C-RAN），让 RRU 无限接近于天线，以减少信号通过馈线的衰减，并将 BBU 集中到中心机房，形成 BBU 基带池。C-RAN 的目标是解决移动互联网快速发展给运营商带来的多方面挑战（能耗、建设和运维成本、频谱资源），追求未来可持续的业务和利润增长。

无线网络建设作为运营商网络综合成本的主要部分，随着 5G 网络投资建设的不断推进，大规模 5G 基站部署面临高成本和耗资，亟须借助方案革新降低建设难度和无线网络投资，同时垂直行业中各类新型业务不断涌现，为更好地支持业务开发和创新，需要更加高效的资源管理方案和更加灵活的网络架构。

2016 年，AT&T 牵头成立了 xRAN 联盟，致力于使用开放可代替的标准化设备代替传统的基于硬件的 RAN，该联盟的工作重心包括：耦合 RAN 控制平面和用户平面，构建使用 COST 硬件的模块化 eNodeB 软件堆栈，公开南北向接口。

OpenRAN 工作组成立于 2017 年，该工作组的目标是开发基于通用处理平台和分解软件的 RAN 技术，侧重于实施和构建软硬件的方式，而 xRAN 工作组更侧重于规范。

在 2018 年 2 月举行的全球移动通信大会上，思科发布了名为 Open vRAN 的新的开放虚拟化无线接入（vRAN）计划。Open vRAN 的目标是构建基于通用处理平台和分解软件的开放式模块化 RAN 架构，以支持不同的应用案例。

在 2018 年 6 月的上海 MWC 世界移动大会期间，AT&T、中国移动、美国 AT&T 等 12 家运营商成立 O-RAN 联盟，旨在推动无线接入网向开放化、智能化演进。O-RAN 的理念可以理解为通过软件开源化、接口开放化、硬件白盒化来实现模块化组建基站，以降低产业成本。O-RAN 联盟以运营商为主导，包括三大关键原则：一是开放接口，支持不同厂家设备间的互操作，并通过虚拟化的方式构建无线接入网，实现基于大数据的智能无线网络；二是充分利用通用平台，减少对私有平台的依赖；三是制定并推进接口及相关 API 的标准化定义，积极探索开源解决方案。

下面对 C-RAN 和 O-RAN 两种方案进行详细介绍。

1. C-RAN

1）传统 C-RAN 架构

随着移动互联网的迅速发展，用户对移动通信服务的覆盖范围、速度、时延等的要求不断提高。移动运营商处于非常尴尬的境地：一方面，为了应对爆发式增长的数据流量，需要加强网络基础设施的建设，需要大量的投资；另一方面，网络的扩容，数据流量的增长并不能带来成比例的收入回报，盈利能力降低。为了保持持续盈利和长期增长，移动运营商必须设计绿色的无线接入网演进路线，实现高容量、低能耗、低成本的目标。

在这样的背景下，中国移动研究院在 2009 年提出了 C-RAN 架构，旨在降低网络部署和维护成本、降低系统能耗的同时，提高网络资源利用率、灵活性等性能。C-RAN 是基于云计算的集中式无线接入网络架构，支持 2G、3G、4G 及未来的无线通信标准，具备集中化处理、协作式无线电、实时云计算、绿色四大特点。其本质是通过采用协作化、虚拟化技术，实现基站机房数量及能耗的减少，指出资源共享和动态调度，提高频谱效率，以达到低成本，高带宽和灵活性的运营。基本思想是将所有/部分的基带处理资源进行集中，形成一个基带资源池并对其进行统一管理与动态分配，利用协作化技术有效提升网络性能。

C-RAN 其实是由基带处理单元（Building Baseband Unit，BBU）和远程无线电头（Remote Radio Head，RRH）构成的分布式基站（Base Transceiver Station，BTS）的自然演进，将 BBU 处理资源集中化、开放化和云计算化为资源池，通过高带宽低时延的光纤或光传输网连接远端无线射频单元，每个 BBU 能连接 10～100 个 RRU。根据 BBU 和 RRH 之间不同的功能划分，C-RAN 解决方案可以分为完全集中式和部分集中式两种。完全集中式架构从基带处理与射频部分分离，基带及 2、3 层的基站功能均位于 BBU 中；部分集中式架构从主控时钟与基带处理部分分离，RRH 集成了无线电功能和基带功能，而其他高层功能仍位于 BBU 中。BFS 功能不同的划分方法如图 4-31 所示。

这两种不同的功能拆分方法就对应着两种 C-RAN 体系结构。它们均包含三个主要部分：分布式无线电单元（即 RRH）及位于远程站点的天线，由高性能可编程处理器和实时虚拟化技术构成的 BBU，连接 RRH 和 BBU 池的高带宽低延迟光传输网络。BBU 池集中了被虚拟化的 BBU 资源，BBU 池通常位于数据中心，RRH 位于远程站点。RRH 可以与 BBU 池中的任一 BBU 建立逻辑连接，而不是与特定的 BBU 建立连接。BBU 充当虚拟基站，能够执行基带处理功能（如 FFT/

逆 FFT、调制/解调、编码/解码、无线电调度、无线链路控制）。这些功能通过软件定义并作为应用程序运行。BBU 池的数据通过低延迟和高带宽的前传接口传输到 RRH。无线接入网络的基带信号处理和网络功能是在云中执行的。

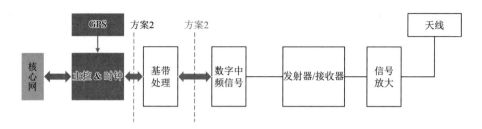

图 4-31 BFS 功能的不同划分方案

完全集中式 C-RAN 架构如图 4-32 所示，具有易于升级和网络容量扩展的优势，具备更好的支持多标准操作的能力，最大限度地共享资源，并且更易于支持多小区协作信号处理。这种架构的主要问题在于 BBU 与承载基带 I/Q 信号之间的带宽要求很高。在极端情况下，一个带宽为 20MHz 的 TDLTE 8 天线将需要 10Gbit/s 的传输速率。

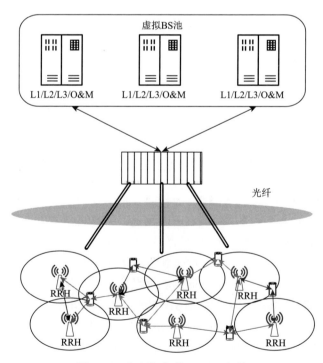

图 4-32 完全集中式 C-RAN 架构

　　部分集中式 C-RAN 架构如图 4-33 所示,通过将基带处理与 BBU 分离并将其集成到 RRH 中,对 BBU 和 RRH 之间的传输带宽要求要低得多。与完全集中式架构相比,BBU-RRH 间的连接只需要携带解调后的数据,这部分数据仅占原始基带 I/Q 采样数据的 1/20～1/50。但是基带处理被集成到 RRH 中,会导致升级的灵活性受限,多小区协作信号处理的便利性也会比较低。

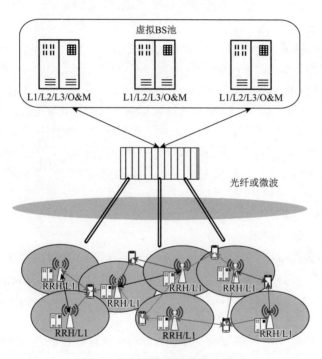

图 4-33　部分集中式 C-RAN 架构

　　但是,两种 C-RAN 架构都支持移动运营商快速部署并升级其网络,可以根据具体的网络情况将其部署到不同的网络中。运营商只需安装新的 RRH 并将它们连接到 BBU 池即可扩展网络覆盖范围,或者是拆分小区以提高容量。如果网络负载增加,运营商只需升级 BBU 池的硬件即可适应增加的处理能力。此外,完全集中式解决方案与开放平台和通用处理器相结合,可以提供一种开发和部署软件定义无线电(Software Defined Radio,SDR)的简便方法,该方法允许仅通过软件升级空中接口标准,并使其更易于升级 RAN 和支持多标准操作。C-RAN 打破了传统的分布式基站结构中 RRH 和 BBU 之间的静态关系,RRH 不属于任何特定的物理 BBU,通往特定 RRH 的无线电信号可以由虚拟 BS 处理。虚拟化技术的采用可以使 C-RAN 系统的灵活性最大化。

　　C-RAN 架构的优势主要体现在以下几个方面。

（1）降低能耗。

C-RAN 通过集中化的方式可以极大地减少基站机房的数量，减少配套设备的能耗；远端无线射频单元到用户的距离由于高密度的射频单元配置而减小，可以在不影响网络整体覆盖的前提下降低网络侧和用户侧的发射功率。低发射功率也意味着无线接入网络功耗的降低和用户终端电池寿命的延长。所有虚拟基站通过共享基带池，可以动态调度基带池中的处理资源，以便处理不同 RRH 的基带信号，适应移动通信系统中的潮汐效应，使得基带处理资源得到最佳利用。当通信系统负载较轻时，可以关闭基带池中的部分处理单元，在不影响系统的覆盖和服务质量的基础上实现节电。

（2）节约 CAPEX 和 OPEX 成本。

C-RAN 架构中的基带处理单元站址可以减少 1~2 个数量级。集中式的基带池和相关辅助设备可以放置在一些骨干中心机房内进行集中管理，简化运营管理流程。虽然 C-RAN 中的远端无线射频单元的数量没有减少，但这些器件功能比较少，体积和功耗都很小，比较容易部署在有限的空间里，只需要提供天线的供电系统，而不需要频繁地维护，可以加快运营商网络建设速度。通过部署 C-RAN 网络，运营商可以节约大量购买站址机房资源的成本，降低运营和维护的开销。

（3）提高网络容量。

C-RAN 中的虚拟基站可以在基带池中共享所有通信用户的发送和接收、业务数据和信道质量等信息，这使得联合处理和调度成为可能，从而显著提高频谱使用效率。例如，LTE-A 中提出的协作式多点传输技术利用 C-RAN 架构就很容易实现。

（4）基于负载的自适应资源分配。

C-RAN 支持基站处理资源的灵活调配，网络就可以根据各个区域或时段的不均衡负载来调配处理资源。用户在物理小区间移动时，其占用的基站处理资源也会随之移动。而由于基带池服务的物理区域会远大于传统意义上彼此独立的基站，这种区域上的负载不均衡不会影响基带池中资源的利用率。

（5）互联网流量的智能卸载。

通过使用智能卸载技术，智能终端和其他移动通信设备产生的大量互联网业务被转移出核心网，传输网与核心网的业务负载和相应的成本开销也会相应降低，同时由于这些业务的路由绕过了核心网，用户的服务体验也会更好。

2）5G C-RAN 架构

中国移动一直在推动 C-RAN 中的部署和演进。面对 5G 高频段、大带宽、多天线、海量连接和低时延等需求，C-RAN 的概念也在不断丰富和发展。中国移动在 2016 年发布的《迈向 5G C-RAN：需求、架构与挑战》白皮书中指出，在无线资源虚拟化中引入 NFV 和 SDN，将 5G 网络中的 BBU 功能进一步切分为 CU 和 DU。

图 4-34 为 4G 网络和 5G 网络中 BBU 架构层次对比，4G 网络中的 C-RAN 相当于 BBU、RRU 2 层架构，而在 5G 系统中，相当于 CU、DU 和 RRU 3 层架构，CU 和 DU 功能的切分根据处理内容的实时性进行区分：CU 设备主要包含非实时性的无线高层协议栈功能，同时也支持部分核心网功能下层和边缘应用业务的部署；DU 设备主要处理物理层功能和实时性需要的层二功能。考虑节省 RRU 和 DU 之间的传输资源，部分物理层功能也可上移至 RRU 实现。在具体实现方面，CU 设备采用通用平台实现，DU 设备采用专用设备平台或通用＋专用混合平台实现，引入网络功能虚拟化 NFV 框架后，在管理编排器 MANO 的统一管理和编排下，结合网络 SDN 控制器和传统的操作维护中心 OMC 功能组件，可实现包括 CU/DU 在内的端到端灵活资源编排能力和配置能力，满足运营商快速按需的业务部署需求。

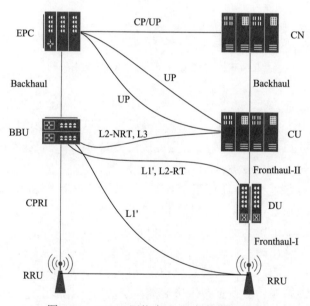

图 4-34　4G/5G 网络中 BBU 架构层次对比

基于 CU/DU 的 C-RAN 网络架构如图 4-35 所示。引入 NGFI 架构可以解决 CU/DU/RRU 之间的传输问题。CU 通过网络连接远端的 DU，这种架构可以根据场景需求选择集中部署或者分布式部署 DU 功能单元，传送网资源充足时可以使用集中部署，资源不足时可以采用分布式部署，CU 功能可以在尽可能保证协作化能力的同时，兼容不同的传送网能力。

5G C-RAN 基于 CU/DU 的两级协议架构、NGFI 的传输架构及 NFV 的实现架构，形成了面向 5G 的灵活部署的两级网络云架构。相比于传统 C-RAN 网络，5G C-RAN 进一步演进了集中化、协作化、无线云化和绿色节能四大特征的内涵。

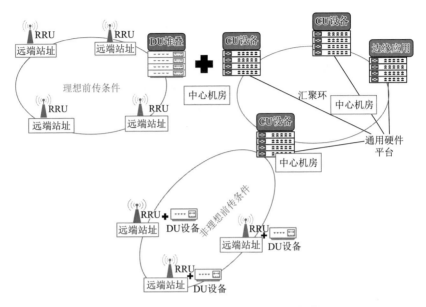

图 4-35　基于 CU/DU 的 C-RAN 网络架构

在集中化部署方面,随着 CU/DU 和 NGFI 的引入,5G C-RAN 逐渐演变为逻辑上的两级集中,第一级集中沿用 BBU 放置的思路,实现物理层处理的集中,第二级集中则是引入 CU/DU 后无线高层协议栈功能的集中,将原有的 eNodeB 功能进行划分,部分无线高层协议栈功能被集中部署。

在协作能力方面,对应两级集中概念,第一级集中是小规模的物理层集中,可以引入 CoMP、D-MIMO 等物理层技术实现多小区/多数据发送点间的联合发送和接收。第二级集中可作为无线业务的控制面板和用户面锚点,引入 5G 空口后可实现多连接、无缝移动性管理、频谱资源高效协调等协作化能力。

在无线云化方面,云化的核心思想是功能抽象,实现资源与应用的解耦。一方面,全部处理资源构成一个逻辑资源池,资源分配在池上进行,可以最大限度获得处理资源的复用共享,实现业务到无线端到端的功能灵活分布。另一方面,空口也可以抽象为一类资源,无线资源与空口技术的解耦可以支持灵活的无线网络能力调整,满足用户的定制化需求。通过无线云化技术,系统可以感知实际业务负载、用户分布、业务需求等情况,适时调整处理资源和空口资源,实现按需的无线网络能力,提高新业务的快速部署能力。

在绿色节能方面,利用集中化、无线化、协作化、云化等能力,可以降低运营商对无线机房的依赖,降低建设成本。按需无线覆盖和处理资源调整,在优化无线资源利用率的同时提升了全系统的整体效能比。

中国移动发布的白皮书将 5G C-RAN 技术研究工作分为五个方向:梳理 C-RAN

无线云化各组件基本功能切分和可编排能力应用场景需求；基于应用场景分析定义基础功能单元划分方案和功能定义；软硬件解耦的通用设备硬件定义和加速器接口标准化；明确 RAN-VNF 对 NFVI 虚拟化层的能力需求，制定针对虚拟化平台的测试方法与衡量标准；应对 RAN 新增需求的 MANO 功能拓展与定义，并实现相关接口的标准化。

3）典型 C-RAN 解决方案

SoftRAN 被认为是最早集成云和虚拟化概念的解决方案之一。在该方案中，所有基站被视为简单的无线电单元，这些单元具有构成虚拟大基站（Virtual Big Base Station，VBBS）的最少控制逻辑。VBBS 执行资源分配、移动性、负载平衡和其他控制功能。逻辑上集中的实体（即控制器）维护 RAN 的全局视图，并为所有 RRH 做出控制平面决策。

在 SoftAir 方案中，控制平面由网络管理和优化工具组成，并且在网络服务器上实现。数据平面由 RAN 中的软件定义基站和核心网络中的软件定义交换机组成。控制和逻辑功能通过软件实现，并在通用处理平台上执行。该方案提出的体系结构提供节点的可编程性，增强网络性能的节点协作，开放接口协议以及全局网络抽象视图，该抽象视图基于从 BS 和交换机收集的信息构建。

FluidNet 解决方案旨在提供前传链路的智能配置。FluidNet 的算法确定的配置可以最大化 RAN 上满足的流量需求，同时优化 BBU 池中的计算资源使用率。

FlexRAN 是一个灵活的可编程软件定义 RAN 平台，通过自定义 API 将控制平面与数据平面分开。该架构的主要组件是 FlexRAN 主控制器和 FlexRAN 代理。每个代理对应一个基站，并与主控制器相连。FlexRAN API 支持代理与主控制器之间的双向交互。代理充当本地控制器，将网络状态信息发送到主控制器，主控制器基于网络状态信息发送控制命令给代理。

FlexCRAN 在 FlexRAN 的基础上，集成了一个支持灵活功能划分的架构框架，使用以太网作为前传链路实现功能划分。

除通用的 C-RAN 架构外，学术界及工业界还对 C-RAN 架构进行了扩展。在异构网络的推动下，研究者提出了结合基站致密化和集中处理功能的异构 C-RAN（H-CRAN）。H-CRAN 可以通过使用上/下行链路协调资源分配技术对消息进行联合编/解码，从而在通过云实现的不同实体之间实现有效的资源共享。随后又提出了一种通过集成大规模多入多出（Multiple-in Multiple-out，MIMO）技术来实现宽带传输的新型 H-CRAN 体系结构，将其分为基础结构层、控制层和应用层三个不同的逻辑层，增强系统的可伸缩性和灵活性，而且随着复杂的计算由 BBU 池管理并由大规模 MIMO 实现，RRH（Remote Radio Head）也会变得更加简单。许多研究也在不断探索通过集成 BF、多用户 MIMO、大规模 MIMO、NOMA（Non-Othogonal Multiple Access）、毫米波通信、集群等先进技术来增强通用 C-RAN 体系结构。

4）C-RAN 面临的挑战

C-RAN 在成本、升级和扩展性等方面具有许多优势，但在具体实现过程中仍然存在各种挑战，将其用于未来移动通信系统中还有很长的路要走。本小节根据 C-RAN 的关键支撑技术分类概述其面临的挑战。

（1）SDN 技术。

SDN 技术扩展到无线接入网络中需要实现无缝集成，大量设备及现代移动网络的异构性形成了复杂的无线接入环境，容易影响链路可靠性和质量，进行架构设计时需要充分考虑这些因素。

在 SDN 部署方面，控制器的位置影响着时延、QoS 及其他网络性能参数，需要对控制器的放置进行部署。控制器放置问题就是找到 SDN 控制器的最佳数量及位置，最大限度地减少开销和延迟，增强网络的可靠性。另外，受 SDN 控制器服务能力的限制，网络运营商在 C-RAN 中的可扩展性也是一大挑战。

在移动性管理方面，C-RAN 中的移动性管理对于及时、可靠地向用户提供服务至关重要。然而由于用户可能存在的频繁移动，保证连接的连续性非常具有挑战性，在多云 C-RAN 以及 RRH 之间灵活资源调度的场景下会变得更加复杂。而且，C-RAN 的集中化架构在为大量设备执行这些功能时容易导致额外的延迟，制定用于移动性管理的分布式解决方案也值得思考。

（2）NFV 技术。

NFV 技术应用于 C-RAN 中也面临着开销和性能的挑战。网络功能的执行可能会引入额外的开销，导致网络性能下降，需要对其进行合理优化。网络隔离可以实现不同运营商之间的资源抽象和共享，无线通信的广播特性导致无线网络中的隔离存在挑战。

在资源分配方面，由于频谱可用性、设备移动性以及上下行链路间的差异，无线网络上的资源分配非常复杂。为达到 C-RAN 的最佳能效，RRH 的即时流量感知操作和 BBU 在云中的调度非常重要。除现有的资源调度算法之外，还应开发基于云中 RRH 和 BBU 集群的强化算法，设计有效的策略将不必要的 RRH 和 BBU 切换到睡眠模式，并探索 RRH 之间的最佳能量共享机制。

无线接入网络中的切片管理和切片资源的有效分配也是需要解决的问题。网络切片应根据服务需求动态创建并支持对其进行动态扩展。资源分配算法需要根据切片大小和服务要求采用不同的策略。在设计和实现这些算法时，必须考虑 5G 移动网络的动态特性。

（3）前传链路。

C-RAN 的设计必须满足 5G 蜂窝网络的严格要求，即高吞吐量、超高可靠性、延迟和成本最小化以及支持大量用户设备。RRH 和 BBU 云之间的前传链路对 C-RAN 的性能有很大的影响，这些链路需要具备高数据速率和带宽、低延迟和抖动性能。因此，需要前传感知的有效信号量化/压缩技术，大规模预编码/解码方案以及资源分配和调度机制来优化网络效率和各种 QoS 要求。

（4）安全。

C-RAN 还面临着云计算系统和无线通线系统中的安全问题，由于 BBU 云的集中化操作，单点故障成为 C-RAN 的一大威胁，CRAN 中连接的大量可自动配置的智能设备和节点使其更加脆弱。现有的安全框架无法满足 C-RAN 的需求，针对 5G C-RAN 的通用安全框架设计就显得尤为必要，其中主要的挑战在于隐私保护、信任管理、频谱资源管理的安全性和物理层安全性。潜在的研究方向包括高效且安全的身份验证机制、全面的安全框架、允许各种运营商共享资源的可信机制等。其他以可信赖的方式，包括隐私保护机制，即在最终用户和服务提供商之间建立信任的系统以及用于虚拟化 BBU 池的安全虚拟化机制。

此外，将各种先进技术如大规模 MIMO、CoMP、CR、毫米波和 M2M 通信、NOMA、载波聚合集成到 C-RAN 上，以进一步提高性能，也是值得研究的方向。此外，物联网作为未来 5G 网络不可或缺的一部分，C-RAN 也需要探索支持大量的 IoT 设备的方法。

2. O-RAN

1）O-RAN 发展历程

随着社会进步和技术发展，移动用户数量增长速度逐渐减缓，而移动流量的数量和种类不断增加，这导致移动运营商面临收入和扩容推新的双重压力。为了更好地满足不断增长的带宽需求并推进 5G 落地，运营商必须合理改变其成本模型，探索创收服务。SDN 和 NFV 的出现使得构建更敏捷、便宜的网络核心成为可能，但几乎还没有涉及 RAN，构建和管理网络的大多数 CAPEX 和 OPEX 还在 RAN 中。

O-RAN 联盟成立于 2018 年 6 月，由中国移动、AT&T、德国电信、日本 NTT DOCOMO、Orange、Bharti Airtel、中国电信、韩国 SKT 和 KT、Singtel、Telefonica 和 Telstra 等 12 家运营商组成，致力于推动无线接入网络向开放、智能、虚拟化、灵活、节能和软件化发展。首先将云规模经济学引入 RAN。它包含从能够使用现成的硬件到以模块化的方式设计软件的多个层级，以实现针对容量、可靠性和可用性的横向扩展设计，高度自动化的管理和优化方式。其次为 RAN 提供敏捷性。这也包含多个层次，例如，运营商能够快速调整 RAN 以适应新服务或应用；能够调整网络调整满足其独特需求而不必等待供应商提供功能，以使小型供应商或运营商能独立地将自己的产品和功能引入 RAN，最终实现 RAN 堆栈的快速开发、测试和迭代。O-RAN 联盟面向下一代无线网络的核心理念是"开放"和"智能"。

（1）开放性。开放性是构建更具成本效益的敏捷 RAN 所必需的。开放接口可以支持小型供应商和运营商快速引入自己的服务，或者使运营商能够根据自己的独特需求定制网络。同时，开放接口还支持多供应商部署，从而实现更具竞争力和活力的供应商生态系统。开源软件和硬件设计可以实现更快、更民主的创新，而不需要过多的许可。

（2）智能化。随着 5G 的到来，超密集组网以及功能更丰富、要求更高的应用将会使网络变得越来越复杂。使用传统的人力密集型方法来部署、管理和优化网络显然是不明智的。相反地，网络应该是自驱动的，能够利用基于学习的新技术来自动化网络的运行功能并降低运营成本。O-RAN 联盟致力于利用新兴的深度学习技术将智能嵌入 RAN 体系结构的各个层级。应用于组件和网络级别的嵌入式智能功能可实现动态本地无线电资源分配，并优化整个网络的效率。结合 O-RAN 的开放接口，可以实现 AI 优化的闭环自动化，开启网络运营的新时代。

未来的 RAN 将建立在虚拟化网络元素、白盒化硬件设备和标准化接口的基础上，这些组件也会贯彻 O-RAN 的智能化和开放性理念。O-RAN 联盟的设计原则包括：引领行业实现开放、互操作接口、RAN 虚拟化和大数据支持的 RAN 智能化；最大限度地利用现成的硬件和商用芯片，并最大限度地减少专有硬件；指定 API 和接口，推动其标准化，并适当探索开源。

2）O-RAN 主要研究内容

O-RAN 联盟包括 8 个工作组，WG1 负责使用案例和整体架构设计，WG2 负责非实时 RAN 智能控制器和 A1 接口，WG3 负责开放前传接口，WG5 负责开放 F1/W1/E1/X2/Xn 接口，WG6 负责云化和编排，WG7 负责白盒硬件设备，WG8 负责堆栈参考架构。O-RAN 联盟工作组关注的研究主要包括以下几个基本方面。

（1）基于 AI 的软件定义智能控制器。

O-RAN 架构的关键原理是扩展 SDN 概念，将控制平面从用户平面解耦到 RAN 的同时引入嵌入式智能。这扩展了在 3GPP 中通过 E1 接口开发的 CU 的 CP/UP 拆分，并通过引入具有 A1 和 E2 接口的分层（Non-RT 和 Near-RT）RAN 智能控制器（RAN Intelligent Controller，RIC），利用嵌入式智能进一步增强了传统 RRM 功能。由于大部分可变性都位于控制平面中，解耦可以让用户平面变得更加标准化，支持更易于扩展且具有成本效益的用户平面解决方案。另外，解耦允许使用高级控制功能，可提供更高的效率和更好的无线资源管理。这些控制功能将利用分析和数据驱动方法，包括高级 ML/AI 工具。

（2）RAN 虚拟化。

RAN 虚拟化是 O-RAN 架构的基本原则之一。运营商正在交付 NFVI/VIM 要求，通过增强虚拟化平台来支持各种拆分，例如，PDCP 和 RLC 之间的高层拆分，PHY 内部的低层拆分。O-RAN 联盟计划尽可能利用并验证包括 OPNFV、ONAP、

Akraino、K8S、OpenStack、QEMU 在内的相关开源社区的性能，以设计诸如可编程硬件加速器、实时处理、清零及虚拟化技术等关键解决方案。

（3）开放式接口。

O-RAN 架构建立在多个解耦 RAN 组件间的一系列关键接口上。这些接口包括 3GPP 增强接口 F1、W1、E1、X2 和 Xn，以便实现真正的多厂商互操作性。O-RAN 联盟还额外指定了 DU 和 RRU 之间的开放式前传接口、E2 接口以及包含非实时 RIC（RIC non-RT）功能的业务流程/NMS 层与包含近实时 RIC（RIC Near-RT）功能的 eNB/gNB 之间的 A1 接口。

（4）白盒化硬件设备。

O-RAN 架构的实现将使用高性能、频谱和能源效率高的白盒基站硬件。平台支持分离的方法，并提供用于 BBU 和 RRU 的硬件和软件体系结构的详细原理图。

（5）开源软件。

O-RAN 架构的许多组件如 RAN 智能控制器、协议栈、PHY 层处理和虚拟化平台应公布在开源社区中。O-RAN 开源软件框架不仅要实现 F1/W1/E1/E2/X2/Xn 这些实际接口，还希望能为具有嵌入式智能功能的下一代 RRM 提供参考设计，以实现 RIC。

3）O-RAN 架构

O-RAN 架构是为了支持下一代 RAN 基础架构而设计，如图 4-36 所示。O-RAN 架构基于智能化和开放性原则，具备嵌入式 AI 驱动的无线控制，是在开放硬件上构建虚拟化 RAN 的基础。该架构基于定义明确的标准化接口，以实现开放可互操作的供应链生态系统，从而提供对 3GPP 和其他行业标准组织推动的标准的完全支持和补充。

通过将 RAN 从封闭的供应商环境开放到标准化的、多供应商的、基于 AI 的分层控制器结构，同时使第三方访问以前封闭的 RAN 数据，O-RAN 能够支持 RAN 供应商、运营商和第三方将创新性服务部署为 RAN 应用，这些应用能够利用新兴的基于 AI/ML 的技术。O-RAN 架构的特征和功能模块包括以下几个层次结构。

（1）RAN 智能控制器非实时层（RIC non-RT）。

RIC 中解耦了非实时控制功能（non-RT）（>1s）和近实时（near-RT）控制功能（<1s）。Non-RT 包括服务和策略管理、RAN 分析以及针对 near-RT 的模型训练。RIC non-RT 中产生的训练模型和实时控制功能会被分发到 RIC near-RT，以在运行时执行。A1 接口是包含 RIC non-RT 的业务流程/NMS 层与包含 RIC near-RT 的 eNB/gNB 之间的接口。随着 A1 的引入，RIC non-RT 中的网络管理应用能够以标准化格式从模块化 CU 和 DU 中接收高度可靠的数据并对其采取行动。在 RIC non-RT 中，从 AI 策略和 ML 训练模型生成的消息将传递到 RIC Near-RT。RIC non-RT 的核心算法由运营商开发和持有，算法提供了修改 RAN 行为的功能，通过部署针对单个运营商策略和优化目标优化的不同模型即可实现。

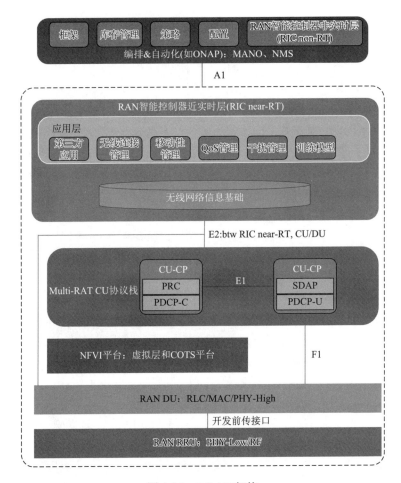

图 4-36　O-RAN 架构

（2）RAN 智能控制器近实时层（RIC near-RT）。

O-RAN 架构为下一代 RRM 提供了嵌入式智能，同时可以选择性地容纳传统 RRM。RIC near-RT 完全兼容传统 RRM，首先要增强单 UE 控制的负载平衡、RB 管理、干扰检测和降低等常用但富有挑战性的功能。此外还提供了利用嵌入式智能的新功能，如 QoS 管理，连接管理和无缝切换控制。RIC near-RT 提供了一个健壮、安全和可扩展的平台，该平台允许灵活加载第三方的控制应用程序。

RIC near-RT 功能利用无线电网络信息库（R-NIB），通过 E2 接口获取底层网络的近实时状态，并通过 A1 接口从 RIC non-RT 层捕获命令。其中，E2 接口是

RIC near-RT 和 Multi-RAT CU 协议栈与底层 RAN DU 之间的接口。E2 来源于传统 RRM 和 RRC 之间的接口，在 O-RAN 架构中为 RIC near-RT 和 CU/DU 之间提供了标准接口。E2 接口将数据传到 RIC near-RT 以促进无线资源管理，同时也是 RIC Near-RT 直接向 CU/DU 发起配置命令的接口。RIC near-RT 可以由传统 TEM 或第三方提供。从 RIC non-RT 接收 AI 模型时，RIC near-RT 将执行新模型（包括但不限于流量预测、移动轨迹预测和策略决策）来改变网络和网络支持的应用的功能行为。

（3）Multi-RAT CU 协议栈和平台。

Multi-RAT 协议栈功能支持 4G、5G 以及其他协议处理。协议栈的基本功能是根据 RIC near-RT 模块发出的控制命令来实现的（如切换）。虚拟化为 CU 和 RIC near-RT 提供了高效的执行环境，具有在安全隔离、虚拟资源分配、加速器资源封装等众多优势之间跨多个网元分配容量的能力。接口方面会强化 3GPP 提供的 F1/W1/E1/X2/Xn 的现有接口定义，以支持多厂商之间的互操作，而 TEM 提供的 CU 为 DU 提供区域 CP 和 UP 锚。

（4）DU 和 RRU 功能定义。

DU 和 RRU 功能包括实时 L2 功能、基带处理和射频处理。DU 和 RRU 之间的接口提供标准功能分段，包括 DU-RRU 较低层拆分接口（开放式前传接口）和 CU-DU 较高层拆分接口（F1），可确保不同 TEM 之间的互操作性。

O-RAN 高层次架构如图 4-37 所示。服务管理和编排框架（Service Management and Orchestration，SMO）框架通过 A1、O1、开放前传 M 平面、O2 四个主要接口连接到 O-RAN 网络功能和 O-Cloud。O-RAN 网络功能可以是虚拟网络功能 VNF，即 VM 或容器，利用定制化硬件位于 O-Cloud 和/或物理网络功能（Physical

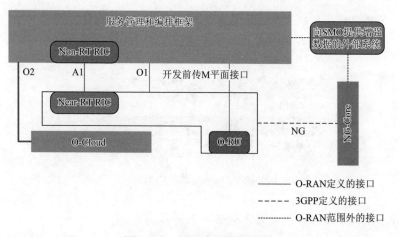

图 4-37　O-RAN 高层次架构

Network Function，PNF）之上。所有 O-RAN 网络功能在连接 SMO 框架时都应支持 O1 接口。SMO 和 O-RU 之间的 Open Fronthaul M 平面接口支持混合模型中的 O-RU 管理，是用于后向兼容的 SMO 可选接口，该接口仅用于混合模式下的 O-RU 管理。扁平模式的管理架构及其与 O-RU 的 O1 接口的关系是后续研究的重点。O1 接口面向 SMO 的 O-RU 终端也在研究中。

O-RAN 的逻辑体系结构如图 4-38 所示，无线侧包括 Near-RT RIC、O-CU-CP、O-CU-UP、O-DU 和 O-RU 功能。O-CU-CP（O-RAN Central Unit-Control Plane）是承载 RRC 和 PDCP 协议控制平面部分的逻辑节点。O-CU-UP（O-RAN Central Unit-User Plane）是承载 PDCP 协议和 SDAP 协议的用户平面部分的逻辑节点。O-DU（O-RAN Distributed Unit）是基于较低层功能划分托管 RLC/MAC/High-PHY 层的逻辑节点。O-RU（O-RAN Radio Unit）是负责托管低层 PHY 层和基于较低层功能划分的 RF 处理的逻辑节点。E2 接口将 O-eNB 连接到 Near-RT RIC。O-eNB 通过开放式前传接口支持 O-DU 和 O-RU 功能。包含 Non-RT-RIC 功能的 SMO 框架负责管理。O-Cloud 是由一系列物理基础设施节点组成的云计算平台，满足 O-RAN 要求以托管相关 O-RAN 功能（如 Near-RT RIC、O-CU-CP、O-CU-UP 和 O-DU）、支持的软件组件（如操作系统、虚拟机监视器）以及适当的管理和编排功能。O-RU 通过开放前传接口与 O-DU 连接，其虚拟化还有待进一步研究。

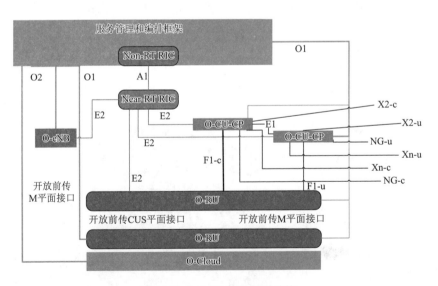

图 4-38　O-RAN 逻辑体系结构

O-RAN 联盟提出的架构的优势主要体现在三个方面。

首先，O-RAN 能够通过多供应商生态系统减少网络资本支出（Capital Expenditure，

CAPEX）和运营成本（Operating Expense，OPEX）。O-RAN 开放接口促进了多供应商合作部署，从而实现更具竞争力和活力的供应商系统。开源软件和硬件参考设计可通过更大的生态系统实现更快的创新。O-RAN 的本机云功能可实现针对容量、可靠性和可用性的横向扩展设计，而不是昂贵的纵向扩展设计。O-RAN 通过 RAN 自动化降低了 OPEX：O-RAN 在 RAN 体系结构的每一层中引入了嵌入式智能，并利用基于学习的新技术实现运营网络功能的高度自动化，减少了运营行为，从而降低了运营成本。

其次，O-RAN 能够提高网络效率及性能。通过 RAN 自动化，可以持续监控网络性能和网络资源的状态，几乎不需要人工干预就能够进行更实时的闭环控制。即使对于最复杂的网络，O-RAN 也具备通过闭环控制提供高效、优化的无线资源管理的固有能力，以增强网络性能和用户体验。Non-RT RIC 和 Near-RT RIC 之间的交互可用于优化和微调控制算法，比如与负载平衡、移动性管理、多连接控制、QoS 管理和网络节能有关的算法。

另外，O-RAN 能够以极大的灵活性引入新功能。借助其本机云基础架构，O-RAN 可以通过轻松的软件升级轻松导入新的网络功能。

4）O-RAN 产业进展

O-RAN 联盟于 2020 年 2 月发布了《O-RAN 用例和部署场景》白皮书，介绍了 O-RAN 的典型用例集和云本机部署支持选项，这些使用案例利用 O-RAN 架构并结合其独特的优势，通过利用学习技术来生成和部署机器学习模型和策略以控制 RAN 的实时行为，或者通过配置及高级策略和触发器来优化 RAN，以满足 5G 及更高版本的服务要求。

"低成本无线接入网络白盒硬件"和"RAN 共享"用例体现了 CAPEX 的降低。"V2X 的切换管理"、"QoE 优化"等示例展示了使用从 RAN 和外部源收集的长期数据，在 Non-RT RIC 上生成 AI/ML 模型，将这些模型和策略部署到 Near-RT RIC，以实时优化和调整 RAN 并通过策略反馈不断更新 AI/ML 模型的过程。"流量控制"和"大规模 MIMO 优化"等示例则使用长期数据和特定触发器来请求配置更改及优化 RAN 的策略。

在 ETSI NFV 参考架构的基础上，O-RAN 利用现成的商用硬件和虚拟化软件，以虚拟机或容器的形式为运营商提供多种分层的云部署选项，其中包括在区域云和边缘云中放置 Near-RT RIC、O-CU 和 O-DU 的多种可能配置。通过提供云化框架帮助运营商实现基于 O-RAN 的无线接入网络的自动化部署和配置。

在 MWC 2019 巴塞罗那展会上，联想与中国移动联合展示全球首个 5G O-RAN 产品，该产品在业界首次实现了跨节点、多虚机、全软件的 5G CU/DU 设备云化方案。为了应对 O-RAN 在测试和集成等方面的挑战，中国移动、中国电信、中国联通三大运营商携手成立开放无线网络测试与集成中心（Open Wireless Network Test and Integration Center，OTIC），标志着 O-RAN 在商用落地的进程上迈出了坚实的一步。

4.4.2   5G 核心网典型虚拟化方案

1. 联通网络技术研究院 NFV 方案

移动核心网具有大量不同功能的硬件网络设备，因此被业界认为是最适合并最早可以实现虚拟化的场景之一。虚拟化的移动核心网通过利用标准工业界服务器、交换机和存储设备部署网络应用、降低组网复杂度，在提高网络资源利用率的同时降低网络运维成本，与 SDN 技术结合将提高与网络边缘应用（如防火墙、DPI、视频加速等）的组网与业务链串联的可扩展性。

1）基于 NFV 的移动核心网架构

传统移动核心网架构如图 4-39 所示，其组成网元根据所执行主要功能可以划分为如下几类：控制面、用户面和用户数据三类网元。其中，控制面网元包括 MME/SGSN、PCRF；用户面网元包括 S-GW、P-GW；用户数据网元包括 HSS。控制面设备主要处理移动性管理、会话管理等功能，以控制信令交互为主；用户面设备则主要处理用户数据的交换与转发、计费数据处理等功能，同时接受控制面设备信令控制；用户数据网元则存储用户签约静态数据，以类似于数据库操作为主，同时接受控制面设备信令控制。

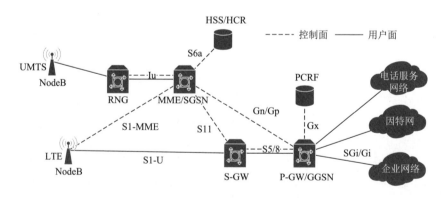

图 4-39   传统移动核心网架构图

移动核心网通过 NFV 技术实现网元在同一硬件平台上的部署，尤其适合控制面网元设备主要处理控制信令，由于 COTS 服务器计算能力较强，适合处理状态转移和信令交互等流程。移动核心网向 NFV 方向演进架构如图 4-40 所示，所有网元将统一部署于通用服务器硬件（H/W）之上，通过虚拟化层抽象为归一化虚拟资源提供给上层移动核心网网元软件应用调用。其中，对于用户面设备，针对处理用户高速数据，需要对其进行必要的硬件加速功能，如通过 Intel 的 DPDK 套装或者SR-IOV 绕过虚拟化层直接调用硬件资源，提高 COTS 服务器上的吞吐量性能。

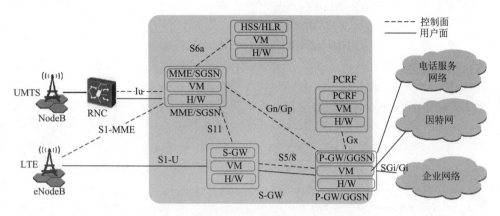

图 4-40　移动核心网向 NFV 方向演进架构

考虑到未来 NFV 与 SDN 技术的结合，移动核心网的 SDN/NFV 愿景架构如图 4-41 所示。移动核心网虚拟化的网元在部署到统一的数据中心以实现集中化部署，提供网络的运维效率，同时将控制面与转发面分离。架构中的控制面网元通过南向接口控制通用转发面交换机完成用户数据的转发和疏导，有利于实现全网统一高效的管理和控制策略，以及控制面/转发面的可扩展性，实现从封闭黑盒的网络走向开放可编程的移动软网络。

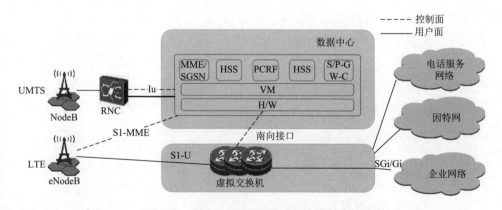

图 4-41　移动核心网的 SDN/NFV 愿景架构

2）虚拟化方案实现

在移动核心网中引入网络虚拟化共分为三个阶段。

（1）核心网控制面网元主要处理信令和状态机计算，完全可以利用通用芯片和通用服务器的计算性能。控制面虚拟化后除了通过硬件堆叠满足信令处理要求，同时可通过管理与编排功能实现自动化部署和调度，提高网络的弹性和自动化程度。第一阶段是对移动核心网控制面网元实现虚拟化，由管理与编排系统进行集中管理，与传统网元实现兼容。

（2）通用芯片和通用服务器存在用户数据转发性能的短板，需长期持续优化用户面网元软件架构，并引入软件或者硬件加速机制满足核心网用户数据高速处理的需求。一旦在通用硬件平台的优化和硬件堆叠能够满足对转发性能需求时可以考虑第二阶段是对移动核心网用户面网元实现虚拟化，优化转发性能，由管理与编排系统进行集中管理，与传统网元实现兼容。

（3）通过 NFV 和 SDN 技术相结合，同时发挥软件和硬件解耦，控制转发分离的优化，在核心网控制与用户面的结合点网关上实现控制转发分离，提高核心网弹性的基础上同时提高网络转发策略的快速收敛性。考虑对移动核心网分组网关 S/PGW 的控制面和用户面进一步分离。一方面，使 S/PGW-C 与控制面网元集中部署，减少信令交互的开销和时延；另一方面，使 S/PGW-U 简单化和通用化，同时可通过组池实现数据转发负载均衡，满足网络扁平化的演进方向。

3）方案评价

移动核心网虚拟化将对传统移动核心网形成深远的影响。无论从设备形态、扩容/缩容与组网形式，还是对性能、安全、运维方面都有全方位的挑战。核心网虚拟化的网元将不再以单独专有硬件提供，将由运营商按照硬件平台、虚拟网络功能和管理与编排进行集成进而向用户提供业务；核心网网元以软件形式在数据中心集中化部署，利用数据中心的物理连接进行逻辑组网；对基础设施资源、虚拟网络功能和业务编排进行管理，实现资源归一化和细粒度的管控，并实现虚拟网络功能和业务的自动化生命周期管理；但是，虚拟化引入了新的网络逻辑分层以及不同厂家集成，这将无形中直接增加了在核心网的性能、安全和运维方面的管理复杂度。

2. 中兴通讯 Cloud UniCore 方案

1）Cloud UniCore 总体架构

中兴通讯 Cloud UniCore 的架构如图 4-42 所示。

运营商网络基本可以分为控制和转发两个层面，控制层面负责用户的移动性管理、权限管理、接入管理和策略管理等，而转发层主要负责基于策略的报文转发。Cloud UniCore 通过 SDN 控制和转发分离的理念，将核心网网络分成三层：转发层、控制层、业务层。下面对各个层次逐一进行介绍。

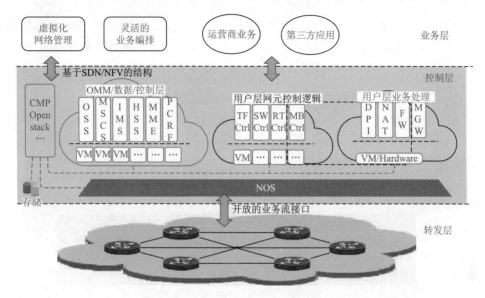

图 4-42 中兴通讯 Cloud UniCore 架构图

（1）转发层：数据报文转发的执行层，实现报文基于策略的快速转发，这一层的硬件选择可以更多样化，IA、ASIC、FPGA、专用芯片等形态都可能存在，该层次主要关注转发效率和性价比。

（2）控制层：业务策略的控制层，基于 SDN 操作系统支撑和 NFV 虚拟化技术，实现核心网网元控制面、用户面复杂处理以及网管、数据等系统资源池的充分共享、按需调度和全网的路由策略优化。中间层的资源分为计算资源、存储资源和网络资源，由 CMP（Cloud Management Platform）统一调度。

（3）业务层：该层次通过调用控制层开放出来的虚拟网络 API 组件以及业务能力定制组件，构建用户所需的虚拟网络和业务灵活编制特性，从而可以实现对业务能力的深度定制和控制。

Cloud UniCore 方案基于 NFV 和 SDN 技术，通过将核心网网元各类功能虚拟化，实现软硬件解耦，软件模块不再与专有硬件绑定，而是加载并运行于虚拟机之上，通过虚拟化技术屏蔽硬件平台差异，提供一致的接口，因此，可用的硬件平台既包括电信级 ATCA 刀片，也包括高性价比的 COTS 服务器和 PC 服务器，在降低成本的同时提升了硬件性能。

另外，通过虚拟机的划分，细化了硬件分配粒度，一块刀片可将硬件资源分配给多个虚拟机，多个网元功能可集成于一块刀片之上，极大地提升了资源利用率。核心网功能虚拟化之后，网元容量、网络类型可根据实际需求灵活部署，动态调整，提升了网络的弹性和敏捷性。为了进一步提升虚拟网络媒体面性能，

Cloud UniCore 还可将媒体面转发功能剥离，通过 SDN 交换机实现媒体流的高效转发和转发功能的就近分布式部署。Cloud UniCore 功能部署如图 4-43 所示。

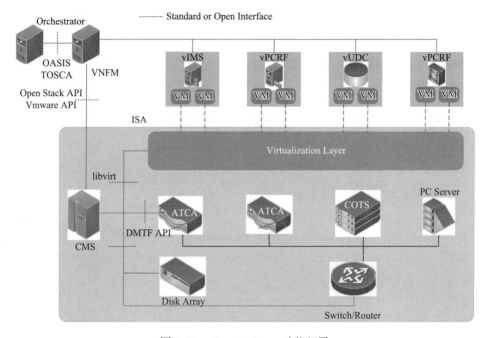

图 4-43　Cloud UniCore 功能部署

2）虚拟化方案实现

Cloud UniCore 采用了 iSDN 网关打造高效的用户面通道和一体化 vCN 实现高集成的精简网络。

（1）iSDN 网关。

纯粹的 NFV 网关由于采用基于 x86 技术的服务器，计算能力很强，在控制面处理方面游刃有余，但在媒体面的数据转发上，相对于专门的数据转发设备却性能较弱。网关设备是 4G 核心网的关键网元（SGW、PGW），数据转发性能至关重要，为此，中兴通讯提出了 iSDN 架构（图 4-44），实现网关 SDN 化，将媒体面复杂处理与基本处理分离，80% 的用户流量通过高速交换机线速转发，剩余需复杂处理的流量，通过动态 Service Chain 技术按需调度处理资源，既大幅提升了媒体面性能又节省了设备开销。另外，iSDN 网关将转发节点分布式部署，网关控制面可根据用户位置、业务流特性、用户属性等，为用户流量选择最优的转发节点和转发路径。

（2）一体化 vCN。

目前业界常见的虚拟化核心网方案仍然处于网元虚拟化（Network Element

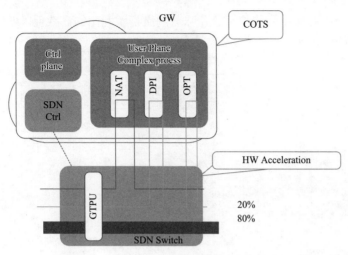

图 4-44　iSDN 架构图

Virtualization）阶段，而中兴通讯提出的一体化 vCN 方案则实现了核心网多种网元各功能组件的自由组合，可以满足不同业务场景和网络演进的需要，通过组件间内部交换及公共模块合并，降低虚机资源消耗、处理时延和网元间互通难度。另外，一体化 vCN 的高集成度也使得小型化网络部署更快捷、更方便。

3）方案评价

Cloud UniCore 方案优点如下。

（1）开放：硬件平台开放，可采用包括 ATCA 刀片、通用服务器等多种硬件；CMS 开放，兼容多种第三方云管理平台；Orchestrator 开放，兼容多种第三方 Orchestrator；组网能力开放，可以和其他厂家设备互联互通。

（2）平滑：100%继承现有业务，可以利用现有硬件并和现有传统网络融合组网，采用统一的 EMS。

（3）端到端：和无线侧一起构建端到端的虚拟网络，无线控制器（RNC、BSC）和核心网共享软硬件资源。

（4）优化：采用 NFV + SDN 技术，优化控制面和媒体面性能；采用自动化工具，实现快速的业务部署；多重保障机制，实现高可靠网络。

相比于企业方案，学术方案相对于现有的移动核心网架构跨度较大。下面将介绍比较有代表性的 SoftNet 方案。

3. SoftNet 方案

1）SoftNet 总体架构

SoftNet 的设计基于 SDN 架构，遵从包括适应性、高效性、可拓展性和简易性的准则。SoftNet 采用分散化网络管控来提高系统的灵活性和可拓展性。但是在组件层次使用中心化网络管控。这意味着网络资源利用的高效性。它的总体架构如图 4-45 所示。

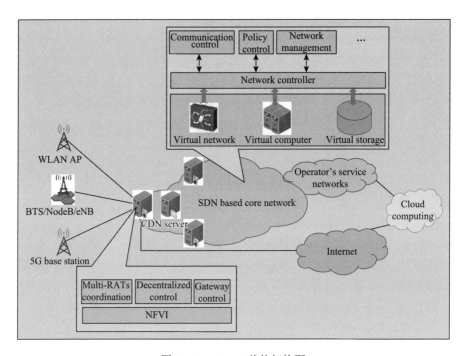

图 4-45　SoftNet 总体架构图

SoftNet 由统一的 RAN 和一个基于 SDN 的核心网组成，两者分别独立地支持控制平面网络功能。RAN 中所有的无线接入点需连接到位于 SDN 核心网边缘的接入服务器中，从而访问管理服务网络或者第三方服务平台，或是通过一个接入服务器内的分布式网关功能访问 Internet、CDN。

核心网支持的网络功能主要包括通信控制功能（CCF，负责移动性管理）、策略控制功能（支持 QoS）和网络管理功能（NMF，网络环境监测），以完成网络功能与操作。

统一 RAN 的网络功能包括多接入技术（multi-RATs）协同功能、分散化管控功能（Distributed Coordination Function，DCF）和网关控制功能（Gateway Control）。多接入技术协同功能可以监测无线网络环境和引流。分散化管控功能负责分散移动性管理并允许移动性事件被分散化管控平台网络元素处理。网关控制功能允许移动终端无须穿越核心网就能接入互联网中。这些功能被部署在接入服务器中。

数据平面元素在 SDN 交换机中被实现，包括 RAN 中的分布式网关和核心网中网关出口。

2）虚拟化方案实现

SoftNet 的核心网是具有明显 SDN 特征的，由网络功能、网络控制器、网络基础设施组成。网络功能负责集中式的网络管理如接入控制、QoS 保障等。网络控制器由 SDN 控制器和虚拟网络功能（VNF）协同层组成。网络基础设施包括 NFV 基础设施和物理设备。网络控制器最重要的部分分别是通信控制领域（Communications Control Field，CCF）、策略控制（Policy Control）和网络管理（Network Management Function，NMF）。

（1）CCF 是核心网中的一个基本网络功能，它有着许多用法，在由 NMF 定义的分布式网络中，CCF 用作管理接入服务器管辖范围外的移动性事件；否则将用作处理所有的移动性事件。同时，移动台区域间转换时，也可经由 CCF 完成接入服务器的责任分配。

（2）策略控制提供网络管理的策略，从而引导不同的从移动台来的数据流；同时，它还可以动态定义 QoS 的控制参数。这个功能甚至还可能与云计算服务相连接来获取大数据分析，从而根据用户的行为得到更加合适的策略或者服务参数。

（3）NMF 则用来决定网络架构和管理整个网络功能。基于 NMF 发出的指令，VNF 协同层可以配置虚拟机来和 VNF 关联上，从而让 VNF 转发图发送到 SDN 控制器来生成相关的流规则。最后生成的规则会被安装在相关的虚拟交换机或者物理交换机上。

值得注意的是，为保证效率，网关控制会根据数据流的业务类型决定数据流是否经过核心网进行传输。如图 4-46 所示，移动台和 Internet、本地网络、CDN 建立连接时，将只以接入服务器作为移动性锚点转发数据而不经过 SDN 核心网。

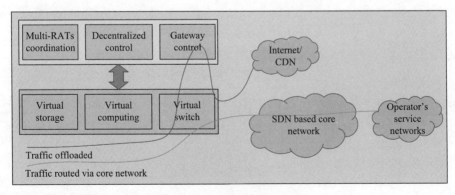

图 4-46　SoftNet 流量示意图

3）方案评价

SoftNet 提出的核心网架构基于 SDN 体系，具有灵活、可拓展的特性，支持动态激活、废弃虚拟网络功能，采用了新的工作机制提高了网络资源的利用效率，如动态定义架构、分布式移动性管理、分布式数据转发、多接入技术协同等，比较有效地解决了 LTE 网络架构中系统容量限制、高信令开销、数据转发效率低下、可拓展性差等问题。同时，方案在无线资源管理、无线链路 QoS 和接入服务器协同等方面指出了正确的方向。

　　从上述几个方案可以看出，在移动核心网中实现 SDN 和 NFV 的结合是主流趋势。引入 SDN 架构有利于实现全网统一高效的管理和控制策略以及控制面/转发面的可扩展性，实现从封闭黑盒的网络走向开放可编程的移动软网络。

第5章 骨干网网络虚拟化

许多大型企业由于具有大量的数据需要在分支机构之间传输，于是建立起了很多数据中心，在这些数据中心之间的通信网络就是企业的骨干网。骨干网是计算机网络的一部分，它连接各种网络，为不同的 LAN 或子网之间的信息交换提供了一条路径。

5.1 骨 干 网

在计算机领域中，虚拟化是一个运用十分广泛的概念，从服务器的虚拟化到由云计算兴起的网络虚拟化，虚拟化的思想在当前的信息技术中有着不可忽视的作用。在开始介绍网络虚拟化技术之前，首先要对虚拟化技术的起源与发展有个基本的认识。

骨干网可以将同一建筑物中的不同网络，校园环境中的不同建筑物或广泛区域中的不同网络连接在一起。通常，骨干网的容量大于连接到它的网络。具有多个分散在不同地理位置的分支机构的大型公司具有将所有分支机构连接在一起的骨干网络，例如，服务器需要由位于不同地理位置的分支机构的不同部门访问。将这些部门组合在一起的网络连接（如以太网或无线网）通常被称为网络骨干。在设计骨干网时经常考虑网络拥塞。

接下来介绍骨干网的历史。骨干网络的理论和设计原则首次产生于电话核心网络。核心网络是电信网络的重要组成部分，为通过接入网络连接的客户提供各种服务，其中一项主要功能是通过 PSTN 路由电话。核心网络提供了在不同子网之间交换信息的路径。在美国，本地交换核心网络由几个相互竞争的交换网络连接起来。

核心网络通常具有网状拓扑，可在网络上的设备之间提供任意连接。许多主要服务提供商将拥有自己的互连核心/骨干网络。一些大型企业拥有自己的核心/骨干网络，通常连接到公共网络。

核心网络通常能够提供以下几个功能。

（1）聚合：服务提供商网络中的最高聚合级别。核心节点下的层次结构中的下一级是分发网络，然后是边缘网络。

（2）身份验证：确定从电信网络请求服务的用户是否有权在此网络内执行此操作的功能。

（3）呼叫控制/交换：呼叫控制或交换功能根据呼叫信令处理决定未来的呼叫过程。切换功能可以基于"被叫号码"来决定呼叫被路由到该运营商网络内的用户，或者具有对另一运营商的网络更普遍的号码可携带性。

（4）计费：这是对各种网络节点生成的计费数据进行整理和处理的功能。在当今网络中发现的两种常见类型的充电机制是预付费和后付费。

（5）服务调用：核心网络为其用户执行服务调用任务。服务调用可以基于用户的显式动作（如呼叫转移）或隐式动作（如呼叫等待）的发生。然而，更重要的是，服务"执行"可能是或可能不是核心网络功能，因为第三方网络/节点可以参与实际服务执行。

（6）网关：网关存在于核心网络中以访问其他网络。网关功能取决于与其连接的网络类型。物理上，这些逻辑功能中的一个或多个可以同时存在于给定的核心网络节点中。

除了上述功能外，以下功能还构成了电信核心网络的一部分。

（1）O&M：运营和维护中心或运营支持系统，用于配置和配置核心网络节点。用户数、高峰小时呼叫率、服务性质、地理偏好是影响配置的一些因素。网络统计信息收集（性能管理）、警报监控（故障管理）和各种网络节点操作的记录（事件管理）也发生在运维中心。这些统计数据、警报和跟踪构成了网络运营商监控网络运行状况和性能以及即兴发挥作用的重要工具。

（2）用户数据库：核心网络还托管用户数据库（如 GSM 系统中的 HLR）。核心网络节点访问用户数据库，以实现身份验证、分析、服务调用等功能。

骨干网可以分为以下几种类型。

1. 分布式骨干网

分布式骨干网是一个骨干网络，由连接到一系列中央连接设备（如集线器、交换机或路由器等）的多个连接设备组成[1]。这种拓扑结构允许简单的扩展和有限的资本支出用于增长，因为可以将更多层设备添加到现有层中[1]。在分布式骨干网络中，访问骨干网的所有设备共享传输介质，因为连接到该网络的每个设备都被发送到该网络上的所有传输[2]。

实际上，分布式骨干网正在被所有大规模网络使用[3]。仅限于单个建筑物的企业范围场景中的应用也是实用的，因为某些连接设备可以分配给某些楼层或部门[1]。每个楼层或部门都拥有一个 LAN 和一个配线柜，该工作组的主集线器或路由器使用骨干电缆连接到总线式网络[4]。使用分布式骨干网的另一个优点是网络管理员能够轻松地隔离工作组管理层[1]。集中式骨干网有可能出现单点故障，这指的是系列层次结构中较高的连接设备。分布式骨干网必须设计为通过使用路由器和网桥等接入设备将每个 LAN 上的网络流量与骨干网络流量分开[5]。

2. 折叠骨干网

折叠骨干网是一种骨干网络架构。传统的骨干网络遍布全球，为远程集线器提供互连。在大多数情况下，骨干是链路，而交换或路由功能由每个集线器的设备完成。它是一种分布式架构。在折叠或倒置骨干的情况下，每个集线器提供回到中心位置的链路以连接到盒中骨干。该盒子可以是交换机或路由器。折叠骨干网的拓扑和体系结构是星形或树状。折叠骨干网的主要优点是：骨干位于一个单独的位置和一个盒子中，因此易于管理。骨干基本上是盒子的背板或内部开关矩阵，因此可以使用专有的高性能技术。然而，折叠骨干网的缺点是，如果容纳骨干的盒子掉落或者中心位置存在可达性问题，则整个网络将崩溃。通过具有冗余骨干盒以及具有辅助/备用骨干位置，可以最小化问题。

3. 并行骨干网

有一些不同类型的骨干用于企业范围的网络。当组织正在寻找一个非常强大和值得信赖的骨干网络时，它们应该选择并行骨干网。该骨干网是折叠骨干网的变体，因为它使用中心节点。虽然使用并行骨干网，但是当存在多个路由器或交换机时，它允许重复连接。每个交换机和路由器通过两根电缆连接。通过连接每个设备的多条电缆，可确保与企业范围网络的任何区域的网络连接[6]。

并行骨干网比其他骨干网更昂贵，因为它们需要比其他网络拓扑更多的布线。虽然这可能是决定使用哪种企业级拓扑时的主要因素，但是它的费用通过增加性能和容错来弥补其创建的效率。当网络上存在关键设备时，大多数组织都使用并行骨干网。例如，如果有多个部门应始终访问的重要数据，那么您的组织应选择并行骨干网，以确保连接永远不会丢失[6]。

4. 串行骨干网

串行骨干网是最简单的骨干网络[7]。串行骨干网由两个或多个互联网工作设备组成，这些设备通过单根电缆以菊花链方式相互连接。菊花链是一组以串行方式链接在一起的连接设备。集线器通常以这种方式连接以扩展网络。但是，集线器不是唯一可以在串行骨干中连接的设备。网关、路由器、交换机和网桥通常是骨干网的重要组成部分[8]。串行骨干拓扑可用于企业网络，但很少这样实现。

5.2　骨干网虚拟化的发展历程

5.2.1　传统骨干网

互联网是连接计算机的全球网络。互联网允许数据传输以及提供各种交互式实时和延时电信服务。互联网通信基于通用和公共协议。目前有数亿台计算机连接到互联网。

个人或企业拥有的绝大多数计算机通过商业互联网服务提供商（"ISP"）连接到互联网。具体来说，用户是通过住宅 DSL 或企业网络接入。通常，ISP 拥有的路由器和交换机将用户的数据包发送到互联网的本地存在点"POP"，连接POP 的高速链路和路由交换节点，形成"互联网骨干网络"。

骨干网络为因特网上的信息包提供传输和路由服务。骨干网络的地理覆盖范围各不相同。*Boardwatch* 期刊列出了部分国家骨干网络[9]。

根据 1999 年关于国家骨干网络的市场份额的预测，在支持 SBC 和 AT&T 合并以及 Verizon 与 MCI 合并的文件中，提到了 RHK 最近进行的两项交通研究。它们还表明，现在更大的流量份额（超过 40%）由较小的网络承载。这些最新的交通研究表明，欧盟和 USDOJ 对互联网骨干市场倾向于垄断的担忧被夸大了。

在用户规模和他们拥有的网络方面，ISP 存在很大差异。但是，无论其规模如何，ISP 都需要与其他 ISP 互连，以便其客户能够访问互联网上的所有计算机/节点。也就是说，互联是在互联网上提供用户所要求的通用连接所必需的。网络接入点（"NAP"）和 MAE6 的互连服务是互联网传输的补充。从某种意义上说，互联网骨干网就像高速公路，而国家行动方案就像高速公路交汇处。互联网以两种方式互连：

（1）私人双边互连；

（2）公共国家行动方案的互连。

专用互连点和公共 NAP 是提供搭配空间和交换平台的设施，以便网络能够互连。国家行动方案的服务不是 ISP 或运输服务的替代品。相反地，它们是 ISP 服务和运输服务的补充。NAP 通过提供必要的空间和平台，使网络更容易互连。公共国家行动方案的互连由双方的双边合同管辖。一些国家行动方案，例如，伦敦互联网交换中心（LINX），通过发布一套可在其双边谈判中可供其成员使用的共同规则和标准合同来促进此类谈判。在 NAP 处，两个网络 X 和 Y 的互连由 X 和 Y 网络之间的合同管理。其他 NAP（如 MCI 拥有的 NAP）不规定第三方网络之间的合同条款。

在计算机网络中，骨干网络是设计用于高速传输网络流量的中央管道。骨干网将局域网（LAN）和广域网（WAN）连接在一起。骨干网络是为了最大限度地提高大规模、远程数据通信的可靠性和性能而设计的。

几乎所有的网络浏览、视频流和其他常见的在线流量都通过互联网骨干网。它们由主要通过光纤电缆连接的网络路由器和交换机组成（尽管在低流量骨干网链路上也存在一些以太网段）。骨干网上的每个光纤链路通常提供 100Gbit/s 的网络带宽。计算机很少直接连接到骨干网。相反，互联网服务提供商或大型组织的网络连接到这些骨干网，计算机间接访问骨干网。

1986 年，美国国家科学基金会（NSF）建立了互联网的第一个骨干网络。第一个 NSFnet 链接只提供了 56kbit/s 的性能，这在今天的标准下是"可笑"的，尽管它很快被升级到 1.544Mbit/s T1 线，到 1991 年升级到 45Mbit/s T3。

在 20 世纪 90 年代，互联网的爆炸性增长主要是由私人公司提供资金，这些公司建立了自己的骨干网。互联网最终成为由互联网服务提供商运营的小型骨干网络，利用大型电信公司拥有的最大的国内和国际骨干网络。

管理通过骨干网的非常大的数据流量的一种技术称为链路聚合或集群。链路聚合涉及在路由器或交换机上协调使用多个物理端口来传递单个数据流。例如，四个通常支持不同数据流的标准 100Gbit/s 链路可以聚合在一起，以提供一个 400Gbit/s 的管道。网络管理员在连接的每一端配置硬件以支持此中继。

总而言之，几台计算机连接起来，互相可以看到其他人的文件，这称为局域网；整个城市的计算机都连接起来，就是城域网，把城市连接起来的网就称为骨干网。这些骨干网是国家批准的可以直接和国外连接的互联网。其他有接入功能的 ISP（互联网服务提供商）想连到国外都得通过这些骨干网。这也就是传统骨干网要达到的目标。

对于传统骨干网，其网络结构必须能够提供包括语音、数据、视频等多种服务。因此，就要求有一定的服务质量（QoS），这个服务质量是指要求在时间延迟和传输误码率两方面要得到高质量的保证。在网络中就必须能够提供业务流控制的手段和流量管理的方法。下面以宽带骨干网为例来讲解。最大限度地利用资源、降低成本、提高效率是网络建设、网络运营的根本要求。所以在网络的高层需要选择高效的组网技术，充分发挥物理资源。流量管理技术能够在发生拥塞的网络中，保证各个业务的服务质量。

IETF 从综合服务工程组中成立了一个新的工作组来创建区别服务（DiffServ），以实现骨干网络中的 QoS 功能。在 IP 网络中为流量区分优先级的另一个有效机制是 TCP 速率控制，它通过调节终端窗口的大小而不是让其任意增长的方式来实现，TCP 速率控制能够降低网络上的包流量。

IP 骨干网络管理上的重要问题是如何监视流量，并防止和化解拥塞。为了适应 IP over ATM 的发展，出现了多协议标记交换技术——MPLS。MPLS 可在 ATM 交换机中根据标记，为 IP 实时业务数据流建立虚电路，保证 QoS。

宽带骨干网将为多种业务提供支撑的平台。网络首先要有很高的效率，使网络层次更加简明，从而得到高的传输效率；另外，需要在网络层或者更高的应用层次上下工夫，把服务质量、流量监控和网络管理的功能提高到一个更高的境界。

由于其在互联网和全球通信中的核心作用，骨干网安装是恶意攻击的主要目标。因此，提供者倾向于对其骨干网的位置和某些技术细节进行保密。

各国政府有时对本国的对外骨干网连接保持严格的控制，可以审查或完全关闭对本国公民的互联网接入。大型企业之间的互动以及它们之间共享彼此网络的协议也往往使业务动态复杂化。网络中立的概念依赖于骨干网络的所有者和维护者遵守国家和国际法律，公平地开展业务。

5.2.2　新型骨干网

对于企业的骨干网来说，跨区域的分公司之间需要通信，典型的技术是通过 GRE 等隧道技术来封装数据包。作为隧道终结点的路由器设备要完成的工作特别繁重，这种设备其实把更多的功能消耗在了隧道封装而非路由。随着数据中心之间的通信越来越频繁，服务器的增多以及流量的增加，这种隧道终结点越来越不堪重负，所以 NFV 技术就开始应用于骨干网。这样数据由隧道终结点封装变为服务器内部封装。实现的思路就是把专门的硬件设备所要完成的功能用软件的方式实现在服务器内部。在虚拟化网络中，服务器与功能不再相关，每台服务器只是个黑盒子，里面可能承载了一个网络，也可以说是软硬件相分离。

除此之外，为了解决传统网络的问题，人们提出了软件定义网络（SDN）的概念。软件定义网络已成为计算机网络管理的一种新的并且有前途的范例。虽然我们已经在数据中心网络中看到了许多 SDN 的用例和部署，但广域网仍然严重依赖于传统路由和 TE（流量工程）技术。然而，快速增加的流量需求促使新路由和更有效的 TE 机制的发展。在广域网中利用 SDN 范例的新方法有望克服当今骨干网的许多局限性，如低效率和低可扩展性问题。

SD-WAN（Software Defined-Wide Area Networks）是一种软件定义的管理广域网（WAN）的方法。其主要优势包括：通过跨 MPLS、3G/4G LTE 等的传输独立性降低成本；提高业务应用程序性能和灵活性；优化 SaaS 和公共云应用程序的用户体验和效率；通过自动化和基于云的管理简化操作。

SD-WAN 全称即软件定义广域网，是一种新型的骨干网虚拟化技术。与传统的骨干网架构相比，SD-WAN 将 SDN 中的控制器引入到 WAN 中，使得我们能够

更加智能地进行广域网中的流量调度、流量管理及分析。SD-WAN 通过引入 SDN
中软件与硬件解耦的技术即通过将网络硬件与其控制机制分离，简化了 WAN 的
管理和操作。这个概念类似于 SDN 如何实现虚拟化技术以改善数据中心管理和操
作。SD-WAN 的一个关键应用是允许企业使用低成本和商用互联网接入来构建更高
性能的 WAN，使企业能够部分或全部取代更昂贵的私有 WAN 连接技术，如 MPLS。
这激发了研究人员对于研究 SD-WAN 的强烈兴趣。现阶段关于 SD-WAN 的较为
突出的产品有谷歌的 B4 以及微软的 SWAN。

　　传统的广域网架构局限于企业、分支机构和数据中心之间。由于企业采用
SaaS/IAAS 形式的基于云的应用程序服务，他们的广域网架构在访问这些全球不
同的应用程序时遇到了流量激增的情况。

　　业务模型中的这些变化对 IT 造成了多重影响。员工生产力受到 SaaS 应用程
序性能问题的影响。同时，广域网的费用也随着专用电路和备用电路的低效使用
而增加。它正在与将多种类型的用户、多种类型的设备连接到多种云环境的日
常、复杂的情况"作斗争"。

　　SD-WAN 可以提供路由、威胁保护、高效卸载昂贵电路以及简化 WAN 网络管
理功能。

5.3　骨干网中常用的虚拟化方案

　　互联网存在多个目标和政策相互冲突的情况，如消费者和服务提供商。现有
互联网的更新换代仅限于简单的增量更新，几乎不可能部署任何新的、不尽相同
的技术。为了一劳永逸地抵御这种僵化，网络虚拟化方法被提出。通过允许多个
异构网络架构共享在共享的物理基板上，网络虚拟化提供了灵活性，促进了多样
性，并承诺安全性和增强的可管理性[10]。最近，网络虚拟化已经被其支持者推进，
作为现有互联网面临的逐步僵化问题的长期解决方案，并被提议成为下一代网络
范例的组成部分[11]。

　　本节将探讨骨干网网络虚拟化的过去和最新技术。在 5.3.1 节，我们回顾现有
的骨干网虚拟化方案：虚拟专用网络。接下来，在 5.3.2 节中，介绍骨干网虚拟化
的又一个方案：Overlay，即 Overlay 网络。5.3.3 节重点介绍最新的骨干网虚拟化
方案：SD-WAN，并简要介绍 Google 的骨干网虚拟化方案 B4 与 Microsoft 的骨干
网虚拟化方案 SWAN。

　　虚拟专用网络（VPN）是一种专用虚拟网络，它通过共享或公共网络上的隧
道连接多个分布式站点[10]。Overlay 网络是网络虚拟化的另一种形式，其通常在应
用层中实现，但是存在网络堆栈的较低层处的各种实现。它已被广泛用作在互联
网上部署新功能的工具[10]。

5.3.1　VPN

什么是虚拟专用网络？首先，VPN 是一个网络。也就是说，它提供了互连，以在属于 VPN 的各种实体之间交换信息。其次，它是私有的，也就是说，它具有私有网络的所有特征。那么"私有网络的特征是什么？"，私有网络支持一个由授权用户组成的封闭社区，允许他们访问各种与网络相关的服务和资源。在专用网络内发起和终止的流量仅遍历属于专用网络的那些节点。此外，还有交通隔离。也就是说，与该专用网络相对应的流量不会影响也不会受到与专用网络无关的其他流量的影响。VPN 的最终特征是它是虚拟的。虚拟拓扑构建在现有的共享物理网络基础架构上。但是，虚拟拓扑和物理网络通常由不同的管理机构管理。VPN 可以被正式定义为通过共享通信基础设施的受控分段构建的通信环境，以模拟专用网络的特性[12]。

虚拟专用网络（VPN）[4-6]可以被认为是一个或多个企业的专用通信网络，其分布在多个站点上并且通过诸如因特网的共享或公共通信网络上的隧道连接。如果 VPN 中的所有站点都归同一企业所有，则 VPN 称为企业 VPN。如果这些站点由不同的企业拥有，则 VPN 被称为外联网。实际上，大多数 VPN 都是连接大型企业的地理位置分散的站点的内部网络的示例[10]。

每个 VPN 站点必须包含一个或多个客户边缘（CE）设备（如主机或路由器）。每个 CE 设备通过某种连接电路连接到一个或多个提供商边缘（PE）路由器。SP 网络中未连接到 CE 设备的路由器称为"P"路由器。通常，VPN 由 VPN 服务提供商（SP）管理和配置，称为提供商配置 VPN（PPVPN）[12]。PPVPN 技术可以根据 VPN 数据平面中使用的协议分为以下三大类：Layer1 VPN（L1VPN）、Layer2 VPN（L2 VPN）、Layer3 VPN（L3 VPN）。其中 Layer1、Layer2、Layer3 分别对应计算机网络层次结构中的物理层、数字链路层以及网络层。

那么是什么促使了 VPN 的产生，即 VPN 较之传统网络的优点在哪里？其又有什么缺点？下面我们来一一进行介绍。

1. Layer1 VPN

近年来出现了第 1 层 VPN（L1 VPN）框架，需要将第 2/3 层（L2/L3）分组交换 VPN 概念扩展到高级电路交换域。它提供多业务骨干，客户可以在其中提供自己的服务，其有效载荷可以是任何层（如异步传输模式（ATM）和 IP）。这可确保每个服务网络都具有独立的地址空间、独立的 L1 资源视图、单独的策略以及与其他 VPN 的完全隔离[11]。

伴随着下一代 SONET/SDH 和光交换以及 GMPLS 控制的快速发展，L1 VPN[13]框架出现了扩展 L2/L3 分组交换 VPN 的概念。它通过公共第 1 层核心基础架构实现多个虚拟客户端配置的传输网络[10]。

L1 VPN 与 L2 VPN 或 L3 VPN 之间的根本区别在于，在 L1 VPN 中，数据平面连接不保证控制平面连接（反之亦然）。但是，通过控制平面提供的 L1 VPN 服务需要 CE-PE 控制平面连接，并且基于该控制平面连接的信令机制维持 CE-CE 数据平面连接。

Layer1 VPN 的主要特征是它提供了一种多业务骨干网，客户可以在其中提供自己的服务，其有效载荷可以是任何层（如 ATM、IP、TDM）。这确保了每个服务网络具有独立的地址空间、独立的第 1 层资源视图、独立的策略以及与其他虚拟网络的完全隔离。

Layer1 VPN 可以有两种类型：VPWS 和 VPLS。VPWS 服务是点对点的，而 VPLS 可以是点对多点。

2. Layer2 VPN

第 2 层 VPN（L2 VPN）[14, 15]在参与站点之间传输第 2 层（通常是以太网，但也包括 ATM 和帧中继）帧。L2 VPN 的优势在于它与更高级别的协议无关，而且更简单。但缺点是没有控制平面来管理 VPN 上的可达性。

服务提供商可以为客户提供两种根本不同的第 2 层 VPN 服务：VPWS 和 VPLS。还可以使用仅 IP 的 LAN 类服务（IPLS）。VPWS 是一种 VPN 服务，提供 L2 点对点服务。VPLS 是一种点对多点 L2 服务，可通过 WAN 模拟 LAN 服务。IPLS 与 VPLS 类似，不同之处在于 CE 设备是主机或路由器而不是交换机，只有 IP 数据包携带 IPv4 或 IPv6[10]。

L2 VPN 在参与站点之间传输 L2（通常是以太网）帧。优点是它们与更高级别的协议无关，因此比 L3 VPN 更灵活。在缺点方面，没有控制平面来管理 VPN 上的可达性[13]。

随着交换路由器和协议，如多协议标签交换（MPLS）和 ATM 上的 MPOA 的出现，区分网络层 VPN 和链路层 VPN 的线路变得模糊。

属于 VPN 的链路在链路层上实现为虚拟电路。FR 帧或 ATM 信元在共享网络基础设施之间从 VPN 的一个节点切换到另一个节点。虚拟电路的优点是它们比专用链路便宜，并且它们非常灵活。虚拟电路还附带一些服务水平协议。它们可以保证虚拟电路的性能水平。链路层 VPN 适用于 LAN 互连 VPN 服务。Layer2 VPN 不是理想的拨号 VPN 服务，因为大多数 ISP 通过 IP 提供连接。由于拨号 VPN 服务可以降低成本，因此基于 IP 的网络层 VPN 对 IT 管理员而言比链路层 VPN 更具吸引力[14]。

3. Layer3 VPN

第 3 层 VPN（L3 VPN）的特征在于其在 VPN 骨干网中使用 L3 协议以在分布式 CE 之间传送数据。L3 VPN 有两种类型[16]。

1）基于 CE 的 VPN 方法

在此方案中，提供商网络完全不知道 VPN 的存在，并将数据包视为普通 IP 数据包。隧道需要三种不同的协议[16]。

（1）运营商协议（如 IP），由 SP 网络用于承载 VPN 分组。

（2）封装协议，用于包装原始数据。它可以从非常简单的包装器协议（如 GRE[17]、PPTP[18]、L2TP[19]）到安全协议（如 IPSec[20]）。

（3）乘客协议，是客户网络中的原始数据。

CE 负责设备创建，管理和拆除它们之间的隧道。发送方 CE 设备封装乘客数据包并将其路由到运营商网络。当这些封装的分组到达隧道的末端（即接收机 CE 设备）时，它们被提取，并且实际分组被注入接收机网络。

2）基于 PE 的 VPN 方法

在此方法中，提供商网络负责 VPN 配置和管理。连接的 CE 设备可能表现得像连接到专用网络一样。基于 PE 的 L3 VPN 中的所有状态都保留在 PE 设备中，并且连接的 CE 设备可能表现得好像它连接到专用网络。在这种情况下，PE 设备知道某些流量是 VPN 流量，并且它们会相应地处理它。当基于 PE 的 VPN 维护一个完整的逻辑路由器时，其中每个 VPN 都有唯一的转发表和唯一的路由协议集，它被称为虚拟路由器 PPVPN。如果在 VPN 之间共享单个 BGP 实例，并且每个 VPN 实例具有单独的转发环境和单独的转发表，则称为 BGP/MPLS IP VPN[21]。在这种情况下，路由通告标有属性以标识其 VPN 上下文[10]。

Layer3 VPN 通常是基于网络层的互联网协议（IP）。这些 VPN 可以通过隧道或网络层加密来实现。隧道通过共享网络基础设施连接 VPN 的两个点。在隧道模式中，隧道的端点是 VPN 的共同节点和共享网络基础设施。在架构上，VPN 是在共享网络基础架构上建立的隧道的集合。离开隧道一端的 VPN 节点的网络层分组附加有额外的 IP 报头，其目的地地址反映隧道的另一端（远程 VPN 节点）。然后，基于该修改的目的地地址通过共享网络基础设施将分组路由到隧道的另一端。此时，剥离附加 IP 报头以重新创建到达隧道另一端的远程 VPN 节点的原始数据包[18]。

原始数据包可以基于任何第 3 层协议（如 IP、AppleTalk 或 Novell 的 IPX），并且仍然可以通过共享基础设施传输到远程 VPN 节点。因此，隧道有助于在共享网络基础架构中路由多个协议。此外，VPN 和共享网络基础设施可以使用不同的路由协议而不会妨碍路由过程。通常，共享基础架构内的网络层协议是 IP。

隧道机制的另一个优点是 VPN 的地址机制和共享基础设施的地址机制可以完全分开。因此，可以轻松处理跨多个 VPN 的地址重叠，而无须转换网络地址。但请注意，当 VPN 需要连接到外部互联网时，需要使用 NAT 功能将私有 VPN 地址转换为一组全局 IP 地址。

网络层加密为实现 VPN 提供了安全机制。互联网工程任务组（IETF）已经对安全 IP 架构 IPSec 进行了标准化，IPSec 是一组协议、身份验证和加密机制。IPSec 是标准 IP 协议的扩展。该部件涉及管理加密密钥、密钥交换协议和协议协商。这些机制也可用于加密其他隧道（如 L2TP 和 PPTP）。

IPSec 数据包具有 IP 报头，因此可以由当前 IP 路由器从一个 VPN 节点路由到另一个 VPN 节点。使用加密算法和一组加密密钥，IPSec 通过封装和加密原始 IP 数据包来创建数据包。使用因特网密钥交换（IKE）协议（IPSec 协议规范的一部分）在两个 VPN 节点之间协商和交换加密密钥和算法参数。此外，IPSec 分组还可以具有认证头，其用于验证整个 IPSec 数据包的有效性，这使接收器能够验证数据包是否在途中被修改。

简要介绍完了 Layer1 VPN、Layer2 VPN、Layer3 VPN，下面我们来分析 VPN 技术的优缺点。优点就是给企业的内部网络提供了一个更加私密的环境，缺点就是付出费用和 Qos 的保证代价。

4. VPN 的优点

传统的专用网络是通过一组链路促进各种网络实体之间的连接，包括专用电路（T1、T3 等）。这些链路是从公共电信运营商以及私人安装的线路租赁的。虽然这些链路固定且不灵活，但其容量始终可用且其上的流量仅属于部署网络的企业或公司。因此，可以确保与网络相关的性能水平[12]。

最近的另一个趋势是当今劳动力的流动性研究。许多公司通过为其配备便携式计算设备来提高员工的工作效率。经济实惠的笔记本电脑和各种基于掌上电脑的设备使人们无须亲自到办公室工作。除了提高生产力外，公司还鼓励远程办公减少对房地产的投资。此外，它还减少了汽车的交通量和尾气污染。

为了支持增加家庭办公，公司需要提供可靠的 IT 基础架构，以便员工可以从远程位置访问公司信息。这导致部署了大型调制解调器池，供员工远程拨入。由于管理和维护大型调制解调器池的复杂性，其成本不断增加。

移动用户的额外费用是公司支付的长途电话或费用，通常每分钟费用为 5～7 美分。对于每周从偏远地区投入 8 小时工作的美国员工来说，拨入费用本身每周最多 30 美元或每月约 130 美元。如果我们考虑国际呼叫，成本会高得多。请注意，此成本不包括与调制解调器池本身相关的成本。对于拥有大量移动员工的公司而言，这些费用很快就会增加。

　　此外，拨入连接将远程用户限制为模拟调制解调器的最大访问速度为 56kbit/s，综合业务数字网调制解调器的最大访问速度为 128kbit/s。这些限制妨碍了日常活动，这些活动需要从常规办公室高速访问内联网。因此，家庭办公室成为常规工作环境的不良替代品。有线调制解调器和数字用户线等高速接入媒体的出现，现在变得更加可用和经济实惠，可以克服访问速度的限制。但是，由于防火墙和安全限制，提供高速访问的服务提供商无法轻松地访问公司的内部网络。公司限制访问以防止未经授权的入侵者或"黑客"窃取专有信息。迫切需要一种可靠的机制来验证有效用户并根据其访问权限限制其访问。

　　与传统的实体操作相比，电子商务应用程序具有相当大的优势。此类应用程序部署在库存管理、供应链管理、电子数据交换等周围。例如，电子访问公司库存数据库的供应商可帮助供应商根据需求和当前库存水平安排额外供应。这有助于有效管理库存，无须存储大量未使用的库存。

　　但是，在传统的专用网络中，这种特殊的访问非常难以合并，因为要向所有供应商安装专用链接并不容易。此外，此基础架构不灵活，因为供应商的任何变更都涉及卸载专用链接并安装新供应商的新链接。快速更换供应商可以节省大量成本，但是基础设施不灵活使得很难利用这些优势。

　　VPN 可以帮助解决与当今专用网络相关的许多问题。正如我们将看到的，VPN 可以促进敏捷的 IT 基础架构。全球 VPN 支持连接到世界上任何地方的所有位置，而成本仅为专用链路的一小部分。VPN 服务能够以极低的成本远程访问内联网，从而支持移动员工。此外，VPN 架构支持可靠的身份验证机制，使用任何可用的访问媒体（包括模拟调制解调器、ISDN、电缆调制解调器、DSL 和无线），可以从任何地方轻松地访问企业内部网络[12]。

　　5. VPN 的缺点

　　VPN 固定的链路保证了企业私有网络的私密性的同时却也付出了一些代价。

　　一个主要问题是安全性。传统的专用网络非常安全，因为公司部署其所拥有的网络的所有链接和节点。在 VPN 中，数据遍历由服务提供商拥有并与其他 VPN 共享的链接。许多公司都不满意这种想法，即他们的数据包可能被恶意的人窃听。隧道端点是基于隧道的 VPN 上最容易受到攻击的位置。

　　另一个令人担忧的问题是部署 VPN 的成本。安全功能并不便宜。IPSec 的加密算法计算非常密集。因此，使用加密会对网络性能产生负面影响。与 IPSec 相关的各种密钥管理协议实施和管理也很昂贵。鉴于这些事实，部署 VPN 的隐性成本不如 VPN 广告的成本降低那么有吸引力。传统的 VPN 计划和部署并不便宜。当涉及国际地点时，专用链路的成本特别高。此类网络的规划阶段涉及对应用程序、流量模式及其增长率的详细估计。由于估算这些参数所涉及的工作，规划期很长。此外，专用链接需要时间来安装。电信运营商安装和激活专用链路需要 60～90 天的时间并不罕见。

鉴于网络技术和网络应用的快速发展，如此漫长的等待期可能会对公司应对这些领域快速变化的能力产生不利影响。网络规划人员必须预测由于这些技术变化而可能出现的所有情况。缺乏网络敏捷性意味着对市场力量的轻微误读可能会对公司业务的结果产生放大的负面影响。由于准确预测市场非常困难，因此可以快速适应的灵活信息技术（IT）基础设施至关重要。

另一个值得关注的问题是网络性能和服务质量（QoS）。公共互联网基于尽力而为的服务。因此，如果将公共互联网用作 VPN 的共享网络基础结构，则不能保证服务级别。实现 VPN 的服务提供商可能能够提供一些服务级别协议（SLA），但这些 SLA 会增加部署 VPN 的成本。必须从 VPN 服务提供商的网络到公司的内联网建立专用链路，这进一步增加了成本。

使用 VPN 服务提供商对 VPN 有另一个缺点，因为它限制了存在点（PoP）的数量。所有服务提供商可能在所有公司位置都没有 PoP，并且提供与 PoP 的连接可能会增加 VPN 的成本。

5.3.2　Overlay 网络

Overlay 网络是虚拟计算机网络，其在另一网络的物理拓扑之上创建虚拟拓扑。Overlay 网络中的节点通过虚拟链路连接，虚拟链路可以对应于由底层网络中的多个物理链路连接的路径。Overlay 不受地域限制，参与完全是自愿的[11]。由于参与者自愿将其资源借给网络，因此 Overlay 通常不会涉及大量支出。此外，与其他网络相比，它们具有灵活性、适应变化和易于部署等特点。因此，Overlay 网络长期以来一直用于在互联网中部署新功能和修复。近年来已经提出了多种 Overlay 设计来解决各种问题，包括：确保互联网路由的性能和可用性、实现多播、提供 QoS 保证、防止拒绝服务攻击，以及内容分发、文件共享甚至存储系统。

文献[22]的研究指出，通过虚拟隧道而不是直接的互联网路径重新路由数据包通常可以提高丢失、延迟和吞吐量方面的端到端性能。弹性叠加网络（RON）[23]项目通过实验证明，执行自身网络测量的 Overlay 网络可以提供快速的故障恢复，甚至可以在短时间内改善延迟和丢失率。基于 Overlay 的互联网间接基础设施（i3）[24]旨在通过解耦发送和接收行为来简化网络服务的部署和管理。在 i3 中，源将分组发送到逻辑标识符，并且接收器表示对发送到标识符的分组的兴趣。这种额外的间接连接带来了节点移动性以及服务定位和部署方面具有更大的灵活性。在这三种情况下，通过在现有路由基板之上引入 Overlay 来增强因特网的路由性能。

"路由即服务"[25]介绍了第三方路由服务提供商，它们从连接一些虚拟路由器的不同 AS 购买虚拟链路。希望定制路由的主机与 RSP 签订合同，然后 RSP 将根据拓扑的全局视图在其虚拟链路上建立适当的端到端 Overlay 路径。这种引入第三方提供商的想法在这里特别令人感兴趣。OverQoS[26]提供了一种机制来建立具有某些丢失和延迟保证的 Overlay 链路。服务 Overlay 网络[27]旨在使用 Overlay 技术来提供增值的互联网服务。SON 可以通过来自不同 ISP 的某些 QoS 保证来购买带宽，以构建逻辑端到端的服务传送 Overlay。最重要的是，Overlay 层已被用作测试台。PlanetLab 就是这样一个例子。随着 PlanetLab 的出现，研究人员可以轻松创建和管理自定义环境，以设计和评估新的体系结构、协议和算法。

但是，文献[26]指出标准叠加作为激进建筑创新的部署路径至少在两个方面蹒跚而行。首先，Overlay 层在很大程度上被视为一种将狭义修复部署到特定问题的方法，而不需要对不同 Overlay 之间的交互进行任何整体视图。其次，大多数叠加层是在 IP 之上的应用层中设计的，因此不能支持完全不同的概念。

Overlay 网络的想法并不是一个新概念。互联网作为 Overlay 在公共电话网络上的数据网络开始建立，即使在今天，仍然通过调制解调器线路进行大量互联网连接。随着互联网本身越来越受欢迎，许多人开始使用互联网作为其他网络研究的基础。通常 Overlay 在因特网上的网络的示例包括用于在因特网本身不支持多播的区域之外扩展多播功能的 MBone，以及用于测试 IPv6 部署的 6-bone。然而，在 MBone 之前很久就使用了 Overlay 网络。作为显式 Overlay 网络的早期用途是 RFC1070，其提出将因特网作为基础，研究人员可以在其上试验 OSI 网络层[28]。UUCP bang-path 寻址[29]和 1982 年的 SMTP 邮件路由可以被认为是应用层 Overlay 的一种形式[30]。

接下来将介绍 Overlay 的关键技术，即 MPLS 与 VxLAN 技术。

1. MPLS

在 Overlay 中，MPLS 是一种常用的技术。文献[31]提出了一套多协议标签交换（MPLS）上的流量工程要求以及概述了 MPLS 在流量工程中的适用性。它确定了在 MPLS 域中实施促进高效和可靠网络操作的策略所需的功能。这些功能可用于优化网络资源的利用，并增强面向流量的性能。

多协议标签交换（MPLS）集成了标签交换框架和网络层路由。基本思想包括在 MPLS 云入口为数据包分配固定长度标签。在整个 MPLS 域内部，附加到数据包的标签用于做出转发决策（通常不依赖于原始数据包报头）。

　　根据这个相对简单的模式，可以设计出一套强大的结构来解决新兴的差异化服务互联网中的许多关键问题。MPLS 最重要的初步应用之一将是流量工程。该应用程序的重要性已得到充分认识。

　　接下来，我们就来分析 MPLS 在流量工程中的适用性。MPLS 对流量工程具有战略意义，因为它可以通过集成的方式以低于当前竞争对手的成本提供 Overlay 中可用的大部分功能。同样重要的是，MPLS 提供了自动化流量工程功能方面的可能性。

　　MPLS 对流量工程的吸引力可归因于以下因素。

　　（1）不受基于目的地的转发模式约束的显式标签交换路径，可以通过手动管理操作或通过底层协议的自动操作轻松创建。

　　（2）LSP 可能是有效的服务质量保障对象。

　　（3）可以将交通干线实例化并映射到 LSP 上。

　　（4）可以将一组属性与交通干线关联，这些交通干线可以调节其行为特征。

　　（5）可以将一组属性与资源关联，这些资源限制 LSP 和通过它们的交通干线的位置。

　　（6）MPLS 允许两种交通流的聚合和分解，而传统的基于目的地的 IP 转发只允许聚合。

　　（7）相对容易将"基于约束的路由"框架与 MPLS 集成。

　　（8）良好的 MPLS 实现可以提供比竞争性的流量工程替代方案更低的开销。

　　此外，通过显式标签交换路径，MPLS 允许在当前的互联网路由模型上叠加准电路交换能力。许多现有的针对 MPLS 的流量工程的建议只关注创建显式 LSP 的可能性。虽然这种能力是交通工程的基础，但还不够。需要进行额外的扩充，以促进政策的实施，从而实现大型运营网络的性能优化。

　　下面我们来介绍基于 MPLS 的流量工程增强功能，包括：①与交通干线相关联的一组属性，这些属性共同指定了它们的行为特征；②与资源相关联的一组属性，用于限制通过这些资源放置通信中继，这些也可以视为拓扑属性约束；③一个"基于约束的路由"框架，用于为受上述第①和第②项约束的交通干线选择路径。基于约束的路由框架不必是 MPLS 的一部分。然而，这两者需要紧密结合在一起。

　　与通信中继和资源相关的属性以及与路由相关的参数共同表示控制变量，这些变量可以通过管理操作或通过自动化代理进行修改，以将网络驱动到所需状态。在操作网络中，操作员可以在线动态修改这些属性，而不会对网络操作造成不利影响，这是非常可取的。

　　许多帧中继和 ATM 交换机的商业实现已经支持一些基于约束的路由概念。对于此类设备或由此设计的以 MPLS 为中心的新型设备，应该相对容易地扩展当前基于约束的路由实现，以适应 MPLS 的特殊要求。对于使用拓扑驱动的逐跳 IGP 的路由器，基于约束的路由至少可以采用以下两种方式之一。

（1）通过扩展现有的 IGP 协议（如 OSPF 和 IS-IS）来支持基于约束的路由。已经在努力为 OSPF 提供这种扩展。

（2）通过向每个路由器添加一个基于约束的路由过程，该路由过程可以与当前的 IGP 共存。这个场景如图 5-1 所示。

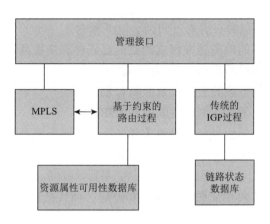

图 5-1　基于约束的三层 LSR 路由过程

介绍完 MPLS 技术，接下来我们讨论 Overlay 的又一项技术——VxLAN。

2. VxLAN

文献[32]描述了虚拟可扩展局域网（VxLAN），它用于解决在虚拟化的数据中心内容纳多个租户的 Overlay 网络需求。该方案和相关协议可用于云服务提供商和企业数据中心的网络中。本备忘录记录了为互联网社区利益而部署的 VxLAN 协议。

VxLAN 是一种网络虚拟化技术，基于 IP 网络且采用"MAC in UDP"封装形式的二层 VPN 技术。该技术试图解决在大型的云计算部署时遇到的扩展问题，可以说是对 VLAN 的一种扩展。

VxLAN 可以基于已有的服务提供商或企业 IP 网络，为分散的物理站点提供 2 层互联，并能够为不同的租户提供业务隔离。VxLAN 技术通过建立 VxLAN 隧道，在现有网络架构上创建大量的虚拟可扩展局域网，不同的虚拟可扩展局域网使用 VNI（VxLAN Network Identifier，虚拟可扩展局域网网络标识符）进行标识。

由于 VLAN Header 头部限长是 12bit，导致 VLAN 的限制个数是 $2^{12} = 4096$ 个，

无法满足日益增长的需求。目前 VxLAN 的报文 Header 内有 24bit，可以支持 2^{24} 的 VNI 个数（VxLAN 中通过 VNI 来识别，相当于 VLAN ID）。

VxLAN 提供和 VLAN 相同的 2 层网络服务，但相比 VLAN 有更大的扩展性和灵活性，具体优点如下。

（1）多租户的网络在整个数据中心更具灵活性：VxLAN 提供了一个在可靠的共享网络设施上扩展 2 层网段的解决方案，从而租户的负载可以在数据中心跨物理区域。

（2）提供更多的 2 层网段：VLAN 使用 12bit 的 VLAN ID 表示的网段名，从而网段个数被限制在 4096 个。而 VxLAN 使用 24 位作为 VxLAN 标识符（VNID），使得 VxLAN 的个数扩展到 2^{24} 个。

（3）更好地在基础设施中利用网络路径：VLAN 使用 STP 协议防止环路，最终不使用网络中的网络链接的半阻塞冗余路径。相反地，VxLAN 数据包基于 3 层的报头，可以完整地利用 3 层路由，ECMP 路由以及链路聚合协议来使用所有可用的路径。

服务器的虚拟化增加了对物理网络基础设施的需求。物理服务器现在有多个虚拟机（VM），每个虚拟机都有自己的媒体访问控制（MAC）地址。这就需要在交换的以太网中有更大的 MAC 地址表，因为成千上万的虚拟机之间可能存在链接和通信[32]。

在数据中心中的虚拟机根据其虚拟 LAN（VLAN）进行分组的情况下，可能需要数千个 VLAN 来根据虚拟机所属的特定组对流量进行分区。在这种情况下，当前的 VLAN 网段个数限制为 4096 是不够的。

数据中心通常需要承载多个租户，每个租户都有自己的独立网络域。由于用专用基础设施实现这一点不经济，网络管理员选择在共享网络上实现隔离。在这种情况下，一个常见的问题是，每个租户可以独立地分配 MAC 地址和 VLAN ID，从而在物理网络上可能重复这些地址和 VLAN ID。

使用第 2 层物理基础设施的虚拟化环境的一个重要要求是，在整个数据中心甚至在数据中心之间具有第 2 层网络规模，以便高效地分配计算、网络和存储资源。在这种网络中，使用传统的方法，如生成树协议（STP）来实现无环拓扑结构，可能会导致大量禁用的链接。

最后一种情况是，网络运营商倾向于使用 IP 连接物理基础设施（例如，通过等成本多路径（ECMP）实现多路径可扩展性，从而避免禁用链接）。即使在这样的环境中，也需要保留用于 VM 间通信的第 2 层模型。

上述场景导致了对 Overlay 网络的需求。此 Overlay 用于通过逻辑"隧道"以封装格式从单个虚拟机承载 MAC 流量。文献[32]详细介绍了一个称为"虚拟可扩展局域网（VxLAN）"的框架，该框架提供了这样一个封装方案，以满足上述各种要求。下面我们就来简要介绍 VxLAN 的关键技术。

早前第 2 层网络使用 IEEE802.1d 生成树协议（STP）来避免由路径重复而导致的网络循环。STP 阻止使用链接以避免帧的复制和循环。一些数据中心运营商一般认为这是第 2 层网络的一个问题，因为对于 STP，他们实际上支付的端口和链接比实际使用的要多。此外，STP 模型不提供多路径导致的弹性。新的计划，如 Trill[RFC6325]和 SPB[802.1aq]，已被提议帮助解决多路径问题，并用来解决 STP 的一些问题。STP 限制也可以通过将机架内的服务器配置为同一第 3 层网络来避免，在机架内和机架间的第 3 层发生切换。但是，这与用于 VM 间通信的第 2 层模型不兼容。

第 2 层数据中心网络的一个关键特征是使用虚拟局域网（VLAN）提供广播隔离。以太网数据帧中使用 12 位 VLAN ID 将较大的第 2 层网络划分为多个广播域。对于许多需要少于 4096 个 VLAN 的数据中心来说，这已经很好地发挥了作用。随着虚拟化的使用越来越多，这一上限正面临压力。此外，由于 STP 的存在，一些数据中心限制了可以使用的 VLAN 数量。此外，对多租户环境的要求加快了对更大 VLAN 限制的需求。

再加上现阶段云计算的普及，更加迫切地加剧了 VxLAN 的发展。云计算涉及多租户环境的按需弹性资源供应。云计算最常见的例子是公共云，云服务提供商通过同一物理基础设施向多个客户/租户提供这些弹性服务。

租户可以通过第 2 层或第 3 层网络隔离网络流量。对于第 2 层网络，VLAN 通常用于隔离流量——例如，租户可以通过自己的 VLAN 进行标识。由于云提供商可能提供大量租户服务，VLAN 限制通常不够。此外，每个租户通常需要多个 VLAN，这加剧了问题的严重性。

在多租户及云环境的发展下，也催生出了 VxLAN 技术。介绍完了 VxLAN 的兴起环境之后，我们再来介绍 VxLAN 的核心技术。

VxLAN 满足了多租户环境中存在虚拟机时第 2 层和第 3 层数据中心网络基础设施的上述要求。它运行在现有的网络基础设施上，并提供一种"扩展"第 2 层网络的方法。简而言之，VxLAN 是第 3 层网络上的第 2 层 Overlay 方案。每个 Overlay 被称为 VxLAN 段。只有同一 VxLAN 段内的虚拟机才能相互通信。每个 VxLAN 段通过一个 24 位段 ID 进行标识，称为"VxLAN 网络标识符（VNI）"。这允许在同一个管理域中最多约 1600 万个 VxLAN 段共存。

用户可以跨段拥有重叠的 MAC 地址，但永远不会有"交叉"流量，因为流量是使用 VNI 隔离的。VNI 位于外部报头中，它封装了由 VM 发起的内部 MAC 帧。在以下章节中，术语"VxLAN 段"与术语"VxLANOverlay 网络"互换使用。

由于这种封装，VxLAN 也可以称为隧道方案，将第 2 层网络 Overlay 在第 3 层网络之上。隧道是无状态的，因此每个帧都按照一组规则进行封装。下面讨论的隧道端点（VxLAN 隧道端点或 VTEP）位于虚拟机所在服务器上的管理程序中。因此，由与 VNI 和 VxLAN 相关的隧道/外部头段封装只有 VTEP 可知——VM 从未看到过它。注意，VTEP 也可能位于物理交换机或物理服务器上，并且可以在软件或硬件中实现。

以下部分讨论使用一种控制方案（数据平面学习）在 VxLAN 环境中的典型交通流方案。在这里，通过源地址学习发现 VM 的 MAC 与 VTEP 的 IP 地址的关联。组播用于承载未知目的地、广播和多播帧。

除了基于学习的控制平面之外，还存在可以将 VTEP IP 分发到 VM MAC 映射信息的其他方案。选项可以包括由各个 VTEP 进行的基于中央授权/基于目录的查找，由中央机构将该映射信息分发给 VTEP，等等。这些方案有时分别表征为推拉模型。接下来将重点介绍数据平面学习方案作为 VxLAN 的控制平面。

3. 单播 VM 到 VM 通信

这里考虑 VxLANOverlay 网络中的 VM。此 VM 不知道 VxLAN。要与不同主机上的 VM 通信，它会正常发送指向目标的 MAC 帧。物理主机上的 VTEP 会查找与此 VM 关联的 VNI。然后，它确定目的 MAC 地址是否在同一网段上，以及是否存在目的 MAC 地址到远程 VTEP 的映射。如果是这样，则包括外部 MAC，外部 IP 报头和 VxLAN 报头的外部报头被添加到原始 MAC 帧之前。封装的数据包被转发到远程 VTEP。在接收时，远程 VTEP 使用与内部目的 MAC 地址匹配的 MAC 地址来验证 VNI 的有效性以及该 VNI 上是否存在 VM。如果是这样，数据包将被剥离其封装头并传递到目标 VM。目标 VM 则无须了解 VNI 或使用 VxLAN 封装传输帧。

除了将数据包转发到目标 VM 之外，远程 VTEP 还学习从内部源 MAC 到外部源 IP 地址的映射。它将此映射存储在表中，以便当目标 VM 发送响应数据包时，不需要响应数据包的"未知目标"泛滥。

在源 VM 的传输之前确定目标 VM 的 MAC 地址与非 VxLAN 环境一样执行，也可以使用广播帧但封装在多播数据包中。

4. 广播通信和映射到多播

考虑源主机上的 VM 尝试使用 IP 与目标 VM 进行通信。假设它们都在同一子网上，则 VM 发出地址解析协议（ARP）广播帧。在非 VxLAN 环境中，将使用承载该 VLAN 的所有交换机上的 MAC 广播发送此帧。

使用 VxLAN，包含 VxLAN VNI 的标头将与 IP 标头和 UDP 标头一起插入数据包的开头。但是，该广播数据包被发送到实现该 VxLAN Overlay 网络的 IP 多播组。为此，我们需要在 VxLAN VNI 和它将使用的 IP 多播组之间建立映射。该映射在管理层完成，并通过管理信道提供给各个 VTEP。使用此映射，VTEP 可以向上游交换机/路由器提供 IGMP 成员关系报告，以根据需要加入/离开与 VxLAN 相关的 IP 多播组。这将根据成员在此主机上是否可使用特定多播地址来启用特定多播流量地址的叶节点的修剪。此外，使用多播路由协议（如协议无关组播-稀疏模式）将在第 3 层网络中提供有效的组播树。

VTEP 将使用（*，G）连接。这是必需的，因为 VxLAN 隧道源是未知的，并且可能经常更改，因为 VM 在不同主机上启动/关闭。这里的一个注意事项是，因为每个 VTEP 都可以充当多播的源和目的地，像双向 PIM 这样的协议会更有效。

目标 VM 使用 IP 单播发送标准的 ARP 响应。该帧将封装回到使用 IP 单播 VxLAN 封装连接始发 VM 的 VTEP。这是可能的，因为 ARP 响应的目的 MAC 地址到 VxLAN 隧道端点 IP 的映射是通过 ARP 请求更早地学习的。注意，多播帧和"未知 MAC 目的地"帧也使用多播树发送，类似于广播帧。

5. 物理基础设施要求

当在网络基础设施中使用 IP 多播时，网络内的各个第 3 层 IP 路由器/交换机可以使用诸如 PIM-SM 的多播路由协议。这用于构建有效的多播转发树，以便仅将组播帧发送到请求接收它们的那些主机。

同样，不要求连接源 VM 和目标 VM 的实际网络应该是第 3 层网络：VxLAN 也可以在第 2 层网络上工作。在任何一种情况下，都可以使用 IGMP 监听实现第 2 层网络内的高效组播复制。

VTEP 不得分割 VxLAN 数据包。由于帧较大，中间路由器可能会对封装的 VxLAN 数据包进行分段。目标 VTEP 可以静默丢弃此类 VxLAN 片段。为了确保端到端的流量传输没有分段，建议将物理网络基础设施上的 MTU（最大传输单元）设置为由于封装而产生的较大帧的值。路径 MTU 等其他技术也可用于满足此要求。

接下来我们来分析 VxLAN 帧格式。从帧的底部解析-在外部帧校验序列（FCS）之上，有一个内部 MAC 帧，其以太网头包含源、目的 MAC 地址与以太网类型，以及可选的 VLAN。VxLAN 标头是一个 8 字节的字段，具有以下特征。

（1）标志（8 位）：对于有效的 VxLAN 网络 ID（VNI），I 标志必须设置为 1。其他 7 位（指定为"R"）是保留字段，必须在传输时设置为零，并在接收时忽略。

（2）VxLAN 段 ID/VxLAN 网络标识符（VNI）：这是一个 24 位值，用于指定通信 VM 所在的单个 VxLAN 重叠网络。不同 VxLANOverlay 网络中的虚拟机无法相互通信。

（3）保留字段（24 位和 8 位）：传输时必须设置为零，并在接收时忽略。外 UDP 标头：起始端口由 VTEP 提供，目标端口是众所周知的 UDP 端口。

（4）目标端口：IANA 已为 VxLANUDP 端口分配值 4789，并且此值应该默认用作目标 UDP 端口。一些早期实现的 VxLAN 已经使用目标端口的其他值。要实现与这些实现的互操作性，目标端口应该是可配置的。

（5）源端口：建议使用内部数据包的字段散列来计算 UDP 源端口号，一个示例是内部以太网帧头的散列。这是为 ECMP/启用一个级别的 VxLAN Overlay 的 VM 到 VM 流量的负载平衡。以这种方式计算 UDP 源端口号时，建议该值在动态/专用端口范围 49152～65535 中。

（6）UDP 校验和：它应该作为零传输。当收到 UDP 校验和为零的数据包时，必须接受解封装。可选地，如果封装端点包括非零的 UDP 校验和，则必须在整个分组上正确地计算它，包括 IP 报头、UDP 报头、VxLAN 报头和封装的 MAC 帧。当解封装端点接收到具有非零校验和的数据包时，它可以选择验证校验和值。如果它选择执行这样的验证，并且验证失败，则必须丢弃该分组。如果解封装目的地选择不执行验证或成功执行验证，则必须接收数据包进行解封装。

（7）外部 IP 标头：其源 IP 地址指示正在运行通信 VM（由内部源 MAC 地址表示）的 VTEP 的 IP 地址。目标 IP 地址可以是单播或多播 IP 地址。当它是单播 IP 地址时，它表示连接通信 VM 的 VTEP 的 IP 地址，由内部目的 MAC 地址表示。

（8）外部以太网报头：图 5-2 和图 5-3 是封装在外部以太网＋IP＋UDP＋VxLAN 报头内的内部以太网帧的示例。此帧的外部目的 MAC 地址可以是目标 VTEP 或中间第 3 层路由器的地址。外层 VLAN 标记是可选的。如果存在，它可用于描述 LAN 上的 VxLAN 流量。

最后，我们来介绍 VxLAN 的部署环境，VxLAN 通常部署在虚拟主机上的数据中心中，这些主机可能分布在多个机架上。各个机架可以是不同的第 3 层网络的一部分，也可以是单个第 2 层网络。VxLAN 分段/Overlay 网络 Overlay 在这些第 2 层或第 3 层网络之上。

服务器可以位于同一机架上，或者位于不同机架上，也可能位于同一管理域内的数据中心之间。VNI 22，34，74 和 98 识别出四个 VxLAN Overlay 网络。考虑服务器 1 中的 VM1-1 和服务器 2 上的 VM2-4，它们位于由 VNI 22 识别的相同 VxLAN Overlay 网络上。由于封装和解封装在服务器 1 和 2 上的 VTEP 中透明地执行，因此 VM 不知道 Overlay 网络和传输方法。

外以太网头部

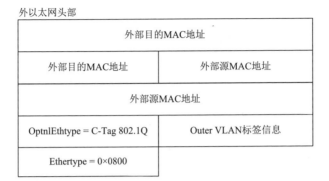

外部目的MAC地址	
外部目的MAC地址	外部源MAC地址
外部源MAC地址	
OptnlEthtype = C-Tag 802.1Q	Outer VLAN标签信息
Ethertype = 0×0800	

图 5-2　封装在外部以太网 + IP + UDP + VxLAN 报头内的内部以太网帧

VxLAN头部

R	R	R	R	I	R	R	R	保留
VxLAN网络标志：VNI							保留	

图 5-3　VxLAN 头部

　　一种部署方案是，隧道终结点是了解 VxLAN 的物理服务器。另一种方案是，VxLAN 覆盖网络上的节点需要与可能基于 VLAN 的传统网络上的节点进行通信。这些节点可以是物理节点或虚拟机。要启用此通信，网络可以包括 VxLAN 网关，以便在 VxLAN 和非 VxLAN 环境之间转发流量。

　　对于 VxLAN 连接接口上的传入帧，网关会剥离 VxLAN 标头，并根据内部以太网帧的目的 MAC 地址将其转发到物理端口。除非明确配置为传递给非 VxLAN 接口，否则应丢弃具有内部 VLAN ID 的解封装帧。在反方向上，非 VxLAN 接口的传入帧将根据帧中的 VLAN ID 映射到特定的 VxLAN 重叠网络。除非明确配置为在封装的 VxLAN 帧中传递，否则在为 VxLAN 封装帧之前，将删除这个 VLAN ID。

　　提供 VxLAN 隧道终端功能的这些网关可以是数据中心网络拓扑中更高的 ToR/接入交换机或交换机。例如，核心甚至 WAN 边缘设备。最后一种方案（WAN 边缘）可能涉及在混合云的环境中终止 VxLAN 隧道的提供商边缘（PE）路由器。在所有这些情况下，请注意网关功能可以在软件或硬件中实现。

　　分析完 Overlay 的关键技术和部署环境，最后我们就来简要介绍 Overlay 的几个系统。分别是 Mbone[24]、6Bone[33]、The X-Bone[34]、Yoid/Yallcast[35]、End System Mmulticast[36]、ALMI[37]、Overcast[38]、Content Delivery Network[39, 40]、Peer-to-peer Network[41]。

①MBone。MBone 是部署在互联网上最著名的大型 Overlay 网络之一[24]。MBone 通过互联网创建虚拟"隧道"，以连接支持本机 IP 多播的网络，从而实现全局多播架构。MBone 隧道由管理员静态配置。虽然 MBone 连接的目的是通过单个 MBone 隧道或一小组隧道连接整个网络，但可以以相同的方式将单个工作站连接到 MBone。除非发生网络分区，否则有一个全局 MBone，尽管其 Overlay 技术更为通用。

②6Bone。就像 MBone 为 IP 多播所做的那样，6Bone 旨在促进 IP 版本 6 的部署和测试[33]。它是由支持 IPv6 的站点组成的全球网络。在此网络中，某些站点通过本地 IPv6 语言链接进行连接，而没有本机 IPv6 上游链路的站点通过 IPv4 互联网上配置的隧道进行连接。6Bone 的使用极大地促进了设计和测试 IPv6 感知软件和协议的任务[33]。

③The X-Bone。The X-Bone[34]是一个基础设施项目，旨在加速部署基于 IP 的 Overlay 网络，如 MBone[25]。它提供了一个图形用户界面，用于自动配置端点 IP 地址和 DNS 名称，简单的 Overlay 路由配置（如环），并允许通过 SSL 加密的 HTTP 会话远程维护 Overlay。The X-Bone 尚不支持容错操作或基于度量的路由优化。它的地址和 DNS 管理功能，以及处理数据包插入 Overlay 层的机制等，与我们的工作是相辅相成的。

④Yoid/Yallcast。Yoid 提供了"所有互联网分发的通用架构"[35]。它试图将本机 IP 多播（本地通信组的效率）的优势与基于终端系统的多播的部署和实现优势统一起来。Yoid 的核心协议生成树形拓扑，用于高效的内容分发，以及网状拓扑，用于稳健的内容分发。Yoid 的设计要求通过在节点之间使用 TCP 或 RTP 在 Overlay 网络链路中进行集成拥塞管理。Yoid 旨在提供"更好"（或可能简单的可实现）的灵活多播架构。Yoid 与其前身项目 Yallcast 密切相关。截至目前，Yoid（如 Yallcast）似乎仍处于设计阶段，尚未发布软件。

⑤End System Mmulticast。终端系统组播提供基于应用的组播服务作为单播互联网上的 Overlay[36]。它适用于中等规模（数十到数百）的多对多组播。在设计者的互联网测量中，主要采用互联网 2 连接的主机，他们报告了少量的链接，包含"相对的延迟惩罚"，由于使用 Overlay，应用层组播的效率存在问题。通过更积极地观察较小的群体，将组播放置在网络节点可以优化组播性能。

⑥ALMI。ALMI 是一种应用级多播基础设施，可为小型组（数十个节点）提供多对多组播[37]。与终端系统组播和 Yoid 不同，ALMI 使用集中式计划器来计算其组播分发树，这降低了树构建算法的复杂性，但需要集中控制器。ALMI 的初步评估似乎有所帮助，尽管评估有限：评估中的 9 个站点位于 8 个不同的域中，并且所有美国站点都在 vBNS 上。评估 ALMI 的实验运行了 8 个小时，

没有明显的大网络故障。在评估中，ALMI 的树生成算法（如 RON）在构建其分发树时使用了全网格节点。

⑦Overcast。Overcast 是一种应用级 Overlay 多播系统，可为大量客户端提供可扩展、可靠的单源多播[38]。作为思科的流媒体内容传输解决方案的一部分，Overcast 的目的是传播非实时视听内容。Overcast 重点关注可扩展的树构建和修复机制。

⑧Content Delivery Network。内容交付网络（CDN），如 Akamai[41]和 Inktomi[42]使用 Overlay 技术和缓存技术，以提高 HTTP 和流视频等特定应用程序的内容交付性能。RON 提供的功能可以通过提供这些服务所需的一些基本路由组件来简化未来的 CDN 开发。

⑨Peer-to-peer Network。许多对等网络体系使用 Overlay 进行文件传输、网络配置或搜索。Freenet 创建了一个应用叠加层，用于在协议的参与者之间路由文件传输和搜索请求[35]。Freenet 使用 Freenet 节点之间的随机连接，而不考虑它们之间的网络特性，因为 Freenet 消息路由的主要功能是为发布者和数据消费者提供匿名性。Gnutella 通过将每个参与者连接到网络中的大约 4 个其他参与者来动态地创建 Overlay 网络。Gnutella 通过 Overlay 广播搜索请求和回复，然后直接通过互联网处理文件传输。

简要介绍完以上的 Overlay 实例后，我们根据一些具体的例子来说明 Overlay 实现的两大功能，提高路由稳健性以及多播。

6. 提高路由稳健性

弹性 Overlay 网络（RON）是一个提高路由稳健性的 Overlay 实例，其 Overlay 节点形成完整的图形，节点探测其他节点以获得最低延迟。其了解完整的网络图，比 IP 网络具有更低的延迟路由，能够更快地从故障中恢复。

7. 多播

多播通信是指一对多或多人通信，Multicast 实现一对多发送操作。那为什么我们需要多播？因为我们目前的 IP 网络不支持网络层的多播，在同一链路上不能够传输同一消息的多个复制品。那如果我们想要在网络层进行多播，我们在网络层需要一组机制：①路由器必须能够发送相同数据包的多个副本；②构建传播树所需的组播路由算法。

解决了多播在网络层的机制问题，那么我们又如何让多播与 IP 协同工作？IP 多播地址分配了如图 5-4 所示的一定范围。

CLASS D	1	1	1	0	多播组地址，28bit

CLASS D　从 224.0.0.0　到 239.255.255.255

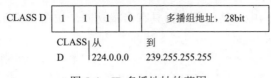

图 5-4　IP 多播地址的范围

其规定每个多播组指定“多播组”，主机可以“加入”多播组，发送到多播地址的 IP 数据报将转发给已加入多播组的所有人。

下面我们就以 Overlay 的多播实例 MBone 来具体分析其多播机制。

8. MBone：用于增量 IP 多播部署的 Overlay 网络

随着组播骨干网（MBone）的诞生，互联网上的 IP 多播部署始于 20 世纪 90 年代初。MBone 能建立通过单播路径连接的组播路由器的虚拟网络，解决了互联网上只有少数路由器能够进行 IP 组播路由的广域 IP 组播路由问题。MBone 使用 IP 隧道的概念（IP-in-IP 封装）。下面我们来详细介绍一下 MBone 实现多播的三个关键技术。

（1）MBone：Overlay 多播路由器网络。

MBone 是所有组播路由器的集合。MBone 是 IP 层的 Overlay 网络，提供多播服务，如图 5-5 所示。可以看出 MBone 的报文与传统 IP 报文的不同，其增加了多播地址的部分。

IP头，包含下一跳路由的IP地址。由于是IP-in-IP的封禁，所以协议区域 = 4	IP头，是多播地址	多播包

图 5-5　MBone 的报文

（2）使用 IP 隧道进行增量部署。

MBone 中的 IP 隧道允许逐步部署服务（此处：多播服务）。

阶段 1：仅在边缘处启用多播的路由器，如图 5-6 所示。

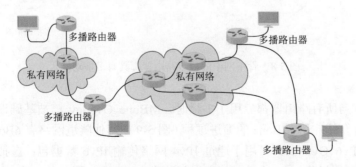

图 5-6　多播促使的边缘路由器

阶段 2：骨干网中的某些路由器具有多播功能，如图 5-7 所示。

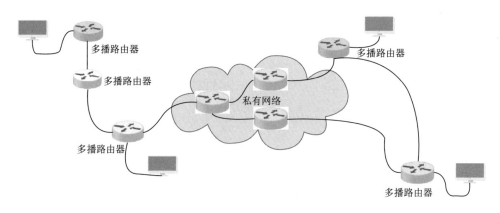

图 5-7　在骨干网中的某些路由器都是多播路由器

阶段 3：骨干网中的更多路由器具有多播功能，如图 5-8 所示。
阶段 4：整个网络已启用多播。

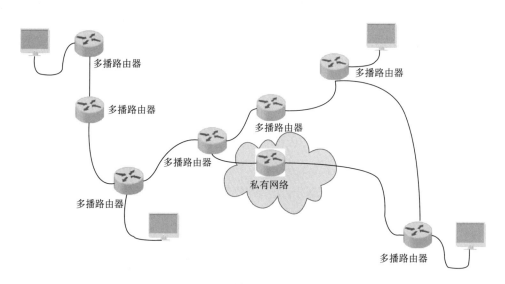

图 5-8　骨干网中的多数路由器都具有多播功能

最后，当所有路由器都启用了多播时，MBone Overlay 已被基础设施取代。这样我们就介绍完了 MBone 的演进过程（图 5-9）。其他隧道网络有 6Bone、VPN。6Bone 是 IPv6 Overlay，可用于通过 IPv4 网络传输 IPv6 数据包；虚拟专用网络（VPN）加密和封装 IPv4 流量，加密和封装由 VPN 路由器完成。

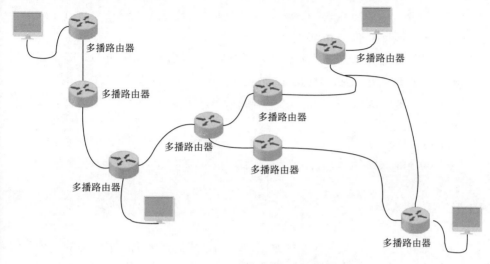

图 5-9 整个网络中的路由器均具有多播功能

介绍完 Overlay 的实例和功能，接下来我们将分析 Overlay 的优缺点，即 Overlay 兴起的原因及其发展的瓶颈。

9. Overlay 的优点

（1）不必部署新设备或修改现有软件/协议，易于部署。

可能必须在现有软件之上部署新软件；例如，在以太网之上添加 IP 不需要修改以太网协议或驱动程序；允许自举；只需要向终端主机添加软件。

（2）开发全新的网络硬件/软件的成本很高。

（3）电话开始后的所有网络都是 Overlay 网络。

（4）不必在每个节点上部署。

并非每个节点都始终需要 Overlay 网络服务，例如，QoS 保证尽力而为的服务。

（5）可扩展性。

路由器不维护每组状态。

（6）简化对更高级别功能的支持。

使用逐跳的方法，但终端主机是路由器；利用终端系统的计算和存储，例如，分组缓冲、媒体流的代码转换、ACK 聚合；利用解决方案实现单播拥塞控制和可靠性。

10. Overlay 缺点

（1）增加开销：Overlay 需要在网络堆栈中添加一个层。

（2）附加数据包报头，处理时间变长：有时，额外的工作是多余的，例如，

IP 数据包包含以太网（48 位 + 48 位）和 IP 地址（32 位 + 32 位）；从以太网报头中删除以太网地址并假设 IP 报头。

（3）增加复杂性：分层并不能消除复杂性，只能管理它；更多功能层到更多可能的层之间的意外交互；例如，无线电话中的损坏被解释为 TCP 的拥塞下降。

（4）对于某些节点，Overlay 网络可能过重：例如，消耗太多的内存、周期或带宽。

（5）Overlay 网络可能具有不明确的安全属性：例如，可用于服务拒绝攻击。

（6）Overlay 网络可能无法扩展：例如，可能需要 n^2 个状态或通信。

5.3.3　SD-WAN

在过去的几年中，软件定义网络（SDN）已成为计算机网络管理的一种新的并且有前途的范例。虽然我们已经在数据中心网络中看到了许多 SDN 的用例和部署，但广域网仍然严重依赖于传统路由和 TE（流量工程）技术。然而，快速增加的流量需求（主要是由于视频流和 LTE 语音部署的使用增加）促使新路由和更有效的 TE 机制的发展。在广域网中利用 SDN 范例的新方法有望减轻当今骨干网的许多局限性，如低效率和可扩展性问题[43]。在本节中，我们概述了 SD-WAN 当前的最新技术，以及未来的研究方向。

SD-WAN（Software Defined-Wide Area Networks），即软件定义广域网，是一种新型的骨干网虚拟化技术。与传统的骨干网架构相比，SD-WAN 将 SDN 中的控制器引入 WAN 中，使得我们能够更加智能地进行广域网中的流量调度、流量管理及分析。SD-WAN 通过引入 SDN 中软件与硬件解耦的技术即通过将网络硬件与其控制机制分离，简化了 WAN 的管理和操作。这个概念类似于 SDN 如何实现虚拟化技术以改善数据中心管理和操作[44]。SD-WAN 的一个关键应用是允许企业使用低成本和商用互联网接入来构建更高性能的 WAN，使企业能够部分或全部取代更昂贵的私有 WAN 连接技术，如 MPLS[45]。美国营销研究公司 Gartner 在 2015 年预测，到 2019 年底，30%的企业将在其分支机构中部署 SD-WAN 技术[46]。这激发了研究人员对于研究 SD-WAN 的强烈兴趣。

WAN 允许公司远距离扩展其计算机网络，将远程分支机构连接到数据中心或远程分支机构彼此相连，并提供执行业务功能所需的应用程序和服务。当公司在更远的距离上扩展网络时，有时跨越多个运营商的网络，他们面临的运营挑战包括网络拥塞、数据包延迟变化[47]、数据包丢失[48]甚至服务中断。然而，VoIP 呼叫、视频会议、流媒体以及虚拟化应用和桌面等现代应用需要低延迟[49]，带宽要求也在增加。扩展 WAN 功能可能既昂贵又困难，并且存在与网络管理和故障排除相关的相应困难[50]。

使用传统技术为企业分支机构提供 WAN 解决方案具有以下挑战。

（1）互联网、SaaS（软件即服务）和云托管应用程序仍然通过专用网络和集中式企业数据中心进行回传。

（2）企业昂贵的私人网络已经变得拥挤不堪。

（3）回程导致性能损失。

（4）在云数据中心的配置加密是一个重复的手动过程。

SD-WAN 产品旨在解决这些网络问题。通过使用可以控制应用级策略并提供网络 Overlay 的虚拟化设备来增强甚至替换传统的分支路由器，较便宜的消费级互联网链路可以更像专用电路。这简化了分支机构人员的设置过程。SD-WAN 产品可以是物理设备或虚拟设备，可以放置在小型远程和分支机构、大型办公室、企业数据中心以及越来越多的云平台上[49]。

SD-WAN 的集中控制器用于设置策略和优先级流量。考虑了这些策略以及路由流量的网络带宽的可用性。这有助于确保应用程序性能满足服务级别协议（SLA）[50]。

SD-WAN 作为一项新兴的骨干网虚拟化技术一定有其兴起的动机。较之 SD-WAN，传统的 WAN 为了保证服务的 QoS 性能，大量地采取了 MPLS VPN 技术。MPLS VPN 技术是基于带宽保障 QoS 的技术，而且在传统 WAN 的结构中，为了保障链路的连通性，还需要大量的带宽来备用，所以通常采用 MPLS VPN 技术的代价就是费用很高；传统的 WAN 机构部署十分复杂，手动配置很麻烦，不会根据链路情况改变，且这种部署是基于企业内部的；传统 WAN 架构是静态的且私人的，不适用于动态和公开的云环境。接下来我们将详细分析 SD-WAN 较之传统骨干网技术能够给我们带来的好处。

1. 节省费用

首先是费用问题。WAN 通常很昂贵且难以管理。它们包括专用且昂贵的高性能路由器，需要大量管理工作以增加 OPEX 和故障概率的复杂配置。此外，WAN 几乎总是依赖于容易出故障的底层（通常是光纤）传输网络。为了掩盖这种路由器或链路故障并合理地处理需求高峰，WAN 经常被过度配置[50]。通过 SDN 进行集中控制和负载规划可以更明智地分配负载，更加动态地适应不断变化的需求，并更快地应对故障。这有助于显著降低所需的过度配置度和整体复杂性。在降低费用方面，本小节总结出 SD-WAN 较之传统 WAN 在费用节省方面的四个优势如表 5-1 所示，分别为：

（1）网络设备的成本；

（2）管理/运营 WAN 的企业运营支出；

（3）带宽费用；

（4）WAN 服务成本。

表 5-1　SD-WAN 在费用节省方面的优势

费用	SD-WAN 费用节省途径
网络设备的成本	（1）降低硬件、软件和供应商提供的支持远程办公 WAN 设备的购置成本，降低在 Router Maint/Support 和 Router Capex 上的费用； （2）由于所有位置都可以访问相同的基于云的应用程序，因此无须在每个分支位置部署特定于应用程序的硬件或软件。集中化网络视图减少了为每个分支机构配置这些功能所需的网络设备数量
管理/运营 WAN 的企业运营支出	（1）控制器集中部署和中央策略管理不再需要大量的人工配置，即降低了 Staffing Opex 的费用以及运营成本； （2）减少问题识别和相关的补救成本，集中管理和控制网络活动，无须经过培训的技术人员来评估问题并进行修复
带宽费用	（1）不再需要利用带宽来进行链路备份保证链路的连通性； （2）集中的网络视图，不再需要将服务分散在各个数据中心，从而节约了数据中心之间交流信息所需的带宽； （3）与主动/被动备份配置相比，SD-WAN 更好地利用了 WAN 端口，因为 SD-WAN 改善了跨多个端口负载共享
WAN 服务成本	（1）SD-WAN 允许使用更轻松地从专用 MPLS 链路过渡到混合 WAN 的宽带互联网连接； （2）传统的 WAN 是分布式流量工程，而 SD-WAN 是集中式流量工程

　　由表 5-1 可以看出，SD-WAN 较之传统的 WAN 技术可以大量节省运营及维护网络的成本，从网络设备的成本方面来看，由于 SD-WAN 中加入了 SD-WAN 控制器，我们不再需要软件和供应商提供的支持远程办公 WAN 设备，可以通过逻辑上集中的控制器来下发配置及管理数据平面上的路由器和交换机。地理上相互分布的分支机构都可以访问相同的基于云的应用程序，因此无须在每个分支位置部署特定于应用程序的硬件或软件。从管理/运营 WAN 的企业运营支出方面来看，控制器集中部署不再需要大量的人工配置，集中管理和控制网络活动，无须经过培训的技术人员来评估问题并进行修复，降低了人工成本以及运营成本。从带宽费用上来看，SD-WAN 不再需要链路带宽备份来保持链路的连通性，并且服务不用分散于各个数据中心之间，从而节省了数据中心之间交互的带宽。从 WAN 服务成本方面来看，集中式的流量工程也降低了 WAN 服务的成本。

2. 云环境适应

　　传统 WAN 的架构是静态的且私人的，不适用于动态和公开的云环境，阻碍了 WAN 向动态和公共云的环境的迁移。SD-WAN 使用软件和基于云的技术来简化向分支机构提供 WAN 服务的过程[51]。MPLS 的主要缺点之一是成本较高。与互联网相比，私有 MPLS 成本很高，并且 MPLS 对新企业分支的实施也很耗时，它还存在云系统等前沿技术的采用问题[52]。

　　IT 技术的发展改变了分布式组织内的流量。远程用户不仅需要更多的带宽（如视频），而且还需要直接访问 SaaS（软件即服务）/基于云的应用程序，如 Saleforce、Office 365、Lync 和外部存储（如 Dropbox、Evernote 等）。将所有流量从分支机构传输到集中式数据中心的传统 MPLS 网络无法提供对云应用程序的低延迟/高性能访问。此外，与不同流量相关的安全和管理要求增加了管理分支机构运营的复杂性，从而增加了许多 IT 组织的运营即人员配置成本。虚拟化和云技术的普及带来了新的 IT 灵活性、效率和成本效益，同时保持了底层网络不变。

　　SD-WAN 中存在优化的云架构。SD-WAN 消除了传统 MPLS 网络的回程惩罚，并利用互联网提供从分支到云的安全以及高性能连接。借助 SD-WAN，远程用户在使用基于云/SaaS 的应用程序时将体验到显著的改进。

　　SD-WAN 是 SDN 的扩展，正在改变企业的分支机构。使用 SD-WAN，SDN 的优势不再局限于数据中心。SD-WAN 将网络硬件抽象为控制平面和多个数据平面，可与基于云的管理和自动化一起使用，以简化向分支机构提供服务的过程。

　　下面我们来考虑为什么传统计算机网络的静态体系结构不支持云迁移。随着企业应用程序迁移到云数据中心（如 Amazon AWS 和 Microsoft Azure），并越来越多地采用 Microsoft Lync、Salesforce 和 Box 等软件即服务（SaaS）应用程序，企业必须选择正确的架构来访问这些应用程序。IT 部门不仅要担心日常应用程序和分支部署问题，而且现在必须为计算环境的根本转变做好准备。

　　企业依靠传统的专用网络为企业自有总部和私有数据中心内的应用程序提供安全、高性能和高可用性的访问。通常，所选择的体系结构要求在到达其目的地之前通过专用网络回传用于云的流量（即通过偏离路径发送网络数据以到达其目的地）。这种回程确实提供了企业级服务以及企业数据中心提供的服务，但成本很高。它会降低性能并消耗过多的有限且昂贵的私有带宽。客户出于安全原因或因为互联网链接不可靠而回传在云服务中的数据。但这种回传会导致 SaaS 应用程序性能下降以及昂贵的专用链路带宽使用效率低下。

　　所有受互联网限制的流量都会通过昂贵的私有 WAN 链路回传到中央站点，具体原因如下。

　　（1）到 SaaS 的流量仍然需要通过集中服务，如安全扫描、过滤和监控。

　　（2）分支机构通常没有强大的互联网连接，需要依赖中心站点的互联网连接。

　　（3）需要通过宽带/互联网链接将 Web 流量发送到云 Web 安全服务。

　　（4）需要将电子邮件流量回传到中央站点供给数据丢失防护设备扫描。

SD-WAN 的承诺在于利用互联网/宽带链路增加或在某些情况下取代昂贵的

私有 WAN 链路的灵活性。它还可以通过互联网/宽带将流量直接发送到云服务。SD-WAN 业务策略指定是否应将所选云应用程序直接发送到互联网，重定向到其他云服务以获取其他网络服务或回传到中央站点。例如，直接发送可信赖的 SaaS 应用程序（如 Salesforce.com）通过宽带/互联网链接，而不是通过中央站点回程。

　　传统的广域网已经落后于应用程序的激增，特别是在线和协作应用程序，以及主要的 IT 趋势，包括迁移到云。云应用程序位于私有企业站点之外。基于云的动态架构可以访问多个快速变化的位置，并提供大多数企业所需的灵活性。任何企业都无法承受牺牲相同级别的安全性，以及性能和专用网络的可用性，因此基于互联网的云技术方案提供了一种近乎理想的方式，可以从每个分支机构直接访问许多云应用程序目的地。

　　SD-WAN 通过在仅私有、混合、双互联网和仅互联网站点的组合中提供安全可靠的传输独立性来解决这些问题。SD-WAN 应优化对内部部署和 SaaS 应用程序的访问。在核心区域，SaaS 应用程序应该能够通过安全性直接访问互联网，以减少回程的影响。对于需要具有动态路径转发的高弹性 WAN 的任务关键型协作应用程序等企业 SaaS 应用程序，最好是在云中托管节点的双端服务，通常靠近可提供每个数据包的 SaaS 应用程序指导。分支机构应自动进行多宿主，并建立与多个云和内部部署网关的安全连接。多宿主到多个网关可以直接访问云数据中心和应用程序，同时仍然能够确保性能、监控和其他双端服务，从而消除回程惩罚。

　　SD-WAN 创建了可扩展并且安全的云网络，使用基于标准的加密（如 AES），通过任何类型的传输提供安全连接，从而形成安全的云网络。在新的 SD-WAN 设备可以加入到安全的云网络之前，需要首先在 SD-WAN 管理平面进行身份验证。经过身份验证和授权后，SD-WAN 设备将下载其分配的策略，并被授予对安全的云网络的访问权限。根据策略，敏感流量可以具有单独的加密密钥，以将其自身与其余流量隔离。

　　可以基于流量类型在云节点或本地节点上提供安全性和优化服务。此外，网络层根据应用程序和用户的安全标准及性能要求选择最佳的链接和网关组合。

　　利用直接到互联网的路径访问 SaaS 并不能解决互联网可靠性和安全性问题。可以利用基于 Web 安全性的指导的每个数据包应用程序的组合来提供对云应用程序的直接、安全、优化的访问。此方法有助于消除对 SaaS 应用程序的回程惩罚，并释放其他公司流量的专用链接。

　　分析完 SD-WAN 较之传统 WAN 的优势，接下来我们分析从传统 WAN 到 SD-WAN 的迁移。已经开始使用互联网/宽带的企业通常仍在将其用于不太重要的目的，如备份链路。但是，随着云采用和视频应用的增加，对 WAN 带宽的需求急剧增加。SD-WAN 充分利用互联网/宽带链路的能力使得额外的分支架构能够充分利用互联网/宽带链路作为企业 WAN 的一部分，同时仍然保持私有链路可以提供的可靠性和性能。

　　我们将传统 WAN 的企业部署分为 4 种类型[50]，如图 5-10 所示，分别为：

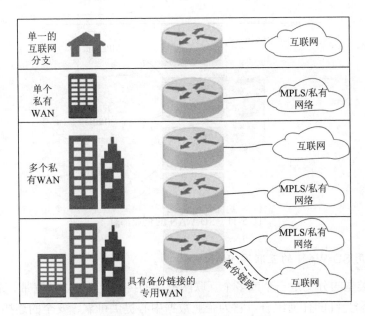

图 5-10　传统 WAN 的企业部署

（1）具有单一的互联网连接的小型企业；
（2）具有单个私有 WAN 的小型企业；
（3）具有多个私有 WAN 的中型企业；
（4）具有备份链接的专用 WAN 的大型企业。

　　下面我们来介绍基于以上四种传统 WAN 解决方案的两种 SD-WAN 方案。具体的方案对应可以参见表 5-2，SD-WAN 的企业部署如图 5-11 所示。

表 5-2　企业类型的部署选项

分支机构	传统 WAN	SD-WAN
SOHO，小型企业	单一的互联网分支	双互联网广域网分支
小型企业	单个私有 WAN	
中型企业	具有备份链接的专用 WAN	使用一个或多个专用 WAN 和互联网的混合 WAN 分支
大型企业	多个私有 WAN	

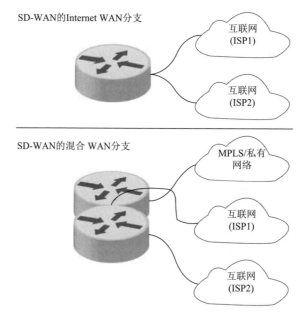

图 5-11　SD-WAN 的企业部署

3. 使用 SD-WAN 的互联网 WAN 分支

这种类型的分支是一个或多个互联网链路的终端，其可以是宽带、无线（3G、4G LTE）和光纤的任何组合。它为企业数据中心提供可靠、安全的连接，并提供对公共云服务的差异化访问。关键业务应用程序和低优先级流量虽然遍历相同的互联网链接，但处于不同的服务级别。

除了转向，为了克服互联网/宽带链路中出现的瞬态性能问题，SD-WAN 还可以执行按需修复，例如，前向纠错（FEC），以缓解潜在的性能问题。根据 VeloCloud 互联网质量报告 2H/2014，最终结果是超过 99%的时间拥有一个能够支持企业实时应用的互联网广域网分支。

4. 使用 SD-WAN 的混合 WAN 分支

混合 WAN 使用专用 WAN 和互联网链接的组合。虽然企业确实使用双专用 WAN 链路，但由于电路可用性，增加专用 WAN 带宽可能成本过高或速度慢。正确设计的 SD-WAN 克服了跨异构网络管理应用程序性能的挑战。

SD-WAN 业务策略抽象提供了对所有可用链路的充分利用，而无须操作员为每个链路上的每个应用程序手动调整路由协议。例如，高优先级的实时应用程序可以遍历更可靠的私有 WAN 链路，同时仍然可以使用互联网/宽带链路进行突发。文件传输应用程序可以利用所有链路上的聚合带宽。如果企业要求将应用程序固定到特定链路以满足合规性或安全性原因，则 SD-WAN 提供了一个非常简单的选项，可以根据每个应用程序控制链路即路由选择。

分析完传统 WAN 与 SD-WAN 的企业部署的区别后，接下来我们详细讲解 SD-WAN 中使用的关键技术及那些吸引人的 SD-WAN 功能。

由于 SD-WAN 中的流量对于时延的敏感性，集中控制器的方法对于 SD-WAN 不适用，在 SD-WAN 方案中我们一般采用多个控制器的方法。图 5-12 就以多个控制器为例给出了运营商的 SD-WAN 网络。

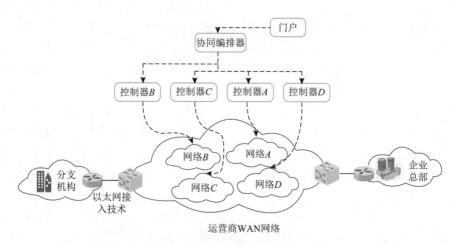

图 5-12　运营商 SD-WAN 网络

SD-WAN 运用网络虚拟化技术将传统运营商 WAN 网络分成 4 个子网络，分别为网络 A、网络 B、网络 C、网络 D。不同的子网络由不同的控制器来进行控制，分别为控制器 A、控制器 B、控制器 C、控制器 D。由于不同的控制器之间需要通过协同信息交互来获取全局视图，所以在本地控制器之上还需要再加入一个协同编排器。网络管理人员和运营商可以通过门户界面来对 SD-WAN 的功能进行部署和管理。SD-WAN 中，数据平面的交换机只需要具有简单的转发功能即可，路由选择及业务编排等功能全部交给了控制器，这就简化了新分支机构的接入及 WAN 管理等传统 WAN 网络需要耗费大量时间和金钱来进行的操作。

接下来我们就来分析 SD-WAN 有哪些吸引人的功能。我们从 SD-WAN 的所有功能中挑出几个最具代表性的，也是最能打动客户的 SD-WAN 功能逐一进行介绍。

1）Application-Aware Routing

Application-Aware Routing 即基于应用的路由选择，较之传统 WAN 的基于 IP 地址的单跳路由选择，SD-WAN 的路由选择的粒度是应用级别。基于应用的路由选择本质上是根据客户流量中不同应用的类别，来选择使用不同的广域网（WAN）

链路（如专线/公共互联网/无线移动网络）进行数据的传输，从而达到在不影响关键应用通信质量的情况下，尽可能地降低网络带宽成本的目的。所以能够帮助企业用户选择在保障 QoS 的条件下尽可能便宜的传输方式，从而达到省钱的目的。

举例来说，如果有一家大型跨国企业，其在世界各地都有自己的分支机构和网点。想要把这些遍布全球的办公室和商业网点通过网络连接起来，并保证它们之间稳定和安全的数据通信，这并不是一件容易的事情。传统意义上，他们都会从大型电信运营商那里购买一种称为"企业专线（VPN）"的服务。这种服务 Overlay 区域广，稳定性高，也很安全，但最主要的缺点是太贵。到底有多贵？在购买相同的带宽档次的情况下（如都是 100MB/s），企业专线比我们自己家里上网用的宽带贵了 10～100 倍。在传统 WAN 的条件下，企业需要长年累月地给全球成百上千的分支机构交高昂的网络费，并且当其要为新分支开通专线服务时，少则等数星期、多则等数月。这些痛苦的现实令跨国大企业终于下定决心要开始寻找其他的网络方案。例如，能不能尽可能地多使用，甚至只使用价格优惠的，并且无须漫长等待，随时可以开通的公共互联网来进行站点之间的互联？或者尽可能把对网络稳定性和安全性要求没那么高的流量通过公共互联网来进行传输，只把最重要的信息通过企业专线进行传输？如此一来，企业专线所需的带宽就能显著减少，也就节省了费用。

Application-Aware Routing 能够使企业用户方便灵活地通过自己定义策略的方式来选择何种类型的应用（语音、视频、邮件等）在何种链路条件下（时延、丢包率）选择使用哪条路径（专线、公共互联网、4G-LTE 无线网络）来进行数据的传输。这样既节省了专线带宽的开销，也保证了一些关键应用的 QoS。

下面就来简单介绍一下这个功能的实现机制，我们通过图 5-13 来加以说明。

（1）用户在中心化的用户管理界面上定义基于应用的路由的策略。

假设应用 A 是一个实时视频会议，也就是要求低时延的应用。那么用户定义的策略可以是：针对应用 A，请选择时延低于 100ms，丢包率低于 2%的路径进行传输。策略的制定可以通过类似配置文件的方式进行手动键入，也可以通过对常见的策略类型先定义模板，然后对模板加以赋值的方式在用户界面上快速方便地制定策略。中心化的策略制定完成后，就会下发到相应站点处的 CPE（用户）设备上面，并对设备进行相应的配置。

（2）各个站点的 CPE 设备对它们之间的各条数据层链路进行实时测量。

CPE 设备通常使用 BFD 或类似的链路监测协议对它们之间的链路进行测量，它们不仅测量各条链路是否通畅，同时也详细记录下每条链路的实时状态信息，如时延、丢包率、抖动等。

（3）CPE 设备识别流量的应用类型。

CPE 设备会通过报头的端口信息（或深度包监测/DPI）识别出这个流量的应

用类型。如果本地策略中已经存在对于这种应用类型的定义，CPE 设备就会将策略中对于链路质量的要求和当前所有链路的实时信息进行比对，挑选出能够满足用户策略定义要求的链路来进行传输。在图中的例子里，路径 1（企业专线）和路径 2（LTE 专线网络）都能满足用户策略设定的要求，这时 CPE 就会在路径 1 和 2 中选择一条来进行应用的数据传输（注：当遇到多条路径均满足条件的情况，CPE 通常采用等价多径的哈希算法来保证同一个应用流内的所有数据包都走相同的路径，从而避免数据包乱序到达）。

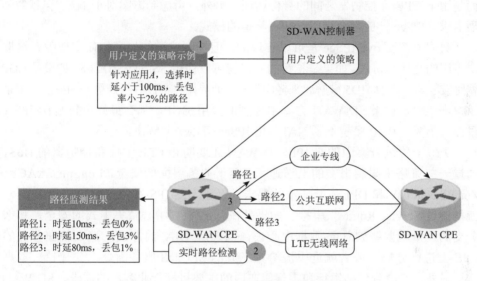

图 5-13　Application-Aware Routing 示意图

简单来说，基于应用的路由选择分为如下三步。

（4）安全、控制和分析。

说到 SD-WAN 中的安全、控制以及分析，相信关于控制与分析学过 SDN 的读者都能够轻松理解，原理大同小异，所以在此就不加以赘述了，我们重点讲解 SD-WAN 中的安全是如何实现的。

说到安全你可能会想到 IPSec，但是对于 SD-WAN 来说，安全不仅仅是 IPSec，而是需要贯穿一个 SD-WAN 方案的方方面面。

首先，设备都需要有唯一的标识，CPE 可以出厂时配好也可以固化在硬件中，VNF 在建立的时候会生成并注入序列号，而控制器的话用 IP 和 FQDN（完全合格的域名）通常就可以了。有了标识之后，系统中的各个组件间需要有相互的认证，防止非法 CPE 和控制器的接入，这块的实现可以通过外接 LDAP/RADIUS（轻量目录访问协议/远端用户拨入验证服务），也可以通过 PKI（公钥基础设施）体系，

SD-WAN 产品自身也应该提供认证服务器或者 PKI Server，如果企业自己有认证服务器或者 PKI Server，需要支持与其进行对接。

其次，就是 IPSec。IPSec 需要两套密钥，第一套是 IKE 身份认证的密钥，第二套是数据流加密的密钥。第二套密钥在传统方案中是通过 DH（Diffie-Hellman）来分布式计算的，在一些 SD-WAN 方案里则会直接由控制器来进行同步，并周期性地更新这个密钥，以实现键值轮换。实际上，如果使用控制器去分发第二套密钥，就相当于替代掉了 IKE 的作用，那么第一套密钥就可以不作用在 CPE 之间了，而是用于 CPE 和控制器之间的身份认证。另外，考虑到方案对于 NAT 穿越的强烈需求，IPSec 一般都会采用 ESP＋隧道的模式。

数据面都要 overIPSec 是可以实现的，但控制信道的加密如何实现呢？这取决于用的是什么协议。如果是私有的协议就可以使用 SSL/TLS/DTLS。如果是 BGP 就比较麻烦，因为 MD5 破解起来轻而易举，业界始终都没有找到更好的办法来保证 BGP 的安全。如果 SD-WAN 方案中控制面要用 BGP，那么最好也封装在 IPSec 里面，另外，BGP 穿越不了 NAT，用 IPSec 可以一并解决。

类似于传统方案中的 COPP，SD-WAN 还要防止 CPE 主控和控制器的 DoS，通过一些策略来限制报文的上送速率。至于业务层面的安全，Logging、xACL、Zone-based FW 和 DPI 是最基本的要求，至于 IDS/IPS/AV/UTM/NGNW，通常就是通过 Service Route 来串接。如果是在总部/数据中心做集中式的安全，那么分支的流量就要绕到总部/数据中心去，如果是 DIA 的方式，那么就在分支的 CPE 上进行分析，或者就近引流给第三方的 SECaaS 服务商。

另外，考虑到包括银行和零售等在内的主要目标行业客户的需求，SD-WAN 产品还要尽量去满足 PCI（外设组件互连标准）和 DSS（数字签名标准），以确保为支付业务提供一个安全合规的网络传输环境。

2）Zero-Touch Provisioning

Zero-Touch Provisioning 的中文意思即零接触部署。"Zero-Touch"反映了网络运维人员对于自动化配置网络、零接触开通服务的一个美好愿望。通常不同 SD-WAN 厂商的 ZTP 功能实现都不太一样，即使同一厂商的 ZTP 功能内也往往涵盖好几个子场景来满足不同客户的需求。严格来说这些场景都不能算是"Zero-Touch"，至多是在哪些场所进行接触和接触了多少的区别。

ZTP 这个技术最早被提出可以追溯到数据中心内对交换机进行自动配置这个应用场景。试想在构建一个大型数据中心的网络基础设施时，对其成百上千台的交换机如果都使用传统的手工命令行键入的方式来逐一进行初始化配置，镜像升级，不仅费时费力，而且还容易出错。所以交换机厂商们就率先提出了 ZTP 这个技术，将初始化配置和镜像升级文件的位置等信息在交换机第一次上电后，以响应其 DHCP 请求的方式发送给交换机，从而让交换机能够自动去指定位置（即

ZTP 服务器）获取初始化配置，以及下载和升级镜像文件。从而显著加快了数据中心网络的构建速度，同时降低了人为出错的概率。

这一功能一经推出立刻大受好评，也随之推广到数据中心以外的各种网络自动化部署的应用场景。对于 SD-WAN 的 CPE 设备的自动化部署和服务开通自然也不例外。而针对 SD-WAN 这一场景，除了提升设备配置效率、减少人为出错这两个优点以外，还有一个很重要的原因就是可以避免专业网络运维人员逐一访问各个企业站点（俗称为 Truck Roll）去配置 CPE 设备和开通 SD-WAN 服务。这能帮助网络运营商和企业用户省下不少的运维成本。

下面我们就通过一个比较有代表性的 SD-WAN 的 ZTP 方案来讨论一下 ZTP 的典型流程和实现方式。

ZTP 的整个过程通常分为如下两个阶段。

（1）CPE 设备入网前进行的准备工作（CPE On-Boarding）。

此时 CPE 设备还处在设备厂商或运营商的网管中心，或企业用户自己的数据中心，在这里关于这个 CPE 设备的一系列具体信息（例如，软/硬件序列号，端口数量和类型，IP 地址和其配置方式，以及即将被部署的站点位置信息等）都会由网络运维人员手动录入 SD-WAN 网管系统。人工录入的过程通常以填写模板的方式来进行，从而提升效率、降低人为出错的概率。填写好的配置模板会自动生成配置文件存放在系统里，用于之后对 CPE 设备的自动化配置。

（2）CPE 设备被分配到企业用户站点之后的一系列操作。

①CPE 设备开机上电，但在此之前要确保 CPE 设备的 WAN 端口已连上可用的 WAN 网络。

②CPE 设备通过 WAN 端口以 DHCP 的方式自动获取 WAN 中的 IP 地址。

③CPE 设备通过 DNS Server 查询并获得 ZTP Server 的 IP 地址。ZTP Server 的 DomainName 是在第一步 On-Boarding 时存入 CPE 设备的。取决于企业客户选择的商业模式，ZTP Server 可以由 SD-WAN 供应商，或运营商，或企业客户自己，来提供和维护。

④ZTP Server 通过比对 CPE 设备的软/硬件序列号等信息，查找出这个 CPE 设备属于哪个企业用户，从而导向相应的验证服务器（Auth. Server）对 CPE 设备进行安全验证。

⑤安全验证的方式可以有很多种，包括使用邮件或短信验证的方式来确保 CPE 设备是在正确的客户站点入网。验证通过后，Auth. Server 会将 SD-WAN Controller 的 IP 地址发送给 CPE 设备，从而在 Controller 和 CPE 设备之间建立起安全的控制信道。

⑥Controller 将之前生成的初始化的配置信息发送给 CPE 设备，从而完成设备的初始化配置和升级。之后 Controller 和 CPE 设备会交换本站点和其他站点的路由及安全密钥等信息，用于建立跨站点之间的数据层 IPSec 链路。

至此，这个 CPE 设备算是彻底加入了 SD-WAN 网络，这个新的企业站点可以与其他的站点利用 SD-WAN 的各种炫酷的功能开始愉快地通信（如 Application-Aware Routing）。

回顾整个 ZTP 的流程。从客户的角度来看：从企业客户收到 CPE，到站点 SD-WAN 业务上线，客户只需要插上相应的网线和电源线，通过短信或邮件进行简单的身份认证，剩下的事情都会自动完成。从运营商的角度来看，只需在 On-Boarding 的阶段，在中心化的网管中心内，对 CPE 设备进行一些初始化的配置操作（而且可以借助模板来快速实现），无须派遣网络运维人员到客户站点进行烦琐的手动配置。这不仅显著加快了开通服务的速度，降低了手动配置出错的概率，同时也节省了成本。

3）All-in-One uCPE Package

uCPE 即通用 CPE。通常情况下，服务提供商希望通过单个通用平台上运行的虚拟网络功能（VNF）替换专用设备，从而简化用户现场部署。为了获得最大的灵活性，uCPE 应该利用纯粹的通用服务器架构，而不需要专有扩展或专用的硬件协助。uCPE 提供了通过使用网络功能虚拟化（NFV）将以云计算为核心的技术一直延伸到电信网络接入部分来实现这一愿景的途径。

传统意义上，硬件设备与其功能是集成于一体的，所以当功能发生改变，比如升级时，就需要大量的人工配置，uCPE 之所以吸引了大家的注意，是因为其将功能与硬件设备解耦，即网络功能虚拟化（NFV），方便了功能的部署与管理。结合云计算技术，我们可以将不同设备的功能都虚拟化放置在云端，实现对不同功能的高效、快速的管理与部署。从而硬件设备只需要保留一些所有设备之间通用的白盒功能即可，这样就可以实现所有硬件设备的通用化。

SD-WAN 中数据平面与控制平面相解耦，提供了天然的 VNF 环境，我们可以将所有的功能放置在控制器即控制平面中，而交换机只需要保留数据转发的功能。这样我们就实现了 uCPE。结合之前讲到的 Zero-Touch-Provisioning，我们就可以实现良好的 WAN 流量调度与管理。

关于 SD-WAN 的功能我们就介绍以上四个方面，对于其他功能感兴趣的读者，可以自己进行调研。接下来我们介绍一些实际生活中的运营商 SD-WAN。

由于 SD-WAN 良好的性能，许多服务商都开始采用 SD-WAN 来管理其广域网，例如，Cisco Intelligent WAN、CloudGenix、Netsocket、Viptela、B4、SWAN 等。Google 和 Microsoft 公司也积极地投入到 SD-WAN 的研究及部署中，Google 研发了 B4，Microsoft 研发了 SWAN，为了让读者更加深入地理解 SD-WAN，接下来我们就来简单介绍 SD-WAN 的实例 B4 和 SWAN。

私有广域网对企业、电信和云服务提供商的运营越来越重要。例如，Google 的专用软件定义的广域网 B4，比公共互联网的连接更大，增长更快[53]。文献[54]

介绍了 B4 的设计、实现和评估，B4 是一个连接 Google 全球数据中心的专用广域网。

B4 有许多特点：

（1）大量带宽需求部署到少量站点；

（2）寻求最大化平均带宽的弹性流量需求；

（3）完全控制边缘服务器和网络，从而实现边缘的速率限制和需求测量。

这些特点导致了一个非常复杂的网络体系结构，即使用 OpenFlow 来控制相对简单的商用硅交换机。B4 的集中式流量工程服务将链路的利用率提高到接近100%，同时在多条路径之间分割应用程序流，以平衡容量与应用程序优先级/需求。

文献[52]讲述了 B4 面临的主要挑战，即平衡可扩展性所需的层次结构带来的紧张关系、可用性所需的分区以及任何大型网络的构建和运行所固有的容量不对称。并使用以下 3 种方法来解决 B4 所面临的技术问题：①为横向和纵向软件扩展设计了一个定制的分层网络拓扑结构，②使用一种新的流量工程算法来管理分层拓扑中固有的容量不对称，而无须包封装，③通过两阶段匹配/散列重新构建交换机转发规则，以处理大规模的不对称网络故障。接下来我们就来简要介绍一下 B4 的背景和动机、层次架构、流量工程以及 B4 交换机。

首先我们来介绍 B4 的背景和动机，B4[54]是 Google 的专用骨干网，连接全球的数据中心。其软件定义的网络控制堆栈实现了灵活和集中的控制，提供了巨大的成本和创新效益。特别是，通过使用集中式流量工程（流量工程）根据利用率和故障动态优化站点到站点路径，B4 支持更高的利用率级别，并提供更可预测的行为。

Google 是互联网领域最大的公司之一，为全球用户提供一系列搜索、视频、云计算和企业应用程序。这些服务跨越分布在世界各地的数据中心和可缓存内容的边缘部署的组合。这些服务跨越分布在世界各地的数据中心和可缓存内容的边缘部署的组合[53]。

在体系结构上，我们操作两个不同的 WAN。我们的用户面对网络同行，并与其他互联网域交换流量。最终用户请求和响应通过该网络传递到我们的数据中心和边缘缓存。第二个网络 B4 提供数据中心之间的连接，例如，对于异步数据复制、交互式服务系统的索引推送和最终用户数据复制以获得可用性。超过 90%的内部应用程序流量在这个网络上运行。

数千个独立的应用程序运行在 B4 上。这里，我们将它们分为三类：

（1）用户数据副本（如电子邮件、文档、音频/视频文件）到远程数据中心以获得可用性/耐久性；

（2）远程存储访问以通过固有的分布式数据源进行计算；

（3）跨多个数据中心的大规模数据推送同步状态 AC。

这三种流量类按其增加的容量、降低的延迟敏感度和降低的总体优先级排序。例如，用户数据，对延迟最敏感，优先级最高。

我们的网络部署的规模使商品网络硬件的容量和网络中可用的可扩展性、容错性和控制粒度变得紧张。整个互联网带宽继续快速增长[54]。然而，我们的 WAN流量以更快的速度增长。

Google 决定围绕"两个定义的网络和开放流"构建 B4[53]的原因是：我们无法使用传统广域网架构的网络而达到所需的规模、容错性、成本效率和控制水平。许多 B4 的特点决定了其设计方法，如下所示。

（1）弹性带宽需求：Google 的大部分数据中心流量涉及跨站点同步大型数据集。这些应用程序可以从尽可能多的带宽中获益，但可以通过临时的带宽减少来容忍周期性故障。

（2）站点数量适中：虽然 B4 必须在多个维度之间扩展，但 Google 的数据中心部署的广域网站点的总数只有几十个。

（3）终端应用控制：我们控制连接到 B4 的应用程序和站点网络。因此，我们可以强制执行相关的应用程序优先级并控制网络边缘的突发事件，而不是通过B4 中的过度配置或复杂功能。

（4）成本敏感性：B4 的产能目标和增长率导致不可持续的成本预测。传统的以 30%～40%（或 2～3 倍于完全利用的广域网的成本）的速度提供广域网链路，以防止故障和数据包丢失，再加上目前的每端口路由器成本，这将使我们的网络价格过高。

这些因素导致了 B4 的特定设计决策，如表 5-3 所示。特别地，SDN 为我们提供了一个专用的、基于软件的控制平面，它运行在商品服务器上，并且有机会了解全局状态，从而为计划内和计划外的网络更改提供了显著简化的协调。SDN 还允许我们利用商品服务器的原始速度。在大多数交换机中，最新一代服务器比嵌入式类处理器快得多，并且我们可以独立于交换机硬件升级服务器。OpenFlow 为我们提供了对 SDN 生态系统的早期投资，它可以利用各种交换机/数据平面元素。最关键的是，SDN/OpenFlow 将两种技术和硬件的发展脱钩：控制平面即软件变得更简单，发展更快。数据平面硬件基于可编程性进行发展。

表 5-3　B4 设计决策总结

设计决策	优点	挑战
B4 路由器由商业交换机芯片制成	B4 应用程序愿意以更加平均的带宽换取容错能力；边缘应用程序控制限制需要大型缓冲区，B4 站点数量有限意味着不需要大的转发表；相对较低的路由器成本使我们能够扩展网络容量	牺牲硬件容错、深度缓冲和对大型路由表的支持

续表

设计决策	优点	挑战
驱动链接到100%利用率	允许高效使用昂贵的长途运输；许多应用程序愿意用更高的平均带宽来换取可预测性；最大的带宽使用者动态适应可用带宽	在链路/交换机故障期间，由于大量的容量损失，数据包丢失变得不可避免
集中的流量工程	使用多路径转发来平衡应用程序需求，以响应故障和不断变化的应用程序需求；结合边缘速率限制，利用应用程序分类和优先级进行调度；具有传统分布式路由协议（例如链路状态）的流量工程被认为是次优的，特殊情况除外；更快、确定性的故障全局收敛	没有现有的功能协议，需要了解站点对站点的需求和重要性
硬件与软件相分离	根据 B4 要求定制路由和监控协议；软件协议的快速迭代；通过外部复制更容易防止常见情况下的软件故障；对导出相同编程接口的一系列硬件部署不可知	以前未测试的开发模型，打破了硬件和软件之间的命运共享

对于我们的软件定义架构，我们有几个额外的动机，包括：①对新协议的快速迭代；②简化的测试环境，例如，我们模拟在本地集群中运行在 WAN 上的整个软件堆栈；③通过模拟确定性中心流量工程服务器而改进的容量规划而不是试图捕获分布式协议的异步路由行为；④通过以结构为中心而不是以路由器为中心的广域网视图简化管理。但是，我们将这些方面的描述留给单独的工作。

接下来我们来分析 B4 的层次架构，B4 的 SDN 架构可以在逻辑上分三层进行查看，如图 5-14 所示。B4 服务于多个广域网站点，每个站点都有许多服务器集群。在每个 B4 站点中，交换机硬件层主要转发流量，不运行复杂的控制软件，站点控制器层由托管 OpenFlow 控制器（OFC）和网络控制应用程序（NCA）的网络控制服务器（NCS）组成。

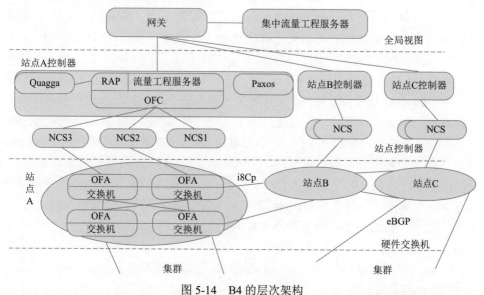

图 5-14　B4 的层次架构

　　这些服务器支持将分布式路由和中央流量工程作为路由 Overlay。OFC 根据 NCA 指令和交换机事件维护网络状态，并指示交换机根据这种不断变化的网络状态设置转发表条目。对于单个服务器和控制进程的容错，每个站点可以选择多个可用软件副本（放置在不同物理服务器上）中的一个作为主实例。

　　全局层由逻辑上集中的应用程序（例如，SDN 网关和中央流量工程服务器）组成，这些应用程序通过站点 NCA 实现对整个网络的中央控制。SDNGateway 从中央流量工程服务器提取 OpenFlow 和交换机硬件的详细信息。我们在多个广域网站点之间复制全局层应用程序，并通过单独的选举机制来设置主服务器。

　　我们网络中的每个服务器集群都是一个逻辑"自治系统"（AS），带有一组 IP 前缀。每个集群包含一组 BGP 路由器，它们与每个广域网站点上的 B4 交换机对等。甚至在引入 SDN 之前，我们将 B4 作为单一 AS 在运行传统 BGP/ISIS 网络协议的集群之间提供传输。我们之所以选择 BGP，是因为它在域之间具有隔离特性，并且操作员熟悉该协议。然后，基于 SDN 的 B4 必须支持现有的分布式路由协议，既要与我们的非 SDN 广域网实现互操作性，又要支持逐步推出。

　　我们考虑了将现有路由协议与集中式流量工程集成的许多选项。在积极的方法中，我们将构建一个集成的、集中的服务，结合路由（如 ISIS 功能）和流量工程。相反地，我们选择将路由和流量工程部署为独立的服务，首先部署标准路由服务，然后将中央流量工程部署为 Overlay。这种分离带来了许多好处。它使我们能够将最初的工作重点放在构建 SDN 基础设施上，如 OFC 和代理、路由等。此外，由于我们最初部署的网络没有新的外部可见功能（如流量工程），因此在尝试实现诸如流量工程的新功能之前，它给了我们时间来开发和调试 SDN 体系结构。

　　每个 B4 站点都由多个交换机组成，这些交换机可能具有连接到远程站点的单个端口的 DRED。为了进行扩展，流量工程将每个站点抽象为一个节点，每个远程站点的单边缘具有给定的容量。为了实现这种拓扑抽象，所有跨越站点到站点边缘的流量必须均匀地分布在其所有组成链接上。B4 路由器采用自定义的 ecmp 散列变量[55]来实现必要的负载平衡。

　　接下来，我们介绍 B4 的流量工程，流量工程的目标是在可能使用多条路径的竞争应用程序之间共享带宽。B4 系统的目标功能是向应用程序提供最大-最小公平分配[56]。最大-最小公平解决方案最大化利用率，只要利用率的进一步提高不是通过惩罚公平的应用份额来实现的。

　　图 5-15 显示了 B4 的流量工程的体系架构。流量工程服务器在以下状态下运行。
　　（1）网络拓扑图中将站点表示为顶点，站点到站点的连接表示为边。SDN 网关将多个站点和单个交换机的拓扑事件合并到流量工程服务器。流量工程服务器聚合中继以计算站点边缘。这种抽象显著减小了输入到流量工程优化算法的图形的大小。

（2）流组（FG）：为了可扩展性，流量工程服务器不能在单个应用程序的粒度上运行。因此，我们将应用程序聚合到定义为源站点、目标站点、QoS 元组的流组中。

（3）隧道（T）表示网络中的站点之间的路径，例如，站点序列（A→B→C）。B4 使用 IP-in-IP 封装实现隧道。

（4）隧道组（TG）将 FGS 映射到一组隧道和相应的权重。权重指定沿每个隧道转发的 FG 流量的分数。

每个流量源将多个应用程序需求从一个站点复用到另一个站点。因此，FG 的带宽函数是每个应用程序带宽函数的分段线性加法组合。流量工程的最大-最小目标函数在每个 FG 公平共享维度上，带宽执行器还聚合了跨多个应用程序的带宽函数。流量工程优化算法有两个主要组成部分：①隧道组生成通过带宽函数将带宽分配给 FG，以在瓶颈边缘进行优先级排序；②隧道组量化改变每个 TG 中的拆分比率，以匹配交换机硬件表支持的粒度。

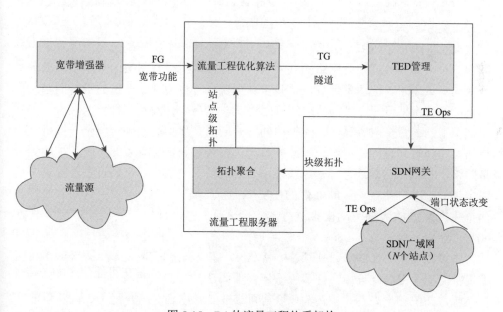

图 5-15　B4 的流量工程体系架构

当 SDN 广域网中站点的端口状态改变时，会发送消息到 SDN 网关，SDN 网关会将拓扑的变化发送到拓扑聚合器，拓扑聚合器将拓扑聚合后发送到流量工程优化算法作为其中的算法执行参数之一，另外一个参数由应用程序需求激发的带宽增强器所产生，流量工程将优化后的算法结果发送到 TED 管理器，然后发送到 SDN 网关，SDN 网关再将计算后的流量分布发送到 SDN 广域网的站点上。

最后，我们来介绍 B4 交换机，B4 交换机具有三种作用。

（1）封装交换机启动隧道并在隧道之间分配流量。

（2）传输交换机基于外部头的转发数据包。

（3）封装交换机终止隧道，然后使用常规路由转发数据包。

源站点交换机实现 FG。当数据包的目标 IP 地址与 FG 关联的前缀之一匹配时，交换机将数据包映射到 FG。与 FG 匹配的传入数据包通过相应的 TG 转发。每个传入数据包以所需的比率散列到与 TG 相关联的一个隧道中。隧道路径中的每个站点都按照隧道转发规则进行维护。源站点交换机使用外部 IP 头封装数据包，其目标 IP 地址唯一标识通道。外部目标 IP 地址是隧道 ID，而不是实际目标。TE 预先配置封装站点交换机中的表以创建正确的封装，传输站点交换机中的表根据其隧道 ID 正确转发数据包，以及描述站点交换机以识别应终止哪些隧道 ID。因此，安装隧道需要在多个站点配置交换机。

在此，我们就简要介绍完了 B4 的工作原理。下面我们将介绍 SD-WAN 的又一大实例 SWAN。

文献[56]介绍了微软的 SWAN 系统，该系统通过集中控制每个服务发送的时间和流量来提高数据中心网络的利用率，并经常重新配置网络的数据平面以满足当前的流量需求。但简单地说，这些重新配置有时也会导致严重的瞬时拥塞，因为不同的交换机可能在不同的时间应用更新。SWAN 开发了一种新的技术，它利用链接上的少量抓取容量，以无拥塞的方式应用更新，而无须对单个交换机上的更新顺序和时间进行任何假设。此外，为了在转发表容量有限的情况下扩展到大型网络，SWAN 贪婪地选择一组最能满足当前需求的条目。它通过在转发表中利用少量的临时容量在不中断通信的情况下更新此集。文献[54]使用试验台原型和两个生产网络的数据驱动模拟进行的实验表明，SWAN 比当前的广域网多承载60%的流量。

连接数据中心（DC）的广域网（WAN）是亚马逊、Google 和微软等在线服务提供商的关键基础设施。许多服务依赖于低延迟的 DC 间通信以获得良好的用户体验，并依赖于高吞吐量传输以获得可靠性。考虑到对高容量 DC 间流量的需求是互联网流量的一个重要组成部分，并且快速增长和独特的流量特征，DC 间WAN 通常是一个专用网络，不同于与 ISP 连接以到达最终用户的 WAN。

然而，供应商目前无法充分利用这一投资。DC 间广域网的效率极低，甚至更繁忙的链路的平均利用率为 40%～60%。其罪魁祸首是使用网络的服务之间缺乏协调。除了在某些情况下的粗糙的、静态的限制之外，服务可以随时随地发送流量，无论它们需要多少流量。因此，网络周期性地经历高峰和低谷。由于必须为峰值使用提供它以避免拥塞，网络的平均订阅量不足。请注意，如果我们能够利用 DC 间通信的特性，那么网络使用就不必采用这种方式。如果在其他流量需求较低的情况下发送此类流量，则可以抑制周期性行为。这种协调将提高平均利用率，使网络能够以相同的容量承载更多的流量，或者使用较少的容量承载相同的流量。

低效率背后的另一个罪魁祸首是当今的分布式资源分配模型，通常使用基于MPLS 的 TE（多协议标签交换通信工程）实现[50, 51]。在这个模型中，没有一个实体具有全局视图，入口路由器贪婪地为其流量选择路径。因此，网络可能陷入全局次优的局部最优路由模式[57]。

文献[57]介绍了 SWAN（软件驱动的广域网），一种能够使 DC 间广域网承载更多流量的系统。就其本身而言，承载更多的流量是很简单的，我们可以让需要带宽的服务放松。SWAN 在实现更高优先级服务的优惠待遇、同类服务的公平性等政策目标的同时，实现了高效率。根据上述观察，其两个关键方面是：①全球协调服务发送速率；②集中分配网络路径。根据当前的服务需求和网络拓扑结构，SWAN 决定每个服务可以发送多少流量，并配置网络的数据平面来承载这些流量。

随着流量需求或网络拓扑结构的变化，保持高利用率需要频繁更新网络的数据平面。一个关键的挑战是实现这些更新，而不会造成短暂的拥塞，这会损害对延迟敏感的流量。潜在的问题是更新不是单个的，因为它们需要更改多个交换机。即使之前和之后的状态不拥挤，如果在更新之后链接应该承载的流量在应该离开的流量离开之前到达，那么在更新期间也可能发生拥塞。当网络更繁忙且 RTT 更大时，这种拥塞的程度和持续时间更差（这导致更新应用中的时间差异更大）。这两种情况都适用于我们的设置，我们发现不协调的更新会导致严重的拥塞和严重的包丢失。

这种挑战在每个集中资源分配方案中都会重复出现。MPLSTE 的分布式资源分配只能进行较小级别的"安全"更改；它不能进行需要一个流移动以释放链接供另一个流去使用的协调更改。

微软首先观察到，如果所有链接都满了，就不可能在不造成拥塞的情况下更新网络的数据平面，从而能够解决这一挑战。因此，SWAN 在每个链路上都会留下"刮擦"容量 s。根据证明，这使得无拥塞计划能够在最多 $1/s-1$ 步内更新网络。每一步都涉及对交换机上转发规则的一组更改，其属性是不存在与这些更改的顺序和时间无关的拥塞。然后，我们开发了一个算法来找到一个步骤最少的无拥塞计划。此外，一些 DC 间通信能够容忍少量的拥塞（例如，具有长截止日期的数据复制)。我们扩展了使用所有链路容量的基本方法,同时保证有限制的拥塞更新,以适应宽容的流量,其余的更新则无拥塞。接下来我们就来详细叙述 SWAN 的技术特点与挑战。

SWAN[58]的目标是承载更多的流量并支持灵活的网络范围共享。在 DC 间流量特性的驱动下,SWAN 支持两种类型的共享策略。首先,它支持少量的优先级类(例如,交互式>弹性>背景),并在这些类之间严格地分配带宽优先级,同时为更高的类选择较短的路径。其次,在类内,SWAN 以最大-最小公平的方式分配带宽。

SWAN 有两个基本组成部分来解决当前实践中的基本缺点。它协调服务的网络活动并使用集中的资源分配。抽象地说,SWAN 的工作原理如下。

(1)除交互服务外,所有服务都通知 SWAN 控制器其对 DCS 的需求。交互流量像今天一样发送,没有控制器的许可,所以没有延迟。

(2)控制器对网络拓扑结构和流量需求具有最新的全局视图,它计算每个服务可以发送的数量以及可以容纳流量的网络路径。

(3)根据 SDN 范例,控制器直接更新交换机的转发状态。我们使用 OpenFlow 交换机,但是可以使用任何允许直接编程转发状态的交换机。

虽然 SWAN 体系结构在概念上很简单,但是必须解决三个挑战才能实现这个设计。首先,SWAN 需要一个可扩展的全局分配算法,在服务优先级和公平性受到限制的情况下,最大限度地提高网络利用率。最著名的解是计算密集的,因为它们解决了线性程序(LP)的长序列。相反地,SWAN 使用了一种更实际的方法,这种方法在实际情况下近似公平,有可证明的界限,接近最优。

其次,分布式交换机系统的原子重新配置很难实现。网络转发状态需要根据流量需求或网络拓扑结构的变化进行更新。由于缺乏广域网范围的原子变化,即使初始和最终的配置都不被满足,网络也会由于暂时的拥塞而丢失许多数据包。为了避免网络更新期间的拥塞,SWAN 计算了一个多步骤的无拥塞过渡计划。每个步骤涉及一个或多个交换机状态的一个或多个更改,但无论更改应用的顺序如何,都不会出现拥塞。

一个无拥塞的计划可能并不总是存在的,即使它存在,也可能很难找到或涉及大量的步骤。SWAN 在每个链路上留下 $s \in [0, 50\%]$ 的划痕能力,这保证了过渡计划的存在,最多有 $1/s-1$ 个步骤(如果 $s = 10\%$,则为 9)。然后,我们开发了一种方法来查找步骤最少的计划。在实践中,当 $s = 10\%$ 时,找到一个 1~3 步的计划。此外,SWAN 保证非后台流量在过渡期间不会出现拥塞,并且后台流量的拥塞是有限制的(可配置的)。

然后,交换机硬件支持的转发规则数量有限,难以充分利用网络容量。例如,如果一个交换机有六条到目的地的不同路径,但只支持四条规则,则不能使用

1/3 的路径。我们对 DC 间生产广域网的分析说明了这一挑战。如果我们在每对交换机之间使用 k-最短路径算法（如 MPLS），则完全使用该网络的容量需要 $k = 15$。在交换机上安装这些隧道需要多达 $20k$ 的规则，这超出了下一代 SDN 交换机的能力。

　　为了用有限的规则充分利用网络容量，SWAN 的动机是一个进程的工作集通常比它使用的总内存小得多。同样，并非所有的隧道都需要。相反地，随着交通需求的变化，不同的隧道是最合适的。SWAN 动态地识别和安装这些隧道。我们使用 LP 的动态隧道分配方法是有效的，因为任何 LP 的基本解中的非零的变量数量都小于约束数量[28]。在我们的例子中，我们将看到变量包括通过隧道传输的 DC 对流量的分数，并且约束的数量大致是优先级类的数量乘以 DC 对的数量。由于 SWAN 支持三个优先级，因此 SWAN 平均每个直流对获得三个非零流量的隧道，这远小于非动态解决方案所需的 15 个隧道。

　　动态变化的规则为网络重新配置带来了另一个难题。为了不中断通信，必须在删除旧规则之前添加新规则；否则，将中断使用要删除规则的通信。这样做需要在交换机上保留一些规则容量，以适应新规则；简单地说，必须保留多达一半的规则容量，这是浪费。SWAN 留出了少量的临时空间（如 10%），并使用多阶段方法更改网络中的规则集。

　　图 5-16 显示了 SWAN 的架构。逻辑上集中的控制器协调所有活动。每个非交互服务都有一个代理，它聚合来自主机的请求并将分配的速率分配给主机。介于控制器和交换机之间的一个或多个网络代理。这种体系结构提供了规模——通过在需要时提供并行性和选择，每个服务都可以实现适合的速率分配策略。

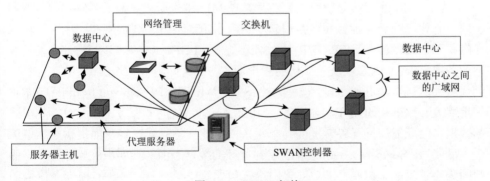

图 5-16　SWAN 架构

　　服务器主机和代理服务器共同评估服务的当前需求，并将其限制为控制器分配的速率。我们当前的实现采用分布式速率限制[55]。主机操作系统中的一个填充程序估计其对每个远程 DC 的下一个 th = 10s 的需求，并请求代理程序进行分配。

它使用每个远程 DC 的令牌桶来强制分配速率，并用 dscp 位标记数据包以指示服务的优先级类。

代理服务器聚合来自主机的需求，并每隔 ts = 5min 更新一次控制器。它以时间为单位，以比例公平的方式，将其从管制员处零星分配给主机。这样，th 是新到达的主机在开始传输之前必须等待的最长时间。这也是服务将其发送速率更改为新分配所需的最长时间。突然体验到更大需求的代理可以随时要求更多；控制器进行轻量级计算以确定在不改变网络配置的情况下可以承载多少额外需求。

网络管理通过交换机跟踪拓扑和流量。它们立即将拓扑结构更改的消息传递给控制器，并以 OpenFlow 规则的粒度每隔 ta = 5min 收集和报告有关流量的信息。它们还负责根据控制器的要求可靠地更新交换机规则。在返回 success 之前，代理读取开关规则表的相关部分，以确保已成功应用更改。

SWAN 控制器使用有关服务需求和网络拓扑的信息，每隔 tc = 5min 执行以下操作。①计算网络的服务分配和转发平面配置。②向分配减少的服务发出新的分配信号。等待 th(s)，让服务降低其发送速率。③更改转发状态，然后向分配增加的服务发送新分配的信号。

这样我们就简要介绍完了微软的 SWAN 的架构及与传统 WAN 相比较的先进之处。

5.3.4　Segment Routing

Segment Routing（分段路由）技术，在 MPLS 的基础上做了革命性的颠覆和创新，它代表的是一种新的网络理念——应用驱动网络。MPLS 在广域网等场景已经得到了大量部署。ISP/OTT/大企业通过部署 LDP、RSVP-TE 等协议，为广域网业务提供 VPN 隔离以及差异化的流量调度方案。随着 MPLS 技术的广泛应用，其优势和劣势也都更加凸显。被称为"下一代 MPLS"的 Segment Routing 技术很好地继承了 MPLS 的优势，同时也对 MPLS 的劣势进行了颠覆和创新。由于 MPLS 的数据平面既能保持标签转发的简单高效，还能支持显式路径从而提供强大的流量调度能力，Segment Routing 继承了 MPLS 的数据平面。但是 MPLS 的控制平面却因为协议复杂、扩展性差、部署困难等问题深受诟病。MPLS 的控制面依赖的主要技术是 LDP（Label Distribution Protocol，标签分发协议），以及 RSVP-TE（Resource Reservation Protocol-Traffic Engineering，基于流量工程扩展的资源预留协议）。通过 LDP 协议，MPLS 设备可以把路由信息映射到标签信息上，并通过协议通告建立起标签交换路径。LDP 的劣势在于其没有流量工程机制，和 IP 网络一样，LDP 无法指定转发路径，无法做到基于业务要求（时延、带宽、丢包等）的流量调度。为了解决 LDP 不支持流量工程的问题，MPLS 中引入了 RSVP-TE 控制面。传统路由是依据目的 IP 进行查找转发，只关心下一跳怎么走，而不关心流量的完整路径。而 RSVP-TE 引入了源路由的概念：当流量进入 RSVP 网络后，在源节点就会计算出完整的每一跳路径。如同导航软件在计算行驶路线前需要收集道路信息并知晓当前路况，计算源路由的先决条件则是需要收集全网拓扑信息及链路状态信息。RSVP-TE 通过扩展 IGP 协议收集了这些信息。RSVP-TE 流量调度也可以依据业务的要求：如延时低于 50ms、带宽大于 10Gbit/s 等规划出最优的转发路径。然而，RSVP 信令非常复杂，每个节点都需要维护一个庞大的链路信息数据库。RSVP 扩展性受限，为了准确预留带宽，RSVP-TE 要求所有 IP 流量都需要通过隧道转发，节点之间建立 Full-mesh 隧道导致扩展性差，大规模部署几无可能。RSVP 不支持 ECMP（Equal-Cost Multipath，等价多路径），现代 IP 网络中，ECMP 是一个最基础的需求。而从源路由的机制我们可以看到，RSVP-TE 只会选择一条最优路径进行转发。如果想要实现流量分担，还需要在相同的源和目的之间预先建立多条隧道。

综上所述，MPLS 虽然解决了很多问题，但其本身也有待优化，尤其是在流量工程方面复杂性亟待改善。在这样的背景下，产生了一种保留了 MPLS 能力，且更为简单易用的技术架构——Segment Routing。Segment Routing 有如下两大特点。

1. 去掉 RSVP 复杂的信令机制

RSVP-TE 是一种分布式的架构，每台设备只能看到自身的状态。想要获取其他设备的状态信息，就必须依赖 RSVP 的信令来进行频繁的、大量的交互，这也就造成了 RSVP 协议的复杂性。如果有一种集中控制平台负责交互这些信息，就会简化信息的交互。提到集中式，首先想到 SDN，SDN 集中式控制思想和源路由可谓是天作之合。事实上，目前落地的 SR 项目中基本都使用了 SDN 来收集拓扑信息以及下发隧道路径。

2. 去掉 LDP，直接由 IGP 分发标签

LDP 实际上不维护任何的状态信息，仅仅是对 IGP 中的目的 IP 和 MPLS 标签做了一层映射。Segment Routing 扩展了 IGP 协议的 SR 属性，并用于直接分发和同步标签信息。当然，引入 SDN 控制器后，这部分工作也可以交给控制器完成。

随着网络需求的快速和持续增长，5G 电信网络有望为传统网络运营商、垂直行业、OTT 和第三方提供灵活、可扩展和弹性的通信和网络服务，以满足它们的不同要求。网络切片是一种有前途的技术，每个网络切片是一个独立的虚拟网络，

可用于建立包含专用资源和共享资源的定制的端到端逻辑网络。每个网络切片可以根据特定的服务需求（如超低时延）选取配置相应的虚拟网络功能，创建可编程的网络切片实例（Network Slice Instance，NSI），为不同用户提供端到端的定制化服务。通过利用 SDN 和 NFV，可以定制与资源相关的网络切片，以满足各种QoS 和 SLA。网络切片旨在创建（端到端）分区网络基础结构，该基础结构可用于提供差异化的连接行为，以满足各种服务集的要求。属于不同网络切片的服务可以完全不相交，也可以共享网络基础结构的不同部分。

　　文献[59]中介绍了如何使用基于分段路由的技术来构建网络切片。它说明了如何将为段路由指定的现有构建基块用于此目的。分段路由使服务提供商能够支持网络切片，而无须任何其他协议。整个网络可以以分布式且完全自动化的方式沿多个虚拟服务（片）共享单个基础结构资源。例如，为低成本运输优化第一个切片，以实现低延迟传输优化第二个切片，编排第三个切片以支持不相交的服务等。运营商可以对每个切片的优化目标进行编程。另外，其他相关研究也提出了一种旨在为5G 服务的传输网络中的网络切片提供解决方案的机制。所提出的机制使用统一的管理实例标识符来区分域内和域间网络切片方案的不同虚拟网络资源。结合分段路由技术，该机制支持尽力而为和流量工程两种服务。

　　分段路由规范已经包含创建网络切片所需的各种构造块。这包括以下内容。

　　（1）SR 策略（带或不带灵活算法）；

　　（2）TI-LFA 在切片参考底衬中具有 O（50ms）保护；

　　（3）SR VPN；

　　（4）SR 服务编程（NFV，SFC）；

　　（5）运营，管理与 OAM 和绩效管理（PM）；

　　（6）使用 DiffServ 的 QoS；

　　（7）在控制器处进行编排。

　　这些构建块中的每一个都彼此独立地工作。可以组合它们的功能，以满足服务提供商对网络切片的要求。外部控制器在将这些构建块编排为切片服务中起着重要作用。文献[59]中介绍了网络切片的每个构建块的属性，还介绍了每个切片中的服务如何从流量工程、网络功能虚拟化/服务链（服务编程）、OAM、性能管理、SDN 准备、O（50ms）TI-LFA 保护等中受益，而 SR 具有尊重在通用网络基础架构上使用的资源分区。下面做简要介绍。

3. 分段路由策略

　　分段路由（SR）允许头端节点在不创建中间每流状态的情况下引导数据包沿任何路径传输。头端节点将流引导到分段路由策略（SR 策略）中。这使运营商可以强制执行低延迟和/或不相交的路径，而无须考虑正常的转发路径。SR 策略能够支持各种优化目标。可以针对 IGP 度量或 TE 度量或延迟扩展 TE 度量实例化优化目标。对各种优化目标和约束的支持使 SR 策略可以在网络中创建切片。SR 策略可以带有或不带有 IGP Flexible Algorithm 功能来实例化。以下内容描述了 SR 弹性算法功能以及 SR 策略如何利用此功能。

1）基于弹性算法的 SR 策略

弹性算法通过添加具有与 IGP Prefix 段不同的属性的其他段来丰富 SR 策略解决方案。Flex Algo 将弹性的，用户定义的细分添加到 SRTE 工具箱。具体来说，它允许将"意图"与前缀 SID 关联。

弹性算法具有以下属性。

（1）算法与 SID 相关联，表示为优化目标的特定 TE 意图（一种算法）。

（2）弹性包括网络运营商定义的其实现的每种算法的意图的能力。

（3）通过设计，Flex-Algorithm 及其含义之间的映射是弹性的，并且由用户定义。

（4）弹性还包括运营商决定从最短路径计算中排除某些特定链接的能力。

可以通过配置通过将 Flexible Algorithm 值与切片关联来创建网络切片。Flex Alg 利用 SR 按需下一跳（ODN）和自动转向来实现以下小节中介绍的流量工程路径的基于意图的实例化。具体来说，IGP Flex Algo 前缀 SID 也可以用作 SR 策略中的分段，从而利用基础的 IGP Flex Algo 解决方案。

2）按需 SR 策略

分段路由按需下一跳功能可按需创建 SR 策略以实现服务流量。使用路径计算元素（PCE），可以计算端到端 SR 策略路径，以提供端到端分段路由连接，即使在运行有或没有 IGP 弹性算法的多域网络中也是如此。按需下一跳功能提供了优化的服务路径，可以满足客户和应用程序 SLA（如延迟、不相交），而无须任何预先配置的 TE 隧道，并且可以自动控制 SR 策略上的服务流量，而无须使用静态路由，自动路由通告或基于策略的路由。使用此功能，网络服务协调器可以根据它们的要求来部署服务。服务头端路由器请求 PCE 计算服务路径，然后使用计算出的路径实例化 SR 策略，并将服务流量引导到该 SR 策略中。如果拓扑发生更改，则状态 PCE 将更新 SR 策略路径。这是无缝发生的，而 TI-LFA 可以保护流量，以防由于故障而发生拓扑更改。

3）自动转向

自动将流量引导到网络切片是切片的基本要求之一。SR 的"自动转向"功能使之成为可能。具体来说，SR 策略可用于切片中的流量工程师路径，将流量"自动引导"到正确的切片，并连接共享相同"意图"的 IGP Flex-Algorithm 域。头端可以通过多种方式将数据包流引导到片中的有效 SR 策略中。

（1）传入数据包的活动 SID 与前端的本地绑定 SID（BSID）匹配。

（2）每个目标的指导：传入的数据包与 SR 策略上递归的 BGP/服务路由匹配。

（3）每流导向：传入数据包在某些条目为 SR 策略的转发阵列上匹配或递归。

基于策略的控制：传入的数据包与路由策略匹配，从而将其定向到 SR 策略。

4）域间注意事项

需要将网络切片扩展到多个域，以便每个域可以一致地满足意图。SR 具有本机域间机制，例如，SR 策略被设计为使用基于 PCE 的解决方案跨越多个域。根据服务配置，边缘路由器会自动向分段路由 PCE 请求到远程服务终结点的域间路径。该路径既可以是简单的尽力而为的域间可达性，也可以是 SLA 合同的可达性，并且可以限制为网络切片。跨域的 SR 本地机制很容易扩展，以包括使用不同 IGP Flex-Algorithm 值表示相同意图的情况。例如，在域 1 中，服务提供商 1（SP1）可以使用 flex-algo 128 来指示低延迟切片，而在域 2 中，服务提供商 2（SP2）可以使用 flex-algo 129 来指示低延迟切片。当 SP1 网络中 PE1 上的自动化系统在 SP2 网络中使用下一跳（PE2）配置服务时，SP1 与路径计算元素（PCE）联系以查找到 PE2 的路由。在请求中，PE1 还在 PCEP 消息中指示意图（即 Flex-Algo 128）。由于 PCE 完全了解两个域，因此可以理解需要对算法 128 执行 Domain1 中的路径计算，对于算法 129 需要对 Domain2 中的路径进行计算。

4. TI-LFA 和微环规避

基于分段路由的快速重路由解决方案 TI-LFA 可在任何单个链路，节点或 SRLG 故障时提供基于目标的 50 毫秒以下保护，而与拓扑无关。流量直接重新路由到会聚后的路径，因此可以避免通过中间路径出现任何中间波动。IGP 完全自动执行主路径和备用路径的计算。

如前所述，分段路由中的网络切片可与分段路由的所有其他组件无缝地协同工作。当然，这包括片内的 TI-LFA 和避免微循环，并具有额外的好处，即备份路径仅使用片内可用的资源。例如，当使用灵活算法时，将执行 TI-LFA 备用路径计算，以便根据灵活算法进行优化。备份路径共享与主路径相同的属性。备份路径未使用其正在保护的主路径的片外的资源。

5. SR VPN

VPN 提供了一种创建逻辑上分离的网络的方法，以使不同组的用户可以访问公用网络。分段路由具有丰富的多服务虚拟专用网络功能，包括 Layer3 VPN、VPWS、VPLS 和以太网 VPN（EVPN）。分段路由支持不同 VPN 技术的能力是创建切片 SR 网络的基本组成部分之一。

6. 无状态服务编程

网络切片的重要部分是虚拟服务容器的编排。在 SR-MPLS 和 SRv6 网络中实现服务段并实现无状态服务编程,对服务段和拓扑段进行编码的能力使服务提供商可以沿着特定的网络路径转发数据包,还可以引导它们通过网络中可用的 VNF 或物理服务设备。

在 SR 网络中,在物理设备或虚拟环境中运行的每个服务都与该服务的段标识符(SID)关联。然后,将这些服务 SID 用作 SID 列表的一部分,以引导数据包通过相应的服务。服务 SID 可以与拓扑 SID 组合在一起,以实现服务编程,同时通过网络中的特定拓扑路径引导流量。通过这种方式,SR 为满足网络切片要求所需的覆盖,底层和服务编程构建块提供了完全集成的解决方案。

7. 运营、管理和维护(OAM)

对于满足网络切片要求而言,有各种各样的 OAM 元素至关重要。这些包括但不限于以下内容。

(1)测量每个链路 TE 矩阵。

(2)泛洪每个链接 TE 矩阵。

(3)在路径计算过程中考虑 TE 矩阵。

(4)在路径计算过程中考虑 TE 矩阵约束。

(5)SLA 监视:服务提供商可以使用技术监视片中的每个 SR 策略,以监视该策略提供的 SLA。

这包括监视策略的所有 ECMP 路径上的端到端延迟以及监视策略上的流量丢失。可以使用补救机制来确保 SR 策略符合 SLA 合同。

8. QoS

分段路由依赖于 MPLS 和 IP 区分服务。差异化服务增强旨在实现 Internet 中可伸缩的服务区分,而无须每流状态和每跳的信令。用于在 Internet 中实现差异化可伸缩服务的体系结构由网络节点中的许多功能元素组成,包括一小组逐跳转发行为、数据包分类功能以及流量调节功能,包括计量、标记、整形和管制等。

DiffServ 架构通过仅在网络边界节点上实现复杂的分类和调节功能,以及根据流量标记将逐跳行为应用于流量集合,从而实现了可伸缩性。具体来说,位于 DiffServ 域入口处的节点将流量分类并将其标记为有限数量的流量类别。该功能用于确保切片的流量符合与切片关联的约定。逐跳行为允许在竞争的业务流之间的每个节点上分配缓冲区和带宽资源的方法。具体来说,根据数据包的标记,在每个 IP 跃点上,将按类别的调度和排队控制机制应用于流量类别。队列管理和各种调度机制等技术可用于获取所需的数据包行为,以满足切片的 SLA。

9. 控制器处的编排

控制器在编排方面讨论的 SR 构建块以创建网络切片方面起着至关重要的作用。控制器还为传输层的切片管理执行准入控制和流量放置。SR 技术的 SDN 友好性非常容易实现业务流程。控制器可以使用 PCEP 或 Netconf 与路由器进行交互。

参 考 文 献

[1]　Dean T. Network + Guide to Networks[M]. New York:Cengage Learning,2010:202.

[2]　Admin. Backbone networks analysis[EB/OL]. https://www.fiber-optic-solutions.com/analysis-backbone-networks. html[2016-07-01].

[3]　Sahebjamnia N,Fathollahi-Fard A M,Hajiaghaei-Keshteli M. Sustainable tire closed-loop supply chain network design:Hybrid metaheuristic algorithms for large-scale networks[J]. Journal of Cleaner Production,2018,196:273-296.

[4]　Jurdzinski T,Kowalski D R. Distributed backbone structure for algorithms in the SINR model of wireless networks[C]//International Symposium on Distributed Computing. Heidelberg:Springer,2012:106-120.

[5]　Hills A. Large-scale wireless LAN design[J]. IEEE Communications Magazine,2001,39(11):98-107.

[6]　Yang W,Fang B X,Yun X C,et al. A parallel cluster intrusion detection system for backbone network[J]. Journal of Harbin Institute of Technology,2004:3.

[7]　Dean T. CompTIA Network + 2009 in Depth[M]. New York:Cengage Learning,2009.

[8]　Mills D L,Braun H. The NSFNET backbone network[J]. ACM SIGCOMM Computer Communication Review,1987,17(5):191-196.

[9]　Economides N. The economics of the Internet backbone[J]. NYU,Law and Economics Research Paper,2005(04-033):4-23.

[10]　Chowdhury N M M K,Boutaba R. A survey of network virtualization[J]. Computer Networks,2010,54(5):862-876.

[11]　Chowdhury N M M K,Boutaba R. Network virtualization:state of the art and research challenges[J]. IEEE Communications Magazine,2009,47(7):20-26.

[12]　Venkateswaran R. Virtual private networks[J]. IEEE Potentials,2001,20(1):11-15.

[13]　Takeda T. Framework and Requirements for Layer 1 Virtual Private Networks[S]. RFC 4847,2007.

[14]　Augustyn W,Serbest Y. Service Requirements for Layer 2 Provider-Provisioned Virtual Private Networks[S]. RFC 4665,2006.

[15]　Townsley W,Valencia A,Rubens A,et al. Layer Two Tunneling Protocol "L2TP"[S]. RFC 2661,1999.

[16]　Mehraban S,Vora K B,Upadhyay D. Deploy multi protocol label switching(MPLS)using virtual routing and forwarding(VRF)[C]. 2018 2nd International Conference on Trends in Electronics and Informatics(ICOEI),

IEEE，2018：543-548.

[17] Farinacci D，Li T，Hanks S，et al. Generic Routing Encapsulation（GRE）[S]. RFC 2784，2000.

[18] Hamzeh K，Pall G，Verthein W，et al. Point-to-PointTunnelingProtoco（1 PPTP）[S]. RFC 2637，1999.

[19] Rosen E C，Andersson L . Framework for Layer 2 Virtual Private Networks （L2VPNs）[S]. Ietf RFC，1997.

[20] Kent S，Seo K. Security Architecture for the Internet Protocol[S]. RFC 4301，2005.

[21] Rosen E，Rekhter Y. BGP/MPLS IP Virtual Private Networks（VPNs）[S]. RFC 4364，2006.

[22] Savage S，Anderson T，Aggarwal A，et al. Detour：a case for informed Internet routing and transport[J]. IEEE Internet Computing，1999，19（1）：50-59.

[23] Andersen D，Balakrishnan H，Kaashóek F，et al. Resilient overlay networks[J]. SIGOPS Operating Systems Review，2001，35（5）：131-145.

[24] Eriksson H. MBone：The multicast backbone[J]. Communications of the ACM，1994，37（8）：54-60.

[25] Lakshminarayana K，Stoica I，Shenker S，et al. Routing as a service[R]. UC Berkeley，Tech. Rep. UCB/EECS-2006-19，2006.

[26] Anderson T，Peterson L，Shenker S，et al. Overcoming the Internet impasse through virtualization[J]. Computer，2005，38（4）：34-41.

[27] Duan Z，Zhang Z L，Hou Y T. Service overlay networks：SLAs，QoS，and bandwidth provisioning[J]. IEEE/ACM Transactions on Networking，2003，11（6）：870-883.

[28] Hagens R，Hall N，Rose M. Use of the Internet as a Subnetwork for Experimentation with the OSI Network Layer[S]. Internet Engineering Task Force，RFC 1070，1989.

[29] Horton M R. UUCP Mail Interchange Format Standard. Internet Engineering Task Force[S]. RFC976，1986.

[30] Andersen D，Balakrishnan H，Kaashoek F，et al. Resilient overlay Networks[M]. New York：ACM，2001.

[31] Awduche D，Malcolm J，Agogbua J，et al. Requirements for traffic engineering over MPLS[S]. RFC 2702，1999.

[32] Mahalingam M，Dutt D G，Duda K，et al. Virtual extensible local area network（VxLAN）：A framework for overlaying virtualized layer 2 networks over layer 3 networks[S]. RFC 7348，2014.

[33] Fink R，Hinden R. 6bone（IPv6 testing address allocation）phaseout[S]. RFC 3701，2004.

[34] Touch J，Hotz S. The X-Bone[C]. Proceedings of Third Global Internet Mini-Conference in con-junction with Globecom'98，Sydney，1998.

[35] Francis P. Yoid：Extending the Internet multicast architecture[EB/OL]. http://www. aciri org/yoid/docs/yoidArch. ps.

[36] Chu Y h，Rao S G，Zhang H. A case for end system multicast[J]. Proceedings of ACM Sigmetrics，2000：1-12.

[37] Danna E，Hassidim A，Kaplan H，et al. Upward max min fairness[C]. INFOCOM（2012），2012：837-845.

[38] Loeb N G，Varnai T，Winker D M . Influence of subpixel scale cloud top structure on reflectances from overcast stratiform cloud layers[J]. Journal of the Atmospheric Sciences，1998，55（18）：2960-2973.

[39] Min E L，Chen Z，Hong-Feng X U，et al. Research progress of content center network[J]. Netinfo Security，2012.

[40] Min E，Chen Z，XU H，et al. Research progress of content center network [J]. Netinfo Security，2012，2：6-10.

[41] Nygren E，Sitaraman R K，Sun J. The akamai network：A platform for high-performance internet applications[J]. ACM SIGOPS Operating Systems Review，2010，44（3）：2-19.

[42] Gigandet S，Sudarsanam A，Aggarwal A. The inktomi climate lab：an integrated environment for analyzing and simulating customer network traffic[C]. Proceedings of the 1st ACM SIGCOMM Workshop on Internet Measurement，2001：183-187.

[43] Michel O，Keller E. SDN in wide-area networks：A survey[C]. 2017 Fourth International Conference on Software Defined Systems（SDS），IEEE，2017：37-42.

[44]　Andrew Lerner. Predicting SD-WAN Adoption[EB/OL]. https://blogs.gartner.com/andrew-lerner/2015/12/15/predicting-sd-wan-adoption/[2015-12-15].

[45]　Awduche D, Malcolm J, Agogbua J, et al. Requirements for traffic engineering over MPLS[S]. RFC 2702, 1999.

[46]　Andy Gottlieb. How to address WAN jitter issues for real-time applications[EB/OL]. https://www.networkworld.com/article/2223363/how-to-address-wan-jitter-issues-for-real-time-applications.html[2012-10-22].

[47]　Charlie Osborne. Internet slow? Here are the possible reasons why and how to fix them[EB/OL]. https://www.zdnet.com/article/why-is-my-internet-so-slow-here-are-reasons-and-how-to-fix-them/[2021-08-25].

[48]　Rob Hathaway. Low-latency networks aren't just for Wall Street anymore[EB/OL]. https://twitter.com/robhathaway/status/188537585918947328[2012-04-07].

[49]　Varuna M W R, Vadivel R. An overview of software defined wide area network (SDWAN) and it's security enhancements for enterprise networks[J]. IRACST-International Journal of Computer Networks and Wireless Communications (IJCNWC), 2018, 8 (4): ISSN: 2250-3501.

[50]　Wu X, Lu K, Zhu G. A survey on software-defined wide area networks[J]. Journal of Communication, 2018, 13 (5): 253-258.

[51]　Greenberg A, Hjalmtysson G, Maltz D A, et al. A clean slate 4D approach to network control and management[J]. ACM SIGCOMM Computer Communication Review, 2005, 35 (5): 41-54.

[52]　Hong C Y, Mandal S, Al-Fares M, et al. B4 and after: Managing hierarchy, partitioning, and asymmetry for availability and scale in google's software-defined WAN[C]//Proceedings of the 2018 Conference of the ACM Special Interest Group on Data Communication. New York: ACM, 2018: 74-87.

[53]　Jain S, Kumar A, Mandal S, et al. B4: Experience with a globally-deployed software defined WAN[C]//ACM SIGCOMM Computer Communication Review. New York: ACM, 2013: 3-14.

[54]　Kipp S. Bandwidth growth and the next speed of ethernet[C]. Proceedings of the North American Network Operators Group Meeting, 2012.

[55]　Stoica I, Adkins D, Zhuang S, et al. Internet indirection infrastructure[C]. Proceedings of the 2002 Conference on Applications, Technologies, Architectures, and Protocols for Computer Communications, Pennsylvania, 2002: 73-86.

[56]　Hong C Y, Kandula S, Mahajan R, et al. Achieving high utilization with software-driven WAN[C]//ACM SIGCOMM Computer Communication Review. New York: ACM, 2013: 15-26.

[57]　Pathak A, Zhang M, Hu Y C, et al. Latency inflation with MPLS-based traffic engineering[C]. Proceedings of the 2011 ACM SIGCOMM Conference on Internet Measurement Conference, 2011: 463-472.

[58]　Top In Tech. SD-WAN vendors making a splash[EB/OL]. https://www.networkcomputing.com/networking/sd-wan-vendors-making-splash[2015-08-27].

[59]　Ali Z, Camarillo P, Filsfils C, et al. Building blocks for slicing in segment routing network[J]. Internet Engineering Task Force, Internet-Draft draft-ali-spring-network-slicing-building-blocks-00, 2018.

第6章 数据中心网络虚拟化

6.1 数据中心简介

随着数据量和互联网应用的增长，数据中心（Data Center，DC）已成为支持数据存储的有效且有前途的基础设施，并为部署多样化网络服务和应用（如视频）提供流媒体平台和云计算技术。这些应用程序和服务通常会对底层基础架构施加多种资源需求（存储、计算能力、带宽、延迟）。现有的数据中心架构缺乏有效支持这些应用程序的灵活性，这导致对 QoS、可部署性、可管理性和防御安全攻击的不良支持。数据中心网络虚拟化是解决这些问题的有效方案。设想虚拟化数据中心可提供更灵活的管理，更低的成本，更好的扩展性，更高的资源利用率和能效。

6.1.1 数据中心的概述

数据中心是由服务器（物理机器）、存储和网络设备（如交换机、路由器和电缆）、配电系统、冷却系统组成的设施。

数据中心网络是数据中心中使用的通信基础设施，并且由网络拓扑、路由/交换设备和使用的协议（如以太网和 IP）描述。在下面内容中，我们介绍了数据中心中使用的传统拓扑以及最近提出的一些其他拓扑。

图 6-1 显示了传统的数据中心网络拓扑。在此拓扑中，接入层中的架顶式交换机（ToR）提供与安装在每个机架上的服务器的连接。汇聚层中的每个汇聚交换机（AS）（有时称为分布层）将来自多个 ToR 的流量转发到核心层。每个 ToR 都连接到多个汇聚交换机以实现冗余。核心层提供汇聚交换机和连接到 Internet 的核心路由器（CR）之间的安全连接。传统拓扑的特定情况是平面层 2 拓扑，其仅使用第 2 层交换机。

Clos 拓扑结构是由多级交换机构建的拓扑结构。一级中的每个交换机都连接到下一级的所有交换机，这提供了广泛的路径分集。图 6-2 显示了三阶段 Clos 拓扑的示例。

胖树拓扑是一种特殊类型的 Clos 拓扑，它由树状结构构成，如图 6-3 所示。由 k 端口交换机构建的拓扑包含 k 个 Pod；它们中的每一个都有两层（汇聚和边

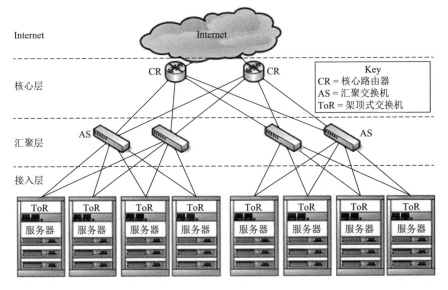

图 6-1　传统的数据中心网络拓扑

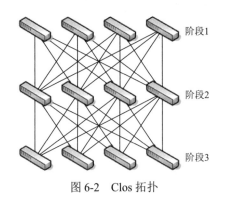

图 6-2　Clos 拓扑

缘）的 $k/2$ 交换机。每个$(k/2)^2$核心交换机都有一个端口连接到每个 k Pod。任何核心交换机的第 i 个端口连接到 Pod i，使得每个 Pod 交换机的汇聚层中的连续端口连接到$k/2$步幅上的核心交换机。每个边缘交换机直接连接到 $k/2$ 终端主机；边缘交换机的剩余 $k/2$ 端口中的每一个都连接到汇聚交换机的 $k/2$ 端口。

上述拓扑具有使其适用于数据中心网络的属性。但是，数据中心拓扑结构不仅限于本

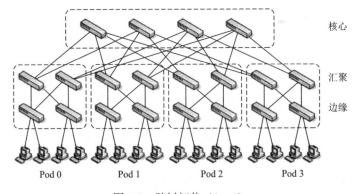

图 6-3　胖树拓扑（$k=4$）

节中介绍的拓扑结构。例如，BCube 是基于超立方体拓扑的数据中心网络架构，如图 6-4 所示的 Facebook 数据中心网络是一个高级交换体系的具有非常高性能的数据中心网络架构示例。

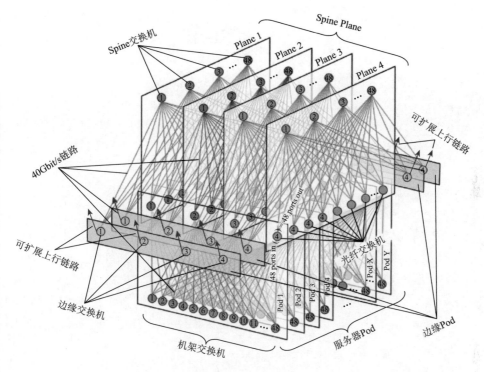

图 6-4　Facebook 的下一代数据中心网络

6.1.2　数据中心虚拟化

虚拟化数据中心是指数据中心其中的一些或所有硬件（如服务器、路由器、交换机和链路）被虚拟化。通常，使用称为管理程序的软件或固件对物理硬件进行虚拟化，该管理程序将设备划分为多个独立且独立的虚拟实例。例如，物理机（服务器）通过管理程序虚拟化，管理程序创建具有不同容量（CPU、内存、磁盘空间）并运行不同操作系统和应用程序的虚拟机（VM）。

虚拟数据中心（VDC）是通过虚拟链路连接的虚拟资源（虚拟机、虚拟交换机和虚拟路由器）的集合。虽然虚拟化数据中心是具有部署的资源虚拟化技术的物理数据中心，但虚拟数据中心是虚拟化数据中心的逻辑实例，其由物理数据中心资源的子集组成。虚拟网络（VN）是一组虚拟网络资源：虚拟节点（终端主机、交换机、路由器）和虚拟链路；因此，VN 是 VDC 的一部分。网络虚拟化级别是

引入虚拟化的网络堆栈（应用程序到物理）的层之一。在图 6-5 中，我们展示了如
何在虚拟化数据中心上部署多个 VDC。

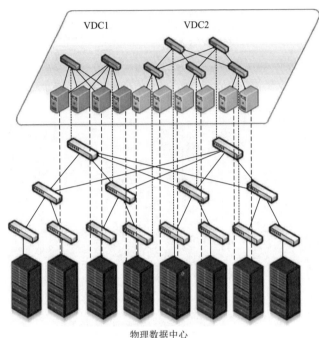

图 6-5　虚拟化数据中心

　　网络虚拟化和数据中心虚拟化都依赖于虚拟化技术来划分可用资源并在不同
用户之间共享它们，但它们在各个方面都有所不同。虽然虚拟化 ISP（VN）网络
主要由分组转发元件（如路由器）组成，但虚拟化数据中心网络涉及不同类型的
节点，包括服务器、路由器、交换机和存储节点。因此，与 VN 不同，VDC 由具
有不同资源（如 CPU、存储器和磁盘）的不同类型的虚拟节点（如 VM、虚拟交
换机和虚拟路由器）组成。此外，在网络虚拟化的背景下，虚拟链路的特征在于
其带宽。当节点在地理上分布时，传播延迟是一个重要的指标。但是，由于数据
中心网络覆盖的地理区域较小，节点之间的传播延迟可以忽略不计。因此，在定
义 VDC 虚拟链路时总会忽略它。

　　数据中心网络和 ISP 网络之间的另一个关键区别是节点数量。虽然 ISP 骨干
网中的节点数量达到数百个（如 Sprintlink、AT&T 和 Verio ISP 分别为 471、487 和
862 个节点），但在当今的数据中心中，它可以达到数千个（例如，一个 Google

Compute 集群中大约有 12000 台服务器）。这可能会增加可伸缩性问题，并增加管理复杂性。

此外，与 ISP 网络不同，数据中心网络使用拓扑结构，如传统树、胖树或具有良好定义属性的 Clos 拓扑结构，允许开发针对此类特定拓扑优化的嵌入算法。

总之，数据中心网络虚拟化与 ISP 网络虚拟化不同，因为必须考虑不同的约束和资源，特定拓扑以及可扩展性。

6.1.3　流量类型、隔离和网络服务及商业模式

在数据中心内可以找到许多不同的流量类型，包括：来宾/租户流量，这是属于同一租户的多个 VM 之间运行的流量，正如我们在现代 Web 应用程序的讨论中所看到的，帐篷使用的 VM 数量和它们之间的流量可能随时间变化很大；管理流量，此流量负责 VM 的放置、创建、迁移和删除，访客网络配置和系统监控等，此流量对数据中心的运行至关重要，应与所有其他流量隔离，此隔离可能包括使用单独的物理 NIC；公共流量，这是进出数据中心虚拟机的互联网流量，此类流量通常需要通过防火墙，并应由入侵检测软件监控；辅助存储流量，与运行 Hadoop 和其他"大数据"处理的数据中心相比，对于提供 VM 实例的数据中心，操作系统的 VM 映像、模板和 ISO 映像代表需要移动的大量数据。非常希望将其他流量类型与这种流隔离以避免服务延迟。数据中心提供的网络服务可能包括：共享第 3 层网络，每个 VM 分配私有/公共 IP 地址，这是最初在 AWS 的 EC2 云中提供的网络服务类型；私有第 2 层网络，用户可以选择私有 IP 地址和分配的公共 IP 地址；私有第 2 层 VLAN 网络，用户将自己的 VLAN 分配给不同的 VM 以及连接这些 VLAN 的虚拟路由器；基于 SDN 的更高级的网络虚拟化形式。

就数据中心运行商业模式而言，数据中心虚拟化环境中的主要利益相关者讨论如下。

具体而言，传统网络模型和网络虚拟化模型之间的差异之一是参与的玩家不同。特别是，前者假设有两个参与者：ISP 和最终用户，后者建议将传统 ISP 的角色分为两个：基础设施提供商（InP）和服务提供商（SP）。从 InP 解耦 SP 增加了网络创新的机会，因为它将部署网络机制（即协议、服务（即 SP））的角色与拥有和维护物理基础设施（即 InP）的角色分开。

在数据中心虚拟化的背景下，InP 是一家拥有并管理数据中心物理基础设施的公司。InP 将虚拟化资源租赁给多个服务提供商/租户。每个租户在 InP 拥有的物理基础设施上创建 VDC，以进一步部署提供给最终用户的服务和应用程序。因此，若干 SP 可以部署其在同一物理数据中心基础设施上提供服务和应用所需的共存异构网络架构。

6.2　数据中心虚拟化发展历程

6.2.1　数据中心虚拟化的诞生

数据中心是现代软件技术的核心，在扩展企业能力方面发挥着关键作用。几十年前，企业依赖于容易出错的纸笔记录方法，数据中心显著提高了整个数据的可用性。无论在物理空间还是创建和维护数据所需的时间方面，它们都使企业能够用更少的资源做更多事情。但数据中心的定位是在技术进步中发挥更加重要的作用，新概念不断演进，代表着数据中心构思、配置和利用方式的巨大转变。

传统数据中心充满了缺点，传统的数据中心，也称为"孤立的"数据中心，在很大程度上依赖于硬件和物理服务器。它由物理基础设施定义，该基础设施专用于单一目的，并确定数据中心整体可以存储和处理的数据量。另外，传统数据中心受到存储硬件的物理空间大小的限制。依赖于服务器空间的存储无法扩展到超出空间的物理限制。更多的存储需要更多的硬件，并且使用更多的硬件塞满相同的物理空间意味着冷却将更加困难。因此，传统数据中心受到物理限制的严重约束，使扩展成为一项重大任务。

第一台计算机与我们今天所知的传统数据中心非常相似。今天使用的孤岛数据中心在 20 世纪 90 年代末和 21 世纪初的互联网时代爆发。网站和应用程序数量的快速增长需要物理存储，以容纳在用户浏览器中按需运行这些程序所需的大量数据。早期的数据中心提供了足够的性能和可靠性，特别是考虑到几乎没有参考点。缓慢而低效的交付是一项突出的挑战，与总资源容量相比，利用率低得惊人。使用传统数据中心部署新应用程序可能需要几个月的时间。

随着数据中心向云的演变，2003～2010 年，虚拟化数据中心开始出现，因为虚拟技术革命使得以前孤立的数据中心可以汇集计算、网络和存储资源，以创建一个可以根据需求重新分配的集中式的、更灵活的资源池。到 2011 年，大约 72% 的组织表示他们的数据中心至少有 25% 是虚拟的。

虚拟化数据中心的背后是与传统的孤立数据中心相同的物理基础架构。企业和消费者所享受的云计算技术受到服务器虚拟化之前存在的相同配置的驱动——但由于池化资源而具有更大的灵活性。虚拟化技术创建服务器、存储设备、操作系统或其他网络和计算资源的虚拟版本。虚拟化技术可以在同一硬件上同时运行多个操作系统和多个应用程序，从而提高硬件的利用率和灵活性。设备、应用程序和人类用户能够与虚拟资源进行交互，就像它是真正的单一逻辑资源一样。在计算中，虚拟化是一个广泛的概念，指的是计算机资源的抽象。在网络中，虚拟化是一种通过将可用带宽分成信道来组合网络中的可用资源的方法，每个信道独立于其他信道，并且每个信道可以被分配（或重新分配）给特定的服务器或设备。这个想法是虚拟化通过将网络分成独立的可管理部分来掩盖网络的真正复杂性。

　　云计算是一种使用共享应用程序和池化资源从大型高度虚拟化数据中心向许多独立最终用户提供计算服务的方法。美国国家标准与技术研究院（National Institute of Standards and Technology，NIST）定义了三种供应云计算服务的模型：平台即服务（PaaS）、软件即服务（SaaS）和基础设施即服务（IaaS）。PaaS 提供了一个高级集成环境来构建、测试和部署自定义应用程序。用户将自己的应用程序（自行开发或获得）部署到云基础架构中，提供商支持使用的编程语言和应用程序开发工具。SaaS 提供用户可通过 Internet 网络远程访问的专用软件。用户使用云中托管的应用程序。IaaS 提供硬件、软件和设备来提供软件应用程序环境。用户能够配置存储、网络、计算和其他资源，并部署和操作从应用程序到操作系统的任意软件。根据基于资源使用的定价模型来配置云计算服务。在每种服务模型中，用户对基础架构管理具有不同程度的控制。PaaS 可以控制已部署的应用程序以及可能的应用程序托管配置。在 SaaS 模型中，控制通常仅限于用户特定的应用程序配置设置。IaaS 提供对操作系统，存储部应用程序的控制，以及可能对选择网络组件的有限控制。

6.2.2　数据中心中网络虚拟化技术发展

　　虚拟化技术提供用于实例化 VM 资源的虚拟化视图。VM 监视器或管理程序管理和多路复用对物理资源的访问，从而维护 VM 之间的隔离。网络虚拟化的多元化理念规定网络是完全虚拟化的，并且服务是以独立的方式从底层通信基础设施中提供的。

　　这导致了双层虚拟化模型，如图 6-6（a）所示，其中基础设施提供商（InP）负责分配网络资源，包括物理网络节点的 CPU 和内存，以及物理网络链路以容纳服务由服务提供商（SP）提供的服务。这导致创建在物理网络之上运行的虚拟网络：虚拟网络由一组虚拟节点和一组虚拟链路组成，每个虚拟节点托管在物理网络节点上，每个虚拟链路通过物理网络路径建立，或者一组物理链接。显然，虚拟网络可以嵌入单个或多个物理网络中。这种方法允许 InP 单独管理其物理基础设施，而 SP 则侧重于增强为最终用户提供的 e2e 服务。另一种四层虚拟化业务模型如图 6-6（b）所示，用于描述、请求、建立和管理虚拟化网络。在此模型中，虚拟化过程在 InP、虚拟网络提供商、虚拟网络运营商和 SP 之间执行。虽然 SP 专注于通过从 VNP（通过 VNO）请求资源为用户提供服务，但 VNP 负责根据从 SP 接收的请求创建虚拟网络，而 VNO 负责管理成功建立的虚拟网络。VNP

和 VNO 消除了从 SP 创建和管理任务的负担，使这些任务能够专注于提供服务。此外，四层虚拟化业务模型在更多参与者上分配与服务和基础设施分离相关的任务，从而创造更多商机。

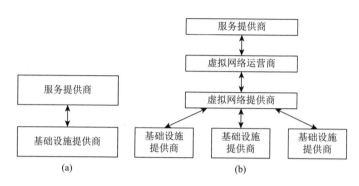

图 6-6　网络虚拟化环境中的商业模式

网络虚拟化技术已经从虚拟局域网（VLAN）、VPN、主动可编程网络和覆盖网络演变为多元化理念，其中许多异构架构共存以提供灵活且可扩展的云计算服务。基于虚拟化技术和网络虚拟化概念，可以轻松控制和管理流量负载和通信操作，以更好地支持大数据应用和并行处理系统。来自同一虚拟网络的两个虚拟节点映射到不同的物理节点，尽管来自不同虚拟网络的两个虚拟节点可以映射到同一物理节点。虚拟节点和虚拟链路使用的主要资源分别是 CPU 和带宽。

CABO、4WARD 和 NouVeau 是采用关于网络虚拟化的多元视角的研究项目。CABO 是第一个推广完全虚拟化和双层虚拟化业务模型的项目。后来引入了连接层，导致了 CABER-NET 架构。虚拟节点在物理基础设施上的自动迁移使 CABO 架构能够快速响应任何故障，为 SP 提供服务保障。NouVeau 研究项目使用 InP 和 SP，如 CABO，但更侧重于身份管理、资源分配以及服务协商和签约。4WARD 研究项目通过研究网络管理和移动性，进一步研究了网络虚拟化、资源分配和资源发现。4WARD 研究项目采用四层虚拟化商业模式，与其他虚拟化研究项目不同。

这些项目将网络虚拟化扩展到共享实验设施的范围之外，如 Emulab、GENI、VINI 和 PlanetLab，其目的是选择单一的获胜架构。根据所考虑的业务模型，资源发现和资源分配由 SP 和 InP 或 VNP 和 InP 执行。下面将讨论可支持分布式云计算的不同虚拟化网络元素。

网络拓扑虚拟化支持多个虚拟网络共存于同一物理网络基板上。这样的动态虚拟化环境可以实现多个共存的异构网络架构的部署，而没有现有因特网中发现的固有限制。以下部分将介绍主要的虚拟化技术。有不同的虚拟化方法可以支持网络拓扑虚拟化，例如：①VLAN；②VPN；③SDN 和可编程网络。

1. VLAN

VLAN 是一组具有共同兴趣的主机，无论其物理连接如何，它们在单个广播域下逻辑地汇集在一起。由于 VLAN 是逻辑实体，即在软件中配置，因此它们在网络管理和重新配置方面具有灵活性。此外，VLAN 提供了更高级别的信任、安全性和隔离性，并且具有成本效益。传统 VLAN 本质上是第 2 层构造，即使存在不同层中的实现。VLAN 中的所有帧在其媒体访问控制器（MAC）报头中具有公共 VLAN ID，并且启用 VLAN 的交换机使用目的 MAC 地址和 VLAN ID 来转发帧。此过程称为帧着色。多个交换机上的多个 VLAN 可以使用中继器连接在一起，这允许来自多个 VLAN 的信息通过交换机之间的单个链路传输。

2. VPN

VPN 是一个或多个企业的专用通信网络，其分布在多个站点上并通过公共通信网络（如互联网）上的隧道连接。每个 VPN 站点包含一个或多个客户边缘（CE）设备（如主机或路由器），它们连接到一个或多个提供商边缘（PE）路由器。VPN 由 VPN 服务提供商管理和配置，称为提供商配置的 VPN。虽然 VPN 实现存在于网络堆栈的几个层中，但以下三个是最突出的。图 6-7 提供了将企业数据中心扩展到私有云的 VPN 应用示例。

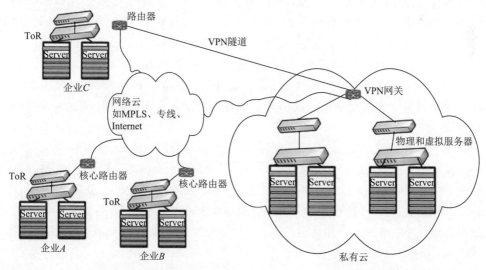

图 6-7   私有云作为使用 VPN 的企业 "C" 数据中心的扩展

1）第 1 层 VPN

第 1 层 VPN（Layer1 VPN）框架源于需要将 Layer2/Layer3 分组交换 VPN 概

念扩展到同步光网络中的高级电路交换/同步数字层级和广义 MPLS 网络中的光分组交换。它通过公共 1 层核心基础架构实现多个虚拟客户端配置的传输网络。Layer1 VPN 与 Layer2 VPN 或 Layer3 VPN 之间的根本区别在于，在 Layer1 VPN 数据平面中，连接不保证控制平面连接（反之亦然）。Layer1 VPN 的主要特征是其多业务骨干网，客户可以通过任何层的有效载荷（如 ATM、IP 和时分复用（TDM））提供自己的服务。这允许每个服务网络具有独立的地址空间，独立的第 1 层资源视图，独立策略和完全隔离。Layer1 VPN 提供两种类型的服务：VPWS 和 VPLS。VPWS 服务是点对点的，而 VPLS 可以指向多点。

2）第 2 层 VPN

第 2 层 VPN（Layer2 VPN）通过在参与站点之间传输第 2 层（通常是以太网以及异步时间机器（ATM）和帧中继）帧，在分布式站点之间提供 e2e 第 2 层连接。Layer2 VPN 的主要优势在于它支持异构的高级协议，但缺乏控制平面会削弱其管理 VPN 上的可达性的能力。SP 可以为用户提供两种不同类型的第 2 层 VPN 服务：点对点虚拟专线服务（VPWS）和点对多点虚拟专用 LAN 服务（VPLS）。除了 CE 设备是主机或路由器而不是交换机并且仅携带 IP 分组（IPv4 或 IPv6）之外，还存在类似于 LAN 的 VPLS 的服务的可能性。

3）第 3 层 VPN

第 3 层 VPN（Layer3 VPN）的特征在于其在 VPN 骨干网中使用第 3 层协议（例如，IP 或多协议标签交换（MPLS））以在分布式 CE 之间传送数据。Layer3 VPN 可以分为两类：基于 CE 和基于 PE 的 VPN。在基于 CE 的 VPN 方法中，CE 设备在不了解 SP 网络的情况下创建、管理和拆除隧道。隧道需要三种不同的协议：

（1）运营商协议（如 IP），SP 网络使用该协议来承载 VPN 分组。

（2）封装协议，用于封装原始数据。它可以从非常简单的包装器协议（例如，通用路由封装，点对点隧道协议和第 2 层隧道协议）到安全协议（例如，因特网协议安全性）。

（3）乘客协议，其是封装在用户网络中的原始数据（如 IP 数据）。

发送方 CE 设备封装乘客数据包并将其路由到运营商网络。当封装的分组到达隧道末端的接收器 CE 设备时，它们被提取，并且实际分组被注入接收器网络。在基于 PE 的 Layer3 VPN 中，SP 知道某些流量是 VPN 流量并相应地处理它们。VPN 状态存储在 PE 设备中，并且连接的 CE 设备的行为就像它连接到专用网络一样。

3. SDN 和可编程网络

SDN 和可编程网络作为网络虚拟化的直接实例不断发展推动着数据中心新时代的网络虚拟化技术的发展。

SDN 的概念基于将控制平面与网络交换机和路由器的数据平面分离的想法。

因此，控制和数据平面解耦，以及网络智能和状态在逻辑上集中，底层网络基础架构从应用程序中抽象出来。控制平面在运行在不同服务器上的软件中实现，而数据平面可以在软件或网络硬件中实现。OpenFlow 通过为远程控制器提供明确定义的转发指令集，支持修改网络交换机行为，从而使网络得以发展演进。这是通过 OVS 执行的，OVS 是虚拟机管理程序的虚拟交换机，提供与 VM 的网络连接，并通过迁移与迁移的 VM 关联的网络状态来支持 VM 的迁移。OVS 维护一个流表，定义如何处理每个流。它对流量进行分类，并将它们分配给专用队列进行处理。这可以允许采用调度算法和流量分析来基于 DiffServ 方法提供 QoS。OVS 支持通过分层令牌桶进行流量整形，并通过分层公平服务曲线进行数据包调度，并为 IPv6做好准备。OVS 还通过编程扩展实现自动化，并支持标准管理接口和协议（如NetFlow、交换端口分析器和命令行接口）。

FlowVisor 是一个专用的 OpenFlow 控制器，充当 OpenFlow 控制器和 OpenFlow交换机之间的透明代理。FlowVisor 创建丰富的网络资源片段，并将每个片段的控制权委托给不同的控制器。它将物理网络分成带宽、拓扑、流量和网络设备 CPU的抽象单元。切片可以通过交换机端口（第 1 层）、src/dst 以太网地址（第 2 层）、源（src）/目标（dst）IP 地址（第 3 层）和 src/dst TCP/UDP 端口的任意组合来定义或 Internet 控制消息协议代码/类型（第 4 层）。FlowVisor 强制每个切片之间的隔离；也就是说，一个切片无法控制另一个切片的流量。它使多个控制器能够运行相同的物理基础设施，就像服务器管理程序允许多个操作系统使用相同的基于x86 的硬件一样。然后，其他 OpenFlow 控制器通过 FlowVisor 代理运行各自的网络片。这种安排允许多个 OpenFlow 控制器在同一物理基础设施上运行虚拟网络，同时确保每个控制器仅触及分配给它的交换机和资源。

6.2.3　数据中心网络虚拟化与网络即服务

商品硬件主要用于 DCN。这通常采用从企业和 Internet 网络演变而来的原则。云应用程序使用 TCP 套接字或单元数据协议（UDP）数据报作为数据中心中运行的其他应用程序的主要接口，从而将网络与终端系统隔离开来。这减少了对 DCN如何处理数据包的控制。网络对应用程序逻辑的可见性有限：应用程序数据包与目标地址一起发送，网络只传送这些数据包。网络和应用程序将对方视为黑盒子。考虑黑盒网络传播或收集信息的应用程序可能会浪费带宽。这些应用包括广播/多播以及基于内容和以内容为中心的网络向所有接收器发送多个数据包副本。这些应用不是在网络中的所有方向上发送和重新发送数据包，而是通过尽可能靠近接收器重新发送数据包来节省更多带宽。但是，黑盒设计也是大规模数据中心效率低下的根本原因之一。DCN 感知云应用程序不会将网络视为黑盒，而是利用其拓扑和硬件来实现高效的流量包处理和路由。例如，网络内处理和存储方法利用网络硬件来执行特定于应用程序的任务，这可以减少流量，节省带宽，从而提高云应用程序吞吐量。例如，使用缓存机制的应用程序（如内存缓存和冗余减少）可以通过在核心节点而不是终端主机上运行来提高效率。此外，执行复杂流处理，事件处理或数据聚合的应用程序可以递增地计算网络内聚合，从而避免在终端主机上收集所有数据，从而显著减少网络流量。

这种网络感知功能强调了 NaaS 的概念，可以通过直接编程或通过侧车扩展它们来集成到交换机中。侧车是通过直接链路连接到交换机的专用设备，并接收遍历交换机的所有流量。然后可以以各种方式改变流量，例如，重定向流量、缩小流量或复制流量。这为定制网络提供了纯软件 NaaS 方法，并允许在网络中实现任意处理。为了支持完整的聚合带宽，称为 NaaS box 的处理设备通过高专用带宽链路连接到交换机，如图 6-8 所示。这种方法既经济又可扩展，因为只有一个高端链路每个交换机都需要，不会产生额外的布线成本。请注意，NaaS 的概念主要基于外包到数据中心网络操作，如负载平衡、安全防火墙、自定义路由、多播协议、入侵检测和预防以及内容监控和过滤。

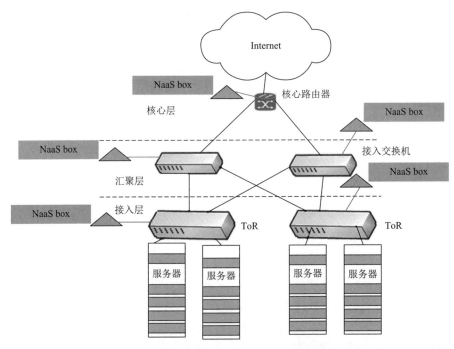

图 6-8 数据中心网络中的 NaaS 集成

但是，没有关于 NaaS 中包含的内容的标准规范，因此，有许多服务属于 NaaS 类别，例如，来自运营商的互联网服务，包括有线或无线网络服务、移动服务等。

至于互联网服务，它们主要关注在云计算中提供宽带带宽按需（BoD）和 VPN 服务。BoD 技术根据请求在链路上提供额外容量以适应数据流量中的突发，例如，视频会议和突发文件下载。拨号线路和广域网通常使用该技术来临时增强突发链路的容量。使用网络虚拟化，InP 可以根据用户/应用程序对虚拟网络的要求，采用 NaaS 框架对其物理基础设施进行分区，并将其作为网络服务提供给 SP 或 VNP，或者提供给无线或无线环境中的移动网络运营商（MNO）。移动 VNO 可以通过 MNO 虚拟网络向其用户提供服务。因此，逻辑上独立的虚拟化基础架构提供了灵活的按使用付费方法，使 SP 能够基于来自各个租户的动态需求来有效地管理虚拟资源。

虽然租户可以选择其应用所需的计算和存储资源的数量和类型，但他们无法直接访问和管理网络基础设施（即路由器和交换机）。这意味着所有数据包处理都发生在终端主机上。甚至不支持多播操作，要求租户使用低效的应用程序级覆盖来实现它们。NaaS 部分要求用自定义实现取代传统的交换机和路由器操作，例如，IPv4 转发，以便为租户提供在云网络中实现部分应用逻辑。在此背景下，NaaS 创建了一种新的云计算模型，使租户能够访问与交换机和路由器并置的其他计算资源。租户可以使用 NaaS 根据应用程序要求实施自定义转发决策，例如，负载平衡任播或自定义多播服务。有三种数据包操作：数据包重复、数据包修改和数据包转发。数据包重复操作可识别冗余数据包，从而从网络传输中删除重复内容。数据包修改操作会出于不同目的修改数据包的标头，例如，将它们传送到不同的目标或通过网络元素对它们进行不同的处理。数据包转发操作根据数据包标签、IP 地址或任何其他元素转发数据包以转发此数据包。在 NaaS 框中，可以在路径上处理数据包，并且可能修改有效负载，或者即时创建新数据包。这些网内操作可以实现高效网络服务的设计，如数据聚合、流处理、缓存和冗余消除协议，这些是特定于应用程序而不是传统的应用程序无关的网络服务。这些应用程序在网络内存和处理方面有不同的要求。网络内缓存、复杂事件处理和流处理通常占用较大的内存（MB 或 GB），因为它们需要将应用程序数据维护更长的时间。数据聚合、防火墙和基于内容的网络需要较少的内存，仅存储临时结果或规则策略（MB）。数据包调度、多路径路由和多播对内存的需求最低，因为它们只维护相对较小的路由表和每个流统计信息。为了支持最需要的应用程序，必须为 NaaS 方案提供足够的内存资源和管理其分配的能力。在 NaaS 概念的核心中有三种网络功能互操作。

（1）网络可见性。表 6-1 中总结的许多应用程序都在覆盖网络之上运行。这需要虚拟网络到物理网络的最佳映射。表 6-1 中的第一列描述了用于处理网络限制的其他解决方案。数据中心具有高度订阅的特点，因此考虑到覆盖布局中的机架位置会对应用程序性能产生重大影响。Chowdhury 等引入 Orchestra 协议以发现 DC 拓扑并利用此信息有效地放置其基于树的覆盖。数据中心提供商具有对拓扑的准确知识，并且可以使这些信息可供租户有效地将覆盖节点分配给 VM，而无须昂贵且通常不准确的探测解决方案。该元素将为基于叠加层的应用程序带来显著的性能提升。

（2）自定义转发。由于服务器通常只有一个网络接口卡，因此即使是风扇输出大于 1 的简单组播树也无法最佳地映射到物理网络。此功能提供控制交换机处的数据包转发的功能。这将允许实现自定义路由协议。表 5-9 中标记为重复或转发的应用程序将极大地受益于此功能。示例包括基于内容和以内容为中心的网络以及特定于租户的防火墙、数据包调度和负载感知任播。

（3）网内处理。分布式云计算平台，如 MapReduce 和 Dryad，以及实时流媒体系统和研究引擎，对大量数据进行操作，这些数据通常在各阶段之间进行聚合。通过执行网络内聚合，可以减少通过网络发送的总流量，从而显著缩短执行时间。请注意，这些聚合函数是特定于应用程序的，因此无法作为传统网络服务提供。另一个受益于此功能的应用程序是分布式缓存服务，类似于缓存的内存。例如，通过利用基于交换机已经看到分组（或代表给定项目的分组的集合）的次数来实现机会性高速缓存策略的可能性。

表 6-1　各种云的网络层支持的策略

网络功能	路径中间盒	第 2 层广播	QoS	ACL	静态寻址
弹性计算云 EC2	N	N	N	Y	N
EC2 和 VLAN	N	Y	N	Y	N
EC2 Web 服务器/虚拟私有云	N	N	N	Y	Y
虚拟专用网托管	N	Y	N	Y	Y
CloudNaaS	Y	Y	Y	Y	Y

在数据中心网络中成功部署 NaaS 模型，如图 6-8 所示。

（1）与当前数据中心硬件集成：现有数据中心是一项重大投资。使用通常缺乏可编程功能的商用网络设备可降低大型数据中心部署的成本。

（2）高级编程模型：NaaS 模型应该公开软件开发人员自然使用的编程功能，隐藏网络数据包处理的低级细节，而不是暴露数据中心物理网络拓扑的完整复杂性。

（3）可扩展性和多租户隔离：与现有的基于软件的路由器解决方案相比，NaaS 模型应该支持多个应用程序，这些应用程序由不同的组织编写，并且在不知道彼此的情况下同时运行。因此，NaaS 模型需要强有力地隔离租户使用的不同网络资源，同时确保网络和云计算服务的交付。

网络服务受到云提供商的更多关注，但网络支持主要针对一小部分功能。表 6-1 列出了一些商业上可用的云服务机制中支持的许多网络功能，即路径中间盒、第 2 层广播、QoS、访问控制列表（ACL）和静态寻址。第 2 层广播使流量保持在广播域内。静态寻址是固定的，仅在一个特定的网络域上有效。每个可用机制都解决了所需功能的一个子集，而 CloudNaaS 为云中的网络层策略提供了更全面的支持框架。亚马逊虚拟私有云扩展了其 VPN 服务，包括与隔离虚拟实例的安全连接，能够将其划分为子网，并指定专用地址范围和更灵活的网络 ACL。同样，Microsoft Windows Azure 虚拟网络为客户提供集成内部部署应用程序的服务。Amazon 和 Azure 还提供与网络相关的附加服务，例如，跨群集 VM 的流量负载平衡，以及使用其分布式平台的内容分发服务。

SDN 等领域的发展将使网络提供商能够更好地控制他们可以切换的服务、地点和速度。那些能够展示 SDN 经验和专业知识的提供商更有可能使 NaaS 更接近可行的现实。随着基于云的存储和应用程序的复杂性的增加，有必要在不损失服务能力的情况下提供与复杂性相匹配的网络配置。对于某些网络管理人员而言，按使用付费可能看起来有太多变化，但是一旦在容量和可靠性方面证明了概念证明，它将成为一个被广泛接受的模型。

6.3 数据中心网络虚拟化技术

6.3.1 基于隧道/Overlay 的数据中心网络虚拟化技术

1. VPLS

随着今天向数据中心整合的转变，应用程序的集中化、资源的优化利用、动态性和可扩展性都是非常珍贵的基础架构特征。传统上，数据中心基础架构与每个位置所服务的应用程序紧密耦合，并且应用程序性能特征已被很好地理解，因为它们是静态定义的。与此同时，现代 IT 组织正在努力优化每个基础架构单元，以应对部署应用程序的业务需求，在整个生命周期内支持这些应用程序，提供整个基础架构的一致性，并提供可扩展性。

在早期的网络架构中，当多个位于不同地理位置的机房之间有互联需求时，可以使用运营商提供的广域网链路将各个地点连接起来。由于这些链路跨越了广域网上的多个三层网关，因此它们是标准的三层链路，接入这些链路的机房将获得一个公网地址用于在广域网上传输数据，不同地点的机房获得的往往是不同网段的公网地址。由于这个公网地址同数据中心机房内部使用的地址段没有任何联系，为了打通内、外部的通信通道，部署在机房出口的路由器负责完成地址翻译的工作，也就是我们常常提到的 NAT（Network Address Translation，网络地址转换），数据中心内部的私有地址在此被换成外部网络的公有地址，然后送到广域网链路上进行传输，当数据包达到对端机房时，再被转换成私有地址段，进入机房内部的交换网络。因此，虽然两个数据中心内部可以共用同一段私有地址空间，但这两个地址空间却无法直接通信，因为它们中间横跨了一条三层广域网链路，必须通过出口路由器的 NAT 功能协助才能传递数据。

　　随着云计算的兴起，数据中心的规模越来越大，数量越来越多，数据中心之间的交互机制也变得越来越复杂，跨越三层网关的网络逐渐不能满足新业务的需求了，比较有代表性的新业务就有心跳链路、虚拟机迁移、灾备流量等。在云计算环境下，数据中心之间的互联链路除了要达到以往的带宽、时延等指标外，还提出了延伸二层网络的需求，也就是说，两个数据中心之间的互联链路是一个二层通道，用以打通两个数据中心网络之间的障碍，使两个数据中同一网段的网络能够直接通信。这种需求被赋予了一个专有名词——DCI（Data Center Interconnect，数据中心互联）。

　　第 2 层数据中心互联有其好处，今天的网络通常建立在每个数据中心位置周围非常紧密的第 3 层边界，甚至在数据中心位置的聚合区域周围。物理网络与逻辑 L3 IP 子网的这种耦合确实限制了数据中心操作的可扩展性和灵活性。对于依赖于元素之间的 L2 连接的遗留应用程序而言，最后的陈述尤其如此，这些元素不仅需要迁移到不同的设施，还需要支持新兴的应用程序，例如，虚拟机实时迁移、计算集群和其他多节点应用程序。所有这些应用程序都是在多个节点之间有效地需要 L2 连接的应用程序，其中节点可能在物理上是分开的。不幸的是，今天的网络并不是为了大规模解决这个问题而建立的。

　　扩展的 L2 广播域为参与跨数据中心位置的集群的节点提供了物理放置的灵活性。凭借这种灵活性，客户可以根据业务要求（如高可用性（HA）和低延迟）确定这些节点的物理位置。这使服务器可以位于地理位置分散的位置。在数据中心位置扩展 L2 域还可以解决物理部署限制，并为管理员提供灵活的部署选项，以优化空间和容量。

　　针对数据中心二层互联的需求，网络工程师提出了五花八门的解决方案，其中主要的方法有 VPLS 和 OTV（Overlay Transport Virtualization，上层传输虚拟化）两个。VPLS 是 IETF 的公开标准，已经发展多时；而 OTV 是 Cisco 提出的私有技术，凭借 Cisco 的强力推广，正在吸引越来越多的眼球。通过 VPLS 可以设计解决方案，通过 IP 网络基础设施无缝地在数据中心位置、数据中心设施和数据中心网络之间提供 L2 互联。

　　1）VPLS 技术概述

　　VPLS 是基于以太网的点对多点第 2 层 VPN。此技术允许通过 MPLS 骨干网将地理位置分散的数据中心 LAN 相互连接，同时保持第 2 层连接。VPLS 提供可跨越一个或多个城域的以太网服务，提供多个站点之间的连接，就好像这些站点连接到同一个以太网 LAN 一样。VPLS 使用 IP/MPLS 核心基础设施在以太网网络之间架起桥梁，并提供基于以太网的服务。

如图 6-9 所示，VPLS 允许管理员跨数据中心位置扩展 VLAN。管理员可以将所有或部分 VLAN 配置为跨 MPLS 骨干网扩展到其他数据中心位置。来自接入网络的流量穿过 MPLS 骨干网的 MPLS 标签交换路径（LSP）到 VPLS 拓扑中的其他站点。VPLS 服务的入口路由器将适当的标签推送到以太网数据包，并将它们转发到适当的 LSP 上。传输路由器检查传入数据包的标签，并根据标签信息库与传出标签交换，并将标记数据包转发到传出接口。出口核心路由器从数据包中删除标签，并根据标签信息将以太网帧转发到适当的网络。整个分组转发机制在接入网络中是透明的。因此，它不需要在接入交换机上进行任何特殊配置。

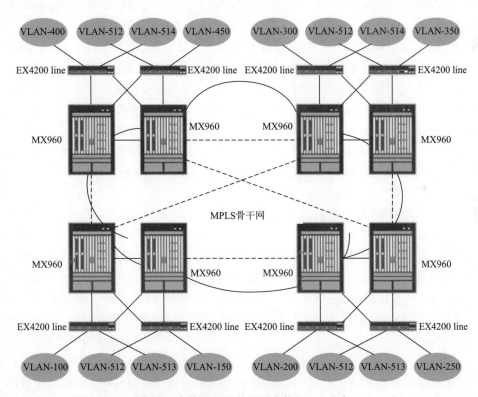

图 6-9　支持 MPLS 骨干网上的 VPLS 业务

在此拓扑中，设备支持以下 MPLS 体系结构功能。

标签边缘路由器（LEr）：标签边缘路由器位于 MPLS 域的边缘。LEr 接收本地以太网帧，并负责在将数据包转发到 MPLS 域（入口 LEr）之前插入适当的标签。出口端路由器（出口 LEr）负责检查传入标签，移除标签，以及将以太网帧转发到接入网络。这些路由器也称为提供商边缘（PE）路由器。数据中心位置的核心路由器充当 LEr。在这种情况下，数据中心核心路由器服务于 LEr 功能。

标签交换路由器（LSr）：转接路由器检查传入数据包的标签，并根据标签信息与传出标签交换。然后它将带标签的数据包转发到传出接口。该路由器称为 LSr 或提供商（P）路由器。在这种情况下，提供商路由器充当形成城域网（MAN）的 LSr，并且位于数据中心之间。

客户边缘（CE）设备：客户边缘设备称为连接到 LEr 的路由器或交换机。在数据中心环境中，接入层交换机作为 CE 设备。核心路由器和更广泛的 MPLS 骨干网提供 VPLS 功能，因此接入交换机不需要任何特殊配置即可从 VPLS 中受益。

在数据中心，核心数据中心路由器中存在 IETf VPLS 和 MPLS 标准中定义的 VPLS 功能。一个或多个 VLAN 与 VPLS 的每个核心路由器相关联。核心路由器提供的 VPLS 服务称为 VPLS 域。每个 VPLS 域由多个 LE 组成，每个 LE 运行一个参与该 VPLS 域的 VPLS 实例。在 VPLS 域中的每个 LE 上的 VPLS 实例之间建立全网状 LSP，以确保想要参与扩展域的 LAN 段的完全连接。构建 LSP 网格后，给定 LEr 上的 VPLS 实例可以从接入层（客户边缘）接收以太网帧，并基于媒体访问控制（MAC）地址，将这些帧切换到适当的 LSP。这种切换是可能的，因为 VPLS 使 LEr 充当学习桥，每个 LEr 上的每个 VPLS 实例具有一个 MAC 地址表。换句话说，标签边缘路由器上的 VPLS 实例通过学习以太网帧在物理或逻辑端口上输入的 MAC 地址来填充 MAC 表，这与以太网交换机构建其 LAN/VLAN 拓扑的方式完全相同。

一旦以太网帧通过来自访问层的入端口进入，则在 MAC 表中查找目的 MAC 地址，并且将帧不加改变地发送到 LSP 中（只要 MAC 表包含 MAC 地址）。然后 LSP 将帧传送到远程站点的正确 LEr。如果 MAC 地址不在 MAC 地址表中，则以太网帧被复制并泛洪到与该 VPLS 实例关联的所有逻辑端口，但刚刚输入帧的入口端口除外。一旦拥有特定端口上的 MAC 地址的主机与 LEr 通信，则在 LEr 中更新 MAC 表。与普通的以太网交换机一样，在一段时间内未使用的 MAC 地址会老化，以控制 MAC 表的大小。

2）数据中心的 VPLS 用例

在这里，我们概述了数据中心网络中 VPLS 的各种用例。VPLS 的主要目的是使用 MPLS 骨干网在 WAN/MAN 上扩展第 2 层广播域。正如瞻博网络企业数据中心参考架构中所阐明的，VLAN 代表单个第 2 层广播域。如果没有 VPLS（或用于扩展 VLAN 的任何其他技术），广播域仅限于单个数据中心位置以及超出此范围的所有流量域在第 3 层路由。这要求将服务器节点（需要第 2 层连接）放在单个数据中心位置，而无须解决多站点扩展问题。

出于各种原因需要服务器节点之间的第 2 层连接的应用程序有：高可用性集

群，数据复制和备份，使用实时迁移的服务器虚拟化部署，高性能计算机集群和基于网格的应用程序等。

高可用性集群：部署高可用性集群以在服务器硬件故障时提供可用性。集群中的节点以主动/被动模式提供应用程序服务。节点使用心跳机制检查活动节点的可用性。除了心跳之外，节点还需要 HA 的实时数据复制。某些数据复制应用程序需要源节点和目标节点之间的第 2 层连接。Vmotion 等实时迁移技术需要在两个连接的服务器接口之间建立第 2 层连接。这允许用户会话在不中断的情况下迁移到另一个节点。即使数据中心不可用或需要维护，能够将节点放置在多个站点中也可确保服务的可用性。

高性能计算机集群和基于网格的应用程序：高性能计算机集群环境由参与集群的大量节点组成，每个节点都由中央管理器分配一个任务。某些高性能计算机集群应用程序需要节点之间的第 2 层连接。跨数据中心位置扩展云计算环境提供了大型集中式节点资源池，并促进了有效的资源利用。

控制数据中心之间的流量考量：当通过扩展 VLAN 在 WAN 上放置高可用性集群或高性能计算机集群环境中的节点时，HA 集群节点使用心跳机制检查其他节点的可用性。如果两个节点都启动并且在网络故障期间心跳通信中断，则可能发生脑裂情况。这在弹性和网络融合方面存在一些挑战，以满足心跳通信的超时要求。心跳通信不仅需要第 2 层连接，还需要类似 LAN 的网络连接特性，如低延迟、低抖动、快速收敛以及具有 QoS 保证的高吞吐量。

3）使用 VPLS 扩展 VLAN 的好处

低延迟和低延迟变化：由于 VPLS 使用 MPLS 作为其底层传输，因此在 VPLS 域中转发的以太网数据包在每个位置的 LEr/核心数据中心路由器之间的预先建立的 LSP 上进行标签交换。这种标签交换机制使用跨主干的定义路径，提供低延迟，因为数据包不需要跨 WAN 主干进行路由查找。给定 VPLS 连接的所有分组遵循相同的路径，因此提供低延迟变化。

高可用性：使用 BGP 的 VPLS 信令支持 LEr 双归属，以实现使用 VPLS 服务的 VLAN 的高可用性。通过 LEr 双归属，访问 VPLS 域的 VLAN 可以使用数据中心内的两个不同的 LE 来连接到它。LEr 双归属具有避免第 2 层环路的内部机制，因此不需要 STP 来防止环路。如果一个 LEr 路由器发生故障，备用 LEr 将变为活动状态并转发流量。VPLS 还支持快速收敛时间，通过支持链路保护，节点保护和主备标签交换路径等流量保护机制，从 MPLS 核心的任何故障中恢复。

QoS 和流量工程：由于 VPLS 在站点之间运行 MPLS，因此核心可以使用诸如资源预留协议——流量工程（rSVP-TE）之类的协议来支持流量工程。使用这种方法，可以根据 QoS 和故障恢复要求将 VPLS 段映射到不同的网络路径（LSP）。通过 LSP 确定流量的优先级允许根据性能目标处理不同 VLAN 段上的流量，从而支持所提供服务的可用性和服务级别协议（SLA）。这对于高可用性群集和实时应用（如高速率事务处理和语音和视频服务）至关重要。

网络分段：VPLS 还支持逻辑网络分段，通过扩展跨数据中心的分段来支持细粒度的安全策略和合规性要求。如瞻博网络企业数据中心网络参考体系结构中所述，数据中心网络通常需要划分为逻辑段，以实现流量保护、完整性和粒度安全策略的实施。因此，VPLS 有助于在多个站点之间扩展该架构。用于这些目的的流量分段通常具有以下特征：由一个或多个 VLAN/子网组成、一个网段的流量通常不通过状态防火墙或入侵防御系统（IPS）转发、段间流量通过防火墙策略和/或 IPS 服务转发、对于段内和段间流量，可以有不同的 QoS 或应用程序加速要求、需要一组通用的基于网络的服务，如负载平衡、缓存和网络地址服务器（NAS）存储。

4）VPLS 的限制

缺乏对局域网的优化：VPLS 确实能够实现二层扩展功能，将处于两地的数据中心连接起来，并近乎完美地模拟以太网的行为。这听上去很妙，但问题就出在"完美地模拟以太网"这件事上。以太网本身并不完美，只不过在现有的局域网环境中，以太网标准以其简洁、实用的特点取得了技术与成本之间的平衡，从而获得了广泛的成功。以太网的特征包括广播、生成树协议、ARP 等。以上机制在一个局域网内运行时问题不大，因为现在的局域网带宽基本是 1Gbit/s 起跳，而且一个传统的局域网 VLAN 被限制在一个楼层之内，终端数量不会太多。带宽不是问题、节点数量又有限，即使发生广播影响也不大。但 VPLS 运行的环境不一样，VPLS 由广域网链路承载，用户在向运营商购买广域网链路时，都是以 Mbit/s 为单位进行购买，大部分机房的广域网出口远远小于局域网带宽。在这样网络资源紧缺的链路上，无用的广播越少越好。其次，VPLSPE 设备在进行 ARP 学习时，面向的对象不是一个局域网，而是分布在多个地方局域网内的所有终端设备，如果不加节制地学习 MAC 地址，其昂贵的 FIB 地址表空间很快就会被撑满，从而显著降低路由器内存的使用效率。在细节方面，VPLS 也不是十全十美。VPLS 无法与 HSRP/VRRP 这样广泛使用的冗余网关机制兼容，在同一个 VPLS 实例内无法传输多个 VLAN 的信息。

依赖运营商资源：即便不考虑这些技术上的限制，VPLS 的部署模式仍然是横梗在用户面前的一道难题。VPLS 的核心设备是 PE 路由器，而 PE 设备是运营商部署在网络边界的接入点，是运营商的资产，换句话说，普通客户难以独立完成 VPLS 的部署，所有的规划、调整、监控和计费全部要依赖运营商的网络。

配置复杂：就算客户有自己的广域网资源，也不在乎 VPLS 的小毛病，部署 VPLS 还有一个前提，就是要有一张 MPLS 核心网，而诸如 MPLS VPN、BGP、

LDP（Label Distribution Protocol，标签分发协议）等相关技术并不是企业网内的常客，要凑齐一支能够熟练搭建、维护 VPLS 网络的 IT 队伍绝对不是一件简单的事情。

对局域网缺乏优化、依赖运营商资源、过于复杂，正是这三点导致 VPLS 之于大部分企业用户（IT 运营能力非常强的除外）成为一个"别扭"的方案，而这些不足也正是 OTV 重点优化的目标。

2. OTV

Overlay 传输虚拟化（Overlay Transport Virtualization，OTV），是思科专有创新 LAN 扩展技术。OTV 仍然是一种 VPN 隧道技术，其基本概念是在数据中心出口部署一台 OTVED（Edge Device，边缘设备），不同数据中心出口的 ED 在广域网上虚拟出一个 OTV 网络，所有的本地以太数据被打上 OTV 报头在这个 OTV 网络内传输。OTV 是一种基于 IP 的功能，其设计初衷是在任何传输基础设施上提供第 2 层扩展功能：基于第 2 层、基于第 3 层、IP 交换、标签交换等。传输基础设施的唯一要求是在远程数据中心站点之间提供 IP 连接。此外，OTV 提供覆盖，支持单独的第 2 层域之间的第 2 层连接，同时保持这些域独立，并保留基于 IP 的互联的故障隔离、弹性和负载平衡优势。

在详细讨论 OTV 之前，值得将此技术与传统的 LAN 扩展解决方案（如 EoMPLS 和 VPLS）区分开来。

OTV 引入了"MAC 路由"的概念，这意味着控制平面协议用于在提供 LAN 扩展功能的网络设备之间交换 MAC 可达性信息。这是传统上利用数据平面学习的第 2 层交换的重大转变，并且需要限制跨越传输基础设施的第 2 层流量的泛滥是合理的。站点之间的第 2 层通信类似于路由而不是交换。如果目的 MAC 地址信息未知，则流量被丢弃（未被洪泛），从而防止浪费 WAN 上的宝贵带宽。

与 VPLS 不同，OTV 简化了数据平面的机制，数据中心内部对外的本地数据帧被直接封装到 UDP 包内传输，而不像 VPLS 要维护多条点对点的 PW；但与此同时，OTV 显著强化了控制平面，OTV 不像 VPLS 仅仅利用 PW 形成 PE 之间简单的邻居关系，把所有的数据转发都抛给传统的以太网机制，而是基于 IS-IS 对 MAC 进行寻址，形成类似 IP 层的路由表。

OTV 还为需要发送到远程位置的第 2 层流引入了动态封装的概念。每个以太网帧都单独封装在一个 IP 数据包中，并通过传输网络传输。这消除了在数据中心位置之间建立称为伪线的虚拟电路的需要。直接优势包括在向覆盖添加或移除站点时提高灵活性，在 WAN 上实现更优化的带宽利用率（特别是在传输基础设施启用多播时），以及独立于传输特性（第 1 层、第 2 层或第 3 层）。

最后，OTV 提供了具有自动检测功能的本机内置多宿主功能，这对于提高整体解决方案的高可用性至关重要。可以在每个数据中心利用两个或更多设备来提供 LAN 扩展功能，而不会产生创建端到端环路的风险，从而危及设计的整体稳定性。这是通过利用用于交换 MAC 地址信息的相同控制平面协议来实现的，而不需要在覆盖上扩展生成树协议（STP）。

以下部分将详细介绍 OTV 技术，并介绍了在数据中心内部和之间部署 OTV 的替代设计选项。

1）OTV 术语

在了解 OTV 控制和数据平面如何工作之前，必须了解 OTV 特定的术语。

边缘设备：边缘设备（图 6-10）执行 OTV 功能：它接收需要扩展到远程位置的所有 VLAN 的第 2 层流量，并将以太网帧动态封装到 IP 数据包中，然后通过传输基础设施发送。预计在每个数据中心站点至少部署两个 OTV 边缘设备以提高弹性，OTV 边缘设备可以位于数据中心的不同部分，具体选择取决于站点网络拓扑。

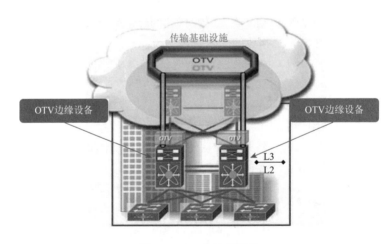

图 6-10　OTV 边缘设备

内部接口：要执行 OTV 功能，边缘设备必须接收需要扩展到远程位置的所有 VLAN 的第 2 层流量。通常接收二层流量的二层接口称为内部接口（图 6-11）。内部接口是定期的二层接口，配置为接入或中继端口。鉴于需要在覆盖层上同时扩展多个 VLAN，因此中继配置是典型的。无须将 OTV 特定配置应用于这些接口。此外，在内部接口上执行典型的第 2 层功能（如本地交换、生成树操作、数据平面学习和泛洪）。

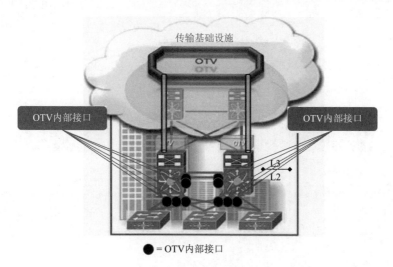

图 6-11　OTV 内部接口

联结接口：联结接口（图 6-12）用于获取 OTV 封装流量并将其发送到数据中心网络的第 3 层域。联结接口是第 3 层实体，当前 NX-OS 版本只能定义为物理接口（或子接口）或逻辑接口（即第 3 层端口通道或第 3 层端口通道子接口）。可以定义单个联结接口并将其与给定的 OTV 覆盖相关联。多个 Overlay 也可以共享相同的联结接口。

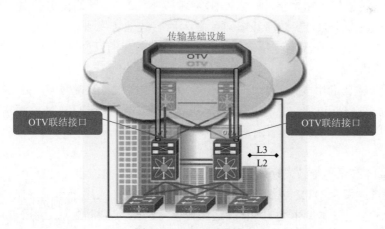

图 6-12　OTV 联结接口

Overlay 接口（图 6-13）是一个逻辑多接入和多播功能的接口，必须由用户明确定义，并应用整个 OTV 配置。每当 OTV 边缘设备接收到目的地为远程数据中心站点的第 2 层帧时，该帧被逻辑转发到 Overlay 接口。这指示边缘设备对第 2 层数据包执行动态 OTV 封装，并将其发送到路由域的 Join 接口。

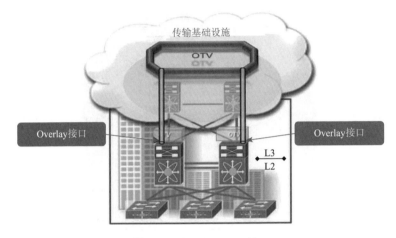

图 6-13　OTV Overlay 接口

2）控制平面

如上所述，OTV 操作的一个基本原理是使用在 OTV 边缘设备之间运行的控制协议来通告 MAC 地址可达性信息而不是使用数据平面学习。然而，在可以交换 MAC 可达性信息之前，所有 OTV 边缘设备必须从 OTV 角度变得彼此"相邻"。这可以通过两种方式实现，具体取决于互联各个站点的传输网络的性质：如果传输已启用多播，则可以使用特定多播组在 OTV 边缘设备之间交换控制协议消息；如果传输未启用多播，则可从 NX-OS 版本 5.2（1）开始提供备用部署模型，其中一个（或多个）OTV 边缘设备可配置为所有其他边缘设备的"邻接服务器"注册并向它们传达属于给定覆盖的设备列表。下面我们只讨论在支持组播的传输基础设施的情况。

假设传输已启用多播，则可以将所有 OTV 边缘设备配置为加入特定的 ASM（Any Source Multicast，任意源多播）组，在这些组中它们同时扮演接收器和源的角色。例如，如果传输由服务提供商拥有，则企业必须与 SP 协商使用此 ASM 组。

图 6-14 显示了导致发现属于同一覆盖的所有 OTV 边缘设备的整个步骤顺序。

步骤 1：每个 OTV 边缘设备发送 IGMP 报告以加入用于承载控制协议交换的特定 ASM 组（本例中为 G 组）。边缘设备将组作为主机加入，利用 Join 接口。这种情况不会在此接口上启用 PIM。唯一的要求是指定要使用的 ASM 组，并将其与给定的 Overlay 接口相关联。

步骤 2：在左侧 OTV 边缘设备上运行的 OTV 控制协议生成需要发送到所有其他 OTV 边缘设备的 Hello 数据包。这需要广播其存在并触发控制平面邻接关系的建立。

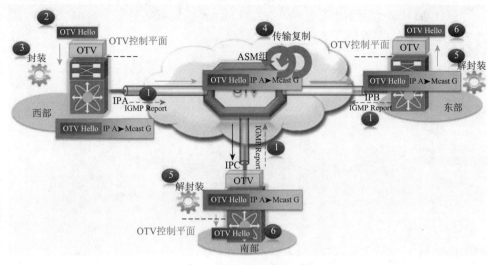

图 6-14　OTV 边缘设备的步骤顺序

步骤 3：需要通过逻辑覆盖发送 OTV Hello 消息以到达所有 OTV 远程设备。为此，原始帧必须是 OTV 封装的，添加外部 IP 头。外部报头中的源 IP 地址设置为边缘设备的 Join 接口的 IP 地址，而目的地是专用于承载控制协议的 ASM 组的组播地址。然后，生成的多播帧将发送到 Join 接口，面向第 3 层网络域。

步骤 4：通过传输承载多播帧并最佳地复制以到达加入该多播组 G 的所有 OTV 边缘设备。

步骤 5：接收 OTV 边缘设备对数据包进行解封装。

步骤 6：将 Hello 传递给控制协议进程。

相同的过程发生在相反的方向，最终结果是在所有边缘设备之间创建 OTV 控制协议邻接。使用 ASM 组作为传输 Hello 消息的工具允许边缘设备相互发现，就好像它们部署在共享 LAN 网段上一样。LAN 段基本上通过 OTV Overlay 实现。

OTV 控制协议的两个重要考虑因素如下。

（1）该协议作为 OTV 边缘设备之间的"Overlay"控制平面运行，这意味着不依赖于数据中心的第 3 层域或传输基础设施中使用的路由协议（IGP 或 BGP）。

（2）创建 OTV Overlay 接口后，OTV 控制平面在后台透明启用，不需要显式配置。允许为 OTV 协议调整诸如定时器之类的参数，但是这相比普通要求来说，更多的是一种极端情况。

从安全角度来看，可以利用 IS-IS HMAC-MD5 身份验证功能为每个 OTV 控制协议消息添加 HMAC-MD5 摘要。摘要允许在 IS-IS 协议级别进行身份验证，从而防止未经授权的路由消息被注入网络路由域。同时，只允许经过身份验证的设备在它们之间成功交换 OTV 控制协议消息，从而成为同一覆盖网络的一部分。

一旦 OTV 边缘设备相互发现，就可以利用相同的机制来交换 MAC 地址可达性信息，如图 6-15 所示。

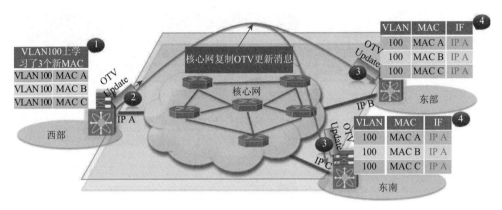

图 6-15　MAC 地址广告可达性信息交换

步骤 1：西部数据中心站点的 OTV 边缘设备在其内部接口上学习新的 MAC 地址（VLAN 100 上的 MAC A、MAC B 和 MAC C）。这是通过传统的数据计划学习完成的。

步骤 2：创建包含 MAC A、MAC B 和 MAC C 的信息的 OTV 更新消息。该消息被 OTV 封装并发送到第 3 层传输。另外，外部报头中的分组的 IP 目的地地址是用于控制协议交换的多播组 G。

步骤 3：OTV 更新在传输中被最佳地复制并传送到所有远程边缘设备，这些设备将其解封并将其交给 OTV 控制过程。

步骤 4：将 MAC 可达性信息导入边缘设备的 MAC 地址表（CAM）。

与传统 CAM 条目的唯一区别在于，这些条目不是关联物理接口，而是引用原始边缘设备的联结接口的 IP 地址。

相同的控制平面通信也用于撤销 MAC 可达性信息。例如，如果特定网络实体与网络断开连接或停止通信，则最终将从 OTV 边缘设备的 CAM 表中移除相应的 MAC 条目。在 OTV 边缘设备上 30 分钟后默认发生这种情况。删除 MAC 条目会触发 OTV 协议更新，以便所有远程边缘设备从其各自的表中删除相同的 MAC 条目。

3）数据平面

（1）单播流量。

一旦建立了 OTV 边缘设备之间的控制平面邻接并且交换了 MAC 地址可达性信息，流量就可以开始流过覆盖。最初关注单播流量，区分站点内和站点间第 2 层通信是值得的（图 6-16）。

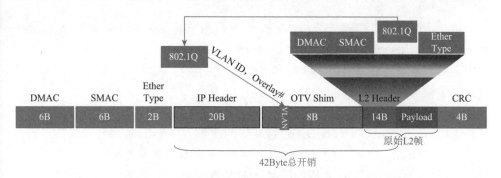

图 6-16 OTV 数据平面封装

站点内第 2 层单播流量：MAC 1（服务器 1）需要与属于同一 VLAN 的 MAC 2（服务器 2）通信。当在汇聚层设备（在这种情况下也被部署为 OTV 边缘设备）接收到帧时，执行通常的第 2 层查找以确定如何到达 MAC 2 目的地。MAC 表中的信息指出本地接口（Eth 1），因此通过执行传统的以太网本地交换来传送帧。在远程站点之间建立第 2 层通信需要不同的机制。

站点间第 2 层单播流量：在汇聚层或 OTV 边缘设备接收第 2 层帧。执行传统的第 2 层查找，但是这次 MAC 表中的 MAC 3 信息不指向本地以太网接口，而是指向通告 MAC 可达性信息的远程 OTV 边缘设备的 IP 地址。OTV 边缘设备封装原有的二层帧：外层头的源 IP 为 Join 接口的 IP 地址，而目的 IP 为远端边缘设备 Join 接口的 IP 地址。OTV 封装帧（常规单播 IP 分组）在传输基础设施上传输并传送到远程 OTV 边缘设备。远程 OTV 边缘设备解封装暴露原始第 2 层分组的帧。边缘设备在原始以太网帧上执行另一个第 2 层查找，并发现它可通过物理接口到达，这意味着它是站点本地的 MAC 地址。帧被传送到 MAC 3 目的地。鉴于以太网帧在被 OTV 封装后通过传输基础设施传输，因此需要围绕 MTU 进行一些考虑。图 6-16 突出显示了在原始以太网帧上执行的 OTV 数据平面封装。OTV 封装增加了 42 字节的总 MTU 大小。这是边缘设备操作的结果，该设备从原始第 2 层帧中删除 CRC 和 802.1Q 字段，并添加 OTV Shim（还包含 VLAN 和覆盖 ID 信息）和外部 IP 头。此外，所有 OTV 控制和数据平面数据包都来自 OTV 边缘设备，其中设置了"Do not Fragment"（DF）位。在第 2 层域中，假设所有中间 LAN 段至少支持主机的配置接口 MTU 大小。这意味着在这种情况下，路径 MTU 发现（PMTUD）等机制不是一种选择。

（2）组播流量。

在某些情况下，可能需要在远程站点之间建立第 2 层多播通信。当在站点 1 中的给定 VLAN A 中部署向特定组发送流量的组播源，而在属于相同 VLAN A 的组播接收器放置在远程站点 2 和 3 中并且需要为其接收流量。

第 2 层多播流量必须流过 OTV 覆盖，并且为了避免次优的头端复制，需要一种特定的机制来确保可以利用传输基础设施的多播功能。其思想是在传输中使用一组源特定多播（SSM）组来承载这些第 2 层多播流。这些组独立于之前为在站点之间传输 OTV 控制协议而引入的 ASM 组。

在给定数据中心站点中激活组播源：在西部站点激活组播源，并开始将流量传输到组 Gs。本地 OTV 边缘设备接收第一组播帧，并在组 Gs 和传输基础设施中可用的特定 SSM 组 Gd 之间创建映射。在 Overlay 接口的配置期间，指定用于承载第 2 层组播数据流的 SSM 组的范围。OTV 控制协议用于将 Gs-to-Gd 映射传送到所有远程 OTV 边缘设备。映射信息指定组播源所属的 VLAN（VLAN A）以及创建映射的 OTV 边缘设备的 IP 地址。

同时部署在组播源的同一 VLAN A 中的接收者决定加入组播流 Gs：客户端在东部站点内发送 IGMP 报告以加入 Gs 组。OTV 边缘设备监听 IGMP 消息，实现对 G 组感兴趣的站点中存在活动接收者，属于 VLAN A。OTV 设备向所有远程边缘设备发送 OTV 控制协议消息以传达该信息。西侧的远程边缘设备接收 GM-Update 并使用组 Gs 需要通过 OTV 覆盖传送的信息更新其传出接口列表（OIL）。最后，东侧的边缘设备找到先前从 IP 地址 IP A 识别的西侧 OTV 边缘设备接收的映射信息。东边缘设备又向运输设备发送 IGMPv3 报告。加入（IP A，Gd）SSM 小组。这允许跨传输基础设施构建可用于传递多播流 Gs 的 SSM 树（组 Gd）。

最后，多播流量实际上是通过 OTV overlay 传送：OTV 边缘设备接收流 Gs（由 IP 提供）并通过查看 OIL 确定存在对可通过覆盖可到达的组 G 感兴趣的接收器。边缘设备封装原始组播帧。外部 IP 报头中的源是标识自身的 IP A 地址，而目的地是专用于传送多播数据的 Gd SSM 组。多播流 Gd 流过先前在传输基础设施上构建的 SSM 树，并到达所有远程站点，其中接收者对获取 Gs 流感兴趣。远程 OTV 边缘设备接收数据包。将分组解封装并传送给属于每个给定站点的感兴趣的接收器。

（3）广播流量。

最后，重要的是要强调需要一种机制，以便可以在 OTV 覆盖范围内的站点之间传递第 2 层广播流量。一方面会限制传输基础结构中的广播流量，但某些协议（如地址解析协议（ARP））始终要求传输广播数据包。

在当前的 OTV 软件版本中，当支持多播的传输基础设施可用时，通过在已经用于 OTV 控制协议的传输中利用相同的 ASM 多播组，将当前的 NX-OS 软件版本广播帧发送到所有远程 OTV 边缘设备。然后，第 2 层广播流量的处理方式与图 6-14 中显示的 OTV Hello 消息完全相同。

对于仅单播传输基础设施部署，在发起广播的站点中的 OTV 设备上执行的头端复制将确保将流量传递到仅单播列表的所有远程 OTV 边缘设备的一部分。

4）DC 中 OTV 部署

OTV 采用了多种部署模式。考虑到在实际网络数据中心部署中发现的设计变化和排列，很难对应该在数据中心部署 OTV 边缘设备的位置提供通用响应。针对三种特定的 OTV 部署场景，即 OTV 部署在数据中心核心层、OTV 部署在数据中心汇聚层、OTV 部署在端到端，预计这些方案将涵盖大多数现实生活中的 OTV 设计选项。

（1）数据中心核心层中的 OTV。

第一个部署模型的目标是足够大的网络设计，以证明使用专用数据中心核心层来连接不同的汇聚块。术语 POD 将在本文档的上下文中用作汇聚块的同义词。因此，POD 由服务器、访问和汇聚层表示。该特定设计提出在数据中心核心层中部署 OTV 边缘设备。根据第 2 层和第 3 层网络域之间的分界线的位置，这种设计有两种可能。

①汇聚层中的第 2 层～第 3 层边界。

此部署模型如图 6-17 所示。

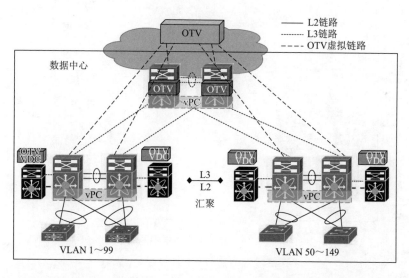

图 6-17　数据中心核心层中的 OTV（汇聚层中的第 2 层～第 3 层边界）

在此设计中，DC 核心设备执行第 3 层和 OTV 功能。在传统设计中，每个 DC POD 通过路由链路连接到传输层。构建路由网络基础架构是提高整体设计的弹性和稳定性的最佳实践。要使核心设备开始作为 OTV 边缘设备运行，现在必须将需要扩展到远程站点的所有 VLAN 的流量传输到 DC 核心。

一组 VLAN 的第 2 层连接不仅需要远程站点，还需要属于同一数据中心位置的汇聚块之间。在每个汇聚块中定义的 100 个 VLAN，其中仅对其子集需要第 2 层连接（在此示例中属于 50～99 范围的 50 个 VLAN）。

修改传统设计将第 2 层连接扩展到 DC 传输的推荐方法建议部署一组专用光纤链路，以将每个 POD 连接到传输设备。只要有可能，这些链路应配置为逻辑 EtherChannel 捆绑包的一部分，该捆绑包配置为承载所有需要 LAN 扩展服务（数据中心内和数据中心间）的 VLAN 的第 2 层中继。这将创建一个第 2 层无环路拓扑，强调避免危及整体设计稳定性的需要。由于 vPC 不能支持在第 2 层干线上承载的专用 VLAN 上建立对等路由，因此必须使用单独的物理电缆创建逻辑中心的第 2 层拓扑以承载第 2 层流量。

②核心层中的第 2 层～第 3 层边界。

图 6-18 显示了不同的部署选项，其中 OTV 边缘设备仍位于 DC 核心层中，但此网络层现在也表示第 2 层和第 3 层之间的边界。

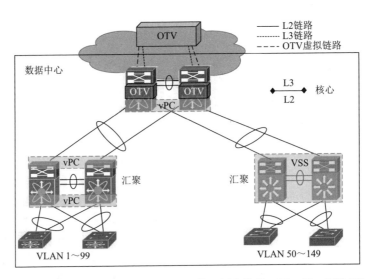

图 6-18　数据中心核心层中的 OTV（核心层中的第 2 层～第 3 层边界）

在每个汇聚块和传输之间使用第 2 层中继，类似地，如在先前部署方案中，建议逻辑端口信道将每个 POD 连到传输层设备。现在，所有 VLAN 的路由都在传输层进行。适用于之前模型的所有其他设计考虑因素（STP 根定位、风暴控制要求等）。

（2）数据中心汇聚层中的 OTV。

一种流行的设计模型提出在汇聚层部署 OTV 功能，其中第 2 层和第 3 层之间的分界线位于其中（图 6-19）。

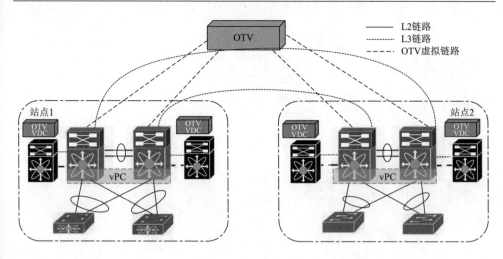

图 6-19　OTV 在汇聚层

另外，在该部署模型中引入了 OTV VDC 的使用，但是与上面讨论的不同，现在不需要修改数据中心网络的设计。第 3 层链路仍然将每个汇聚块连接到 DC 核心，并且 VLAN 仍然包含在每个 POD 内。

一些重要的设计考虑：每个汇聚块代表一个单独的 STP 域。这是两个路由链路将每个 POD 互连到核心并具有本机 OTV STP 隔离功能的结果，这意味着可以基于每个 POD 定义单独的根和备份根，此外，在给定汇聚块中发生的控制平面问题不会影响其他 POD；由于 OTV 本身可用的故障隔离功能（用于广播和未知单播），现在简化了风暴控制配置；在此设计中利用 OTV 为远程数据中心站点和部署在同一物理位置的不同汇聚块之间提供第 2 层连接。

（3）端到端部署中的 OTV。

最终模型定位于点对点 OTV 部署，其中两个数据中心站点与暗光纤链路（或利用受保护的 DWDM 电路）连接。

图 6-20 突出显示了具有折叠的汇聚/传输数据中心层的网络，并再次显示了 OTV VDC 的部署，以允许在 SVI 路由功能的相同物理路由设备上共存。

5）OTV 与 VPLS 对比

OTV 是一个专攻数据中心二层互联的技术，OTV 简化的命令模式使其在部署难度和运维模式上较 VPLS 有巨大的优势。VPLS 的应用范围更广，只不过它在广域网上搭建二层通道的能力正好应对了数据中心互联的需求。从这个层面上来说，OTV 似乎更加适合用在云计算环境下的数据中心网络中，而且 OTV 也是现阶段开发者 Cisco 主推的方向。然而，OTV 尽管有着种种耀眼的光环，但它本身并不是没有限制，这使得其替代 VPLS 不会是一个一帆风顺的过程。

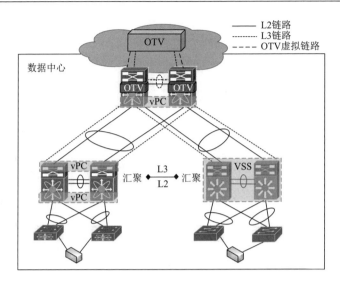

图 6-20 具有折叠 DC 汇聚/核心的点对点 OTV 部署

首先，OTV 完全是 Cisco 内部孕育的成果，从技术本身到支持平台都局限在 Cisco 的产品上，其他厂家暂时还没有接受 OTV 的迹象。我们知道广域网往往是一个企业网络中投资最大、技术最复杂、更新周期最慢的部分，广域网技术的选择会影响到一个企业网络未来数年的发展方向和采购策略。数据中心互联虽然只是整个广域网架构的一部分，但却是非常重要的部分，有着以点带面的效果。采用单一厂商的技术来构建数据中心之间的链路，意味着今后数据中心之间的网络策略很可能要绑定在一个厂家身上，单这一点就会让不少用户在选择 OTV 时不得不多多考虑。

其次，即使单从技术层面分析，VPLS 仍有很多可取之处，VPLS 的 MPLS 是一个经过验证的、成熟的技术。越来越多的大型用户为了实现业务隔离开始部署 MPLS VPN，在核心网 MPLS 就绪的情况下，添加 VPLS 链路只需要在数据中心的出口路由器上启用相应软件特性即可（大部分数据中心出口的路由器都支持 VPLS 功能）。在这种情况下，VPLS 不失为一个快速实现数据中心二层互联的方案，而 MPLS 核心网的可靠性也进一步增加了用户的信心。

3. VxLAN

虚拟可扩展局域网（VxLAN），用于满足容纳多个租户的虚拟化数据中心内覆盖网络的需求。该方案和相关协议可以用于云服务提供商和企业数据中心的网络中。

服务器虚拟化对物理网络基础架构提出了更高的要求。物理服务器现在具有多个虚拟机（VM），每个虚拟机具有其自己的媒体访问控制（MAC）地址。由于数十万个 VM 之间的潜在连接和通信，这需要交换式以太网中更大的 MAC 地址表。

在数据中心中的 VM 根据其虚拟 LAN（VLAN）进行分组的情况下，可能需要数千个 VLAN 来根据 VM 可能属于的特定组对流量进行分区。在这种情况下，当前 VLAN 限制为 4094 是不够的。数据中心通常需要托管多个租户，每个租户都有自己独立的网络域。由于使用专用基础架构实现这一点并不经济，因此网络管理员选择在共享网络上实现隔离。在这种情况下，常见的问题是每个租户可以独立地分配 MAC 地址和 VLAN ID，从而导致物理网络上的这些可能重复。

使用第 2 层物理基础架构的虚拟化环境的一个重要要求是在整个数据中心甚至数据中心之间建立第 2 层网络规模，以便有效地分配计算、网络和存储资源。在这样的网络中，对于无环路拓扑使用诸如生成树协议（STP）的传统方法可能导致大量禁用链路。最后一种情况是网络运营商更喜欢使用 IP 来实现物理基础设施的互联（例如，通过等价多路径（ECMP）实现多径可扩展性，从而避免禁用链路）。即使在这样的环境中，也需要保留用于 VM 间通信的第 2 层模型。

上述场景导致需要 Overlay 网络。该 Overlay 用于通过逻辑"隧道"以封装格式承载来自各个 VM 的 MAC 流量。"虚拟可扩展局域网（VxLAN）"的框架提供了这样的封装方案以满足上面指定的各种要求。

1）VxLAN 介绍

正如 VxLAN 所暗示的那样，该技术旨在为 VLAN 所提供的连接以太网终端系统提供相同的服务，但是以更可扩展的方式。与 VLAN 相比，VxLAN 在规模方面是可扩展的，并且在其部署范围方面是可扩展的。

如上所述，802.1Q VLAN 标识符空间仅为 12 位。VxLAN 标识符空间为 24 位。这种倍增的大小允许 VxLAN Id 空间增加超过 400000%，超过 1600 万个唯一标识符。这应该为未来几年提供足够的扩展空间。

VxLAN 使用 Internet 协议（单播和多播）作为传输介质。无处不在的 IP 网络和设备使得 VxLAN 网段的端到端范围远远超出了今天使用 802.1Q 的 VLAN 的典型范围。不可否认，还有其他技术可以扩展 VLAN 的范围（Cisco FabricPath/TRILL 只是一个），但没有一种技术像 IP 一样普遍部署。

VxLAN 草案定义了 VxLAN 隧道端点（VTEP），其中包含为连接的终端系统提供以太网第 2 层服务所需的所有功能。VTEP 通常位于网络的边缘，通常将接入交换机（虚拟或物理）连接到 IP 传输网络。预计 VTEP 功能将内置于接入交换机中，但它在逻辑上与接入交换机分离。图 6-21 描绘了 VTEP 功能在 VxLAN 架构中的相对位置。

连接到同一接入交换机的每个终端系统通过接入交换机进行通信。接入交换机充当任何学习桥，通过在不知道目的 MAC 地址时溢出其端口，或者当它已经知道哪个方向通向源终端站时发送单个端口，如源 MAC 学习所确定的那样。广播流量从所有端口发出。此外，接入交换机可以支持多个"桥接域"，这些"桥接域"通常被标识为具有在中继端口上的 802.1Q 报头中携带的相关 VLAN ID 的 VLAN。对于启用了 VxLAN 的交换机，桥接域将改为与 VxLAN ID 关联。

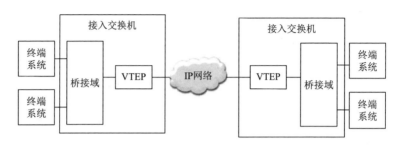

图 6-21　VxLAN 架构

每个 VTEP 功能都有两个接口。一个是接入交换机的桥接域中继端口，另一个是 IP 网络的 IP 接口。VTEP 的行为与 IP 网络的 IP 主机相同。它根据其 IP 接口所连接的子网配置了 IP 地址。VTEP 使用此 IP 接口与其他 VTEP 交换承载封装以太网帧的 IP 数据包。VTEP 还通过使用 Internet 组成员协议（IGMP）加入 IP 多播组来充当 IP 主机。

除了通过 VTEP 之间的 IP 接口承载的 VxLAN ID 之外，每个 VxLAN 还与 IP 多播相关联。IP 多播组用作每个 VTEP 之间的通信总线，以在给定时刻向参与 VxLAN 的每个 VTEP 承载广播，多播和未知单播帧，如图 6-22 所示。

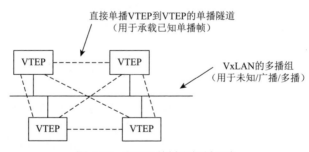

图 6-22　VTEP 单播和组播示意

VTEP 功能也与学习网桥的工作方式相同，因为如果它不知道给定目的 MAC 的位置，它会泛洪帧，但它会通过将帧发送到 VxLAN 的关联多播组来执行此泛洪功能。学习是类似的，除了学习与帧的源 MAC 相关联的源接口，它学习封装源 IP 地址。一旦它将此 MAC 学习到远程 IP 关联，就可以将帧封装在单播 IP 数据包中直接到目标 VTEP。

支持 VxLAN 的访问交换机的初始用例适用于连接到作为虚拟机（VM）的终端系统的访问交换机。这些交换机通常与管理程序紧密集成。这种紧密集成的好处是虚拟访问交换机确切地知道 VM 何时连接到交换机或从交换机断开连接，以及 VM 连接到哪个 VxLAN。使用此信息，VTEP 可以决定何时加入或离开 VxLAN 的多播组。当第一个 VM 连接到给定的 VxLAN 时，VTEP 可以加入多播组并开始通过该组接收广播/多播/泛洪。同样，当连接到 VxLAN 的最后一个 VM 断开连接时，VTEP 可以使用 IGMP 离开多播组并停止接收没有本地接收器的 VxLAN 的流量。

需要注意的是，由于潜在的 VxLAN 数量（1600 万个）可能超过 IP 网络支持的多播状态量，因此多个 VxLAN 可能会映射到同一 IP 多播组。虽然这可能导致 VxLAN 流量不必要地发送到没有连接到该 VxLAN 的终端系统的 VTEP，但仍然保持 VxLAN 之间的流量隔离。在单播封装的分组中携带相同的 VxLAN Id，如同在单播封装的分组中携带的那样。保持流量到终端系统是不是 IP 网络的工作，而是 VTEP。只有 VTEP 在 IP/UDP 有效负载内插入并解释/删除 VxLAN 标头。IP 网络简单地看到携带具有众所周知的目的 UDP 端口的 UDP 流量的 IP 分组。

2）VxLAN 与 OTV 比较

如果仔细查看 VxLAN 的封装格式，会注意到它实际上是 draft-hasmit-ovt-03 中 IPv4 OTV 封装的一个子集，除了未使用覆盖 ID 字段（并保留）以及 IANA 尚未分配众所周知的目标 UDP 端口（但会有所不同）。

OTV 实际上是 IPv4 LISP 封装的一个子集，但是携带以太网有效载荷而不是 IP 有效载荷。

对所有这些技术使用通用（重叠）封装简化了硬件转发设备的设计，防止无效工作的产生。

鉴于 VxLAN 和 OTV 之间的数据包非常相似，它们之间的不同就值得注意。OTV 旨在解决不同的问题。OTV 旨在部署在聚合设备（位于 802.1Q 交换机结构化层次结构顶部的设备）上，以将一个层次结构中的所有（最多 4094 个）VLAN 与其他数据中心内的其他 VLAN 相互连接，从而创建单个 VLAN 延伸的 4K VLAN 域。它经过优化，可作为数据中心连到首都互联网上运行。思科的最新版本能够在不依赖 IP 组播的情况下互联数据中心，而 IP 组播并非始终可在 Internet 上使用。它通过使用路由协议扩展（即 IS-IS）通告 MAC 地址可达性来防止因特网上的未知目的地泛滥。每个 OTV 设备使用 IS-IS 彼此对等。预计有限数量的这些 OTV 设备通过 IS-IS 彼此对等（因为它们被放置在第 2 层聚合点）。在此聚合点下方的给定第 2 层域内，仍然只有 4K VLAN 可用，因此 OTV 不会创建更多第 2 层网络段。相反地，它通过互联网扩展现有网络段。

由于 VxLAN 设计为在单个管理域（如数据中心）内运行，而不是在 Internet 上运行，因此可以免费使用任意源多播（Any-Source Multicast，ASM）来淹没未知单播。VxLAN VTEP 可能在数据中心的每个主机上运行，因此它必须扩展到远远超出 IS-IS 设计规模的数量。

　　需要注意的是，作为数据中心互联，OTV 可以作为 VxLAN 的补充。这在两个方面有所帮助。首先，整个世界都不会很快用 VxLAN 取代 VLAN。所有物理网络设备都支持 VLAN。VxLAN 的第一个实现仅在虚拟访问交换机（虚拟机连接到的那些）中，因此这意味着只有 VM 可以连接到 VxLAN。如果 VM 想要与物理设备（如物理服务器、第 3 层交换机、路由器、物理网络设备，甚至是在不支持启用 VxLAN 的访问交换机的虚拟机管理程序上运行的 VM）进行通信，则必须使用 VLAN。所以，如果你有一个想要在互联网上与某些对象会话的虚拟机，它必须通过路由器，并且该路由器将通过 VLAN 与虚拟机通信。鉴于某些虚拟机仍然需要连接到 VLAN，它们仍然存在，如果需要跨数据中心进行第 2 层邻接，那么 OTV 可以很好地互联它们。可以使用 OTV 提供的第 2 层扩展，不仅可以将 VLAN 与 VM 和连接到它们的物理设备互联，还可以使用 VTEP。由于 VTEP 需要使用 ASM 转发，并且这可能无法通过 Internet 使用，因此可以使用 OTV 在多个数据中心之间扩展 VTEP 在 Internet 上使用的传输 VLAN。

　　VxLAN 使用 MAC-in-UDP 封装而不是 MAC-in-GRE，其理由是，出于同样的原因，OTV 和 LISP 使用 UDP 而不是 GRE。而现实世界是，绝大多数（如果不是全部）交换机和路由器不会深入解析 GRE 数据包，以应用与负载分配（端口信道和 ECMP 负载分散）和安全性（ACL）相关的策略。

　　首先关注负载分配。端口通道（或 Cisco 的虚拟端口通道）用于将多个物理链路的带宽聚合为一个逻辑链路。该技术既可用于接入端口，也可用于交换机间中继线。使用 Cisco FabricPath 的交换机可以通过将端口通道与 ECMP 转发相结合来获得更大的横截面带宽——但前提是交换机可以识别流量（这是为了防止无序传输，这会导致 L4 性能下降）。如果当今的交换机之一尝试在使用 GRE 封装的两个 VTEP 之间分配 GRE 流，则所有流量将被极化以仅使用这些端口信道内的一个链路。这里的原因是物理交换机只能看到两个 IP 端点通信，并且无法解析 GRE 报头以识别来自每个 VM 的各个流。幸运的是，这些相同的交换机都支持 UDP 一直到 UDP 源和目标端口号的解析。通过将交换机配置为使用源 IP/dest IP/L4 协议/源 L4 端口/目标 L4 端口（通常称为 5 元组）的散列，它们可以将每个 UDP 流扩展到端口的不同链路渠道或 ECMP 路线。虽然 VxLAN 确实使用了众所周知的目标 UDP 端口，但源 UDP 端口可以是任何值。智能 VTEP 可以通过许多源 UDP 端口传播所有 VM 的 5 元组流。这允许中间交换机将多个流（甚至在相同的两个 VM 之间）分散到物理网络中的所有可用链路上。这是数据中心网络设计的重要特征。请注意，这不仅适用于第 2 层交换机，因为 VxLAN 流量是 IP 并且可以交叉路由器，它也适用于核心中的 ECMP IP 路由。

基于 MAC-in-GRE 的方案可以通过在 GRE 密钥的子部分内创建基于流的熵（而不是源 UDP 端口）来执行与上述类似的技巧，但是除非所有这些都是有争议的。路径上的交换机和路由器可以解析 GRE Key 字段，并使用它来生成端口通道/ECMP 负载分配的散列值。接下来是安全。一旦用户开始通过 IP 路由器承载第 2 层流量，用户就可以从有 IP 访问的任何地方打开自己的数据包注入到第 2 层网段……除非用户使用防火墙和/或 ACL 来保护 VxLAN 流量。与上面的负载均衡问题类似，如果使用 GRE、防火墙和第 3 层交换机以及具有 ACL 的路由器通常不会深入解析 GRE 报头，足以区分一种隧道流量与另一种隧道流量。这意味着所有 GRE 都需要不加选择地被阻止。由于 VxLAN 使用具有众所周知的目标端口的 UDP，因此可以定制防火墙和交换机/路由器 ACL 以仅阻止 VxLAN 流量。

需要注意的是，任何封装方法的一个缺点，无论基于 UDP 还是 GRE，都是通过让管理程序软件添加封装，今天的 NIC 和/或 NIC 驱动程序没有机制来通知封装的存在。执行 NIC 硬件卸载。对于 NIC 供应商的这些封装方法中的任何一种来说，更新其 NIC 和/或 NIC 驱动程序以及管理程序供应商允许访问这些功能将是性能优势。

3）基于 VxLAN 的数据中心网络虚拟化策略

跨子网迁移 VM：连接到 VxLAN 的虚拟机不需要根据此技术更改自己的 IP 地址。本质上，连接到 VxLAN 的虚拟机仍然不知道它们位于 VxLAN 上——就像它们通常不知道在 VLAN 上运行一样。由底层网络来确保这些 VM 之间的连接并提供第 2 层语义，如 mac-layer 广播和单播流量。因此，任何移动性事件（实时或其他）都不会影响 VM 的内部。同时，本地以太网帧是通过 IP 封装承载的，因此隧道端点本身不需要位于相同的 VLAN 或 IP 子网上，以确保 VxLAN 的连接。这使得某个 VxLAN 上的 VM 可能会在本身位于不同子网的主机之间移动。但重要的是不要将其解释为现在可以跨子网立即进行实时 VM 迁移，因为其他因素可能会妨碍转移过程。例如，实时 VM 迁移本身需要在两台主机之间传输 VM 数据。子网之间可能无法进行此转移或正式支持此转移。所有 VxLAN 确保连接到相同的感知第 2 层广播网络，无论它在哪个主机上（当然假设网络支持 VxLAN），无论主机连接到哪个子网。但是，VxLAN 本身并不会绕过实时 VM 迁移的其他障碍，例如，上面提到的传输问题。

跨 VxLAN 路由：对于 VxLAN，支持 VxLAN 的设备也可以负责剥离封装，然后将数据包转发到路由器进行路由。如果 VxLAN 功能仍然局限于虚拟交换机，则路由器也需要是虚拟路由器，即在 VM 内运行的路由软件。当非虚拟物理交换机支持 VxLAN 格式时，真实物理路由器盒可以连接到它们。当然，与 VLAN 情况一样，这将限制路由器上可路由的 VxLAN 接口的数量。更好的解决方案是路由器自身封装/去除 VxLAN 隧道数据包，以便它可以在同一物理接口上支持大量 VxLAN 接口。使用纯虚拟路由器和物理路由器支持 VxLAN 封装之间的一个中间步骤是 L2 网络允许 VxLAN 和 VLAN 之间的桥接。这将允许物理和虚拟设备（无论路由器还是其他节点）连接到 VxLAN，而无须升级到其软件。因此，拟议的标准草案中定义了这种桥接功能。在许多云提供商环境中，租户可能能够在其公共数据中心部分（有时称为组织的虚拟数据中心）中直接创建 VxLAN。这些 VxLAN 上的租户管理的 VM 的 IP 寻址通常不会在不同的租户之间进行协调。这使 NAT 成为直接连接到此类客户端管理的 VxLAN 的路由器或路由器上非常理想的功能。

6.3.2　基于 SDN 的数据中心网络虚拟化技术

软件定义网络（SDN），提供了网络可编程性的重要特性，SDN 的出现使得网络虚拟化的实现更加灵活和高效，同时网络虚拟化也成为 SDN 应用中的重量级应用。

SDN 是一种新兴的网络架构，其中"网络控制功能"与"转发功能"分离，并且可以直接编程。这种以前紧密集成在各个网络设备中的控制迁移到可访问的计算设备（逻辑上集中化）使得底层基础设施能够被"抽象"为应用程序和网络服务。采用支持 OpenFlow 的 SDN 作为私有云和/或混合云连接的连接基础的企业可以实现一般优势。逻辑上集中的 SDN 控制平面将提供云资源和接入网络可用性的全面视图（抽象视图）。这将确保在提供足够带宽和服务级别的链路上将云联合定向到资源充足的数据中心。基于 SDN 的云联盟的关键构建块的高级描述包括：①支持 OpenFlow 的云骨干边缘节点，连接到企业和云提供商数据中心；②支持 OpenFlow 的核心节点，有效地在两者之间切换流量这些边缘节点；③基于 OpenFlow 和/或 SDN 的控制器，用于配置云骨干节点中的流转发表，提供 WAN 网络虚拟化应用；④混合云操作和编排软件，用于管理企业和提供商数据更改联合，云间工作流以及计算/存储和数据中心间网络管理的资源管理。

基于 SDN 的联合将促进企业和服务提供商数据中心之间的多供应商网络，帮助企业客户选择一流的供应商，同时避免供应商锁定；从更广泛的种类中选择适当的接入技术（如 DWDM、PON 等）；为临时访问提供动态带宽，及时进行数据中心间工作负载的迁移和处理；并消除未充分利用，昂贵的高容量固定私人租用线路的负担。支持 SDN 的按需带宽服务提供自动化和智能的服务配置，由云服务编排逻辑和客户需求驱动。

本节讨论 SDN 在数据中心网络虚拟化中的应用场景及部署方案，以及数据中心网络虚拟化技术和 SDN 之间的协同与集成关系。

1. 基于 SDN 的数据中心网络虚拟化架构及部署方案

1）基于 SDN 的数据中心网络虚拟化架构和各部分功能

基于 SDN 的数据中心网络架构如图 6-23 所示。

其中 SDN 在数据中心网络架构中分为 4 层。

（1）应用层（APP）。

应用软件通过软件算法感知、优化、调度网络资源，实现如租户逻辑网络隔离与管理、提高网络的使用率和网络质量等功能。具体地，VPC 的 SDN APP 以 Web 界面为主，使租户通过公众服务云界面即时开通虚拟网络，操作逻辑网络拓扑。

应用层与协同层、控制层（Controller）之间采用标准的接口格式，如 Restful API 等。应用层尽量通过协同层完成操作，对于协同层网络模块无法提供的信息，如物理网络的信息，APP 通过 Restful API 与控制器直接对接。

网管系统实现对转发设备和 FDN 控制器中的各类管理对象的管理、虚拟化网络资源的分配、FDN 控制器策略等配置和管理等。网管系统可以逻辑独立于转发层、控制层和应用层，在某些应用场景中也可以作为应用层特殊的一种应用存在。

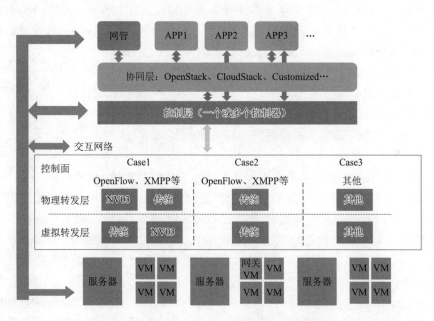

图 6-23　基于 SDN 的云计算数据中心网络架构

（2）协同层（Orchestrator）。

协同层主要包括 OpenStack 等开源资源池管理平台，或 VMware、微软、Citrix 等商用资源池管理平台。协同层包含计算、存储、网络、鉴权等多个模块，调度数据中心内的各类资源。其中，网络模块提供租户网络抽象，如将租户的网络抽象为 VM、二层子网、三层子网、ACL 策略、弹性 IP、动态 NAT 等。通过 Restful API 将抽象网络信息与 SDNAPP 交互。同时，协同层与各控制器采用标准接口，屏蔽控制器差异。例如，通过各厂家提供的 Plugin 等接口驱动与控制器对接，将逻辑网络拓扑信息按照 Plugin 格式发送给控制器。

（3）控制层（Controller）。

为逻辑集中的控制实体（物理上可集中式资源实现或者分布式资源实现），将应用层业务请求转化为转发层的流表并配置到转发层网元中，接收转发层的状态、统计和告警等信息。综合各类信息完成路径计算、基于流的流量统计、策略制定和配置、虚拟化网络等功能。

（4）转发层（Switch）。

由具有分组转发功能的物理设备（物理网元）或虚拟交换设备组成，根据 SDN 控制器通过控制-转发接口配置的转发表完成数据转发。转发设备内包含管理代理、控制代理和转发引擎等基本单元。转发层按照控制面、转发面工作机制又分为以下 3 类场景。

场景 1：采用 Openflow 等作为集中控制面协议。在转发面上根据 VxLAN 支持的层次，又分为物理交换机采用 VxLAN、虚拟交换机采用传统报文格式，物理交换机采用传统报文格式、虚拟交换机采用 VxLAN 两种。

场景 2：采用 Openflow 等作为集中控制面协议。转发面不采用 VxLAN，仅为传统报文格式。

场景 3：采用其他的控制面协议和报文封装。

2）基于 SDN 的数据中心网络虚拟化部署方案

（1）方案一。

采用 Overlay 方案，ToR 作为 VxLAN 接入点，通过 Openflow 协议下发配置。该方案中，SDN 控制 ToR 和 VSW，ToR 作为 VxLAN 接入点，VSW 采用传统以太网转发。该方案的主要问题在于 ToR 设备需要硬件升级，VxLAN 控制面目前无标准协议，存在硬件支持风险，并且 ToR 设备的流表需求较大。优点在于：VSW 仅需要支持以太网转发性能开销小，而 ToR 进行 VxLAN 接入处理性能可达到线速。

Overlay 网络采用 VxLAN 技术实现，如图 6-24 所示，ToR 作为 VTEP，负责封装、解封装 VxLAN 报文；核心层交换机作为 VxLAN 网关，负责与外界数据的交互；汇聚层交换机作为 VxLAN 隧道的中间节点，负责根据外层封装对 VxLAN 报文进行三层转发。另外，SDN 控制器集群连接所有设备的管理口，负责管理控制平面。

SDN 控制器接管了 VxLAN 的管理平面，主要负责拓扑发现、VxLAN 监控、隧道管理及设备信息采集等工作。

SDN 控制器通过 Open Flow 协议来获得网络的连接关系。如图 6-25 所示，控制器将 LLDP 报文封装进 Open Flow 的 Packet-out 报文，分发给所有直连交换机，收到的交换机将报文还原成 LLDP 报文后发给所有的邻居设备，对端设备收到 LLDP 报文后，将其封装成 Open Flow 的 Packet-in 报文上送控制器。控制器通过对接收到 LLDP 报文的解析进行对比，就可以确认这两台设备的连接情况。

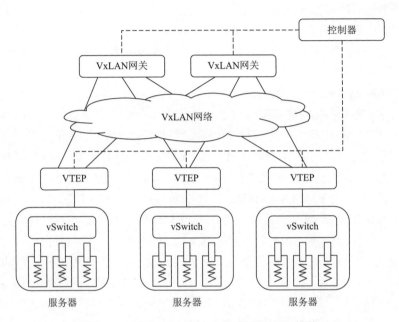

图 6-24　基于 SDN 和 VxLAN 的 Overlay 网络

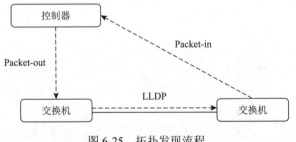

图 6-25　拓扑发现流程

租户管理：对网络来说，租户的部署与撤销表现为某个 VxLAN 的添加与删除。当有新租户上线时，控制器会为其分配 VNI 和虚拟机资源，并在对应的设备下发配置。当有租户撤销时，控制器回收资源，删除相应配置。

隧道管理：当获得了网络拓扑和 VxLAN 部署信息后，控制器就可以计算出 VxLAN 隧道以及与 VNI 的绑定关系，并借助 NETCONF 协议下发到各个设备。

VxLAN 信息的动态维护：一个 VxLAN 的 MAC 地址会在所有配置该 VxLAN 的 VTEP 上同步，这给 ToR 的 MAC 地址表造成了压力。控制器可以通过对 ARP

的监控来感知虚拟机状态变化,进而动态刷新 VxLAN 控制平面,减小对 ToR MAC 地址表的压力。当监测到新的 ARP 请求时,就可以认为该 VTEP 有虚拟机上线,控制器就下发隧道配置。如果 VTEP 上某个 VxLAN 的所有虚拟机 ARP 都老化,且一定时间没有新 ARP 请求,就认为该 VTEP 已不需要这个 VxLAN 的配置,控制器就删除相应的隧道配置。

网络信息采集:借助 SNMP 协议,控制器可以获取设备状态、端口带宽利用率以及故障告警等运维信息。

在 Overlay 网络中,每个 VxLAN 是一个广播域,当虚拟机上线时,会发送 ARP 广播报文请求目的虚拟机地址,这个报文会在整个网络泛洪,造成网络带宽的浪费。借助 SDN 技术,可以有效地屏蔽掉网络中 ARP 广播报文。

如图 6-26 所示,VM1 请求 VM2 地址时,会向 VTEP1 发送 ARP 请求报文,VTEP1 收到后直接将报文封装成 Open Flow 的 Packet-in 报文上送给控制器。控制器收到后,先记录 VM1 的 ARP 信息,再在数据库中检索 VM2。如果找到,将结果封装成 Packet-out 报文回给 VTEP1,并由 VTEP1 还原成 ARP 应答发给 VM1。如果没有找到,就会将 ARP 请求封装成 Packet-out 报文,向配置有该 VxLAN 的 VTEP 发送,VTEP 收到后将其还原成 ARP 报文发送给下挂虚拟机。目的虚拟机 VM2 收到 ARP 请求后,向 VTEP3 回复 ARP 应答,VTEP3 同样封装成 Packet-in 报文上报控制器,控制器同样将 VM2 的信息记录到数据库,再把 ARP 应答封装成 Packet-out 交给 VTEP1,最终达到 VM1。

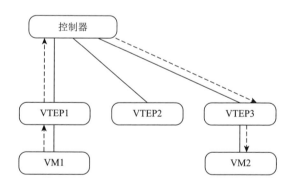

图 6-26　ARP 请求的处理流程

在实际运行时,控制器会维护全网所有虚拟机的 ARP 信息,当有新的虚拟机上线时,控制器可以直接应答,而无须经过网络泛洪,降低了网络压力。

(2)方案二。

采用 Overlay 方案,区别于方案一的是 VSW 作为 VxLAN 接入点。协同层将虚拟网络抽象后传递给控制器,控制器通过 OF-Config、XMPP 等协议下发配置,通过 Openflow 等协议下发流表。该方案中，SDN 仅控制 VSW，是纯软件方案。提供 VPC 业务时，物理网络只需保证服务器之间的 IP 可达。用户之间的二层隔离通过 VSW 上的 VxLAN ID 区分，三层通过 VRF 或流表区分。对于网络配置性能的问题，采用控制器集中管理架构时，集中配置主要通过控制器生成流表发送给交换设备。

该方案的主要局限在于：VSW 的转发性能有限；同时采用 VxLAN 封装，使得物理层的传输效率降低；另外，目前没有标准的 VxLAN 控制面标准。该方案的优点在于：不需要升级现网硬件设备，网络平滑支持 SDN。

其中值得一提的是，作为 SDN 南向接口重要协议之一的 OF-Config 协议，OF-Config 的全称是 OpenFlow Configuration and Management Protocol，即 OpenFlow 控制和管理协议，OF-Config 的出发点是构建一个更加完整的网络基础架构。OpenFlow 协议定义了控制平面与数据平面的基本形式，但是对怎样管理和搭建这些设备却没有涉及，在没有约束的情况下，各个厂家可能拿出千奇百怪的实现方式，不同厂家的 OpenFlow 交换机采用不同的配置界面，最终会使 OpenFlow 网络重新回到一个封闭的环境中。ONF 的目标是构建一个完全标准化的网络设计标准，使得更多的厂家甚至客户自己都能够参与网络设备的设计、制造。因此，一个设备级别的统一管理标准就显得非常必要了，OF-Config 正是对这种需求的回应。

支持 OpenFlow 的网络设备被称为 OpenFlow 交换机或 OpenFlow Datapath。OF-Config 提供了一个开发接口，通过这个接口可以远程配置 OpenFlow 交换机，OF-Config 并不影响 Flow Table 的内容和数据转发行为，它对实时性也没有太高的要求。OF-Config 的一大作用是对资源的调度，在 OpenFlow 交换机上，所有参与转发的软硬件如端口、队列等都被视为网络资源。一台 OpenFlow 交换机可能同时承载多个 OpenFlow 实例，OFConfig 可以用来在 OpenFlow 实例之间划分网络资源，并实现对网络资源的管理和调整。通过 OF-Config 对 OpenFlow 交换机进行配置的实体称为 OpenFlow Configuration Point，即 OpenFlow 配置节点，它可以是专用硬件设备，也可以是一个软件进程。OF-Config 能够在支持 OpenFlow 的网络设备上可以实现的基本功能包括：与一个或多个中央控制器的协同工作，对端口和队列资源的配置，远程调整端口状态的能力，安全隧道的配置，设备发现，拓扑发现，功能报告，事件触发能力，网络资源的分配，OpenFlow 交换机的初始化。

目前，Open vSwitch（OVS）是一款流行的 VSW 实现方案。Open vSwitch 是在开源的 Apache2.0 许可下的产品级质量的多层虚拟交换标准，它旨在通过编程扩展，使庞大的网络自动化（配置、管理、维护），同时还支持标准的管理接口和协议（如 NetFlow、sFlow、SPAN、RSPAN、CLI、LACP、802.1ag）。总的来说，它被设计为支持分布在多个物理服务器，例如，VMware 的 vNetwork 分布式

vSwitch 或思科的 Nexus1000V。Open vSwitch 是一种开源软件，专门管理多租赁公共云计算环境，为网络管理员提供虚拟 VM 之间和之内的流量可见性和控制。Open vSwitch 项目由网络控制软件创业公司 Nicira Networks 支持，旨在用虚拟化解决网络问题，与控制器软件一起实现分布式虚拟交换技术。这意味着，交换机和控制器软件能够在多个服务器之间创建集群网络配置，从而不需要在每一个 VM 和物理主机上单独配置网络。这个交换机还支持 VLAN/VxLAN，通过 NetFlow、sFlow 和 RSPAN 实现可见性，通过 OpenFlow 协议进行管理。它还有其他一些特性：严格流量控制，它由 OpenFlow 交换协议实现；远程管理功能，它能通过网络策略实现更多控制。

虚拟交换就是利用虚拟平台，通过软件的方式形成交换机部件。跟传统的物理交换机相比，虚拟交换机同样具备众多优点，配置更加灵活。一台普通的服务器可以配置出数十台甚至上百台虚拟交换机，且端口数目可以灵活选择。Open vSwitch 大部分的代码是使用平台独立的 C 语言写成，所以可移植性非常好。Open vSwitch 支持多种 Linux 虚拟化技术，包括 XEN/XENServer，KVM 和 VirtualBox。Open vSwitch 对应内核模块实现了多个"数据路径"（类似于网桥），每个都可以有多个"vports"（类似于桥内的端口）。每个数据路径也通过关联一下流表（flow table）来设置操作，而这些流表中的流都是用户空间在报文头和元数据的基础上映射的关键信息，一般的操作都是将数据包转发到另一个 vport。当一个数据包到达一个 vport，内核模块所做的处理是提取其流的关键信息并在流表中查找这些关键信息。当有一个匹配的流时它执行对应的操作。如果没有匹配，它会将数据包发送到用户空间的处理队列中（作为处理的一部分，用户空间可能会设置一个流用于以后碰到相同类型的数据包可以在内核中执行操作）。

（3）方案三。

采用以太网 + Openflow（非 Overlay）方案，VSW 和 TOR 同时支持 Openflow。该方案中，SDN 控制物理和虚拟交换机，TOR 和 VSW 转发面采以太网转发，控制面支持 Openflow 协议。

该方案的主要局限在于：对专门针对 Openflow 的芯片要求较高，同时硬件交换机流表容量受限。优点在于：没有额外报文封装，转发效率高，VSW 性能开销小。

FlowVisor 就是这种类型了基于 SDN 的网络虚拟化方案被应用到多租户数据中心网络中。通过网络虚拟化，多个逻辑上互相独立的网络可以共享同一个物理网络资源，并且这些网络可以有各自的编址方案和网络策略。如图 6-27 所示，FlowVisor 将网络资源，包括带宽、CPU、流表空间、拓扑、转发表等，像存储和计算资源一样进行虚拟化。FlowVisor 被视为底层网络资源的抽象层，在控制层和物理层之间，实现带宽隔离、CPU 隔离、流表空间隔离。在 SDN 网络中，FlowVisor 被部署在控制器和 OF Switch 之间，扮演着一个特殊的 OpenFlow 控制器，作为

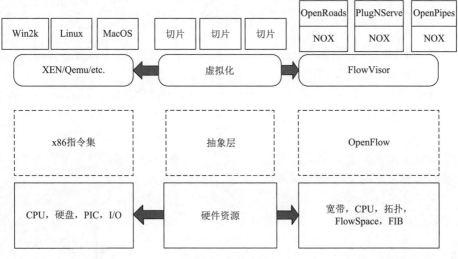

图 6-27 FlowVisor

OF Switch 和控制器之间的透明代理，所有 OpenFlow 消息都通过 FlowVisor 进行传送，它们之间的所有通信均是通过 OpenFlow 协议。FlowVisor 会根据其内配置的策略，对 OF Switch 交换机发送的 OpenFlow 消息进行拦截、修改、转发等操作。这样可以将网络划分成不同的切片，不同租户对应不同的切片，每个租户的切片由对应的控制器进行控制和管理。

如图 6-28 所示，租户 A、租户 B 和租户 C 通过 FlowVisor 分割成不同的切片，并交由各自对应的控制器进行处理。

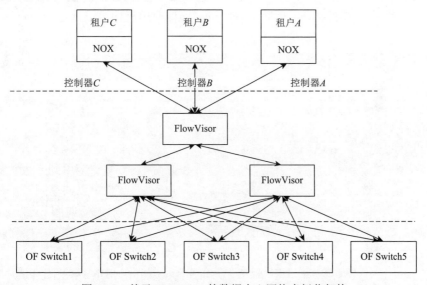

图 6-28 基于 FlowVisor 的数据中心网络虚拟化架构

2. SDN 与数据中网络虚拟化技术之间的协同与集成

网络虚拟化在云数据中心中扮演着关键角色，既作为共享资源，又作为共享其他计算资源所需的基础架构的一部分。作为任何基础设施，云数据中心环境中的网络都应满足现代网络的一些关键要求，特别是对新应用程序需求，业务策略和流量行为的适应性，并集成了新功能，而对网络运行的干扰降至最低；网络更改传播的自动化，减少（容易出错的）人工干预；提供高级抽象以简化网络管理，因此管理员无须配置每个单独的网络元素；能够将节点的移动性和安全性功能作为核心服务而非附加解决方案来容纳；按需缩放。

为了满足这些要求，可能需要具有先进功能的尖端网络设备。但是，如果没有对可用网络功能有深入了解的编排引擎，云数据中心网络将无法充分利用这些资源。不幸的是，这种深厚的知识可能需要特定于给定专有网络硬件和软件的功能，从而导致供应商锁定问题，并因此限制了新网络功能或服务的创建。另外，通常情况下，必须在多载波和多技术通信基础设施上（例如，由分组交换、电路交换和光传输网络组成）对服务进行编排，甚至在不同的数据中心网络提供商之间。SDN 通过在（专有）硬件上放置带有标准 API 的抽象层来解决此问题，从而简化了对相应功能的访问，从而促进了创新。在像云一样动态的环境中，SDN 提供的灵活性和可编程性对于使网络与使用它的服务一起发展至关重要。

SDN 和云数据中心网络显示了类似的设计，其三层架构由基础设施层组成，而计算资源则由控制层控制，而控制层又由应用层中的应用程序通过 API 控制（图 6-29）。集成 SDN 和云数据中心网络服务的一种简单形式是并行运行它们的堆栈，这两种技术都由应用程序本身集成。即使应用程序可以通过此策略从两种

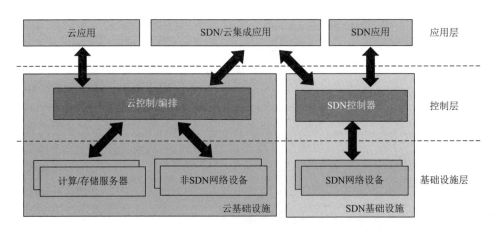

图 6-29　通过应用程序进行 SDN 与云数据中心网络集成

技术中受益，也给应用程序开发人员带来了巨大的开销。毕竟，应用程序需要具有 SDN 和云感知能力，并以有效的方式吸收和访问这两种技术的 API，这会使它们的设计和实现复杂化。

为了避免这些问题，另一种方法是使用特殊的云控制/编排子系统，该子系统能够使用 SDN 数据平面控制协议（如 OpenFlow）而不是单独的 SDN 控制器直接控制 SDN 设备。如图 6-30 所示，该策略为云基础架构带来了 SDN 优势，同时也隐藏了其复杂性，应用程序将仅需使用云 API，而无须意识到启用 SDN 的网络基础架构。但是，也存在一些缺点：由于需要专门的云协调器，因此新的网络控制功能的开发与协调器本身或它提供的 API 的开发相关，可能会限制创新，也可能会限制专有 SDN 解决方案的部署。

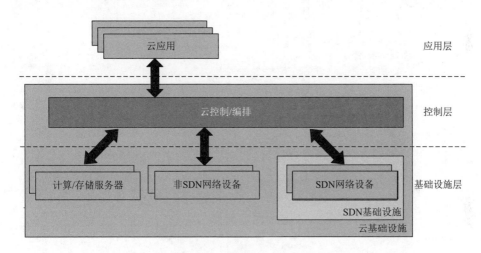

图 6-30　包含在数据中心网络云控制/编排子系统中的 SDN 功能

最后，更可取的可能是将数据中心网络云控制/编排系统视为 SDN 控制器的 SDN 应用程序。在这种情况下，如图 6-31 所示，云控制/编排子系统增加了使用现有 SDN 控制器 API 将数据中心云网络虚拟化转换为 SDN 操作的模块。这种方法在提供第二种方法的好处的同时，还提供了更大的灵活性：可以单独开发 Cloud 和 SDN 基础架构，而对它们的集成接口所做的更改很少或没有更改。它还将允许使用现有的 SDN 解决方案而无须进行更改，包括专有的 SDN 解决方案或基于硬件的控制器。

3. 基于 SDN 的数据中心网络云业务链

基于 SDN 的数据中心网络云业务链架构如图 6-32 所示。

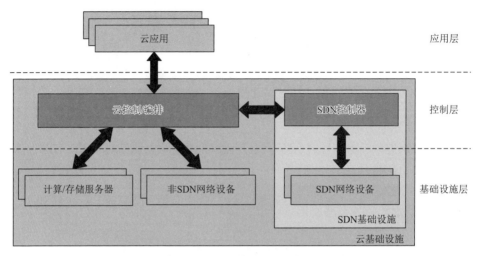

图 6-31　数据中心云网络虚拟化内的 SDN 整合

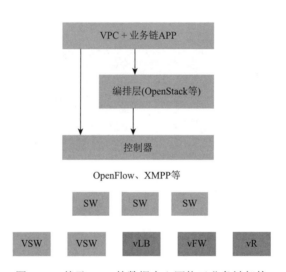

图 6-32　基于 SDN 的数据中心网络云业务链架构

　　为解决防火墙、负载均衡器、广域网 VPN 网关等传统硬件网络虚拟化能力有限的问题,业务链解决方案中可以引入 NFV 形式的软件产品,为每个租户单独提供服务。同时,对于流的调度则通过 Openflow 流表调度方式,或其他逐跳标签更换机制实现。

　　1)基于 SDN 的数据中心网络即服务

　　在云计算环境中,云协调器向用户(租户)提供虚拟计算资源,包括虚拟网络。通常,这些虚拟网络还用作其他计算资源的基础结构。但是,这种方法存在一些局限性,对网络的控制很少或没有控制;对网络基础架构(即交换机或路由器）的间接访问或管理；网络资源的可见性有限；覆盖网络效率低下；没有多播支持。面对这些缺点，可以将网络资源作为服务共享，这与计算资源的使用类似。这种模型称为网络即服务（NaaS）。

在 NaaS 中，网络资源是通过标准接口/API 使用和控制的。原则上，网络服务可以代表不同级别的任何类型的网络组件，包括由一组网络、单个物理或虚拟网络或单个网络节点组成的域。然后，可以通过服务组合机制将多个网络服务组合为一个复合网络间服务。因此，可以将 NaaS 和 SDN 结合起来：尽管 SDN 技术提供了动态且可扩展的网络服务管理并促进了 NaaS 的实施，但后者允许对（可能是异构的）底层网络基础结构进行控制。这种方法还可以创建更丰富的 NaaS 服务：如果给定功能未在基础网络上完全实现，则可以将其实现为云控制/编排层内的 SDN 应用程序，并通过云 API 提供给用户。

通过 SDN 和云计算的组合提供 NaaS 服务的一种可能的解决方案是 OpenNaaS 项目。它提供了一个开放源代码框架，可帮助在 OpenStack 云计算环境中创建不同类型的网络服务。该框架提供了物理资源（如网络、路由器、交换机、光学设备或计算服务器）的虚拟表示，可以将这些虚拟资源映射到 OpenNaaS 内部到 SDN 资源，以实现这些网络元素的实际实现。

2）基于 SDN 的数据中心安全即服务

安全即服务（SecaaS）是指通过云向基于云的基础架构和软件或客户的本地系统提供安全应用程序和服务。为了消耗云安全资源，最终用户必须意识到这种新计算范例的性质和局限性，而云提供商在提供安全服务时必须格外小心。为了向感兴趣的用户和提供商提供指导，云安全联盟（CSA）发布了安全指南，该指南基于学术成果，行业需求和最终用户调查，讨论了 SecaaS 应用程序必须应对的主要问题。

（1）身份和访问管理（IAM）：用于身份验证和访问管理的控件。

（2）数据丢失防护：与监视、保护和验证静态、动态和使用中数据的安全性有关。

（3）Web 安全性：通过软件/设备安装或通过云将代理服务器的 Web 流量重定向或重定向到云提供商来提供的实时保护。

（4）电子邮件安全性：控制入站和出站电子邮件，保护组织免受网络钓鱼或恶意附件的侵害，并执行公司政策（例如，可接受的使用和垃圾邮件防护），并提供业务连续性选项。

（5）安全评估：对云服务的第三方审核或对本地系统的评估。

（6）入侵管理：使用模式识别来检测统计异常事件并对其做出反应。这可能包括实时重新配置系统组件以停止或防止入侵。

（7）安全信息和事件管理（SIEM）：日志分析和事件信息分析，旨在对可能需要干预的事件提供实时报告和警报。可以以防止篡改的方式保存日志，因此可以将其用作任何调查的证据。

（8）加密：通过加密算法提供数据机密性。

（9）业务连续性和灾难恢复：指设计和实施的措施，旨在在服务中断的情况下确保操作弹性。

（10）网络安全：分配、访问、分发、监视和保护基础资源服务的安全服务。

如今，互联网安全服务解决方案很常见，它构成了软件即服务（SaaS）市场的细分。例如，可以在提供信用卡支付服务的站点，为用户的个人计算机提供在线安全扫描（如反恶意软件/反垃圾邮件）的站点，甚至在为其用户提供防火墙服务的 Internet 访问提供商中进行用户验证。这些解决方案与上述网络安全，电子邮件安全和入侵管理类别密切相关，并且以思科、迈克菲、熊猫软件、赛门铁克、趋势科技和 VeriSign 为主要供应商。

但是，这种服务被认为不足以吸引许多具有安全意识的最终用户的信任，特别是那些了解云内部工作或正在寻找 IaaS 服务的最终用户。为了吸引这些受众，尤其是为了提高云内部安全性要求，组织一直在投资能够提高（云）虚拟网络安全性的 SDN 解决方案。举一个最近的面向云的 SDN 防火墙的例子——Flowguard，除了基本的防火墙功能外，Flowguard 还提供了一个全面的框架，可促进在基于 OpenFlow 的动态网络中检测和解决防火墙策略违规，当网络状态更新时，可以实时检测到安全策略违规，从而允许管理员（租户或云管理员）决定是否针对每种网络状态采用不同的安全策略。

另一个最新的安全解决方案是 Ananta，一个用于大型云计算环境的基于 SDN 的负载均衡器。简而言之，该解决方案由一个 4 层负载均衡器组成，该负载均衡器通过在每个主机中放置一个代理，从而允许将数据包修改任务沿网络分布，从而提高了可伸缩性。具体而言，所提出的解决方案利用 SDN 的灵活性、兼容性和可编程性，提出了一个带有定制检测引擎、网络拓扑查找器、Source Tracer 和其他用户开发的安全设备的框架，其中包括针对 DDoS 攻击的防护。

3）SDN 与网络功能虚拟化（NFV）技术集成

NFV 的规范由欧洲电信标准协会（ETSI）开发。他们的主要目标是通过使用标准的 IT 虚拟化技术将网络设备整合到行业标准的大容量服务器、交换机和存储设备上，从而改变运营商设计网络的方式。这些服务器、交换机和存储设备可能位于数据中心，网络节点或网络中。NFV 背后的思想是允许实施网络功能（如路由、防火墙和负载平衡），这些功能通常以可以在标准服务器硬件上运行的软件的形式部署在专用盒中。作为任何软件，然后可以在网络中的任何位置实例化（或移动到）网络功能，如图 6-33 所示。然后，NFV 基础结构（NFVI）可以提供与 IaaS 云计算模型相当的计算能力，NaaS 所提供的服务类似的动态网络连接服务。

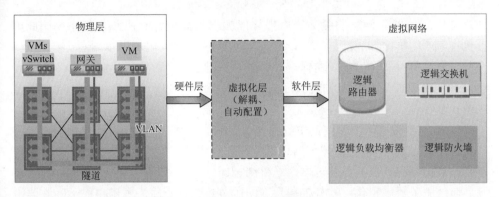

图 6-33　NFV 的概念

　　有趣的是，尽管 NFV 和 SDN 概念被认为是高度互补的，但它们并不相互依赖。取而代之的是，可以将这两种方法结合起来以促进网络环境中的创新：SDN 具有抽象和以编程方式控制网络资源的能力，这些功能非常适合 NFV 创建和管理动态的按需网络环境的功能需求。这些概念之间的这种协同作用使 ONF 和 ETSI 共同致力于发展这两种方法的共同目标，并为其发展提供结构化的环境。表 6-2 比较了 SDN 和 NFV 概念之间的区别和联系。

表 6-2　SDN 与 NFV 的比较

指标	SDN	NFV
目标	控制平面和数据平面的解耦；提供集中的控制器和网络可编程性	从专用硬件设备到商用现货（COTS）服务器的网络功能抽象
网络位置	数据中心	服务提供商网络
网络设备	服务器和交换机	服务器和交换机
协议	OpenFlow	不适用
应用	云编排和网络	防火墙，网关，内容交付网络
标准组织	Open Networking Forum（ONF）	ETSI NFV group

6.4　数据中心网络虚拟化方案

6.4.1　VMware NSX

　　VMware 的软件定义数据中心（SDDC）架构超越了服务器，将虚拟化技术扩展到整个物理数据中心基础架构。网络虚拟化平台 VMware NSX 是 SDDC 体系结构中的关键产品。借助 VMware NSX，虚拟化现在可以为网络提供已经为计算提供的功能。传统的服务器虚拟化以编程方式创建、快照、删除和还原虚拟机（VM）；同样，使用 VMware NSX 进行网络虚拟化可以以编程方式创建、快照、删除和还原基于软件的虚拟网络。结果是一种完全变革性的网络连接方法，不仅使敏捷性和经济性提高了几个数量级，而且还显著简化了基础物理网络的操作模型。

　　NSX 作为当前流行的数据中心网络虚拟解决方案，可以部署在任何供应商的任何 IP 网络上——现有的传统网络模型和下一代光纤架构。使用 NSX 部署软件定义的数据中心只需具备物理网络基础结构即可。

　　通过服务器虚拟化，软件抽象层（即服务器管理程序）可以再现 x86 物理服务器的熟悉属性（如 CPU、RAM、软件中的磁盘、NIC）。这允许组件以任何任意组合的方式以编程方式组装，从而在几秒内生成唯一的 VM。NSX 通过网络虚拟化，功能等同于"网络管理程序"，可在软件中再现第 2 层～第 7 层的网络服务（如交换、路由、防火墙和负载平衡）。然后，可以将这些服务以任何任意组合的方式进行编程组装，从而在几秒内生成唯一的隔离虚拟网络。

　　虚拟机独立于基础 x86 平台并允许 IT 将物理主机视为计算能力池，而虚拟网络则独立于基础 IP 网络硬件。因此，IT 可以将物理网络视为传输容量的池，可以按需使用和调整其用途。图 6-34 中说明了这种抽象。与传统体系结构不同，虚拟网络可以通过编程方式进行配置、更改、存储、删除和还原，而无须重新配置底层物理硬件或拓扑。通过匹配从熟悉的服务器和存储虚拟化解决方案中获得的功能和优势，这种变革性的联网方法释放了软件定义的数据中心的全部潜力。

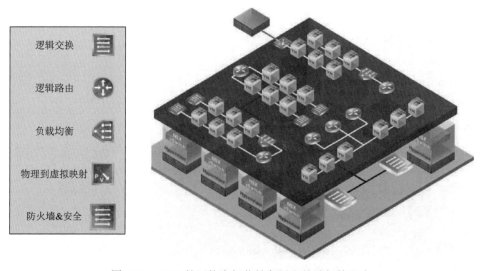

图 6-34　NSX 的网络虚拟化抽象层和基础架构示意

借助 VMware NSX，现有网络可以立即准备部署下一代软件定义的数据中心。本节将重点介绍 VMware NSX 体系结构提供的功能范围，探讨设计因素以充分利用和优化现有网络投资。NSX 部署的主要主题是安全性、IT 自动化和应用程序连续性。

（1）安全性：NSX 可用于创建安全基础架构，该基础架构可以创建零信任安全模型。每个虚拟化的工作负载都可以通过非常精细级别的完整状态防火墙引擎来保护。安全性可以基于 MAC、IP、端口、vCenter 对象和标签，活动目录组等构造。智能动态安全性分组可以驱动基础结构内的安全状态。NSX 可以与第三方安全供应商（如 Palo Alto Networks、Checkpoint、Fortinet 或 McAffee）结合使用，以在云基础架构中提供完整的 DMZ 样安全解决方案。NSX 已被广泛部署以保护虚拟桌面，以保护某些最易受攻击的工作负载，这些工作负载位于数据中心中，以禁止桌面到桌面的黑客攻击。

（2）IT 自动化：VMware NSX 提供了完整的 RESTful API 来使用网络，安全性和服务，可用于在基础架构中推动自动化。IT 管理员可以减少使用 NSX 在数据中心内配置工作负载所需的任务和周期。NSX 与 vRealize Automation 等自动化工具集成在一起，可以为客户提供整个应用程序的一键式部署选项，包括计算、存储、网络、安全性和 L4-L7 服务。开发人员可以将 NSX 与 OpenStack 平台一起使用。NSX 提供了一个中子插件，可用于通过 OpenStack 部署应用程序和拓扑。

（3）应用程序连续性：NSX 提供了一种在数据中心内或跨数据中心轻松扩展网络和安全性的多达 8 个 vCenter 的方法。与 vSphere 6.0 结合使用，客户可以轻松地对长距离的虚拟机进行 vMotion，NSX 将确保各个站点之间的网络一致，并确保防火墙规则是一致的。这基本上在各个站点之间保持相同的视图。NSX Cross vCenter Networking 可以帮助构建活动的活动数据中心。今天，客户将 NSX 与 VMware Site Recovery Manager 一起使用以提供灾难恢复解决方案。NSX 可以将网络扩展到整个数据中心，甚至扩展到云，以实现无缝联网和安全性。

当前网络的架构越来越僵化，运营商部署新型网络协议和新兴业务的成本越来越高，虚拟网络被用来解决这一问题。在未来网络的体系结构中，当前 Internet 服务提供商（ISP）的角色分为基础设施提供商（InP）和服务提供商（SP）。随着创新性技术和应用的出现，不同的租户可能具有差异化的网络要求，如特定的网络结构、端到端的时延保证和特定的网络协议等。SP 根据不同租户的网络服务需求生成不同的虚网请求，然后 InP 通过划分物理基础设施的资源创建不同的虚拟网络，虚拟网络之间不会互相干扰，从而为租户提供差异化的端到端服务。

随着软件定义网络和网络虚拟化的出现，运营商对物理基础设施的资源管控能力越来越强。网络虚拟化实现了物理基础设施的资源池化，而软件定义网络实现了控制平面和数据平面的分离，两种技术的结合实现了灵活的资源分配能力，集中的资源分配架构使得虚拟网络的部署更加快捷、灵活，并且可以充分地利用物理基础设施的资源，降低成本。这需要一套灵活高效的资源分配算法将物理基础设施的网络资源进行划分，按照需求分配给不同的虚拟网络，使虚拟网络具有不同的性能，满足租户差异化的网络需求。因此，虚拟网络映射问题是网络虚拟化资源分配的重要问题之一。

虚拟网络映射问题是指，如何在满足各种资源（如节点容量、链路带宽等）限制的条件下，将用户的虚网请求并行、高效、快速地映射至底层网络。虚拟网络映射的性能和效率将直接影响到网络虚拟化技术能否走向实际应用，因此具有重要的理论意义和应用价值。

1. NSX 网络虚拟化解决方案概述

NSX 部署由数据平面、控制平面和管理平面组成，如图 6-35 所示。

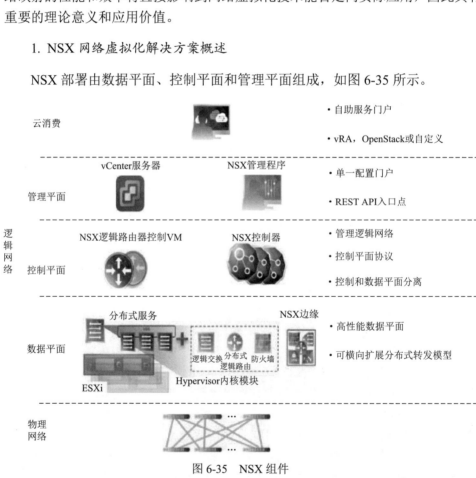

图 6-35　NSX 组件

NSX 体系结构内置了数据、控制和管理层的分离层。映射到每一层以及每一层的体系结构属性的 NSX 组件如图 6-35 所示。这种分离使体系结构可以扩展和扩展而不会影响工作负载。每层及其具体概述如下。

1）数据平面

NSX 数据平面由 NSX vSwitch 实现。NSX for vSphere 中的 vSwitch 基于 VDS，并添加了其他组件以启用丰富的服务。附加 NSX 组件包括作为 VMware 安装捆绑软件（VIB）分发的内核模块。这些模块在虚拟机监控程序内核中运行，提供的服务包括分布式路由、分布式防火墙以及 VxLAN 到 VLAN 的桥接。

NSX VDS 对物理网络进行抽象，从而在虚拟机管理程序中提供访问级别的切换。这对于网络虚拟化至关重要，因为它支持独立于物理结构（如 VLAN）的逻辑网络。

NSX vSwitch 通过使用 VxLAN 协议和集中式网络配置来支持覆盖网络。使用 NSX 进行覆盖网络可实现以下功能。

（1）在现有物理基础架构上的现有 IP 网络上创建灵活的逻辑第 2 层（L2）。

（2）东西向和南北向的敏捷通信配置，同时保持租户之间的隔离。

（3）与覆盖网络无关的应用程序工作负载和 VM，就像它们连接到物理网络一样运行。

（4）虚拟机管理程序的大规模可伸缩性。

数据平面还包含网关设备，这些网关设备可以提供从逻辑网络空间到物理网络（例如，VxLAN 到 VLAN）的通信。此功能可以在 L2（NSX 桥接）或 L3（NSX 路由）上实现。

（1）NSX 逻辑网络组件。

NSX 在软件中忠实地复制了网络和安全服务。

交换：逻辑交换可在结构中的任意位置扩展 L2 网段/IP 子网，而与物理网络设计无关。

路由：IP 子网之间的路由可以在逻辑空间中完成，而流量不会离开管理程序。路由是在虚拟机管理程序内核中直接执行的，而 CPU/内存的开销却最小。这种分布式逻辑路由（DLR）为虚拟基础架构内的流量（即东西向通信）提供了最佳的数据路径。此外，NSX 边缘为与物理网络基础架构进行无缝集成提供了理想的集中点，从而可以处理基于 ECMP 的路由与外部网络的通信（即南北通信）。

与物理网络的连接：NSX 支持 L2 和 L3 网关功能，以提供逻辑空间和物理空间中部署的工作负载之间的通信。

（2）NSX 服务平台。

NSX 是一个服务平台，可同时启用安全服务和分布式防火墙。

这些服务是 NSX 的内置部分，或可从第三方供应商处获得。现有物理设备（如物理负载平衡器、防火墙、系统日志收集器和监视设备）也可以与 NSX 集成。可以通过 NSX 消费模型来协调所有服务，包括以下网络、边缘和安全服务：

边缘防火墙：边缘防火墙服务是 NSX 边缘服务网关（ESG）的一部分。Edge

防火墙提供了基本的外围防火墙保护，可以在物理外围防火墙之外使用。基于 ESG 的防火墙可用于开发 PCI 区域，多租户环境或开发人员风格的连接，而无须将租户间或区域间流量强制到物理网络上。

VPN：L2 VPN、IPSEC VPN 和 SSL VPN 服务，以启用 L2 和 L3 VPN 服务。VPN 服务提供了互连远程数据中心和用户访问的关键用例。

逻辑负载平衡：L4-L7 负载平衡，支持 SSL 终止。负载均衡器有两种不同的外形尺寸，分别支持嵌入式和代理模式配置。负载均衡器在虚拟化环境中提供了关键的用例，从而使 devop 样式的功能能够以拓扑独立的方式支持各种工作负载。

DHCP 和 NAT 服务：支持 DHCP 服务器和 DHCP 转发机制；NAT 服务。

安全服务和分布式防火墙：NSX 包括内置的安全服务——东西向 L2L4 流量的分布式防火墙，南北流量的边缘防火墙以及用于 IP/MAC 身份验证的 SpoofGuard。安全性增强直接在内核和 vNIC 级别完成。通过避免物理设备上的瓶颈，可以实现高度可扩展的防火墙规则实施。防火墙分布在内核中，从而在启用线速性能的同时将 CPU 开销降至最低。

NSX 还提供了可扩展的平台，可用于部署和配置第三方供应商服务。示例包括虚拟外形负载平衡器（如 F5 BIG-IP LTM）和网络监控设备（如 Gigamon-GigaVUE-VM）。这些服务与现有物理设备（如物理负载平衡器和 IPAM/DHCP 服务器解决方案）的集成非常简单。NSX 还提供了可扩展的框架，允许安全厂商提供安全服务的保护伞。流行的产品包括防病毒/反恶意软件/反机器人解决方案、L7 防火墙、IPS/IDS（基于主机和网络）服务、文件完整性监控以及来宾 VM 的漏洞管理。

2）控制平面

NSX 控制器是 NSX 控制平面的关键部分。在具有 vSphere Distributed Switch（VDS）的 vSphere 环境中，控制器启用无多播的 VxLAN 并控制诸如分布式逻辑路由（DLR）之类的元素的控制平面编程。数据传输的稳定性和可靠性是网络中的核心问题。NSX 控制器是控制平面的一部分；它在逻辑上与所有数据平面流量分开。为了进一步增强高可用性和可伸缩性，NSX 控制器节点部署在奇数实例的群集中。

除控制器外，控制 VM 还提供路由控制平面，该控制平面允许在 ESXi 中进行本地转发，并允许 ESXI 和 Edge VM 提供的南北路由之间的动态路由。了解数据平面流量永远不会穿越控制平面组件非常重要。

3）管理平面和消费平台

NSX 管理器是 NSX 生态系统的管理平面。NSX Manager 提供以下方面的配置和编排：

（1）逻辑网络组件——逻辑交换和路由；

（2）网络和边缘服务；

（3）安全服务和分布式防火墙。

可以通过 NSX Manager 的内置组件或集成的第三方供应商来提供边缘服务和安全服务。NSX Manager 允许对内置和外部服务进行无缝编排。

所有安全服务（无论内置的还是第三方的）均由 NSX 管理平面部署和配置。管理平面提供了一个用于查看服务可用性的窗口。它还有利于基于策略的服务链，上下文共享和服务间事件处理。这简化了安全状况的审核，也简化了基于身份的控件的应用。

可以通过 vSphere Web UI 使用内置的 NSX 功能或集成的第三方供应商服务。NSX Manager 还提供了 REST API 入口点以自动使用。这种灵活的架构允许通过任何云管理平台，安全供应商平台或自动化框架实现所有配置和监视方面的自动化。

2. NSX 功能组件

NSX 逻辑网络利用两种类型的访问层实体——系统管理程序访问层和网关访问层。管理程序访问层代表虚拟端点（如 VM、服务点）到逻辑网络的连接点。网关访问层为部署在物理网络基础结构中的设备提供到逻辑空间的 L2 和 L3 连接。

如图 6-36 所示，NSX 平台由多个组件组成，负责平台管理、流量控制和服务交付。以下各节详细介绍了它们的功能和操作细节。

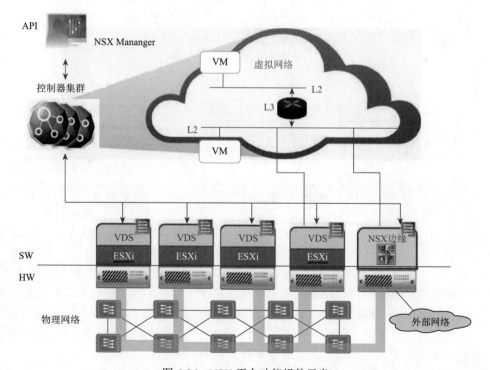

图 6-36　NSX 平台功能组件示意

1）NSX Manager

NSX Manager 是管理平面虚拟设备。它充当用于 NSX 的 REST API 的入口点，可帮助自动化逻辑网络的部署和管理。在 NSX 体系结构中，NSX Manager 紧密连接到管理计算基础架构的 vCenter Server。NSX Manager 和 vCenter 之间存在 1∶1 的关系。NSX Manager 为 vCenter Web UI 提供了网络和安全性插件，使管理员可以配置和控制 NSX 功能。

如图 6-37 中突出显示，NSX Manager 负责控制器群集的部署和 ESXi 主机准备。主机准备过程将安装各种 vSphere 安装软件包（VIB），以启用 VxLAN、分布式路由、分布式防火墙和用于控制平面通信的用户环境代理。NSX Manager 还负责 NSX 边缘服务网关和关联的网络服务（如负载平衡、防火墙、NAT 等）的部署和配置。在后面内容中将更详细地描述此功能。

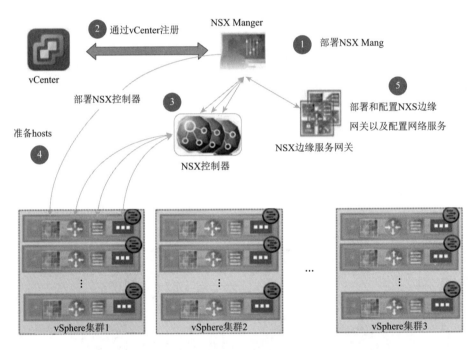

图 6-37　vSphere Web Client 内的 NSX Manager 插件

NSX 管理器还确保 NSX 体系结构的控制平面通信的安全性。它为应允许加入 NSX 域的控制器群集和 ESXi 主机的节点创建自签名证书。NSX Manager 通过安全通道将这些证书安装到 ESXi 主机和 NSX 控制器。通过验证证书对 NSX 实体进行相互认证。一旦完成相互认证，就对控制平面通信进行加密。

NSX Manager 是虚拟机和基于 IP 的设备，因此建议利用标准 vSphere 功能

（如 vSphere HA）来确保 NSX Manager 在其 ESXi 主机发生故障时可以动态移动。请注意，这种故障情况只会影响 NSX 管理平面。已经部署的逻辑网络将继续无缝运行。NSX Manager 中断可能仅影响特定功能，例如，基于身份的防火墙或流监视集合。

通过从 NSX Manager GUI 执行按需备份，可以随时备份 NSX Manager 数据（如系统配置、事件、审核日志表）。还可以安排要执行的定期备份（如每小时、每天或每周）。只有在可以访问以前备份的实例之一的新部署的 NSX Manager 设备上才可以还原备份。

NSX Manager 需要 IP 连接到 vCenter、控制器、NSX 边缘资源和 ESXi 主机。NSX Manager 通常与 vCenter 驻留在同一子网（VLAN）中，并通过管理网络进行通信。NSX Manager 支持子网间 IP 通信，其中设计限制要求子网与 vCenter 分开（如安全策略、多域管理）。

2）控制器集群

NSX 平台中的控制器集群是控制平面组件，负责管理系统管理程序交换和路由模块。控制器集群由管理特定逻辑交换机的控制器节点组成。在管理基于 VxLAN 的逻辑交换机时使用控制器群集，无须在物理层上进行 VxLAN 覆盖的多播配置。

NSX 控制器支持 ARP 抑制机制，从而减少了在连接虚拟机的 L2 网络域上泛洪 ARP 广播请求的需求。不同的 VxLAN 复制模式和 ARP 抑制机制将在"逻辑交换"部分中详细讨论。

为了提高弹性和性能，控制器 VM 的生产部署应位于三个不同的主机中。NSX 控制器集群代表一个横向扩展的分布式系统，在该系统中，每个控制器节点都被分配了一组角色，这些角色定义了该节点可以执行的任务的类型。

为了提高 NSX 体系结构的可伸缩性特性，采用了切片机制以确保所有控制器节点可以在任何给定时间处于活动状态。

图 6-38 说明了不同群集节点之间的角色和职责分配。这说明了不同的控制器节点如何充当给定实体（如逻辑交换、逻辑路由和其他服务）的主节点。控制器群集中的每个节点均由唯一的 IP 地址标识。当 ESXi 主机与集群的一个成员建立控制平面连接时，其他成员的 IP 地址的完整列表将向下传递到该主机。这可以与控制器集的所有成员建立通信通道，从而使 ESXi 主机在任何给定时间知道哪个特定节点负责任何给定逻辑网络。

在控制器节点发生故障的情况下，该节点拥有的片将重新分配给集群的其余成员。为了使该机制具有弹性和确定性，对于每个角色，选择一个控制器节点作为主节点。主节点负责将切片分配给各个控制器节点，确定节点何时发生故障，并将切片重新分配给其他节点。主服务器还将群集节点的故障通知 ESXi 主机，以便它们可以更新其内部节点所有权映射。选举每个角色的主节点需要对集群中所有活动和非活动节点进行多数表决。这就是必须始终使用奇数个节点部署控制器群集的主要原因。

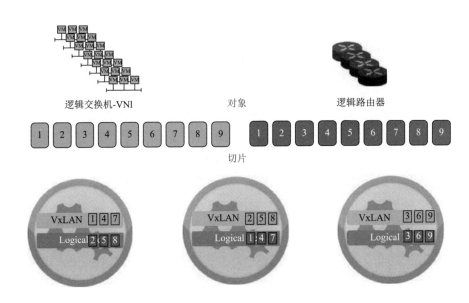

图 6-38　切片控制器群集节点角色

3）VxLAN

Overlay 技术的部署已经变得非常流行，因为它们具有将逻辑空间中的连接与物理网络基础结构分离的功能。连接到逻辑网络的设备与基础物理基础结构配置无关，物理网络实际上成为用于传输 Overlay 流量的底板。

虚拟可扩展局域网（VxLAN）已成为"事实上的"标准覆盖技术，并已被多家供应商所采用。VMware 与 Arista、Broadcom、Cisco、Citrix、Red Hat 和其他公司联合开发了它。部署 VxLAN 是构建逻辑网络的关键，该逻辑网络可在工作负载之间提供 L2 邻接，而不会出现传统 L2 技术中存在的问题和可扩展性问题。VxLAN 是一种 Overlay 技术，它封装了由虚拟或物理工作负载（连接到同一逻辑第 2 层网段，通常称为逻辑交换机（LS））生成的原始以太网帧。

图 6-39 描述了利用 VxLAN Overlay 功能在连接到不同 ESXi 主机的虚拟机之间建立 L2 通信所需的高级步骤：VM1 发出发往同一 L2 逻辑网段/IP 子网的 VM2 部分的帧；源 ESXi 主机标识将 VM2 连接到的 ESXi 主机（VTEP），并在将帧发送到传输网络之前对其进行封装；仅需要传输网络才能启用源 VTEP 和目标 VTEP 之间的 IP 通信；目标 ESXi 主机利用源 ESXi 主机在 VxLAN 标头中

插入的 VNI 值,接收 VxLAN 帧,对其进行解封装并标识其所属的 L2 段;帧已交付到 VM2。

4)NSX 边缘服务网关

NSX 边缘是用于网络虚拟化的多功能、多用途 VM 设备。NSX 边缘提供的逻辑服务包括:路由、NAT、防火墙、负载均衡、L2/L3 VPN、DHCP/DNS 和 IP 地址管理。其部署根据其用途、拓扑中的位置、弹性性能要求以及状态服务(如负载平衡器、防火墙、VPN 和 SSL)而有所不同。Edge VM 支持两种不同的操作模式。第一种模式是活动备用,其中所有服务均可用。第二种模式是 ECMP 模式,该模式提供高带宽(最多 8 个 Edge VM,每个 DLR 最多支持 80GB 流量)和更快的收敛。在 ECMP 模式下,仅路由服务可用。由于基于 ECMP 的转发中固有的非对称路由,因此无法支持有状态服务。

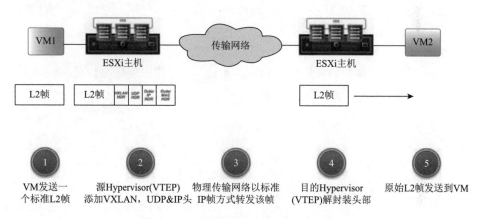

图 6-39　利用 VxLAN 封装进行 L2 通信

5)带有 VDS 的 ESXi 虚拟机管理程序

VDS 是整个 NSX 体系结构的构建块。VDS 现在可在所有 VMware ESXi 虚拟机管理程序上使用,因此其控制和数据平面交互是整个 NSX 体系结构的核心。

6)传输区

传输区定义了可以在物理网络基础结构之间相互通信的 ESXi 主机的集合。该通信通过一个或多个定义为 VxLAN 隧道端点(VTEP)的接口进行。传输区跨一个或多个 ESXi 群集扩展,通常定义逻辑交换机的范围。逻辑交换机、VDS 和传输区之间存在的关系是此概念的核心。VDS 可以跨越多个 ESXi 主机,并且可以从特定 VDS 动态添加或删除单个 ESXi 主机。在实际的 NSX 部署中,很有可能在给定的 NSX 域中定义了多个 VDS。

7)NSX 分布式防火墙(DFW)

NSX DFW 为 NSX 环境中的任何工作负载提供 L2~L4 状态防火墙服务。DFW

在内核空间中运行，并提供近线速网络流量保护。DFW 性能和吞吐量通过添加新的 ESXi 主机线性扩展。主机准备过程完成后，将激活 DFW。如果虚拟机不需要 DFW 服务，则可以将其添加到排除列表功能中。默认情况下，NSX Manager、NSX Controller 和 Edge 服务网关自动从 DFW 功能中排除。

3. NSX 功能服务

在 NSX 体系结构的上下文中，逻辑网络功能（如交换、路由、安全性）可以视为具有实现多种功能的数据包转发管道，包括 L2/L3 转发、安全过滤和数据包排队。与物理交换机或路由器不同，NSX 不依赖单个设备来实现整个转发管道。相反地，NSX 控制器在所有相关的 ESXi 主机上创建数据包处理规则，以模仿单个逻辑设备将如何处理数据。可以将那些管理程序视为实现逻辑网络功能流水线一部分的线卡。连接 ESXi 主机的物理网络用作将数据包从一个线卡传输到另一线卡的背板。

1）多层应用程序部署示例

图 6-40 显示了典型的多层应用程序体系结构。后面内容将讨论动态创建此类应用程序所需的功能：逻辑交换、路由和其他服务。

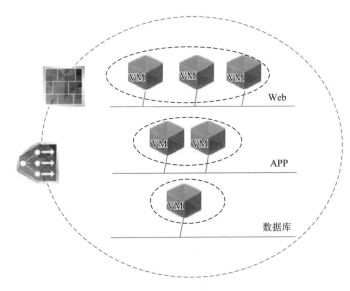

图 6-40　多层应用程序的部署

2）逻辑交换

NSX 平台中的逻辑交换功能提供了启动隔离的逻辑 L2 网络的功能，具有与虚拟机相同的灵活性和敏捷性。虚拟和物理端点都可以连接到逻辑段，并独立于其在数据中心网络中的物理位置建立连接。这是通过将网络基础架构与 NSX 网络虚拟化提供的逻辑网络（即底层网络与覆盖网络）解耦来实现的。

图 6-41 给出了逻辑交换部署的逻辑和物理网络视图。在此图中，使用 VxLAN 覆盖技术可以通过使用逻辑交换机在多个服务器机架上扩展 L2 域。此扩展独立于特定的底层 Intrack 连接（如 L2 或 L3）。

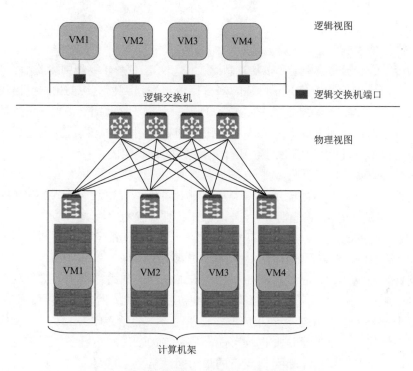

图 6-41　逻辑交换（逻辑和物理网络视图）

当与前面讨论的多层应用程序结合使用时，逻辑交换允许创建映射到不同工作负载层的不同 L2 段，从而支持虚拟机和物理主机。

逻辑交换功能必须在每个段中都启用虚拟到虚拟和虚拟到物理的通信。当无法将逻辑到物理地址空间分开时，将启用 NSX VxLAN 到 VLAN 桥接功能。桥接的用例包括工作负载的迁移以及嵌入式应用程序依赖项无法更改其 IP 地址的情况。逻辑交换由网段 ID（VxLAN ID）定义，并且对于每个 NSX Manager 都是唯一的。从 NSX 6.2 版本开始，需要进行段 ID 范围规划，以启用跨 VC 连接。

其中，对于多目标流量的复制模式这一应用场景，即当连接到不同 ESXi 主机的两个 VM 需要直接通信时，在与其关联的虚拟机管理程序关联的 VTEP IP 地址之间交换单播 VxLAN 封装的流量。由 VM 发起的流量也可能需要发送到属于同一逻辑交换机的所有其他 VM。这种 L2 流量类型的特定实例包括广播、未知单播和组播。使用首字母缩写词 BUM（Broadcast 广播、Unicast 单播、Multicast 多播）共同引用这些多目标流量类型。

在每种情况下，必须将给定 ESXi 主机发出的流量复制到多个远程站点。NSX 支持三种不同的复制模式，以在 VxLAN 支持的逻辑交换机上启用多目标通信：多播、单播和混合。默认情况下，逻辑交换机从传输区域继承其复制模式，尽管可以在逻辑交换机级别覆盖此行为。

（1）组播模式。

为给定的逻辑交换机选择多播复制模式时，NSX 依赖于物理网络的本机 L2/L3 多播功能，以确保将 VxLAN 封装的多目标流量发送到所有 VTEP。组播模式是处理 VxLAN IETF 草案指定的 BUM 流量的过程，并且不利用 NSX 在引入控制器群集时带来的任何增强。此行为不利用逻辑和物理网络的解耦，因为逻辑空间中的通信是根据物理网络基础结构中所需的多播配置确定的。

在这种模式下，必须将多播 IP 地址关联到每个已定义的 VxLAN L2 网段（即逻辑交换机）。L2 多播功能用于将流量复制到本地网段中的所有 VTEP（即属于同一 IP 子网的 VTEP IP 地址）。此外，应在物理交换机上配置 IGMP 侦听，以优化 L2 多播流量的传递。为确保将多播流量也传递到与源 VTEP 不同的子网中的 VTEP，网络管理员必须配置 PIM 并启用 L3 多播路由。

配置组播模式时，必须考虑如何在 VxLAN 网段和组播组之间进行映射。第一种选择是执行 1∶1 映射。这具有以非常细粒度的方式提供多播流量传递的优点。仅当至少一个本地 VM 连接到相应的多播组时，一台给定 ESXi 主机才会接收该多播组的流量。不利的是，此选项可能会显著增加物理网络设备中所需的多播状态数量，并且了解这些平台可以支持的最大组数量至关重要。另一种选择是所有定义的 VxLAN 网段利用单个多播组。这极大地减少了传输基础架构中多播状态的数量，但可能导致 ESXi 主机接收不必要的流量。

最常见的策略是决定在这两个选项之间权衡取舍的情况下部署 $m∶n$ 映射比率。使用此配置，每次实例化一个新的 VxLAN 段时，最大可达到指定的最大 "m" 值。它将以循环方式映射到指定范围的多播组部分。在此实现中，VxLAN 段 "1" 和 "$n+1$" 将使用同一组。此处描述的多播模式详细信息有助于建立所需的知识基线，以更好地理解和欣赏 NSX 通过其他两个选项（即单播和混合模式）而可能实现的增强功能。

（2）单播模式。

单播模式代表与多播模式相反的方法，在多播模式中，逻辑和物理网络完全分离。在单播模式下，NSX 域中的 ESXi 主机根据 VTEP 接口的 IP 子网分为单独的组（即 VTEP 段）。选择每个 VTEP 段中的 ESXi 主机以扮演单播隧道端点（UTEP）

的角色。UTEP 负责复制从托管不同 VTEP 网段中的 VM 的 ESXi 虚拟机监控程序收到的多目标流量。它将流量分配到其自身网段中的所有 ESXi 主机（即其 VTEP 属于 UTEP VTEP 接口的同一子网的主机）。

为了优化复制行为，每个 UTEP 只会将流量复制到本地段上的 ESXi 主机，该主机上至少有一个 VM 已主动连接到目的地为多目标流量的逻辑网络。以相同的方式，只有在该远程段中至少有一个活动 VM 连接到 ESXi 主机时，流量才会由源 ESXi 发送到远程 UTEP。

单播模式复制模式不需要在物理网络上进行显式配置即可启用多目标 VxLAN 流量的分发。此模式可用于 BUM 流量不高且 NSX 部署在 L2 拓扑（所有 VTEP 都位于同一子网中）的中小型环境中。单播模式还可以与 L3 拓扑很好地扩展，在 L3 拓扑中可以清楚地标识 UTEP 边界（例如，每个 L3 机架都有自己的 VTEP 子网）。通过在所有参与主机之间分散负担，可以管理 BUM 复制不断增加的负载。

（3）混合模式。

混合模式提供类似于单播模式的操作简便性——物理网络中不需要 IP 多播路由配置——同时利用物理交换机的 L2 多播功能。其中特定的 VTEP 负责执行到名为"MTEP"的其他本地 VTEP 的复制。在混合模式下，MTEP 使用 L2 Multicast 在本地复制 BUM 帧，而 UTEP 利用 Unicast 帧。

混合模式通过帮助单播的简单性在第二层扩展组播，允许在大型 L2 拓扑中部署 NSX。它还允许在不要求 PIM 将多播（BUM 帧）转发到第 3 层 ToR 边界之外的情况下扩展 L3 Leafspine 拓扑，同时仍然允许在物理交换机中进行多播复制以进行第 2 层 BUM 复制。总之，无论底层拓扑如何，混合模式都能满足大规模设计中 BUM 复制的要求。

3）逻辑路由

NSX 平台中的逻辑路由功能提供了互连部署在不同逻辑 L2 网络中的虚拟和物理端点的功能。由于网络基础结构与网络虚拟化部署提供的逻辑网络之间的脱钩，因此这是可能的。

图 6-42 显示了互连两个逻辑交换机的路由拓扑的逻辑视图和相应的物理视图。

通常有两种情况需要部署逻辑路由：单独的逻辑 L2 域的互连端点（逻辑或物理），或逻辑 L2 域的互连端点以及部署在外部 L3 物理基础架构中的设备第一种通信通常局限于数据中心，称为东西方通信。第二种是南北通信，它提供从外部物理世界（如广域网、互联网或内部网）到数据中心的连接。

在多层应用程序部署示例中，逻辑路由既是在不同应用程序层之间进行互连所需的功能（如东西向通信），又是提供从外部 L3 域访问 Web 层（北向）的机制。这些关系如图 6-43 所示。

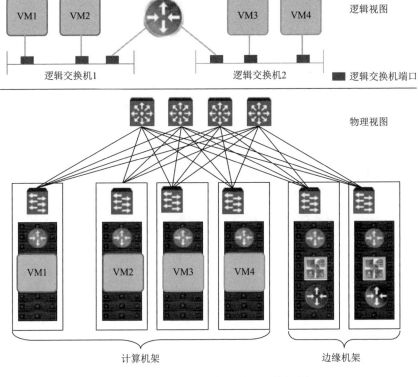

图 6-42　逻辑路由（逻辑和物理网络视图）

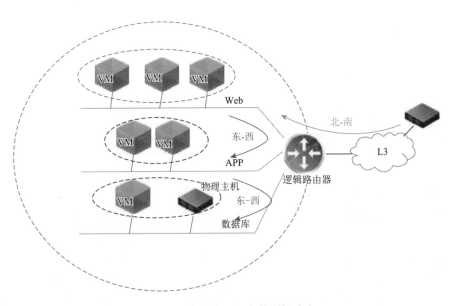

图 6-43　多层应用程序的逻辑路由

4）逻辑防火墙和安全服务

在保护多层工作负载时，NSX 平台支持两个关键功能。首先，它的本机支持逻辑防火墙功能，可为多层工作负载提供状态保护。其次，NSX 是一个安全服务平台，可启用多供应商安全服务和服务插入以保护应用程序工作负载。逻辑防火墙正在保护多层工作负载。

VMware NSX 平台包括两个防火墙组件：NSX ESG 提供的集中式防火墙服务；以及在内核中作为 VIB 软件包在给定 NSX 域的所有 ESXi 主机上启用的分布式防火墙（DFW）。DFW 为防火墙提供近线速性能、虚拟化、身份识别、活动监控以及网络虚拟化的其他网络安全功能。

5）逻辑负载平衡

负载平衡是 NSX 内可用的另一种网络服务，可以在 NSX 边缘设备上本地启用。部署负载平衡器的两个主要驱动因素是通过在多个服务器之间分配工作负载并提高其高可用性特性来扩展应用程序。

NSX 负载平衡服务是专为 IT 自动化设计的 IT 和开发人员风格的部署，因此可以通过 API 进行完全编程，同时利用与其他 NSX 网络服务相同的管理和监视中心点。

其功能足够全面，可以满足大多数应用程序部署的需求。具体包括：

（1）Edge VM 主备模式可为负载均衡器提供高可用性；

（2）支持任何 TCP 应用程序，包括 LDAP、FTP、HTTP 和 HTTPS；

（3）从 NSX 6.1 版开始支持 UDP 应用程序；

（4）多种负载平衡分配算法：循环、最少连接、源 IP 散列和 URI；

（5）多种健康检查：TCP、HTTP 和 HTTPS（包括内容检查）；

（6）持久性：源 IP、MSRDP、cookie 和 SSL 会话 ID；

（7）最大限制连接数和每秒的连接数；

（8）L7 操作，包括 URL 阻止、URL 重写和内容重写；

（9）通过支持 SSL 卸载进行优化；

（10）NSX 平台还可以集成第三方供应商提供的负载平衡服务；

（11）NSX 边缘提供对两种部署模型的支持：单臂或代理模式，以及内联或透明模式。

6）虚拟专用网（VPN）服务

本章描述的最后两个 NSX 逻辑网络功能是 VPN 服务，将其分类为 L2 VPN 和 L3 VPN。

（1）L2 VPN。

L2 VPN 服务的部署允许扩展两个数据中心位置之间的 L2 连接。对于企业和 SP 部署，有几种可以从此功能中受益的用例：

①企业工作负载迁移/数据中心整合；

②服务提供商租户入职；

③云爆发/混合云；

④扩展的应用程序层/混合云。

图 6-44 突出显示了部署在单独数据中心站点中的一对 NSX 边缘设备之间的 L2 VPN 隧道的创建。

此特定部署的一些注意事项包括如下内容。

①L2 VPN 连接是一个 SSL 隧道，用于连接每个位置的独立网络。所连接的网络提供到相同地址空间（如 IP 子网）的连接。这就是使它成为 L2 VPN 服务的特征。

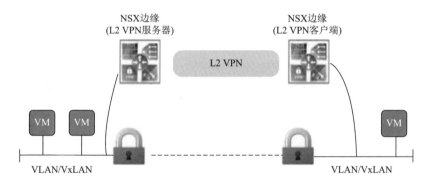

图 6-44　L2 VPN 服务的 NSX 边缘

②本地网络可以是任何性质的 VLAN 或 VxLAN。此外，L2 VPN 服务可以连接不同性质的网络，例如，将一个站点上的 VLAN 和另一站点上的 VxLAN 连接起来。

③L2 VPN 可以在两个位置之间建立的点对点服务。部署在一个数据中心站点中的 NSX 边缘充当 L2 VPN 服务器的角色，而位于第二个站点的 NSX 边缘是发起与服务器连接的 L2 VPN 客户端。

④NSX L2 VPN 通常在由服务提供商提供或由企业拥有的跨站点互连的网络基础结构中部署。在延迟、带宽或 MTU 方面，对网络没有特殊要求。NSX L2 VPN 服务旨在跨任何质量的网络连接工作。

（2）L3 VPN。

L3 VPN 服务用于提供从远程位置到数据中心网络的安全 L3 连接。

如图 6-45 中突出显示的那样，远程客户端可以利用 SSL 隧道来使用 L3 VPN 服务，以安全地连接到充当数据中心中 L3 VPN 服务器的 NSX 边缘网关后面的专用网络。此服务通常称为 SSL VPN-Plus。

图 6-45　NSX L3 VPN 服务

另外，NSX 边缘可以部署为使用标准 IPSec 协议设置与所有主要的物理 VPN 供应商的设备进行互操作，并建立站点到站点的安全 L3 连接。可以将多个远程 IP 子网连接到 NSX 边缘后面的内部网络。与先前描述的 L2 VPN 服务不同，在这种情况下，由于远程和本地子网是不同地址空间的一部分，因此可以使用路由连接。在当前的实现中，在 IPSec 连接中支持仅单播通信。因此无法使用动态路由协议，并且需要静态路由配置。

6.4.2　其他数据中心网络虚拟化方案介绍与比较

1. 其他数据中心网络虚拟化方案介绍

数据中心网络的虚拟化仍处于起步阶段，最近的研究主要集中在如何提供基本功能和特性，包括数据中心网络资源的分区、数据包转发方案和网络性能隔离。因此，我们将对已有的数据中心网络虚拟化方案集中在以下几个方面。

（1）数据包转发方案，指定用于在虚拟节点之间转发数据包的规则。

（2）带宽保证和相对带宽共享机制，分别提供网络性能隔离和更高效的网络资源共享。

（3）多路径技术，用于在不同路径之间传播流量，以改善负载平衡和容错。

然而，在虚拟化数据中心时还有其他值得考虑的功能，如安全性、可编程性、可管理性、节能和容错。在后面内容中，我们将简要介绍在本章中关注的功能，然后对提案进行调查。

转发方案规定了通过将元素从传入端口切换到传出端口来发送数据包的规则。FIB 允许在做出有关数据包转发的决定时将 MAC 地址映射到交换机端口。

为了支持相对带宽共享，可以使用拥塞控制隧道，通常在垫片层内实现，该垫片层拦截进入和离开服务器的所有分组。每个隧道与作为速率限制器实现的该隧道上的允许发送速率相关联。其他替代方案是用于处理 TCP 流量的组分配，用于控制 UDP 流量的速率限制，以及用于支持更一般策略的集中分配，例如，处理特定流。第一种选择使用公平排队；第二种选择依赖 UDP 下面的垫片层。

实现带宽保证的技术之一是使用速率限制器。特别地，速率限制器模块被合并到每个物理机器的管理程序中；它的作用是确保每个 VM 不超过分配的带宽。GateKeeper 在 Linux 管理程序（dom 0）中作为用户级进程运行。它依赖于 Open vSwitch（也在虚拟机管理程序中运行）来跟踪每个流的速率。GateKeeper 中的带宽保证是使用在终端主机中的 XEN 管理程序（dom 0）实现的，具体依赖 Linux 分层令牌桶（HTB）调度程序实现的速率限制器。CloudNaaS 依赖于 Open vSwitch，虽然没有明确说明，但它可以用于速率限制。位于终端主机的速率限制器的部署使得可以避免在交换机处明确的带宽预留，只要 VDC 管理框架确保跨越每个交换机的流量不超过相应的链路容量。

数据中心网络中使用的主要多路径机制是 ECMP（等价多路径）和 VLB（Valiant 负载均衡）。为了实现负载平衡，ECMP 在多个路径之间传播流量，这些路径具有由路由协议计算的相同成本。VLB 选择一个随机中间交换机，负责将传入流转发到其相应的目的地。ECMP 和 VLB 在 L3 交换机中实现。另外，数据中心网络中可用的路径分集不仅可以用于提供容错，还可以用于改善负载平衡。特别地，实现负载平衡的一种有效技术是创建多个 VLAN，这些 VLAN 映射到每个源和目的地对之间的不同路径。这允许跨不同路径分配流量。

在表 6-3 中，我们根据所涵盖的特征提供了被调查方案的分类，并强调方案可能涉及多个特征。选中标记显示调查提案所固有的功能。

表 6-3　调研方案分类

方案	特性			
	转发方案	带宽保障	多路径	相对带宽共享
传统 DC	√		√	
SPAIN			√	
Diverter	√			
NetLord	√		√	
VICTOR	√			
VL2	√		√	

方案	特性			
	转发方案	带宽保障	多路径	相对带宽共享
P ortLand	√		√	
Oktopus		√		
SecondNet	√	√		
Seawall				√
Gatekeeper		√		
NetShare			√	√
SEC2	√			
CloudNaaS	√	√		

1）传统数据中心

当前数据中心架构中的虚拟化通常通过服务器虚拟化来实现。每个租户拥有一组虚拟服务器（机器），租户之间的隔离是通过 VLAN 实现的。依赖于这种简单设计的数据中心可以使用商业交换机和流行的管理程序技术（如 VMware、XEN）来实现。此外，租户可以定义自己的第 2 层和第 3 层地址空间。

当前数据中心体系结构的主要限制是可扩展性，因为商品交换机不是设计用于处理大量 VM 以及由此产生的流量。特别地，交换机必须在每个 VM 的 FIB（转发信息库）中维护一个条目，这可以显著增加转发表的大小。此外，由于 VLAN 用于实现租户之间的隔离，因此租户数量限制为 4096（802.1q 标准允许的 VLAN 数量）。

2）Diverter

支持 IP 网络的逻辑分区对于在数据中心等大型多租户环境中更好地适应应用和服务需求至关重要。Diverter 是一种纯软件方法，用于数据中心网络的网络虚拟化，不需要配置交换机或路由器。

Diverter 在安装在每台物理机器上的软件模块（称为 VNET）中实现。当 VM 发送以太网帧时，VNET 将分别由托管源 VM 和目标 VM 的物理机替换源 MAC 地址和目的 MAC 地址。然后，交换机使用物理机的 MAC 地址执行数据包转发。VNET 使用 ARP 协议的修改版本来发现托管特定 VM 的任何物理机器。Diverter 要求每个 VM 都具有编码租户标识、子网和虚拟机地址的 IP 地址格式（当前使用 10.tenant.subnet.vm）；因此，租户之间不会发生地址冲突。VNET 使用 MAC 地址重写在子网之间执行路由，这给出了遍历网关的错觉。总而言之，Diverter 提供第 3 层网络虚拟化，允许每个租户控制自己的 IP 子网和 VM 地址。

该提案的主要限制是它不提供任何 QoS 保证，作者认为这些保证是未来的工作。

3）NetLord

为了最大限度地提高收入，基础设施即服务（IaaS）的提供商对充分利用其
资源感兴趣。实现这一目标的最有效方法之一是使用共享基础架构最大化租户数
量。NetLord 是一种网络架构，致力于数据中心租户数量的可扩展性。该体系结构
虚拟化 L2 和 L3 租户地址空间，允许租户根据需要和部署的应用程序设计和部署
自己的地址空间。

图 6-46 中呈现的 NetLord 的关键思想是封装租户 L2 数据包，并通过采用
L2 + L3 封装的 L2 结构传输它们。L2 报头指定源 VM 和目的 VM 的 MAC 地址。
在每个物理服务器上部署的源 NetLord 代理（NLA）控制服务器上的所有 VM。
具体地说，它通过如下添加额外的 L2 报头和 L3 报头来封装 L2 分组。额外的源
和目的地 L2 地址分别确定托管源 VM 的服务器的入口和出口交换机的 MAC 地
址。额外的源 IP 地址显示租户 MAC 地址空间的 ID，这使租户能够使用多个 L2 空
间。额外的目标 IP 地址指定用于将数据包转发到目标服务器的出口交换机的端
口，以及托管源和目标 VM 的租户的 ID。

数据包通过数据中心网络基础 L2 结构中 SPAIN 的 VLAN 选择算法选择的路
径传输到出口交换机（依赖于现有商用以太网交换机中的 VLAN 支持以提供多路
径的方案）。从出口交换机到目的地服务器的分组转发基于出口端口的 L3 查找。
NLA 使用租户的 ID 及其 MAC 地址空间以及封装的租户分组中的 VM 的目的地
L2 地址，将目的地服务器上的分组转发到目的地 VM。为了支持虚拟路由，NetLord
使用与 Diverter 相同的路由机制。为支持 SPAIN 多路径并保留每个租户配置信息，
NetLord 使用多个数据库。

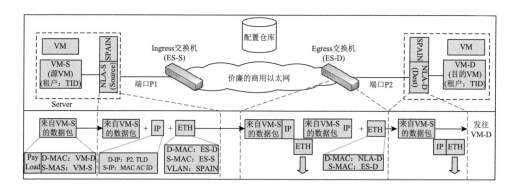

图 6-46　NetLord 架构

NetLord 假设边缘交换机支持基本的 IP 转发，但并非每个商用现成（COTS）
交换机都能做到这一点。所提出的封装意味着更大的数据包，这会增加丢包和碎

片。此外，NetLord 使用 SPAIN 进行基于每个流的多路径转发，这是不可扩展的。最后，虽然该架构提供了租户之间的隔离，但它不支持任何带宽保证。

4）VICTOR

云租户需要跨数据中心迁移服务，平衡数据中心内部和跨数据中心的负载，或优化其服务的性能。另外，云用户希望快速有效地提供服务和数据。允许实现租户和用户的上述目标的一种方法是 VM 的迁移。为避免服务中断，VM 应在迁移期间保留相同的 IP 地址。虽然这不是同一 IP 网络内迁移的挑战，但提供不同网络的迁移并不简单。VICTOR（虚拟集群开放路由器）是一种网络架构，用于支持跨多个网络迁移 VM，从而可以迁移 VM 以保留其原始 IP 地址。

图 6-47 中所示的 VICTOR 的主要思想是创建一个转发元素（Forward Element，FE）集群（L3 设备），作为具有单个虚拟化路由器的多个虚拟端口的虚拟线路卡。因此，FE 的聚合为网络中的流量执行数据转发。FE 分布在多个网络上，这有助于支持跨多个网络迁移 VM。控制平面由一个或多个集中控制器（CC）支持。VM 部署在仅连接到一个边缘 FE 的服务器上。CC 维护一个拓扑表，用于指定 FE 之间的连接，以及一个地址表，用于确定每个 VM 与 FE 之间的连接性，托管 VM 的服务器连接到该 FE。CC 计算从每个 FE 到 VM 的路由路径，并在 FE 之间传播该信息，这依赖于这些路由表来转发数据包。

VICTOR 的主要限制是它需要支持大尺寸的 FIB，导致有关 FE 的可扩展性问题。

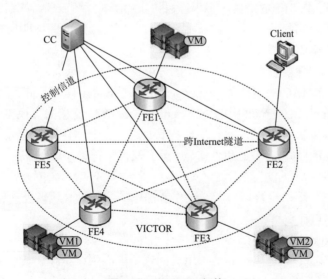

图 6-47　VICTOR 架构

5）VL2

VL2 是一种数据中心网络架构，旨在实现资源分配的灵活性。在 VL2 中，属于租户的所有服务器（本章中称为"服务"）共享单个寻址空间，而无论其物理位置如何，这意味着可以将任何服务器分配给任何租户。

VL2 基于非超额订购的 Clos 拓扑，可提供路由和弹性的简便性。使用两种类型的 IP 地址转发数据包：分别由交换机和服务器使用的特定于位置的地址（LA）和特定于应用程序的地址（AA）。VL2 依赖于 AA-to-LA 映射的目录系统。在发送数据包之前，VL2 服务器使用目标 ToR 的 LA 地址封装数据包。交换机不知道 AA 寻址，因为它们仅使用 LA 转发数据包。在目标 ToR 上，数据包被解封装并传送到目标 AA 服务器。为了利用路径分集，VL2 设计依赖 VLB 和 ECMP 在多个路径之间传播流量。

交换机和服务器的寻址空间之间的分离提高了 VL2 的可扩展性，因为 ToR 不必存储大量服务器的转发信息。此外，VL2 目录系统消除了对 ARP 和 DHCP 请求的需要，ARP 和 DHCP 请求是数据中心中广播流量的常见来源。此外，VLB 和 ECMP 允许在故障后网络正常降级。

VL2 的一个限制是服务器之间缺乏绝对带宽保证，这是许多应用（如多媒体服务）所要求的。该提议还高度耦合到底层（Clos）拓扑，并要求交换机实现 OSPF、ECMP 和 IP-in-IP 封装，这可能会限制其部署。

6）PortLand

VM 群体可扩展性，以及高效的 VM 迁移和易管理性是当前和下一代数据中心的重要特征。PortLand 解决了多根胖树拓扑的所有这些问题。特别地，该体系结构提出了采用该拓扑的属性的 L2 路由机制。它支持 L2 的即插即用功能，显著简化了数据中心网络的管理。

PortLand 的主要思想是使用 VM 的分层伪 MAC（PMAC）寻址来进行 L2 路由。特别地，PMAC 的格式为 pod.position.port.vmid，其中 pod 是边缘交换机的 pod 号，position 是它在 pod 中的位置，port 是 end-host 连接的交换机端口号，vmid 是部署在终端主机上的 VM 的 ID。结构管理器（在专用计算机上运行的进程）负责帮助进行 ARP 解析、多播和容错。边缘交换机将托管 VM 的服务器连接到该边缘交换机，将 VM 的实际 MAC（AMAC）映射到 PMAC。拓扑中的交换机的位置可以由管理员手动设置，或者通过作者提出的依赖于底层拓扑属性的位置发现协议（LDP）自动设置。

另外，PortLand 也存在一些限制架构的问题。首先，它需要多根胖树拓扑结构，使得 PortLand 不适用于其他使用过的数据中心网络拓扑。其次，单个服务器（即结构管理器）解析 ARP 请求使得该体系结构容易受到结构管理器上的恶意攻击，如果结构管理器未能执行地址解析，则导致服务不可用。最后，每个边缘交换机应至少有一半的端口连接到服务器。

7）SEC2

为了确保在数据中心上广泛采用云计算，为所有租户提供安全保障非常重要。特别地，重要的安全问题之一是隔离专用于不同租户的虚拟网络。尽管使用 VLAN 可能是支持数据中心中隔离网络的潜在解决方案，但 VLAN 存在一些限制。首先，由于 VLAN ID 空间的限制，最大 VLAN 数为 4000 左右。其次，每个用户对安全策略的控制是一项挑战。最后，在同一数据中心网络中具有大量 VLAN 可能导致网络管理存在复杂性和增加控制开销。安全弹性云计算（SEC2）旨在通过分离数据包转发和访问控制来解决这些问题。

SEC2 是一种数据中心网络架构，使用网络虚拟化技术提供安全的弹性云计算服务，如图 6-48 所示。网络虚拟化通过转发元素（FE）和控制器得到支持。FE 本质上是以太网交换机，能够从存储地址映射和策略数据库的远程 CC 进行控制。FE 执行地址映射、策略检查和实施以及数据包转发。网络体系结构有两个级别：一个核心域和多个包含物理主机的边缘域。边缘域被分配唯一的 eid，并且通过一个或多个 FE 连接到核心域。每个客户子网都有唯一的 cnet id，因此可以通过（cnet id，IP）标识 VM。为了隔离每个边缘域内的不同客户，SEC2 使用范围限制在相同边缘域内的 VLAN，从而消除了由于 VLAN ID 大小对支持客户数量的限制。如果客户提供对 VM 的公共访问，则 FE 会在到达专用网络之前强制所有外部数据包遍历防火墙和 NAT 中间件。SEC2 的优势在于它不需要跨整个数据中心网络的专用路由器或交换机。此外，SEC2 支持 VM 迁移和VPC（虚拟私有云）服务，其中云中的每个用户专用网络都通过 VPN 连接到其现场网络。

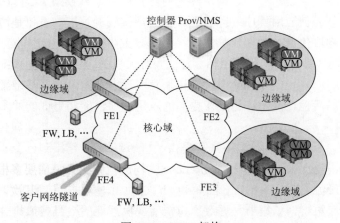

图 6-48　SEC2 架构

SEC2 的一个限制是一个边缘域不能支持超过 4096 个不同租户的 VLAN。

此外，由于 FE 在目标 VM 不在边缘域内时添加外部 MAC 头，因此 SEC2 需要支持巨型帧的交换机。

8）SPAIN

用于大型以太网 LAN 的当前生成树协议（STP）对于支持现代数据中心网络是低效的，因为它不利用数据中心网络提供的路径分集，导致双节带宽有限且可靠性差。网络中的智能路径分配（SPAIN）使用现有商品以太网交换机中的 VLAN 支持来提供任意拓扑的多路径。

SPAIN 计算边缘交换机对之间的不相交路径，并预先配置 VLAN 以识别这些路径。安装在每个主机上的终端主机代理分布在不同的路径/VLAN 上。为了改善负载平衡并避免故障，代理可以更改某些流的路径。例如，如果流量不是均匀分布在路径上，则代理可以更改某些流使用的 VLAN。代理还通过使用不同的路径检测故障路径并在故障周围重新路由数据包。

虽然 SPAIN 提供多路径，并改善负载平衡和容错，但该提案存在一些可扩展性问题。特别地，虽然 SPAIN 提出的路径计算算法仅在网络拓扑被设计或显著改变时执行，但该方案对于复杂的拓扑结构而言计算成本较高。此外，SPAIN 要求交换机为每个目的地和 VLAN 存储多个条目；与标准以太网相比，它对交换机转发表造成的压力更大。此外，路径数量限制为 802.1q 标准允许的 VLAN 数量（4096）。最后，维护流和 VLAN 之间的映射表会导致每个终端主机的额外开销。

9）Oktopus

虽然基础设施提供商通过在数据中心中分配虚拟机来向租户提供按需计算资源，但它们不支持对租户的网络资源的性能保证。租户期望和实现的性能之间的不匹配导致以下问题。首先，网络性能的可变性会导致数据中心的应用程序性能无法预测，从而使应用程序性能管理成为一项挑战。其次，不可预测的网络性能会降低应用程序生产力和客户满意度，从而导致收入损失。Oktopus 实现了两个虚拟网络抽象（虚拟集群和虚拟超额订阅集群），以权衡向租户提供的性能保障和服务提供商的收入。Oktopus 不仅提高了应用程序性能，还为基础架构提供商提供了更好的灵活性，并允许租户在更高的应用程序性能和更低的成本之间找到平衡点。

图 6-49（a）中所示的虚拟集群提供了将所有 VM 连接到单个非超额订阅虚拟交换机的错觉。这适用于像 MapReduce 这样的数据密集型应用程序，这些应用程序以全连接流量模式为特征。图 6-49（b）中所示的虚拟超额订阅集群模拟了超额订阅的双层集群，该集群是通过虚拟根交换机互连的一组虚拟集群——适合具有本地通信模式的应用。租户可以基于租户计划在 VDC 中部署的应用的通信模式（例如，面向用户的 Web 应用、数据密集型应用）来选择虚拟网络的超额订阅的抽象和程度。Oktopus 使用贪婪算法来为 VDC 分配资源。

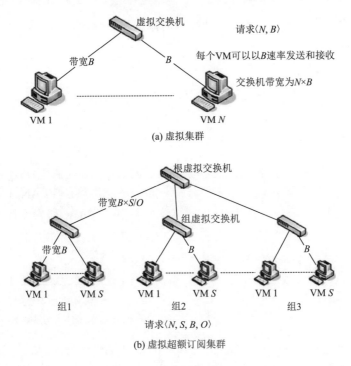

图 6-49　Oktopus 中的抽象

Oktopus 的主要限制是它仅适用于树状物理网络拓扑。因此，一个悬而未决的问题是如何实现 Oktopus 对其他拓扑的抽象。

10）SecondNet

SecondNet 专注于在多租户虚拟化数据中心的多个 VM 之间提供带宽保证。除了计算和存储之外，该体系结构还考虑了部署 VDC 时的带宽要求。

图 6-50 所示的 SecondNet 体系结构的主要组件是 VDC 管理器，它根据需求矩阵创建 VDC，该矩阵定义 VM 对之间请求的带宽。SecondNet 定义了三种基本服务类型：高优先级端到端保证服务（类型 0）；优于尽力服务（类型 1），为路径的第一跳/最后一跳提供带宽保证；以及尽力服务（类型 2）。SecondNet 使用一种称为端口交换源路由（PSSR）的修改后的转发方案，该方案使用预定义的端口号而不是 MAC 地址转发数据包。当在源节点处计算路径时，PSSR 改善了数据平面的可伸缩性。这样，中间交换机不必做出任何转发决定。

SecondNet 通过将带宽预留的信息从交换机移动到服务器管理程序来实现高可扩展性。此外，SecondNet 允许动态地将资源（VM 和带宽）添加到 VDC 或从 VDC 移除（即弹性）。使用迁移，SecondNet 还能够处理故障并减少资源碎片。此外，PSSR 可以通过多协议标签交换（MPLS）实现，这使其易于部署。

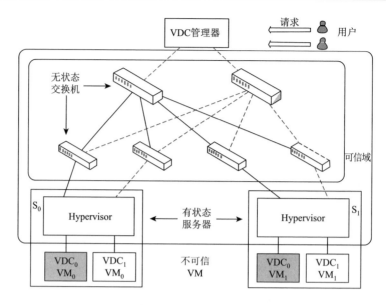

图 6-50　SecondNet 架构

　　SecondNet 的主要限制是其性能可能取决于网络的物理拓扑。例如，虽然 BCube 网络实现了高网络利用率，但 VL2 和胖树网络却无法实现。此外，SecondNet 不考虑对租户可能很重要的其他性能特征，如延迟。

　　11）Gatekeeper

　　罗德里格斯等研究了网络性能隔离问题，制定了相关要求，并设计了满足名为 Gatekeeper 的要求的新方案。特别地，本书作者认为，网络性能隔离的解决方案应该可以根据虚拟机的数量进行扩展，可以根据网络性能进行预测，对租户的恶意行为具有强大的可靠性，并且可以灵活地考虑最小和最大性能保证。

　　Gatekeeper 专注于在多租户数据中心的 VM 之间提供有保证的带宽，并实现高带宽利用率。通常，实现严格的带宽保证通常意味着当可用容量变得可用时无法有效利用链路带宽。Gatekeeper 通过定义每个 VM 对的最小保证速率和最大允许速率来解决此问题。可以配置这些参数以实现最小带宽保证，同时确保租户有效利用链路容量。Gatekeeper 创建一个或多个逻辑交换机，用于互连属于同一租户的 VM。每个接收 VM 的虚拟 NIC（vNIC）使用一组计数器监视传入流量速率，并向发送方的 vNIC 报告超过其最小数量的最小保证的拥塞。发送方的速率限制器使用此信息来控制其流量速率，以降低拥塞程度。尽管本章未讨论容错性，但我们认为 Gatekeeper 可以轻松实现容错，因为每个 vNIC 可以在检测到故障时简单地重新计算每个流的公平份额。

　　与许多现有方案一样，Gatekeeper 不会考虑其他性能指标，如延迟。此外，

Gatekeeper 仍在开发中：动态创建和删除速率限制器等关键功能尚未实现。此外，实验评估的规模很小（只有两个租户和六个物理机器）。我们相信，需要一个完整的实施和更现实的实验评估才能真正评估 Gatekeeper 在真实云环境中的有效性。

12）CloudNaaS

CloudNaaS 是一种虚拟网络体系结构，可为在云中部署和管理企业应用程序提供有效支持。特别地，该体系结构提供了一组适合典型企业应用程序要求的原语，包括特定于应用程序的地址空间、中间件遍历、网络广播、VM 分组和带宽预留。虽然许多其他数据网络虚拟化提议已经解决了其中一些问题（特定于应用程序的地址空间和带宽预留），但它们并未完全解决上述所有问题。受此观察的启发，CloudNaaS 旨在为在云中运行企业应用程序提供统一、全面的框架。

CloudNaaS 依靠 OpenFlow 转发来实现上述目标（如中间件遍历）。CloudNaaS 中的应用程序部署包括几个步骤。首先，最终用户使用由网络策略语言定义的原语来指定对云控制器的网络要求。在将网络要求转换为通信矩阵之后，云控制器确定 VM 的放置并生成可以安装在交换机上的网络级规则。目前，CloudNaaS 使用经过修改的贪婪 bin-packing 启发式来放置考虑通信局部性的 VM。其次，CloudNaaS 提供了多种技术来减少每台交换机所需的条目数，其中包括：①使用单一路径进行尽力而为转发的流量；②根据服务类型（ToS）比特指定的流量类别数，使用有限的 QoS 流量路径；③为位于同一边缘交换机后面的 VM 分配连续的地址，并使用通配符位聚合 IP 转发条目。此外，CloudNaaS 还通过重新配置 VDC 来支持处理故障和网络策略规范变更的在线机制。目前，CloudNaaS 使用支持 OpenFlow 的交换机实现转发；终端主机使用基于 Open vSwitch 的网络堆栈来转发和遵守 OpenFlow。

CloudNaaS 的一个限制是将流量限制在几条路径可能会导致拥塞和/或网络利用率低下。在可扩展性和网络利用率之间寻找更好的平衡对于 CloudNaaS 来说仍然是一个具有挑战性的问题。

13）Seawall

Seawall 是一种带宽分配方案，允许基础设施提供商定义如何在具有多个租户的数据中心网络中共享带宽。Seawall 的想法是为生成流量的网络实体（如 VM、进程）分配权重，并按比例方式根据这些权重分配带宽。Seawall 在成对的网络实体之间使用拥塞控制的隧道来实施带宽共享策略。网络驱动程序接口规范（Network Driver Interface Specification，NDIS）数据包过滤器的填充层负责拦截数据包并调整发送方传输数据的速率。

Seawall 在不同的时间段内实施带宽隔离，并防止恶意租户消耗所有网络资源。此外，Seawall 要求物理机器仅为其自己的实体维护状态信息，这提高了可伸缩性。此外，Seawall 与租户使用的传输协议、实体使用的流量数量以及实体向其发送流量的目的地数量无关。在所有情况下，Seawall 按比例共享带宽并实施隔离。

此外，Seawall 允许动态修改权重以适应租户要求的变化。虽然 Seawall 没有明确解决故障，但它适应动态网络条件，使其具有容错能力。

第一个 Seawall 原型仅在 Windows 7 和 Hyper-V 上实现。此外，在没有准入控制的情况下，Seawall 不太可能为越来越多的实体实现绝对带宽保证。

14）NetShare

NetShare 解决了虚拟化数据中心网络中带宽分配的问题，提出了一种统计复用机制，不需要对交换机或路由器进行任何更改。NetShare 以成比例的方式为租户分配带宽，并为基础设施提供商实现高链路利用率。在 NetShare 中，数据中心网络链接在服务、应用程序或公司组之间共享，而不是在单个链接之间共享。通过这种方式，一个服务/应用程序/组不能通过打开更多链接来占用可用带宽。

NetShare 可以通过三种可能的方式实现：组分配、速率限制和集中分配。NetShare 使用组分配来处理 TCP 流。组分配使用公平排队在不同服务之间提供公平的带宽分配，并通过 Deficit Round Robin（DDR）实现。速率限制用于控制 UDP 源生成的流量并避免过多的带宽消耗，并通过位于每个主机下 UDP 下的填充层实现。垫片层通过分析在接收器侧测量的流量并相应地调整发送速率来控制发送速率。为了实现更一般的策略，例如，将未使用的带宽分配给特定流，该方案使用集中式带宽分配。NetShare 依靠路由协议来处理故障，使用 ECMP 可以实现多路径。

NetShare 的可扩展性可能是一个问题，因为必须在每个服务器/应用程序的每个交换机端口配置队列。此外，NetShare 依靠 Fulcrum 交换机的特定功能来实现其机制，从而降低了其可部署性。此外，NetShare 旨在实现带宽分配的公平性，因此不会为服务提供任何绝对带宽保证。

2. 其他数据中心网络虚拟化方案比较

本节使用一组定性指标对这些提案进行了比较。特别是，我们使用以下五个标准评估每个提案：可扩展性、容错性、可部署性、QoS 支持和负载平衡。可扩展性和容错性是包含大量服务器和网络资源的数据中心的重要设计问题，并且预计将支持大量租户应用程序。由于数据中心目前通常使用商用服务器和网络硬件，因此可部署性是一个关键问题，涉及对实施特定体系结构所需的基础架构变更。QoS 是租户日益关注的问题，对虚拟化数据中心架构的成功至关重要。最后，负载平衡是网络运营商进行流量工程和减少数据中心网络拥塞的重要目标。我们在表 6-4～表 6-7 中总结了我们的比较结果。每个表都使用特定功能的特定标准来比较提案。

表 6-4　转发方案的定性比较

方案	可扩展性	容错性	可部署性	QoS 支持	负载平衡
传统 DC	Low	No	High	No	No
Diverter	High	Yes	High	No	No
NetLord	High	No	Low	No	Yes
VICTOR	Low	Yes	Low	No	No
VL2	High	Yes	Low	No	Yes
PortLand	High	Yes	Low	No	Yes
SecondNet	High	Yes	High	Yes	No
SEC2	Low	No	Low	No	No
CloudNaaS	Low	Yes	Low	Yes	No

表 6-5　关于多路径方案的定性比较

方案	可扩展性	容错性	可部署性	QoS 支持	负载平衡
传统 DC	Low	No	High	No	No
SPAIN	Low	Yes	High	No	Yes
NetLord	High	No	Low	No	Yes
VL2	High	Yes	Low	No	Yes
PortLand	High	Yes	Low	No	Yes

表 6-6　关于带宽保证方案的定性比较

方案	可扩展性	容错性	可部署性	QoS 支持	负载平衡
Oktopus	High	Yes	High	Yes	No
SecondNet	High	Yes	High	Yes	No
Gatekeeper	High	Yes	High	Yes	No
CloudNaaS	Low	Yes	Low	Yes	No

表 6-7　关于相对带宽共享方案的定性比较

方案	可扩展性	容错性	可部署性	QoS 支持	负载平衡
Seawall	High	Yes	High	No	No
NetShare	Low	Yes	Low	No	Yes

1）可扩展性

在虚拟化数据中心中实现高可扩展性需要支持大量租户及其 VM 的地址空间。此外，现在的商品交换机通常具有有限的存储器大小，因此必须将每个交换机中的转发状态的数量保持为最小以实现高可扩展性。

表 6-8 显示了最大租户数，以及每个租户的 VM 和转发表的大小。租户和虚

拟机的最大数量主要取决于用于识别租户和虚拟机的位数。每个租户的 VM 数量取决于 IPv4 支持的地址空间，使用 IPv6 时可以扩展。根据转发方案，转发表的大小取决于 VM、物理机、交换机或 Pod 的数量。实际上，VM 的数量高于物理机器的数量，而物理机器的数量又高于交换机的数量。我们还注意到 VICTOR 和 PortLand 不支持多租户。

表 6-8　转发方案的可扩展性

方案	标准		
	租户数	每个租户的虚拟机数量	每个路径转发表的大小
传统 DC	2^{12}（802.1q 允许的 VLAN 数量）	2^{32}	VM 数量
Diverter	2^{t}（t 是用于标识租户的位数，$t<32$）	2^{32-t}	物理机数量
NetLord	2^{24}（24bit 用于租户 ID）	2^{32}	边缘交换机数量
VICTOR	不支持多租户	2^{32}	VM 数量
VL2	2^{t}（t 是用于标识租户的位数，$t<32$）	2^{32-t}	边缘交换机数量
PortLand	不支持多租户	2^{32}	Pod 数量
SecondNet	无限制（租户 ID 由管理服务器处理）	2^{32}	邻居数（邻居可以是服务器或交换机）
SEC2	212 每边缘域（802.1q 允许的 VLAN 数量）	2^{32}	VM 数量
CloudNaaS	无限制（租户 ID 由管理服务器处理）	2^{32}	边缘交换机数量

在本章调查的架构中，SecondNet、Seawall 和 Gatekeeper 通过在终端主机（如虚拟机管理程序）而不是交换机中保持状态来实现高可扩展性。NetLord 和 VL2 通过数据包封装实现高可扩展性，仅为网络中的交换机维护转发状态。转向器也是可扩展的，因为其交换机转发表仅包含物理节点（不是 VM）的 MAC 地址。另外，SPAIN、VICTOR 和 CloudNaaS 的可扩展性较差，因为它们需要在每个交换/转发元素中维护每个 VM 状态。尽管 CloudNaaS 为提高可扩展性提供了一些优化，但这种优化限制了网络中提供的路径分集，并降低了该方法的整体有效性。此外，CloudNaaS 目前使用 OpenFlow 实现，并且由于使用集中控制器，OpenFlow 在大型数据中心中具有可扩展性问题。SEC2 不可扩展，因为寻址方案限制了网络中支持的租户和子网的数量。NetShare 依赖于集中式带宽分配器，这使得难以扩展到大型数据中心。

2）容错性

在虚拟化数据中心的上下文中，容错包括数据平面（如交换机和链路）和控制平面（如查找系统）中的组件的故障处理。我们发现大多数架构都可以抵御数据平面组件中的故障。例如，SecondNet 使用生成树信令通道来检测故障，并使用其分配算法来处理它们。SPAIN 代理可以在发生故障时在 VLAN 之间切换，NetLord 依靠 SPAIN 进行容错，VL2 和 NetShare 依赖于路由协议（OSPF）。Diverter、VICTOR 和 SEC2 使用底层转发基础设施进行故障恢复。Oktopus 和 CloudNaaS 等计划通过重新计算受影响网络的带宽分配来处理故障。包括 Seawall 和 Gatekeeper 在内的方案可以通过重新计算每个流的分配费率来适应故障。

数据中心网络架构中的控制平面组件包括用于解析地址查询的集中查找系统（NetLord、VICTOR、VL2、PortLand、SEC2）、集中流量管理技术（CloudNaaS 使用 OpenFlow）、生成树信令（SecondNet）和路由协议（NetShare 和 VL2）。这些控制平面组件的故障可能导致部分或整个数据中心的故障，并导致无法检测数据平面中的故障。

基于生成树协议的控制平面体系结构中的故障影响取决于协议在拓扑更改后收敛所花费的时间。基本生成树协议（如快速生成树协议（RSTP））的适应可以缩短收敛时间。与 STP 类似，路由协议（如 OSPF）实例中的故障需要重新计算路由，这可能需要一段可变时间，具体取决于网络规模和当前协议配置。但是，OSPF 的收敛时间（小于 1s）并不是实际数据中心网络的禁止因素。

CloudNaaS 使用的 OpenFlow 基于集中控制器，该控制器通过一组规则和相关操作来定义基于 OpenFlow 的交换机的行为。OpenFlow 控制器的集中设计使其容易出现故障和性能瓶颈。HyperFlow 是一个旨在提供逻辑上集中但物理上分布的 OpenFlow 控制器的提案。在 HyperFlow 中，当一个控制器发生故障时，与故障控制器关联的交换机将重新配置为与另一个可用控制器通信。

分布式查找系统可用于最小化地址查找系统中故障的负面影响。例如，VL2 体系结构建议使用复制状态机（RSM）服务器来实现复制目录系统，这样可以在不影响性能的情况下实现可靠性。

3）可部署性

如前所述，可部署性是任何数据中心网络虚拟化架构的关键方面。在表 6-4～表 6-7 中总结的比较中，如果可以通过软件修改在商品交换机上部署架构，我们会评估架构的可部署性。另外，低可部署性是指需要在每个交换机中具有不同特征的设备架构（如支持 L3 转发、特定协议）。

表 6-9 中给出了与可移植性相关的详细比较。商品交换机主要支持 L2 转发和 VLAN 技术，而商用虚拟机管理程序仅创建隔离的 VA 转发方案，指定通过将元素从传入端口切换到传出端口来发送数据包的规则。FIB 允许在做出有关数据包转发的决定时将 MAC 地址映射到交换机端口。表 6-9 还显示，哪种方案需要集中管理服务器。根据方案，该服务器可以具有不同的功能，如地址管理（PortLand、VL2）、租户管理（NetLord 和 VL2）、路由计算（VICTOR 和 SEC2）以及资源分配（SecondNet）。

表 6-9　转发方案的可部署性

方案	使用的功能			
	物理机	边缘交换机	核心交换机	集中管理服务器
传统 DC	Commodity	Commodity	Commodity	No
Diverter	MAC address rewriting	Commodity	Commodity	No
NetLord	MACin-IP encapsulation；SPAIN	IP forwarding	Commodity	Yes
VICTOR	Commodity	IP routing	IP routing	Yes
VL2	Commodity	IP-in-IP encapsulation；IP routing；VLB；ECMP	IP routing；VLB；ECMP	Yes
PortLand	Commodity	MAC address rewriting；forwarding based on MAC address prefixes；ECMP ARP management；Location Discovery Protocol	Location Discovery Protocol；ECMP	Yes
SecondNet	Commodity	MPLS	MPLS	Yes
SEC2	Commodity	MAC-in-MAC encapsulation	Commodity	Yes
CloudNaaS	Commodity	IP routing；QoS；forwarding based on IP address prefixes	IP routing；QoS；forwarding based on IP address prefixes	Yes

我们可以观察到，虽然一些受调查的体系结构（SPAIN、Diverter 和 Seawall）仅需要在虚拟机管理程序中进行更改，但大多数受调查的体系结构都需要额外的硬件功能。特别地，这些功能包括 MAC-in-MAC（SEC2）封装、L3 转发（VL2、NetLord）、DRR（NetShare）、网络目录服务（NetLord、VL2、PortLand、VICTOR、SEC2）和可编程硬件（CloudNaaS）商品交换机。因此，实现这些体系结构会增加网络的总体成本。然而，随着硬件的发展和可编程硬件的广泛采用，并不排除这些技术在不久的将来广泛部署于常见场景。

最后，我们想提一下，数据中心管理人员倾向于部署便宜且易于更换的商品设备。使用此设备并不总是缺乏可扩展性的同义词。例如，在传统数据中心的情况下，商品交换机必须存储所有托管 VM 的 MAC 地址。它引发了可扩展性问题，因为商品交换机通常具有有限的资源量（即 FIB 表的大小）。但是，NetLord 中提出的转发方案要求商品交换机仅存储边缘交换机的 MAC 地址。交换机的数量远小于数据中心中的 VM 数量，这显著提高了可扩展性。在传统和 NetLord 架构中，都使用商品交换机，但转发方案有所不同，因此 NetLord 中没有可扩展性问题。

4）QoS 支持

通过为每个虚拟链路分配保证的带宽来实现虚拟网络中的 QoS。Oktopus、SecondNet、Gatekeeper 和 CloudNaaS 为每个虚拟网络提供有保证的带宽分配。另外，Seawall 和 NetShare 在租户之间提供加权的公平共享带宽；但是，它们不提供有保证的带宽分配，这意味着没有可预测的性能。虽然其余架构不讨论 QoS 问题，但我们相信通过将它们与支持带宽保证的架构（例如，将 Oktopus 合并到 NetLord 中）正确组合，可以在这些架构中支持 QoS。

5）负载平衡

负载平衡是减少网络拥塞同时提高网络资源可用性和应用程序性能的理想功能。在本章调查的架构中，SPAIN 和 NetLord（依赖于 SPAIN）通过在多个生成树之间分配流量来实现负载平衡。为了实现负载平衡并实现多路径，PortLand 和 VL2 依赖于 ECMP 和 VLB。最后，Diverter、VICTOR 和 SEC2 本质上是地址方案，没有明确解决负载平衡问题。

6）总结

我们对提出的不同架构的比较揭示了几个观察结果，首先，对于应该在数据中心网络虚拟化环境中解决的所有问题，没有理想的解决方案。这主要是因为每个架构都试图关注数据中心虚拟化的特定方面。其次，我们相信可以结合某些架构的关键特性来利用各自的优势。例如，可以将 VICTOR 和 Oktopus 结合起来部署具有带宽保证的虚拟化数据中心，同时为 VM 迁移提供有效支持。最后，找到最佳架构（或组合）需要仔细了解驻留在数据中心的应用程序的性能要求。

索　引